住房和城乡建设部"十四五"规划教材
高等学校土木工程学科专业指导委员会规划教材
（按高等学校土木工程本科指导性专业规范编写）

土木工程制图

（第三版）

何培斌　李　珂　主　编
李　江　王宣鼎　副主编
杜廷娜　　　　　主　审

中国建筑工业出版社

图书在版编目（CIP）数据

土木工程制图 / 何培斌，李珂主编；李江，王宣鼎副主编. — 3 版. — 北京：中国建筑工业出版社，2023.7

住房和城乡建设部"十四五"规划教材 高等学校土木工程学科专业指导委员会规划教材（按高等学校土木工程本科指导性专业规范编写）

ISBN 978-7-112-28499-3

Ⅰ.①土⋯ Ⅱ.①何⋯ ②李⋯ ③李⋯ ④王⋯ Ⅲ.①土木工程－建筑制图－高等学校－教材 Ⅳ.①TU204.2

中国国家版本馆 CIP 数据核字（2023）第 046151 号

本书以高等学校土木工程学科专业指导委员会制定的《高等学校土木工程本科指导性专业规范》为依据，按照《房屋建筑制图统一标准》GB/T 50001—2017 等，结合计算机应用技术的发展，总结近年来本课程教学改革的实践经验和教学经验编写而成。

本教材内容覆盖课程要求的核心知识，满足培养方案和教学计划的要求，主要内容包括：制图基本知识和基本技能，投影法和点、直线、平面的多面正投影，平面立体的投影及线面投影分析，平面立体构型及轴测图画法，规则曲线、曲面及曲面立体，组合体，图样画法，透视投影，建筑施工图，结构施工图，设备施工图，附属设施施工图，计算机绘制建筑施工图。与本教材配套出版的还有《土木工程制图习题集》。

本书可作为高等学校本科土建类各专业的教材，也可供有关土建工程技术人员学习使用。

为便于课堂教学，本书制备了教学课件，请选用此教材的教师通过以下方式获取课件：邮箱：jckj@cabp.com.cn，电话：（010）58337285；建工书院：http://edu.cabplink.com。

责任编辑：赵　莉　吉万旺　王　跃
责任校对：芦欣甜

住房和城乡建设部"十四五"规划教材
高等学校土木工程学科专业指导委员会规划教材
（按高等学校土木工程本科指导性专业规范编写）
土木工程制图
（第三版）
何培斌　李　珂　主编
李　江　王宣鼎　副主编
杜廷娜　　　　　主审

*

中国建筑工业出版社出版、发行（北京海淀三里河路 9 号）
各地新华书店、建筑书店经销
北京红光制版有限公司制版
廊坊市海涛印刷有限公司印刷

*

开本：787 毫米×1092 毫米　1/16　印张：43½　字数：832 千字
2023 年 12 月第三版　　2023 年 12 月第一次印刷
定价：128.00 元（赠教师课件、数字资源，含习题集）
ISBN 978-7-112-28499-3
（40950）

版权所有　翻印必究
如有内容及印装质量问题，请联系本社读者服务中心退换
电话：（010）58337283　QQ：2885381756
（地址：北京海淀三里河路 9 号中国建筑工业出版社 604 室　邮政编码：100037）

出 版 说 明

党和国家高度重视教材建设。2016年，中办国办印发了《关于加强和改进新形势下大中小学教材建设的意见》，提出要健全国家教材制度。2019年12月，教育部牵头制定了《普通高等学校教材管理办法》和《职业院校教材管理办法》，旨在全面加强党的领导，切实提高教材建设的科学化水平，打造精品教材。住房和城乡建设部历来重视土建类学科专业教材建设，从"九五"开始组织部级规划教材立项工作，经过近30年的不断建设，规划教材提升了住房和城乡建设行业教材质量和认可度，出版了一系列精品教材，有效促进了行业部门引导专业教育，推动了行业高质量发展。

为进一步加强高等教育、职业教育住房和城乡建设领域学科专业教材建设工作，提高住房和城乡建设行业人才培养质量，2020年12月，住房和城乡建设部办公厅印发《关于申报高等教育职业教育住房和城乡建设领域学科专业"十四五"规划教材的通知》（建办人函〔2020〕656号），开展了住房和城乡建设部"十四五"规划教材选题的申报工作。经过专家评审和部人事司审核，512项选题列入住房和城乡建设领域学科专业"十四五"规划教材（简称规划教材）。2021年9月，住房和城乡建设部印发了《高等教育职业教育住房和城乡建设领域学科专业"十四五"规划教材选题的通知》（建人函〔2021〕36号）。为做好"十四五"规划教材的编写、审核、出版等工作，《通知》要求：（1）规划教材的编著者应依据《住房和城乡建设领域学科专业"十四五"规划教材申请书》（简称《申请书》）中的立项目标、申报依据、工作安排及进度，按时编写出高质量的教材；（2）规划教材编著者所在单位应履行《申请书》中的学校保证计划实施的主要条件，支持编著者按计划完成书稿编写工作；（3）高等学校土建类专业课程教材与教学资源专家委员会、全国住房和城乡建设职业教育教学指导委员会、住房和城乡建设部中等职业教育专业指导委员会应做好规划教材的指导、协调和审稿等工作，保证编写质量；（4）规划教材出版单位应积极配合，做好编辑、出版、发行等工作；（5）规划教材封面和书脊应标注"住房和城乡建设部'十四五'规划教材"字样和统一标识；（6）规划教材应在"十四五"期间完成出版，逾期不能完成的，不再作为《住房和城乡建设领域学科专业"十四五"规划教材》。

住房和城乡建设领域学科专业"十四五"规划教材的特点：一是重点以修订教育部、住房和城乡建设部"十二五""十三五"规划教材为主；二是严格按照专业标准规范要求编写，体现新发展理念；三是系列教材具有明显特点，满足不同层次和类型的学校专业教学要求；四是配备了数字资源，适应现代化教学的要求。规划教材的出版凝聚了作者、主审及编辑的心血，得到了有关院校、出版单位的大力支持，教材建设管理过程有严格保障。希望广大院校及各专业师生在选用、使用过程中，对规划教材的编写、出版质量进行反馈，以促进规划教材建设质量不断提高。

住房和城乡建设部"十四五"规划教材办公室
2021年11月

序

　　近年来，我国高等学校土木工程专业教学模式不断创新，学生就业岗位发生明显变化，多样化人才需求愈加明显。为发挥高等学校土木工程学科专业指导委员会"研究、指导、咨询、服务"的作用，高等学校土木工程学科专业指导委员会制定并颁布了《高等学校土木工程本科指导性专业规范》（以下简称《专业规范》）。为更好地宣传贯彻《专业规范》精神，规范各学校土木工程专业办学条件，提高我国高校土木工程专业人才培养质量，高等学校土木工程学科专业指导委员会和中国建筑工业出版社组织参与《专业规范》研制的专家及相关教师编写了本系列教材。本系列教材均为专业基础课教材，共20本。此外，我们还依据《专业规范》策划出版了建筑工程、道路与桥梁工程、地下工程、铁道工程四个专业方向的专业课系列教材。

　　经过多年的教学实践，本系列教材获得了国内众多高校土木工程专业师生的肯定，同时也收到了不少好的意见和建议。2021年，本系列教材整体入选《住房和城乡建设部"十四五"规划教材》，为打造精品，也为了更好地与四个专业方向专业课教材衔接，使教材适应当前教育教学改革的需求，我们决定对本系列教材进行修订。本次修订，将继续坚持本系列规划教材的定位和编写原则，即：规划教材的内容满足建筑工程、道路与桥梁工程、地下工程和铁道工程四个主要方向的需要；满足应用型人才培养要求，注重工程背景和工程案例的引入；编写方式具有时代特征，以学生为主体，注意新时期大学生的思维习惯、学习方式和特点；注意系列教材之间尽量不出现不必要的重复；注重教学课件和数字资源与纸质教材的配套，满足学生不同学习习惯的需求等。为保证教材质量，系列教材编审委员会继续邀请本领域知名教授对每本教材进行审稿，对教材是否符合《专业规范》思想，定位是否准确，是否采用新规范、新技术、新材料，以及内容安排、文字叙述等是否合理进行全方位审读。

　　本系列规划教材是实施《专业规范》要求、推动教学内容和课程体系改革的最好实践，具有很好的社会效益和影响。在本系列规划教材的编写过程中得到了住房和城乡建设部人事司及主编所在学校和学院的大力支持，在此一并表示感谢。希望使用本系列规划教材的广大读者继续提出宝贵意见和建议，以便我们在本系列规划教材的修订和再版中得以改进和完善，不断提高教材质量。

高等学校土木工程学科专业指导委员会
中国建筑工业出版社

第三版前言

2012年12月由重庆大学何培斌主编的普通高等教育土建学科专业"十二五"规划教材《土木工程制图》第一版出版。2018年10月第二版出版，并入选住房城乡建设部土建类学科专业"十三五"规划教材，并多次印刷。

本书是在《土木工程制图（含习题集）》第二版的基础上，根据使用本教材院校的反馈意见及编者自己的使用情况进行修订。本次修订除保持了第一版、第二版的特色、修订了第二版中的某些疏漏外，还按行业要求以及最新的国家标准重点对第2章、第3章、第9章、第13章进行了部分修改，使之更能适应现阶段建筑业转型升级的要求。

本书在修订过程中，仍然坚持根据高等学校土木工程学科专业指导委员会编制的《高等学校土木工程本科指导性专业规范》要求编写。并以怎样识读和绘制土建专业工程图的实际操作为重点，注重课程思政，坚持突出科学性、时代性、工程实践性的编写原则，吸取工程技术界的最新成果，为学习者推介富有时代特色的工程建筑施工图实例，使学生在学习过程中，体会到我国建筑业的蓬勃发展，增强中国特色社会主义道路的自信心和专业自信心，提高创新意识，培养实践能力，做到学以致用，解决实际工程中遇到的问题。在内容的选择和组织上尽量做到主次分明、深浅恰当、详略适度、由浅入深、循序渐进；并注重图文并茂、言简意赅，方便有关土建类各专业的教师教学和学生自学。限于编者的水平，本书可能有不少的疏漏，敬请读者批评指正。

本书第三版由重庆大学何培斌、李珂主编，李江、王宣鼎任副主编，重庆交通大学杜廷娜教授主审。重庆大学何培斌负责全书总体设计、协调及最终定稿。参加编写的有：重庆大学杨远龙（第1章），中国人民解放军陆军勤务学院张蕾（第2章），重庆大学何培斌（第3、9、12章）、郑旭（第4、11章）、王宣鼎（第5章）、彭留留（第6章）、刘敏（第7章）、李珂（第8、10章）、李江（第13章）。

限于编者的水平，本书可能有不少的疏漏，敬请批评指正。

本书在编写过程中，参考了一些有关的书籍，谨向其编者表示衷心的感谢，部分参考文献列于书末。

2022年9月

第二版前言

2012年12月由重庆大学何培斌主编的普通高等教育土建学科专业"十二五"规划教材《土木工程制图》第一版出版。

本书是在《土木工程制图》第一版的基础上，吸取各使用本教材院校的反馈意见及总结编者自己的使用情况进行修订的。本次修订除了保持第一版的特色并修正了第一版中的某些疏漏与谬误外，并按最新的中华人民共和国国家标准《房屋建筑制图统一标准》GB/T 50001—2017以及《建筑模数协调标准》GB/T 50002—2013，重点对第1章、第4章、第7章、第8章、第9章、第13章进行了修改，使之能适应与现阶段实际建筑施工图的结合。

本书在重新编写过程中，仍然坚持根据高等学校土木工程学科专业指导委员会2011年10月编制的《高等学校土木工程本科指导性专业规范》要求编写。并以怎样识读和绘制土建专业工程图的实际操作为重点，坚持突出科学性、时代性、工程实践性的编写原则，注重吸取工程技术界的最新成果，为学习者推介富有时代特色的工程建筑施工图实例，有利于学习者增强创新意识，培养实践能力，使之学以致用，解决实际工程中遇到的问题。在内容的选择和组织上尽量做到主次分明、深浅恰当、详略适度、由浅入深、循序渐进；并注重图文并茂、言简意赅，方便有关土建类各专业的教师教学和学生自学。

本书由重庆大学何培斌、吴立楷任主编，姚纪、蔡樱任副主编。主编负责全书总体设计、协调及最终定稿。参加编写的有：杨远龙（第1章）、蔡樱（第2、3章）、李晶晶（第4、5章）、郑旭（第6、7章）、姚纪（第8、13章）、何培斌（第9、11章）、甘民（第10章）、重庆交通大学杜廷娜（第12章）。限于编者的水平，本书可能有不少的疏漏、谬误，敬请批评指正。

本书在编写过程中，参考了有关书籍，谨向其编者表示衷心的感谢，参考文献列于书末。

2018年7月

第一版前言

本教材根据高等学校土木工程学科专业指导委员会2011年10月编制的《高等学校土木工程本科指导性专业规范》要求编写。土木工程专业的专业知识体系由力学原理和方法知识领域、专业技术相关基础知识领域、工程项目经济与管理知识领域、结构基本原理和方法知识领域、施工原理和方法知识领域及计算机应用技术知识领域等六个知识领域组成。《土木工程制图》是专业技术相关基础知识领域的推荐课程之一。该课程将和土木工程材料、土木工程概论、工程地质、土木工程测量、土木工程试验等形成土木工程专业的系列课程。

本教材内容覆盖课程要求的核心知识，满足了培养方案和教学计划的要求。在编写过程中，结合目前土木工程专业本科毕业生主要是从事施工、监理、管理等工作，并结合现行执业资格考试的要求(注册建造师、注册结构工程师等)，以培养应用型人才为主线，在教材中插入工程案例或集中给出工程案例等灵活多样的方式，坚持突出科学性、时代性、工程实践性的编写原则，注重吸取工程技术界的最新成果，为学习者推介富有时代特色的工程建筑施工图实例，有利于学习者增强创新意识，培养实践能力，使之学以致用，解决实际工程中遇到的问题。在内容的选择和组织上尽量做到主次分明、详略适度、由浅入深、循序渐进；并注重图文并茂，方便土建类各专业的教师教学和学生自学。本书还适当地拓宽了土建专业图的专业面，同时也避免篇幅过大，切实保证当前执行的国家教委颁布的本课程教学基本要求所规定的必学内容的深广度。它主要适用于有关土建工程技术人员学习怎样识读和绘制土木工程图，还可作为高等院校本、专科土建类各专业、工程管理专业以及其他相近专业的参考教材，也可供其他类型的学校，如职工大学、函授大学、高等职业学校、电视大学、中等专业学校的有关专业选用。

其特色体现在以下几个方面。

(1) 创新体系——本书从新的专业规范要求出发，从整体上考虑本课程的内容安排，以学生为主体，抓住当前应用型人才培养的主线与要求重新组织编写内容，吸收了编者多年来的教学经验，尤其是总结了近几年来课程教学改革实践而编写的。

(2) 创新内容——本书十分注重内容更新，首先是章节的编排和内容都以新的专业规范的知识领域、知识点为导出；凡涉及的土建工程规范均全部采用近年来最新颁布的国家标准和行业规范。

(3) 引入工程背景及案例——本书所用典型图例均选自有关设计院提供的较新的实际工程资料，其中特别突出当前的建筑节能环保、低碳经济等新技术的应用，以适应新形势下土木工程人才的培养要求。

本书由重庆大学何培斌担任主编，甘民、吴立楷任副主编。主编负责全书总体设计、协调及最终定稿。参加编写的有：何培斌(第1、9、11章)、蔡樱(第2、3章)、钱燕(第4、5章)、吴立楷(第6、7、8章)、甘民(第10、13章)、重庆交通大学杜廷娜(第12

章)。本书由贵州大学吕道馨主审。书中可能有不少的疏漏、谬误,敬请批评指正。

本书在编写过程中,参考了一些有关的书籍,谨向其编者表示衷心的感谢,参考文献列于书末。

2012 年 12 月

目　　录

第1章　制图基本知识和基本技能 ··· 1
本章知识点 ·· 1
1.1　制图工具及使用方法 ·· 1
 1.1.1　图板 ·· 1
 1.1.2　丁字尺 ·· 1
 1.1.3　三角尺 ·· 1
 1.1.4　铅笔 ·· 3
 1.1.5　圆规、分规 ··· 3
 1.1.6　比例尺 ·· 4
 1.1.7　绘图墨水笔 ··· 5
 1.1.8　建筑模板 ·· 5
1.2　图幅、线型、字体及尺寸标注 ··· 6
 1.2.1　图幅、图标及会签栏 ·· 6
 1.2.2　线型 ··· 8
 1.2.3　字体 ··· 10
 1.2.4　尺寸标注 ·· 12
1.3　建筑制图的一般步骤 ·· 17
 1.3.1　制图前的准备工作 ·· 17
 1.3.2　绘铅笔底稿图 ·· 18
 1.3.3　铅笔加深的方法和步骤 ··· 18
 1.3.4　上墨线的方法和步骤 ·· 19
1.4　徒手绘图 ·· 19
 1.4.1　概念 ··· 19
 1.4.2　画法 ··· 19
小结 ··· 21
复习思考题 ·· 21

第2章　投影法和点、直线、平面的多面正投影 ································· 22
本章知识点 ·· 22
2.1　投影法 ·· 22
 2.1.1　中心投影 ·· 23
 2.1.2　平行投影 ·· 23
 2.1.3　投影法的应用 ·· 24
 2.1.4　正投影的基本性质 ·· 25

	2.1.5	三面投影体系	27
2.2	点的投影		31
	2.2.1	点的两面投影图	31
	2.2.2	点的三面投影图	33
2.3	直线的三面投影图		37
	2.3.1	各种位置直线的投影	37
	2.3.2	直线上的点	40
	2.3.3	一般位置直线的实长及其对投影面的倾角	43
	2.3.4	两直线的相对位置	45
	2.3.5	直角投影定理	48
2.4	平面的三面投影图		50
	2.4.1	平面的投影表示法	50
	2.4.2	各种位置的平面的投影	52
	2.4.3	平面上的直线和点	56
	2.4.4	平面上的最大斜度线	59
2.5	辅助正投影		61
	2.5.1	辅助正投影的概念	61
	2.5.2	投影变换的类型	62
	2.5.3	换面法	62
	2.5.4	旋转法	67
小结			72
复习思考题			72

第 3 章 平面立体的投影及线面投影分析 73

本章知识点 73

3.1	平面立体的三面投影		73
	3.1.1	棱柱	73
	3.1.2	棱锥	76
	3.1.3	棱台	78
3.2	平面立体表面上点的投影分析		79
	3.2.1	棱柱表面取点	80
	3.2.2	棱锥表面取点	80
3.3	直线与平面平行、平面与平面平行的投影分析		81
	3.3.1	直线与平面平行	81
	3.3.2	平面与平面平行	84
3.4	直线与平面、平面与平面相交的投影分析		87
	3.4.1	直线与平面相交的特殊情况	88
	3.4.2	一般位置平面与特殊位置平面相交	90
	3.4.3	一般位置直线和一般位置平面相交	91
	3.4.4	两个一般位置平面相交	93

小结 ·· 95
　　复习思考题 ·· 95

第4章　平面立体构型及轴测图画法 ··· 96
　本章知识点 ·· 96
　4.1　基本平面立体的切割和相交 ·· 96
　　4.1.1　基本平面立体的切割 ·· 96
　　4.1.2　基本平面立体的相交 ·· 100
　4.2　轴测投影原理及正等轴测图、斜轴测图的画法 ·· 104
　　4.2.1　轴测投影的原理 ·· 104
　　4.2.2　轴测投影的分类 ·· 105
　　4.2.3　轴测投影的特点 ·· 105
　　4.2.4　正等测轴测图的画法 ·· 105
　　4.2.5　斜轴测图的画法 ·· 108
　4.3　同坡屋面的画法 ·· 112
　　4.3.1　同坡屋面的特性 ·· 112
　　4.3.2　同坡屋面的 H 面投影特征 ··· 113
　　4.3.3　同坡屋面的投影作图 ·· 113
　　小结 ·· 115
　　复习思考题 ·· 115

第5章　规则曲线、曲面及曲面立体 ·· 116
　本章知识点 ·· 116
　5.1　规则曲线及工程中常用的曲线 ·· 116
　　5.1.1　曲线的形成 ··· 116
　　5.1.2　曲线的分类 ··· 116
　　5.1.3　曲线的投影 ··· 116
　　5.1.4　圆柱螺旋线的投影 ··· 118
　　5.1.5　曲面的形成及在工程中的应用 ··· 120
　5.2　基本曲面立体和立体上的曲表面 ··· 129
　　5.2.1　基本曲面立体 ·· 129
　　5.2.2　立体上的曲表面 ·· 134
　5.3　平面与曲面体或曲表面相交 ··· 135
　　5.3.1　平面与圆柱相交 ·· 135
　　5.3.2　平面和圆锥相交 ·· 137
　　5.3.3　平面和圆球相交 ·· 139
　5.4　曲面立体的轴测图画法 ··· 141
　　5.4.1　曲面体的正等测轴测投影 ··· 141
　　5.4.2　曲面体的正面斜二测轴测投影 ··· 144
　　小结 ·· 145
　　复习思考题 ·· 145

第6章 组合体 ······ 147
本章知识点 ······ 147
6.1 组合体视图画法 ······ 147
6.1.1 组合体的组合方式 ······ 147
6.1.2 组合体的视图 ······ 147
6.1.3 组合体视图的画法 ······ 150
6.2 组合体视图的尺寸标注 ······ 156
6.2.1 基本形体的尺寸标注 ······ 157
6.2.2 基本形体切割后的尺寸标注 ······ 157
6.2.3 组合体的尺寸标注 ······ 157
6.3 组合体视图的阅读 ······ 159
6.3.1 读图的预备知识 ······ 159
6.3.2 读图的基本方法 ······ 160
6.3.3 读图的一般步骤 ······ 162
6.3.4 二补三 ······ 164
小结 ······ 166
复习思考题 ······ 166

第7章 图样画法 ······ 167
本章知识点 ······ 167
7.1 剖面图和断面图 ······ 167
7.1.1 剖面图 ······ 167
7.1.2 断面图 ······ 174
7.1.3 剖面图与断面图尺寸标注的特殊情况 ······ 176
7.2 轴测图中剖切的画法 ······ 177
7.2.1 剖切轴测图的概念 ······ 177
7.2.2 剖切轴测图的画法 ······ 177
7.3 简化画法 ······ 178
7.3.1 对称形体的简化 ······ 178
7.3.2 相同要素的简化 ······ 179
7.3.3 折断简化 ······ 179
7.3.4 其他简化 ······ 180
小结 ······ 180
复习思考题 ······ 180

第8章 透视投影 ······ 182
本章知识点 ······ 182
8.1 透视投影的基本概念 ······ 182
8.1.1 基本原理及特点 ······ 182
8.1.2 基本术语及其代号 ······ 183
8.2 点与直线的透视投影规律 ······ 184

8.2.1　点的透视规律 184
8.2.2　直线的透视及其迹点和灭点 185
8.2.3　直线的透视投影规律 186
8.3　透视图的分类及常用作图方法 190
8.3.1　透视图的分类 190
8.3.2　透视图的常用作图方法 191
8.4　透视图的参数选择 195
8.4.1　透视图的基本参数 195
8.4.2　透视图基本参数的选择 196
小结 199
复习思考题 199

第9章　建筑施工图 200
本章知识点 200
9.1　概述 200
9.1.1　房屋的组成及房屋施工图的分类 200
9.1.2　模数协调 201
9.1.3　砖墙及砖的规格 202
9.1.4　标准图与标准图集 202
9.2　总平面图 204
9.2.1　总平面图的用途 204
9.2.2　总平面图的比例 205
9.2.3　总平面图的图例 205
9.2.4　总平面图的尺寸标注 207
9.3　建筑平面图 208
9.3.1　建筑平面图的用途 208
9.3.2　平面图的形成 208
9.3.3　平面图的比例及图名 208
9.3.4　平面图的图示内容 208
9.3.5　平面图的线型 216
9.3.6　建筑平面图的轴线编号 216
9.3.7　建筑平面图的尺寸标注 217
9.3.8　平面图的画图步骤 221
9.4　建筑立面图 226
9.4.1　建筑立面图的用途 226
9.4.2　建筑立面图的形成 228
9.4.3　建筑立面图的比例及图名 228
9.4.4　建筑立面图的图示内容 228
9.4.5　建筑立面图的线型 229
9.4.6　建筑立面图的尺寸标注 229

  9.4.7 立面图的画图步骤 ·· 229
 9.5 建筑剖面图 ·· 232
  9.5.1 建筑剖面图的用途 ·· 232
  9.5.2 建筑剖面图的形成 ·· 232
  9.5.3 建筑剖面图的剖切位置及剖视方向 ·· 232
  9.5.4 建筑剖面图的比例 ·· 233
  9.5.5 建筑剖面图的线型 ·· 235
  9.5.6 建筑剖面图的尺寸标注 ·· 235
  9.5.7 剖面图的画图步骤 ·· 236
 9.6 建筑详图 ·· 236
  9.6.1 建筑详图的用途 ··· 236
  9.6.2 建筑详图的比例 ··· 237
  9.6.3 建筑详图标志及详图索引标志 ·· 237
  9.6.4 楼梯详图 ·· 238
  9.6.5 门窗详图 ·· 244
  9.6.6 卫生间、厨房详图 ··· 247
  9.6.7 其他详图 ·· 248
 小结 ··· 250
 复习思考题 ·· 250

第 10 章 结构施工图 ·· 251
 本章知识点 ·· 251
 10.1 概述 ··· 251
 10.2 基础图 ··· 252
 10.3 楼层（屋面）结构布置图 ··· 255
  10.3.1 楼层（屋面）梁平法施工图 ·· 255
  10.3.2 楼层结构布置平面图 ··· 258
  10.3.3 柱平法施工图 ·· 259
  10.3.4 圈梁布置图 ··· 261
 10.4 构件详图 ·· 262
 小结 ··· 265
 复习思考题 ·· 265

第 11 章 设备施工图 ·· 267
 本章知识点 ·· 267
 11.1 概述 ··· 267
 11.2 室内给水排水施工图 ··· 267
  11.2.1 建筑给水排水系统组成 ·· 267
  11.2.2 建筑给水排水图例 ·· 270
  11.2.3 建筑给水排水平面图 ··· 271
  11.2.4 建筑给水排水系统图 ··· 276

| 小结 | 280 |
| 复习思考题 | 280 |

第12章 附属设施施工图 ··· 281
本章知识点 ··· 281
12.1 道路路线工程图 ··· 281
- 12.1.1 概述 ··· 281
- 12.1.2 路线平面图 ··· 281
- 12.1.3 公路平面总体设计图 ··· 284
- 12.1.4 路线纵断面图 ··· 284
- 12.1.5 路基横断面图 ··· 288
- 12.1.6 城市道路路线工程图 ··· 290
- 12.1.7 道路交叉口 ··· 295
- 12.1.8 交通工程及沿线设施 ··· 301

12.2 桥梁工程图 ··· 304
- 12.2.1 概述 ··· 304
- 12.2.2 桥梁总体布置图 ··· 304
- 12.2.3 构件结构图 ··· 306
- 12.2.4 斜拉桥 ··· 306

12.3 涵洞工程图 ··· 310
- 12.3.1 概述 ··· 310
- 12.3.2 涵洞工程图示例 ··· 310

12.4 隧道工程图 ··· 312
- 12.4.1 概述 ··· 312
- 12.4.2 隧道洞门设计图 ··· 312
- 12.4.3 隧道横断面图 ··· 314
- 12.4.4 避车洞图 ··· 314

小结 ··· 314
复习思考题 ··· 317

第13章 计算机绘制建筑施工图 ··· 318
本章知识点 ··· 318
13.1 基本操作 ··· 318
- 13.1.1 AutoCAD的工作界面简介 ··· 318
- 13.1.2 图形文件管理 ··· 320
- 13.1.3 保存文件 ··· 320

13.2 基本绘图命令 ··· 321
13.3 图形修改 ··· 327
- 13.3.1 选择对象 ··· 327
- 13.3.2 图形对象的编辑 ··· 327

13.4 文字标注 ··· 337

  13.4.1 用 DTEXT 命令标注文字 337
  13.4.2 利用对话框定义文字样式 339
  13.4.3 编辑文字 341
 13.5 绘图技巧与绘图设置 341
  13.5.1 对象捕捉 341
  13.5.2 绘图辅助工具 342
  13.5.3 图形显示的缩放 343
 13.6 图层管理及线型 344
  13.6.1 图层的基本要领及其特性 344
  13.6.2 利用对话框对图层进行操作 346
  13.6.3 利用工具栏操作图层 348
  13.6.4 线型设置 349
  13.6.5 特性匹配 350
 13.7 尺寸标注 351
  13.7.1 利用对话框设置尺寸标注样式 351
  13.7.2 尺寸标注的方法 355
  13.7.3 编辑尺寸 357
 13.8 查询命令与绘图实用命令 359
  13.8.1 查询命令 359
  13.8.2 绘图实用命令 362
  13.8.3 图块的操作 364
 13.9 计算机绘制施工图实例 366
  13.9.1 计算机绘制建筑施工图的特点和优势 366
  13.9.2 绘制建筑平面图 367
  13.9.3 绘制建筑立面图 373
  13.9.4 绘制建筑剖面图 376
小结 379
复习思考题 379
参考文献 381

第1章 制图基本知识和基本技能

本章知识点

主要介绍制图工具及使用方法、中华人民共和国国家标准《房屋建筑制图统一标准》GB/T 50001—2017 规定的绘制建筑施工图的图幅、图框、线型、字体及尺寸标注的基本要求。重点应掌握线型、字体及尺寸标注的基本要求。

1.1 制图工具及使用方法

建筑图样是建筑设计人员用来表达设计意图、交流设计思想的技术文件，是建筑物施工的重要依据。所有的建筑图，都是运用建筑制图的基本理论和基本方法绘制的，都必须符合国家统一的建筑制图标准。本章将介绍制图工具的使用、常用的几何作图方法、建筑制图国家标准的一些基本规定，以及建筑制图的一般步骤等。

1.1.1 图板

图板是用作画图时的垫板。要求板面平坦、光洁。左边是导边，必须保持平整（图1-1）。图板的大小有各种不同规格，可根据需要而选定。0号图板适用于画A0号图纸，1号图板适用于画A1号图纸，四周还略有富余。图板放在桌面上，板身宜与水平桌面呈10°~15°倾斜。

图板不可用水刷洗和在日光下暴晒。

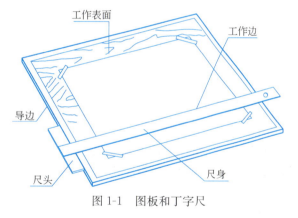

图1-1 图板和丁字尺

1.1.2 丁字尺

丁字尺由相互垂直的尺头和尺身组成（图1-1）。尺身要牢固地连接在尺头上，尺头的内侧面必须平直，用时应紧靠图板的左侧——导边。在画同一张图纸时，尺头不可以在图板的其他边滑动，以避免图板各边不成直角时，画出的线不准确。丁字尺的尺身工作边必须平直光滑，不可用丁字尺击物，不可用刀片沿尺身工作边裁纸。丁字尺用完后，宜竖直挂起来，以避免尺身弯曲变形或折断。

丁字尺主要用于画水平线，并且只能沿尺身上侧画线。作图时，左手把住尺头，使它始终紧靠图板左侧，然后上下移动丁字尺，直至工作边对准要画线的位置，再从左向右画水平线。画较长的水平线时，可把左手滑过来按住尺身，以防止尺尾翘起和尺身摆动（图1-2）。

1.1.3 三角尺

一副三角尺有30°、60°、90°和45°、45°、90°两块，且后者的斜边等于前者的长直角边。三角尺除了直接用来画直线外，还可以配合丁字尺画铅垂线和画30°、45°、60°及

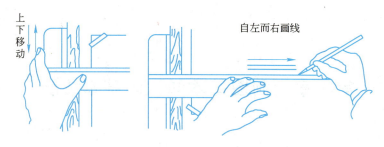

图 1-2 上下移动丁字尺及画水平线的手势

$15°×n$ 的各种斜线（图 1-3）。

画铅垂线时，先将丁字尺移动到所绘图线的下方，把三角尺放在应画线的右方，并使一直角边紧靠丁字尺的工作边，然后移动三角尺，直到另一直角边对准要画线的位置，再用左手按住丁字尺和三角尺，自下而上画线（图 1-3a）。

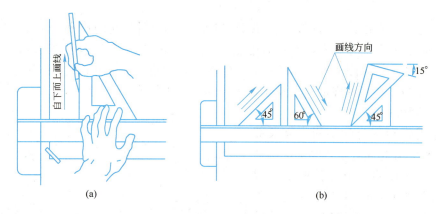

图 1-3 用三角尺和丁字尺配合画垂直线和各种斜线

丁字尺与三角尺配合画斜线及两块三角尺配合画各种斜度的相互平行或垂直的直线时，其运笔方向如图 1-3（b）和图 1-4 所示。

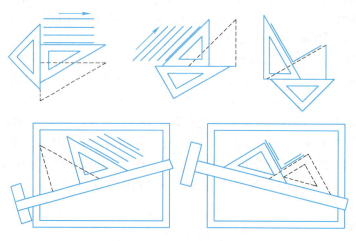

图 1-4 用三角尺画平行线及垂直线

1.1.4 铅笔

绘图铅笔有各种不同的硬度。标号 B、2B、3B 等表示软铅芯，数字越大，表示铅芯越软。标号 H、2H、3H 表示硬铅芯，数字越大，表示铅芯越硬。标号 HB 表示中软。画底稿宜用 H 或 2H，徒手作图可用 HB 或 B，加重直线用 H、HB（细线）、HB（中粗线）、B 或 2B（粗线）。铅笔尖应削成锥形，芯露出 6～8mm。削铅笔时要注意保留有标号的一端，以便始终能识别其软硬度（图 1-5）。使用铅笔绘图时，用力要均匀，用力过大会划破图纸或在纸上留下凹痕，甚至折断铅芯。画长线时要边画边转动铅笔，使线条粗细一致。画线时，从正面看笔身应倾斜约 60°，从侧面看笔身应铅直（图 1-5）。持笔的姿势要自然，笔尖与尺边距离始终保持一致，线条才能画得平直准确。

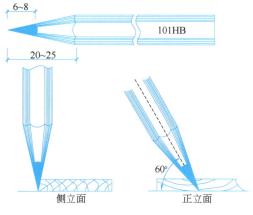

图 1-5 铅笔及其应用

1.1.5 圆规、分规

（1）圆规

圆规是用来画圆及圆弧的工具（图 1-6）。圆规的一腿为可固定紧的活动钢针，其中有台阶状的一端多用来加深图线时用。另一腿上附有插脚，根据不同用途可换上铅芯插脚、鸭嘴笔插脚、针管笔插脚、接笔杆（供画大圆用）。画图时应先检查两脚是否等长，当针尖插入图板后，留在外面的部分应与铅芯尖端平（画墨线时，应与鸭嘴笔脚平），如图 1-6（a）所示。铅芯可磨成约 65°的斜截圆柱状，斜面向外，也可磨成圆锥状。

画圆时，首先调整铅芯与针尖的距离等于所画圆的半径，再用左手食指将针尖送到圆心上轻轻插住，尽量不使圆心扩大，并使笔尖与纸面的角度接近垂直；然后右手转动圆规手柄，转动时，圆规应向画线方向略微倾斜，速度要均匀，沿顺时针方向画圆，整个圆一笔画完。在绘制较大的圆时，可将圆规两插杆弯曲，使它们仍然保持与纸面垂直（图 1-6b）。直径在 10mm 以下的圆，一般用点圆规来画。使用时，右手食指按顶部，大拇指和中指按顺时针方向迅速地旋动套管，画出小圆，见图 1-6（c）。需要注意的是，画圆时必须保持针尖垂直于纸面，圆画出后，要先提起套管，然后拿开圆规。

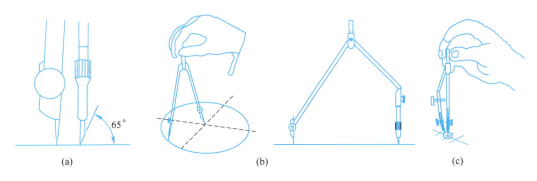

图 1-6 圆规的针尖和画圆的姿势

(2) 分规

分规是截量长度和等分线段的工具，它的两个腿必须等长，两针尖合拢时应汇合成一点（图1-7a）。

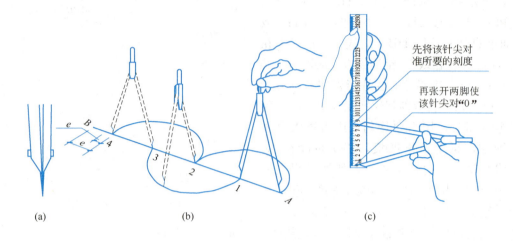

图1-7 分规的用法
(a) 针尖应对齐；(b) 用分规等分线段；(c) 用分规截取长度

用分规等分线段的方法见图1-7（b）所示。例如，分线段 AB 为4等分，先凭目测估计，将分规两脚张开，使两针尖的距离大致等于 $\frac{1}{4}AB$，然后交替两针尖划弧，在该线段上截取1、2、3、4等分点；假设点4落在 B 点以内，距差为 e，这时可将分规再开 $\frac{1}{4}e$，再行试分，若仍有差额（也可能超出 AB 线外），则照样再调整两针尖距离（或加或减），直到恰好等分为止。

用分规截取长度的方法见图1-7（c）。将分规的一个针尖对准刻度尺上所要的刻度，再张开两脚使另一个针尖对准刻度"0"，即可截取想要的长度。

1.1.6 比例尺

比例尺是用来放大或缩小线段长度的尺子。现以比例直尺为例，说明它的用法。

(1) 用比例尺量取图上线段长度。已知图的比例为1∶200，要知道图上线段 AB 的实长，就可以用比例尺上1∶200的刻度去量度（图1-8）。将刻度上的零点对准 A 点，而 B 点恰好在刻度4.2m处，则线段 AB 的长度可直接读得4.2m，即4200mm。

(2) 用比例尺上的1∶200的刻度量读比例是1∶2、1∶20和1∶2000的线段长度。例如，在图1-8中，AB 线段的比例如果改为1∶2，由于比例尺1∶200刻度的单位长度是1∶2的1/100，则 AB 线段的长度应读为 $4.2 \times \frac{1}{100} = 0.42$m，同样，比例改为1∶2000，则应读为 $4.2 \times 10 = 42$m。

上述量读方法可归结为表1-1。

(3) 用1∶500的刻度量读1∶250的线段长度。由于1∶500刻度的单位长度是1∶250的1/2，所以把1∶500的刻度作为1∶250用时，应把刻度上的单位长度放大1倍，

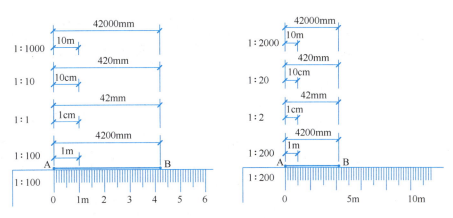

图 1-8 比例尺及其用法

即 1∶500 刻度上的 10m 在 1∶250 的图中为 5m。

用比例尺量读方法　　　　　　　　　　　　　　表 1-1

	比例	读数
比例尺刻度	1∶200	4.2m
图中线段比例	1∶2（分母后少两位零）	0.042m（小数点前移两位）
	1∶20（分母后少一位零）	0.42m（小数点前移一位）
	1∶2000（分母后多一位零）	42m（小数点后移一位）

比例尺是用来量取尺寸的，不可用来画线。

1.1.7　绘图墨水笔

绘图墨水笔的笔尖是一支细的针管，又名针管笔（图 1-9）。绘图墨水笔能像普通钢笔一样吸取墨水。笔尖的管径从 0.1～1.2mm，有多种规格，可视线型粗细而选用。使用时应注意保持笔尖清洁。

图 1-9　绘图墨水笔

1.1.8　建筑模板

建筑模板主要用来画各种建筑标准图例和常用符号，如柱、墙、门开启线、大便器、污水盆、详图索引符号、轴线圆圈等等。模板上刻有可以画出各种不同图例或符号的孔（图 1-10），其大小已符合一定的比例，只要用笔沿孔内画一周，图例就画出来了。

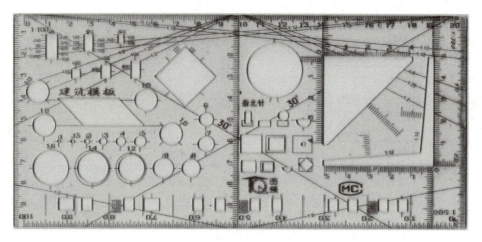

图 1-10 建筑模板

1.2 图幅、线型、字体及尺寸标注

1.2.1 图幅、图标及会签栏

图幅即图纸幅面，指图纸的大小规格。为了便于图纸的装订、查阅和保存，满足图纸现代化管理要求，图纸的大小规格应力求统一。建筑工程图纸的幅面及图框尺寸应符合中华人民共和国国家标准《房屋建筑制图统一标准》GB/T 50001—2017 规定（以下简称《房屋建筑制图统一标准》），见表 1-2。表中数字是裁边以后的尺寸，尺寸代号的意义如图 1-11 所示。

幅面及图框尺寸（摘自 GB/T 50001—2017） 表 1-2

尺寸代号 \ 幅面代号	A0	A1	A2	A3	A4
b (mm) × l (mm)	841×1189	594×841	420×594	297×420	210×297
c (mm)	10	10	10	5	5
a (mm)	25	25	25	25	25

注：表中 b 为幅面短边尺寸，l 为幅面长边尺寸，c 为图框线与幅面线间宽度，a 为图框线与装订边间宽度。

图幅分横式和立式两种。从表 1-2 中可以看出 A1 号图幅是 A0 号图幅的对折，A2 号图幅是 A1 号图幅的对折，其余类推，上一号图幅的短边，即是下一号图幅的长边。

建筑工程一个专业所用的图纸应整齐统一，选用图幅时宜以一种规格为主，尽量避免大小图幅掺杂使用。一般不宜多于两种幅面，目录及表格所采用的 A4 幅面，可不在此限。

在特殊情况下，允许 A0～A3 号图幅按表 1-3 的规定加长图纸的长边。但图纸的短边不得加长。

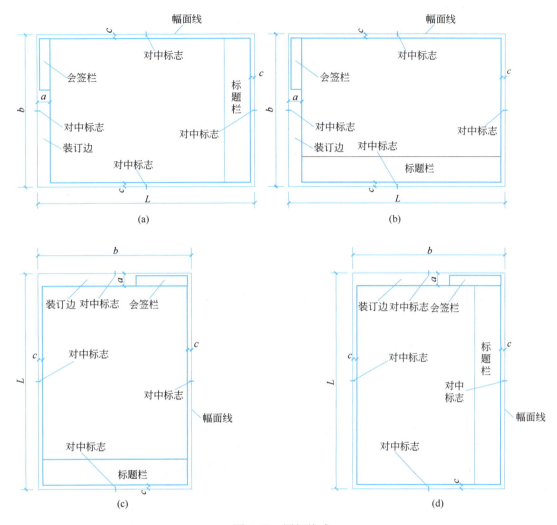

图 1-11 图幅格式

(a) A0～A3 横式幅面（一）；(b) A0～A3 横式幅面（二）；(c) A0～A4 立式幅面（一）；(d) A0～A4 立式幅面（二）

图纸长边加长尺寸（摘自 GB/T 50001—2017）　　　　表 1-3

幅面代号	长边尺寸（mm）	长边加长后尺寸（mm）
A0	1189	1486（A0+1/4l） 1783（A0+1/2l） 2080（A0+3/4l） 2378（A0+1l）
A1	841	1051（A1+1/4l） 1261（A1+1/2l） 1471（A1+3/4l） 1682（A1+1l） 1892（A1+5/4l） 2102（A1+3/2l）
A2	594	743（A2+1/4l） 891（A2+1/2l） 1041（A2+3/4l） 1189（A2+1l） 1338（A2+5/4l） 1486（A2+3/2l） 1635（A2+7/4l） 1783（A2+2l） 1932（A2+9/4l） 2080（A2+5/2l）
A3	420	630（A3+1/2l） 841（A3+1l） 1051（A3+3/2l） 1261（A3+2l） 1471（A3+5/2l） 1682（A3+3l） 1892（A3+7/2l）

注：有特殊需要的图纸，可采用 $b×l$ 为 841mm×891mm 与 1189mm×1261mm 的幅面。

图纸的标题栏（简称图标）、会签栏及装订边的位置应按图 1-11 布置。图标的大小及格式如图 1-12 所示。

图 1-12　图标
(a) 标题栏（一）；(b) 标题栏（二）

学生制图作业用标题栏推荐图 1-13 的格式。

会签栏应按图 1-14 的格式绘制，栏内应填写会签人员所代表的专业、姓名、日期（年、月、日）；一个会签栏不够用时可另加一个，两个会签栏应并列；不需会签的图纸可不设此栏。

1.2.2　线型

任何建筑图样都是用图线绘制成的，因此，熟悉图线的类型及用途，掌握各类图线的画法是建筑制图最基本的技能。

为了使图样清楚、明确，建筑制图采用的图线分为实线、虚线、单点长画线、双点长画线、折断线和波浪线 6 类，其中前 4 类线型按宽度不同又分为粗、中、细三种，后两类线型一般均为细线。各类线型的规格及用途如表 1-4 所示。

图线的宽度 b，宜从 1.4、1.0、0.7、0.5mm 线宽系列中选取。图线宽度不应小于 0.1mm。每个图样，应根据复杂程度与比例大小，先选定基本线宽 b，再按表 1-5 确定适当的线宽组。在同一张图纸中，相同比例的各图样，应选用相同的线宽组。虚线、单点长画线及双点长画线的线段长度和间隔，应根据图样的复杂程度和图线

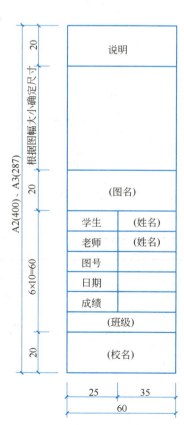

图 1-13　学生制图作业用标题栏推荐的格式

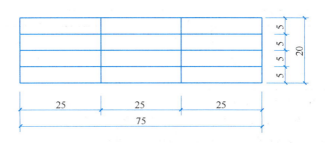

图 1-14 会签栏

的长短来确定,但宜各自相等,表 1-5 中所示线段的长度和间隔尺寸可作参考。当图样较小,用单点长画线和双点长画线绘图有困难时,可用实线代替。

在同一张图纸内,各不同线宽组中的细线,可统一采用较细的线宽组的细线。

线型(摘自 GB/T 50001—2017) 表 1-4

名称		线型	线宽	一般用途
实线	粗		b	主要可见轮廓线
	中粗		$0.7b$	可见轮廓线
	中		$0.5b$	可见轮廓线
	细		$0.25b$	可见轮廓线、图例线等
虚线	粗		b	见各有关专业制图标准
	中粗		$0.7b$	不可见轮廓线
	中		$0.5b$	不可见轮廓线、图例线等
	细		$0.25b$	不可见轮廓线、图例线等
单点长画线	粗		b	见各有关专业制图标准
	中		$0.5b$	见各有关专业制图标准
	细		$0.25b$	中心线、对称线等
双点长画线	粗		b	见各有关专业制图标准
	中		$0.5b$	见各有关专业制图标准
	细		$0.25b$	假想轮廓线,成型前原始轮廓线
折断线			$0.25b$	断开界线
波浪线			$0.25b$	断开界线

线宽组　　　　　　　　　　　　　　　表 1-5

线宽比	线宽组（mm）			
b	1.4	1.0	0.7	0.5
$0.7b$	1.0	0.7	0.5	0.35
$0.5b$	0.7	0.5	0.35	0.25
$0.25b$	0.35	0.25	0.18	0.13

注：1. 需要缩微的图纸，不宜采用 0.18mm 及更细的线宽；
　　2. 同一张图纸内，各不同线宽中的细线，可统一采用较细的线宽组的细线。

需要缩微的图纸，不宜采用 0.18mm 及更细的线宽。

图纸的图框线和标题栏线，可采用表 1-6 中所示的线宽。

图框线和标题栏线的宽度　　　　　　　　　　表 1-6

幅面代号	图框线宽度（mm）	标题栏外框线对中标志（mm）	标题栏分格线、幅面线（mm）
A0、A1	b	$0.5b$	$0.25b$
A2、A3、A4	b	$0.7b$	$0.35b$

此外在绘制图线时还应注意以下几点：

（1）单点长画线和双点长画线的首末两端应是线段，而不是点。单点长画线（双点长画线）与单点长画线（双点长画线）交接或单点长画线（双点长画线）与其他图线交接时，应是线段交接。

（2）虚线与虚线交接或虚线与其他图线交接时，都应是线段交接。虚线为实线的延长线时，不得与实线连接。虚线的正确画法和错误画法，如图 1-15 所示。

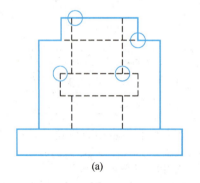
(a)

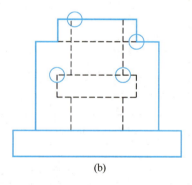
(b)

图 1-15　虚线交接的画法
(a) 正确；(b) 错误

（3）相互平行的图线，其间距不宜小于其中粗线宽度，且不宜小于 0.7mm。

（4）图线不得与文字、数字或符号重叠、混淆，不可避免时，应首先保证文字等的清晰。

1.2.3　字体

图纸上所需书写的文字、数字或符号等，均应笔画清晰、字体端正、排列整齐；标点符号应清楚正确；如果字迹潦草，难以辨认，则容易发生误解，甚至造成工程事故。

图及说明的汉字应写成长仿宋体，大标题、图册封面、地形图等的汉字，也可以写成其他字体，但应易于辨认。汉字的简化写法，必须遵照国务院公布的《汉字简化方案》和有关规定。

1. 长仿宋字体

长仿宋字是由宋体字演变而来的长方形字体,它的笔画匀称明快,书写方便,因而是工程图纸最常用字体。写仿宋字(长仿宋体)的基本要求,可概括为"行款整齐、结构匀称、横平竖直、粗细一致、起落顿笔、转折勾棱"。

长仿宋体字样如图1-16所示。

建筑设计结构施工设备水电暖风平立侧断剖切面总详标准草略正反迎背新旧大中小
上下内外纵横垂直完整比例年月日说明共编号寸分吨斤厘毫甲乙丙丁戊己表庚辛红橙
黄绿青蓝紫黑白方粗细硬软镇郊区域规划截道桥梁房屋绿化工业农业民用居住共厂址
车间仓库无线电人民公社农机粮畜舍晒谷厂商业服务修理交通运输行政办宅宿舍公寓
卧室厨房厕所贮藏浴室食堂饭厅冷饮公从餐馆百货店菜场邮局旅客站航空海港口码头
长途汽车行李候机船检票学校实验室图书馆文化宫运动场体育比赛博物馆走廊过道盥
洗楼梯层数壁橱基础底层墙踢脚阳台门散水沟窗格

图1-16 长仿宋体字样

为了使字写得大小一致、排列整齐,书写前应事先用铅笔淡淡地打好字格,再进行书写。字格高宽比例,一般为3:2。为了使字行清楚,行距应大于字距。通常字距约为字高的$\frac{1}{4}$,行距约为字高的$\frac{1}{3}$(图1-17)。

图1-17 字格

字的大小用字号来表示,字的号数即字的高度,各号字的高度与宽度的关系如表1-7所示。

字号 表1-7

字号	20	14	10	7	5	3.5
字高	20	14	10	7	5	3.5
字宽	14	10	7	5	3.5	2.5

图纸中常用的为10、7、5三号。如需书写更大的字,其高度应按$\sqrt{2}$的比值递增。汉字的字高应不小于3.5mm。

2. 拉丁字母、阿拉伯数字及罗马数字

拉丁字母、阿拉伯数字及罗马数字的书写与排列等，应符合表1-8的规定。

拉丁字母、阿拉伯数字、罗马数字书写规则　　　　　表 1-8

		一般字体	窄字体
字母高	大写字母	h	h
	小写字母（上下均无延伸）	$7/10h$	$10/14h$
	小写字母向上或向下延伸部分	$3/10h$	$4/14h$
	笔画宽度	$1/10h$	$1/14h$
间隔	字母间	$2/10h$	$2/14h$
	上下行底线间最小间隔	$14/10h$	$20/14h$
	文字间最小间隔	$6/10h$	$6/14h$

注：1. 小写拉丁字母 a、c、m、n 等上下均无延伸，j 上下均有延伸；
　　2. 字母的间隔，如需排列紧凑，可按表中字母的最小间隔减少一半。

拉丁字母、阿拉伯数字可以直写，也可以斜写。斜体字的斜度是从字的底线逆时针向上倾斜75°，字的高度与宽度应与相应的直体字相等。当数字与汉字同行书写时，其大小应比汉字小一号，并宜写直体。拉丁字母、阿拉伯数字及罗马数字的字高，应不小于2.5mm。拉丁字母、阿拉伯数字及罗马数字分一般字体和窄体字两种。

字体书写练习要持之以恒，多看、多摹、多写，严格认真、反复刻苦地练习，自然熟能生巧。

1.2.4 尺寸标注

在建筑施工图中，图形只能表达建筑物的形状，建筑物各部分的大小还必须通过标注尺寸才能确定。房屋施工和构件制作都必须根据尺寸进行，因此尺寸标注是制图的一项重要工作，必须认真细致，准确无误，如果尺寸有遗漏或错误，必将给施工造成困难和损失。

注写尺寸时，应力求做到正确、完整、清晰、合理。

本节将介绍《房屋建筑制图统一标准》GB/T 50001—2017中有关尺寸标注的一些基本规定。

（1）尺寸的组成

建筑图样上的尺寸一般应由尺寸界线、尺寸线、尺寸起止符号和尺寸数字四部分组成，如图1-18所示。

① 尺寸界线是控制所注尺寸范围的线，应用细实线绘制，一般应与被注长度垂直；其一端应离开图样轮廓线不小于2mm，另一端宜超出尺寸线2～3mm。必要时，图样的轮廓线、轴线或中心线可用作尺寸界线（图1-19）。

② 尺寸线是用来注写尺寸的，必须用细实线单独绘制，应与被注

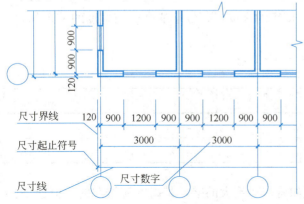

图1-18　尺寸的组成和平行排列的尺寸

长度平行,两端宜以尺寸界线为边界,也可超出尺寸界线 2~3mm。任何图线或其延长线均不得用作尺寸线。

③ 尺寸起止符号一般应用中粗斜短线绘制,其倾斜方向应与尺寸界线呈顺时针 45°角,长度宜为 2~3mm。半径、直径、角度和弧长的尺寸起止符号,宜用箭头表示(图 1-20)。

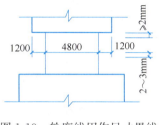 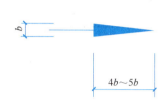

图 1-19 轮廓线用作尺寸界线　　　　图 1-20 箭头的画法

④ 建筑图样上的尺寸数字是建筑施工的主要依据,建筑物各部分的真实大小应以图样上所注写的尺寸数字为准,不得从图上直接量取。图样上的尺寸单位,除标高及总平面图以米为单位外,均必须以毫米为单位,图中不需注写计量单位的代号或名称。本书正文和图中的尺寸数字以及习题集中的尺寸数字,除有特别注明外,均按上述规定。

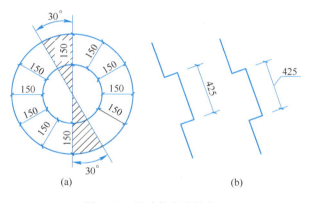

尺寸数字的读数方向,应按图 1-21(a) 规定的方向注写,尽量避免在图中所示的 30°范围内标注尺寸,当实在无法避免时,宜按图 1-21(b) 的形式注写。

图 1-21 尺寸数字读数方向

尺寸数字应依据其读数方向注写在靠近尺寸线的上方中部,如没有足够的注写位置,最外边的尺寸数字可注写在尺寸界线外侧,中间相邻的尺寸数字可错开注写,也可引出注写,如图 1-22 所示。

图线不得穿过尺寸数字,不可避免时,应将尺寸数字处的图线断开(图 1-23)。

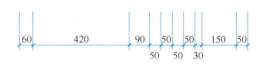 

图 1-22 尺寸数字的注写位置　　　图 1-23 尺寸数字处图线应断开

(2)常用尺寸的排列、布置及注写方法

尺寸宜标注在图样轮廓线以外,不宜与图线、文字及符号等相交。相互平行的尺寸线,应从被注的图样轮廓线由近向远整齐排列,小尺寸应离轮廓线较近,大尺寸应离轮廓线较远。图样轮廓线以外的尺寸线,距图样最外轮廓线之间的距离,不宜小于 10mm。平行尺寸线的间距,宜为7~10mm,并应保持一致,如图1-18所示。

总尺寸的尺寸界线,应靠近所指部位,中间的分尺寸的尺寸界线可稍短,但其长度应相等(图1-18)。半径、直径、球、角度、弧长、薄板厚度、坡度以及非圆曲线等常用尺寸的标注方法见表1-9。

常用尺寸标注方法　　　　　　　　　表1-9

标注内容	图例	说明
角度	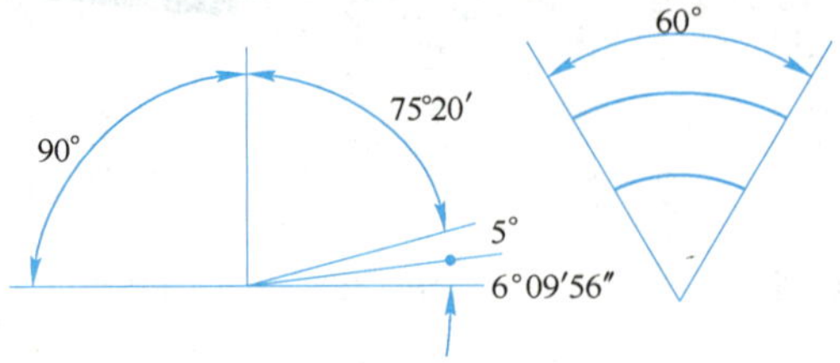	尺寸线应画成圆弧,圆心是角的顶点,角的两边为尺寸界线。角度的起止符号应以箭头表示,如没有足够的位置画箭头,可以用圆点代替。角度数字应水平方向书写
圆和圆弧	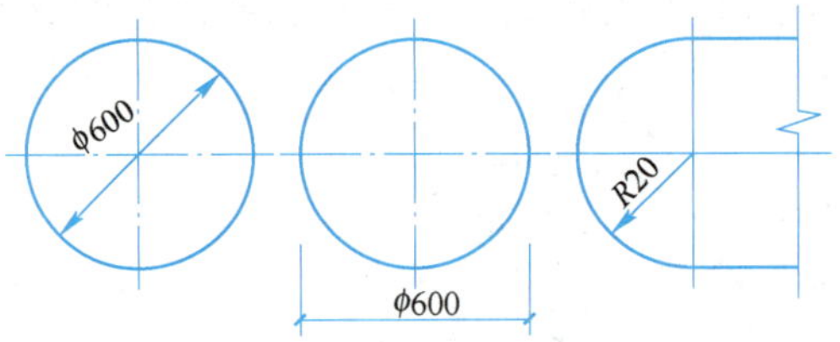	标注圆或圆弧的直径、半径时,尺寸数字前应分别加符号"φ"、"R"尺寸线及尺寸界线应按图例绘制
大圆弧	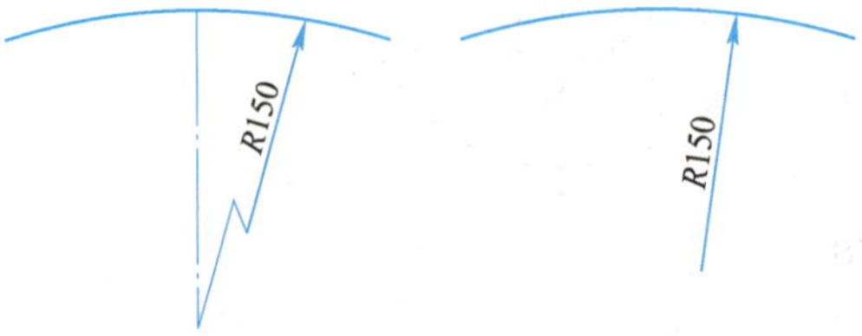	较大圆弧的半径可按图例形式标注
球面	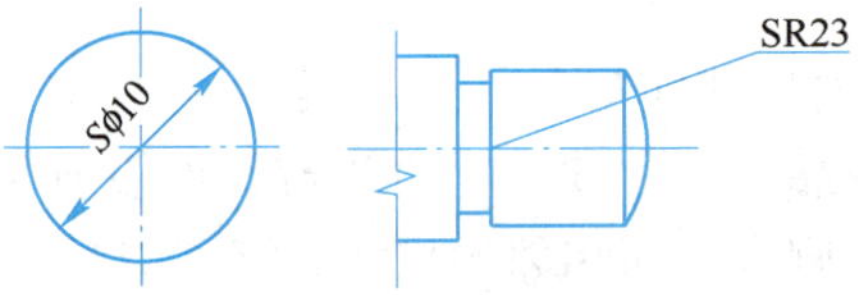	标注球的直径、半径时,应分别在尺寸数字前加注符号"Sφ"、"SR",注写方法与圆和圆弧的直径、半径的尺寸标注方法相同
薄板厚度	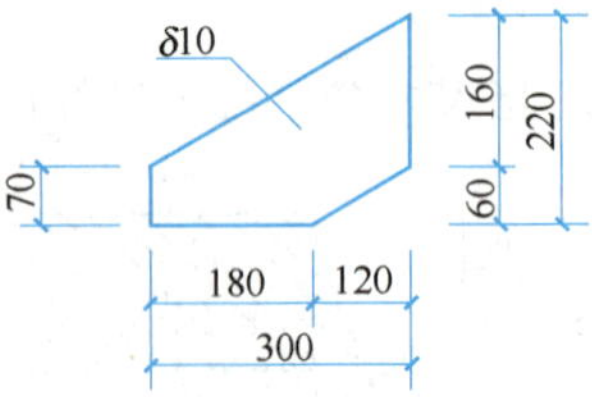	在薄板板面标注板厚尺寸时,应在厚度数字前加厚度符号"δ"
正方形	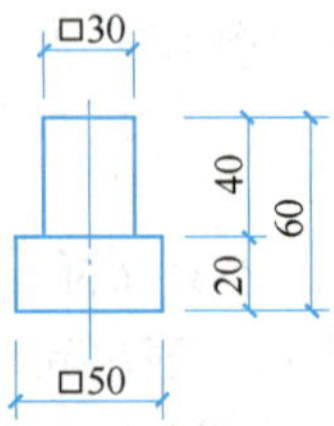	在正方形的侧面标注该正方形的尺寸,除可用"边长×边长"外,也可在边长数字前加正方形符号"□"

续表

标注内容	图例	说明
坡度	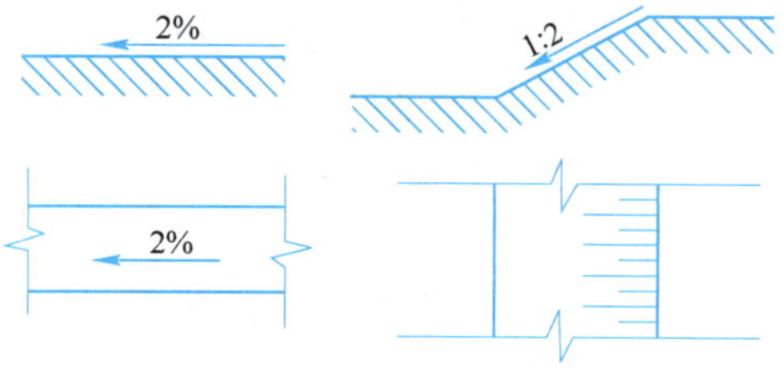	标注坡度时，在坡度数字下，应加注坡度符号，坡度符号的箭头，一般应指向下坡方向，坡度也可用直角三角形的形式标注
小圆和小圆弧	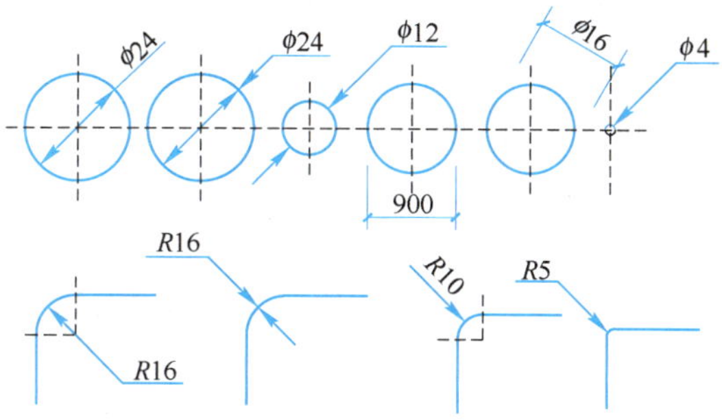	小圆的直径和小圆弧的半径可按图例形式标注
弧长和弦长	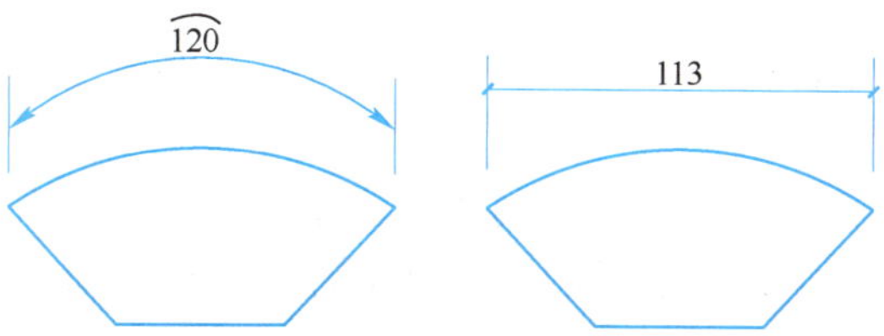	尺寸界线应垂直于该圆弧的弦。标注弧长时，尺寸线应以与该圆弧同心的圆弧线表示，起止符号应用箭头表示，尺寸数字上方应加注圆弧符号。标注弦长时，尺寸线应以平行于该弦的直线表示，起止符号用中粗斜线表示
构件外形为非圆曲线时	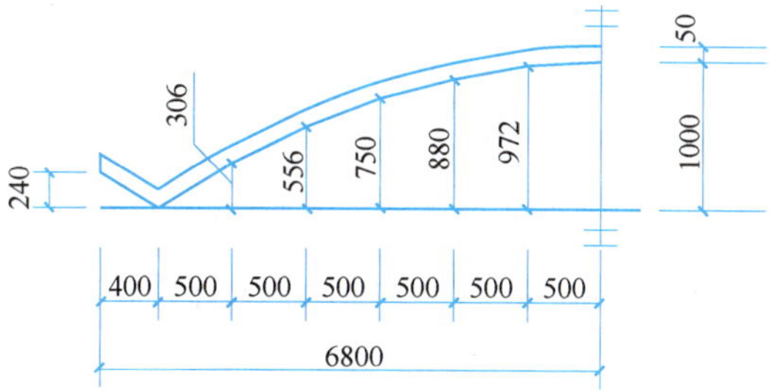	用坐标形式标注尺寸
复杂的圆形	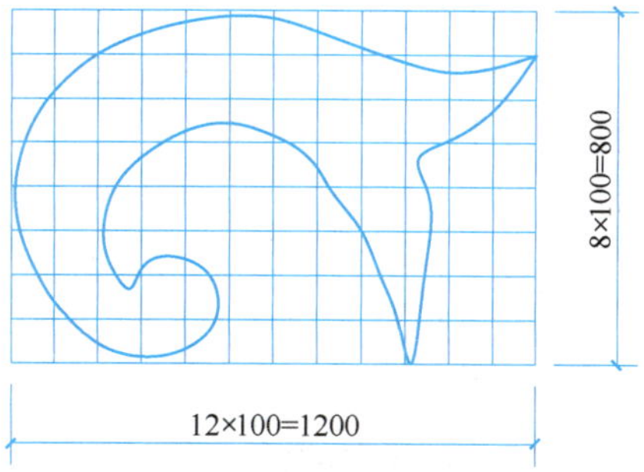	用网格形式标注尺寸

(3)尺寸的简化标注

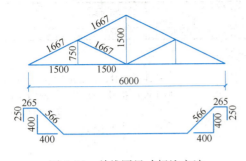

图1-24 单线图尺寸标注方法

① 杆件或管线的长度,在单线图(桁架简图、钢筋简图、管线图等)上,可直接将尺寸数字沿杆件或管线的一侧注写(图1-24)。

② 连续排列的等长尺寸,可用"个数×等长尺寸=总长"或"总长(等分个数)"的形式标注(图1-25)。

③ 构配件内的构造要素(如孔、槽等)如相同,可仅标注其中一个要素的尺寸(图1-26)。

④ 对称构配件采用对称省略画法时,该对称构配件的尺寸线应略超过对称符号,仅在尺寸线的一端画尺寸起止符号,尺寸数字应按整体全尺寸注写,其注写位置宜与对称符号对直(图1-27)。

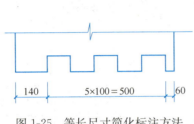

图1-25 等长尺寸简化标注方法

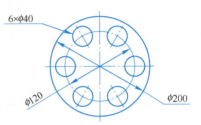

图1-26 相同要素尺寸标注方法

⑤ 两个构配件,如仅个别尺寸数字不同,可在同一图样中,将其中一个构配件的不同尺寸数字注写在括号内,该构配件的名称也应注写在相应的括号内(图1-28)。

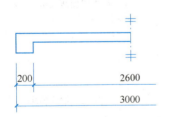

图1-27 对称构件尺寸数字标注方法

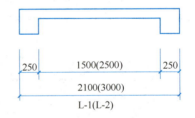

图1-28 相似构件尺寸数字标注方法

⑥ 数个构配件,如仅某些尺寸不同,这些有变化的尺寸数字,可用拉丁字母注写在同一图样中;另列表格写明其具体尺寸(图1-29)。

(4)标高的注法

标高分绝对标高和相对标高。以我国青岛市外黄海海面为±0.000的标高称为绝对标高,如世界最高峰珠穆朗玛峰高度为8848.86m,即为绝对标高。而以某一建筑底层室内地坪为±0.000的标高称为相对标高,如已建成的上海浦东119层的

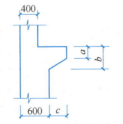

构件编号	a	b	c
$z-1$	200	400	200
$z-2$	250	450	200
$z-3$	200	450	250

图1-29 相似构配件尺寸表格式标注方法

上海中心大厦高 632m，即为相对标高。

建筑图样中，除总平面图上标注绝对标高外，其余图样上的标高都为相对标高。

标高符号，除用于总平面图上室外整平标高采用图 1-30 中全部涂黑的三角形外，其他图面上的标高符号一律用如图 1-30 所示的不涂黑标高符号。

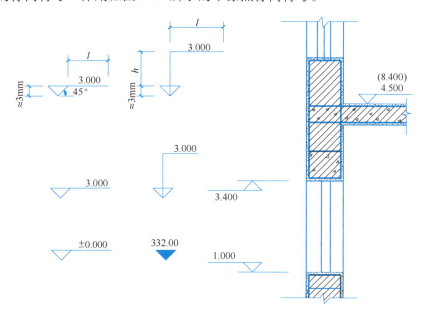

图 1-30　标高符号及其标注

标高符号其图形为等腰直角三角形或倒等腰直角三角形，高约 3mm，三角形尖部所指位置即为标高位置，其水平线的长度，根据标高数字长短定。标高数字以米为单位，总平面图上注至小数点后 2 位数，如：8848.86，而其他任何图上注至小数点后 3 位数，即毫米为止。如零点标高注成 ±0.000，正标高数字前一律不加正号，如 3.000、2.700、0.900，负标高数字前必须加注负号，如 −0.020、−0.450。

在剖面图及立面图中，标高符号的尖端，根据所指位置，可向上指，也可向下指，如同时表示几个不同的标高时，可在同一位置重叠标注，标高符号及其标注如图 1-30 所示。

1.3　建筑制图的一般步骤

制图工作应当有步骤地循序进行。为了提高绘图效率，保证图纸质量，必须掌握正确的绘图程序和方法，并养成认真负责、仔细、耐心的良好习惯。本节将介绍建筑制图的一般步骤。

1.3.1　制图前的准备工作

（1）安放绘图桌或绘图板时，应使光线从图板的左前方射入；不宜对窗安置绘图桌，以免纸面反光而影响视力。将需用的工具放在方便之处，以免妨碍制图工作。

（2）擦干净全部绘图工具和仪器，削磨好铅笔及圆规上的铅芯。

（3）固定图纸：将图纸的正面（有网状纹路的是反面）向上贴于图板上，并用丁字尺略为对齐，使图纸平整和绷紧。当图纸较小时，应将图纸布置在图板的左下方，但要使图

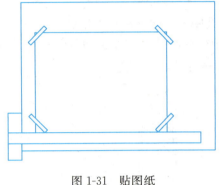

图 1-31 贴图纸

纸的底边与图板的下边的距离略大于丁字尺的宽度（图 1-31）。

（4）为保持图面整洁，画图前应洗手。

1.3.2 绘铅笔底稿图

铅笔细线底稿是一张图的基础，要认真、细心、准确地绘制。绘制时应注意以下几点：

（1）铅笔底稿图宜用削磨尖的 H 或 HB 铅笔绘制，底稿线要细而淡，绘图者自己能看得出便可，故要经常磨尖铅芯。

（2）画图框、图标：首先画出水平和垂直基准线，在水平和垂直基准线上分别量取图框和图标的宽度和长度，再用丁字尺画图框、图标的水平线，然后用三角板配合丁字尺画图框、图标的垂直线。

布图：预先估计各图形的大小及预留尺寸线的位置，将图形均匀、整齐地安排在图纸上，避免某部分太紧凑或某部分过于宽松。

（3）画图形：一般先画轴线或中心线，其次画图形的主要轮廓线，然后画细部；图形完成后，再画尺寸线、尺寸界线等。材料符号在底稿中只需画出一部分或不画，待加深或上墨线时再全部画出。对于需上墨的底稿，在线条的交接处可画出头一些，以便清楚地辨别上墨的起止位置。

1.3.3 铅笔加深的方法和步骤

在加深前，要认真校对底稿，修正错误和填补遗漏；底稿经查对无误后，擦去多余的线条和污垢。一般用 2B 铅笔加深粗线，用 B 铅笔加深中粗线，用 HB 铅笔加深细线、写字和画箭头。加深圆时，圆规的铅芯应比画直线的铅芯软一级。用铅笔加深图线用力要均匀，边画边转动铅笔，使粗线均匀地分布在底稿线的两侧，如图 1-32 所示。加深时还应做到线型正确、粗细分明，图线与图线的连接要光滑、准确，图面要整洁。

图 1-32 加深的粗线与底稿线的关系

加深图线的一般步骤如下：

（1）加深所有的点画线；

（2）加深所有粗实线的曲线、圆及圆弧；

（3）用丁字尺从图的上方开始，依次向下加深所有水平方向的粗实直线；

（4）用三角板配合丁字尺从图的左方开始，依次向右加深所有的铅垂方向的粗实直线；

（5）从图的左上方开始，依次加深所有倾斜的粗实线；

（6）按照加深粗实线同样的步骤加深所有的虚线曲线、圆和圆弧，然后加深水平的、铅垂的和倾斜的虚线；

（7）按照加深粗线的同样步骤加深所有的中实线；

（8）加深所有的细实线、折断线、波浪线等；

（9）画尺寸起止符号或箭头；

（10）加深图框、图标；

（11）注写尺寸数字、文字说明，并填写标题栏。

1.3.4 上墨线的方法和步骤

画墨线时，首先应根据线型的宽度调节直线笔的螺母（或选择好针管笔的号数），并在与图纸相同的纸片上试画，待满意后再在图纸上描线。如果改变线型宽度重新调整螺母，都必须经过试画，才能在图纸上描线。

上墨时相同形式的图线宜一次画完。这样，可以避免由于经常调整螺母而使相同形式的图线粗细不一致。

如果需要修改墨线时，可待墨线干透后，在图纸下垫一三角板，用锋利的薄型刀片轻轻修刮，再用橡皮擦净余下的污垢，待错误线或墨污全部去净后，以指甲或者钢笔头磨实，然后再画正确的图线。但需注意，在用橡皮时要配合擦线板，并且宜向一个方向擦，以免撕破图纸。

上墨线的步骤与铅笔加深基本相同，但还须注意以下几点：

（1）一条墨线画完后，应将笔立即提起，同时用左手将尺子移开；

（2）画不同方向的线条必须等到墨线干了再画；

（3）加墨水要在图板外进行。

最后需要指出，每次制图时间，最好连续进行三四小时，这样效率最高。

1.4 徒 手 绘 图

徒手画图用于画草图，是一种快速勾画图稿的技术。在日常生活和工作中用到徒手画图的机会很多。工程上设计师构思一个建筑物或产品，工程师测绘一个工程物体，都会用到徒手画图的技能。在计算机绘图技术发展的今天，要用计算机成图也需要先徒手勾画出图稿。由此可见徒手画图是一项重要的绘图技术。

1.4.1 概念

所谓徒手绘图就是指以目测估计图形与实物的比例，按一定的画法要求，徒手绘制的图。在设计开始阶段，由于技术方案要经过反复分析、比较、推敲才能确定最后方案，所以，为了节省时间、加快速度，往往以绘制草图表达构思结果；在仿制产品或修理机器时，经常要现场绘制。由于环境和条件的限制，常常缺少完备的绘图仪器和计算机，为了尽快得到结果，一般也先画草图，再画正规图；在参观、学习或交流、讨论时，有时也需要徒手绘制草图；此外，在进行表达方案讨论、确定布图方式时，往往也画出草图，以便进行具体比较。总之，草图的适用场合是非常广泛的。

1.4.2 画法

徒手画图时可以不固定图纸，也可以不使用尺子截量距离，画线靠徒手，定位靠目测。但是草图上亦应做到线型明确，比例协调。不要误以为画草图就可以潦草从事。

徒手绘图的基本要求是快、准、好，即画图速度要快、目测比例要准、图面质量要好，草图中的线条要粗细分明，基本平直，方向正确。初学徒手绘图时，应在方格纸上进行，以便训练图线画得平直和借助方格纸线确定图形的比例。

徒手绘图所使用的铅笔的铅芯应磨成圆锥形，画中心线和尺寸线时，铅芯应磨得较尖。画可见轮廓线时的铅芯应磨得较钝。

一个物体的图形无论多么复杂，都是由直线、圆、圆弧或曲线组成的。因此要画好草图，必须掌握好徒手绘制各种线条的方法。

(1) 直线的徒手画法

徒手绘图时，用 HB 铅笔，手指应握在距铅笔笔尖约 35mm 处，手腕悬空，小手指轻触纸面。在画直线时，先定出直线的两个端点，然后执笔悬空，沿直线方向先比划一下，掌握好方向和走势后再落笔画线（图 1-33）。画线时手腕不要转动，使铅笔所画的线始终保持约 90°，眼睛看着画线的终点，轻轻移动手腕和手臂，使笔尖向着要画的方向做近似的直线运动。画长斜线时，为了运笔方便，可以将图纸旋转到适当的角度，使它转成水平线位置来画。

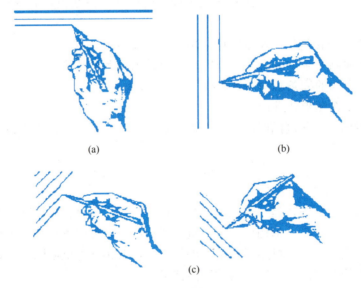

图 1-33　直线的画法

(a) 移动手腕自左向右画水平线；(b) 移动手腕自上向下画垂直线；(c) 倾斜线的两种画法

(2) 圆及圆角的徒手画法

画圆时，应过圆心先画中心线，再根据半径大小用目测在中心线上定出 4 点，然后过这 4 点画圆，当圆的直径较大时，可过圆心增画两条 45°的斜线，在线上再定 4 个点，然后过这 8 个点画圆，当圆的直径很大时，可取一纸片标出半径长度，利用它从圆心出发定出许多圆上的点，然后通过这些点作圆（图 1-34）。或者，用手作圆规，以小手指的指尖或关节作圆心，使铅笔与它的距离等于所需的半径，用另一只手小心地慢慢转动图纸，即可得到所需的圆。画圆角的方法，先用目测在分角线上选取圆心位置，使它与角的两边的距离等于圆角的半径大小。过圆心向两边引垂直线定出圆弧的起点和终点，并在分角线上也定出一个圆周点，然后徒手作圆弧把这 3 点连接起来。

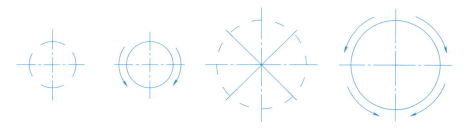

图 1-34 圆的画法

(3) 椭圆的徒手画法

方法和画圆差不多，也是先画十字，标记出长短轴的记号。不同的是通过这四个记号作出一个矩形后再画出相切的椭圆来（图 1-35）。

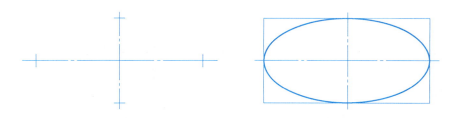

图 1-35 椭圆的画法

小　　结

学习本章的目的在于，了解中华人民共和国国家标准《房屋建筑制图统一标准》GB/T 50001—2017 规定的绘制建筑施工图的图幅、图框、线型、字体及尺寸标注的基本要求，掌握制图工具的使用方法。

复习思考题

1.1　中华人民共和国国家标准《房屋建筑制图统一标准》GB/T 50001—2017 规定的绘制建筑施工图的图幅有几种？

1.2　A2 图幅的长边和短边分别为多少？

1.3　虚线的线段长是多少？两虚线线段之间的空隙留多少？

1.4　单点长画线的线段长是多少？两单点长画线之间的空隙和点共计留多少？

1.5　尺寸由哪几部分组成？

1.6　什么叫绝对标高？什么叫相对标高？

1.7　徒手绘制水平线、垂直线和圆。

第 2 章　投影法和点、直线、平面的多面正投影

本章知识点

本章主要介绍投影法的基本分类、特性和三面投影形成的基本原理，从构成物体的基本元素——点、线、面的投影入手，重点要求掌握三投影面体系及点、线、面的三面正投影图作法，了解辅助正投影，从而掌握好画法几何图示法及图解法的原理、作图过程，为学习立体的投影作图打下基础。

2.1　投　影　法

人们在日常生活中所见到的物体都有一定的长度、宽度和高度（或厚度）。为了在一个只有长、宽尺度的平面上（如一张纸上）表达出物体的形状和大小，我们可以采用投影的方法来表达。

例如，要在平面 P 上画出一长方体物体的图形，可在该物体的前面设一光源点 S，在光线的照射下，物体将在平面 P 上落下一个多边形的影；当光线的照射角度或距离改变时，影的位置及形状将随之改变。但是这种影只反映出物体的轮廓，却表达不出物体的形状，如图 2-1（a）所示。如果假设光线能够透过物体，而将长方体的各个顶点和各条棱边都在平面 P 上落下影，则这些点和线的影就将组成一个能反映物体形状的图形，这个图形就称为物体的投影，如图 2-1（b）所示。光源 S 称为投影中心，连接投影中心与物体上的点的直线称为投影线，落影平面 P 称为投影面。投射线通过物体，向选定的面投射，

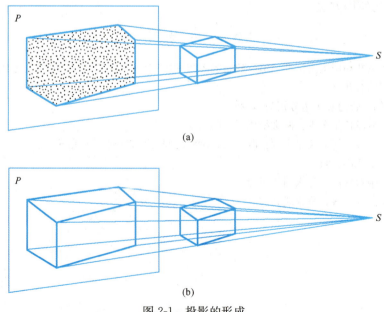

图 2-1　投影的形成

并在该面上得到图形的方法叫投影法。

根据投影中心与投影面的相对位置，投影法可分为中心投影和平行投影两大类。

2.1.1 中心投影

当投影中心 S 与投影面 P 的距离为有限远时，所有投射线均从投影中心放射，用这种投射线作出的形体投影称为中心投影，作出中心投影的方法称为中心投影法，如图 2-2 所示。中心投影具有如下两个基本性质：

（1）直线的投影，在一般情况下仍为直线（若空间直线通过投影中心，其投影积聚为一点）；

（2）属于直线的点，则该点的投影必属于该直线的投影（从属性），如图 2-2 所示。

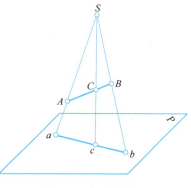

图 2-2 中心投影法

2.1.2 平行投影

当投影中心 S 与投影面 P 相距无限远时，可视投影线相互平行，用平行投影线作出的形体投影称为平行投影，作出平行投影的方法称为平行投影法，如图 2-3 所示。

平行于投影线的方向叫做投影方向。根据投影方向的不同，平行投影又分为斜投影和正投影两种，前者投影方向倾斜于投影面，如图 2-3（a）所示，后者投影方向垂直于投影面，如图 2-3（b）所示。

由于平行投影是中心投影的特殊情况，所以它不仅具有前述中心投影的特性，还具有如下特性：

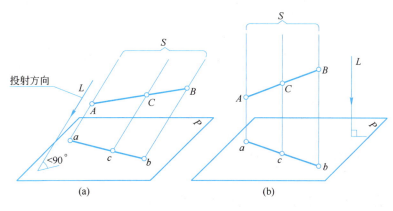

图 2-3 平行投影法

（1）点分直线段成某一比例，则该点的投影也分该线段的投影成相同比例（定比性），如图 2-3 所示；

（2）互相平行的直线，其同面投影仍然互相平行（平行性），如图 2-4 所示；

（3）平行二直线段的实长比，等于此二直线段的同面投影长度比（平行定比性），如图 2-5 所示。

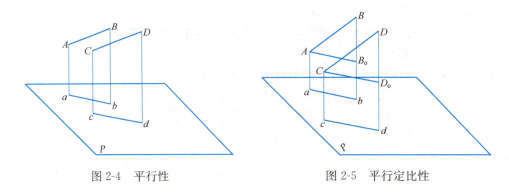

图 2-4 平行性　　　　　　　图 2-5 平行定比性

2.1.3 投影法的应用

用中心投影法可在一个投影面上绘出形体的透视图（图 2-6），这种图和用眼睛看到的形象一样，具有很强的视觉效果。但各部分的真实形状和大小都不能在图中直接量度，其作图过程较为繁杂，在建筑设计中常用来研究房屋的造型和空间处理。

用平行投影法（斜投影和正投影）可以在一个投影面上绘出形体的轴测投影图（图 2-7、图 2-8），这种图富有立体感，但不如透视图自然、逼真，作图过程较透视图简便。

透视图和轴测图都是单面投影图，与人们看实际形体时所得到的印象比较一致，容易看懂，但对形体的表达却不全面，其作图过程又较麻烦，因此在工程中只用作辅助图样。

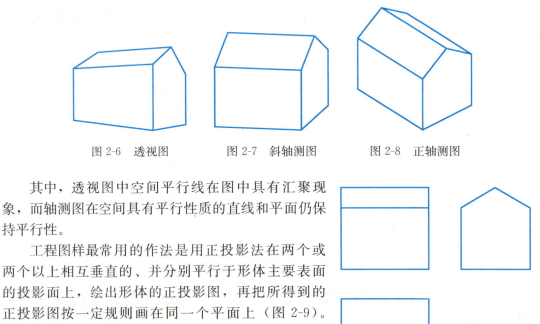

图 2-6 透视图　　　图 2-7 斜轴测图　　　图 2-8 正轴测图

其中，透视图中空间平行线在图中具有汇聚现象，而轴测图在空间具有平行性质的直线和平面仍保持平行性。

工程图样最常用的作法是用正投影法在两个或两个以上相互垂直的、并分别平行于形体主要表面的投影面上，绘出形体的正投影图，再把所得到的正投影图按一定规则画在同一个平面上（图 2-9）。这种图能如实地表示形体的形状和大小，而且作图简便，是工程中最主要的图样。

图 2-9 三面正投影图

2.1.4 正投影的基本性质

(1) 类似性

点的正投影仍是点（图 2-10a）。

直线的正投影一般情况下仍是直线；当直线倾斜于投影面，其投影长度短于实长（图 2-10b）。

平面的正投影一般情况下仍是平面；当平面倾斜于投影面，其投影长度小于实形，其投影图形和空间平面图形类似（图 2-10c）。

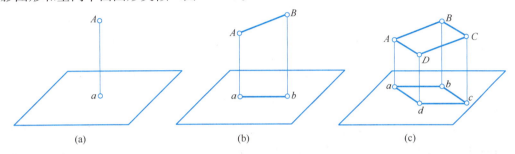

图 2-10 正投影的类似性

(2) 全等性

直线平行于投影面，其投影长反映实长（图 2-11a）。

平面平行于投影面，其投影反映实形（图 2-11b）。

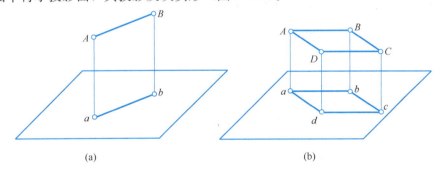

图 2-11 平行投影的全等性

(3) 积聚性

直线垂直于投影面，其投影积聚为一点（图 2-12a）；属于直线的任一点的投影也积聚在这一点上（图 2-12b）。

平面垂直于投影面，其投影积聚为一直线（图 2-12c）；属于平面的任一点、任一直线

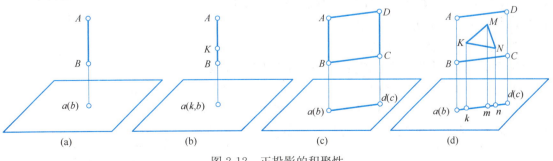

图 2-12 正投影的积聚性

或任一图形的投影也都积聚在这一直线上（图 2-12d）。

（4）重合性

两个或两个以上的点、线、面具有同一投影时，它们的投影重合（图 2-13a、b、c）。

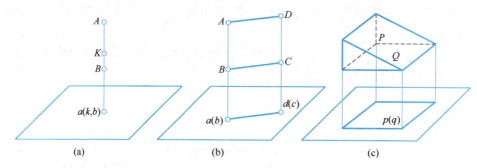

图 2-13 正投影的重合性

当给定投影条件，在投影面上，总是可以作出已知形体唯一确定的投影，并且知道形体的哪些几何性质在投影图上保持不变，哪些是改变的。但是反过来由投影重新确定点、线、面的原形和空间位置，答案并不唯一。如图 2-14 给出空间一点 A（图 2-14a），为作出 A 点在水平投影面（简称 H 面）上的正投影，可过 A 点向 H 面引垂线，所得垂足 a，即是 A 点的正投影。相反，如果要由投影 a（图 2-14b）重定点在空间的位置，则不可能。因为投射线上的所有点，如 A、B、C……，都可以作为投影 a 在空间的位置。

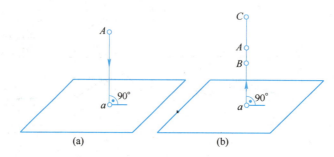

图 2-14 点的单面正投影及其可逆性问题

图 2-15 中，投影面 H 上的正投影，可以是双坡房屋的投影，也可以是锯齿形房屋的投影，还可以是一个台阶的投影，或其他形体的投影。但其投影图还不具有"可逆性"。为使投影图具有"可逆性"，在正投影的条件下，可以采用多面正投影的方法来解决。

为叙述方便，特作如下约定：

① 以后除特别指明外，正投影一律简称投影，直线段或平面图形简称直线或平面。

② 空间点用大写字母 A、B、C……（或Ⅰ、Ⅱ、Ⅲ……）标示，其在水平投影面上的投影用小写字母 a、b、c……（或1、2、3……）标示。

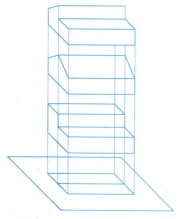

图 2-15 立体的单面正投影及其可逆性问题

③ 空间平面用大写字母 P、Q、R……标示，其在水平投影面上的投影用小写字母 p、q、r……标示。

2.1.5 三面投影体系

如图 2-16 把一长方体放在水平投影面 H 的上方，并使长方体的上、下底和 H 面平行。然后，用正投影法将长方体向 H 面投射，得到长方体的水平投影为一矩形，该矩形即为长方体的水平投影图。它是长方体上、下底投影的重合。矩形的四条边又分别为长方体正、背面和左、右侧面投影的积聚。由于长方体的上、下底平行于 H 面，所以它又反映了长方体上、下底的真实形状以及长方体的长度和宽度。但是，却反映不出长方体的高度。即不能由一个投影反过来确定上、下底的空间位置。

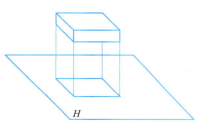

图 2-16 长方体的 H 面投影

此时，再设一个和水平投影面（H 面）垂直，并与长方体的正、背面平行的正立投影面（简称 V 面）。V 面和 H 面相交于 OX 直线，叫做投影轴（X 轴）。再用正投影法将长方体向 V 面投射，得到长方体的正面投影也为一矩形，此矩形即为长方体的正面投影图。它是长方体正、背面投影的重合。矩形的四条边又分别为长方体上、下底和左、右侧面投影的积聚。由于长方体的正、背面平行于 V 面，所以它又反映出长方体正、背面的真实形状以及长方体的长度和高度（图 2-17a）。

在长方体的正面投影图和水平投影图中，长方体的上、下底面和正、背面的真实形状

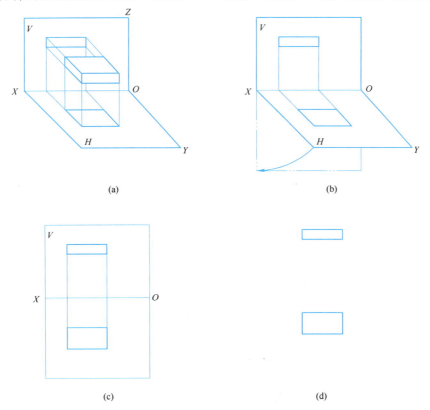

图 2-17 长方体的二面正投影图的形成及展开

以及长方体的长度、宽度和高度都反映出来了（图 2-17b）。为了在只有两个向度的图纸上来表达出具有三个向度的形体，假设 V 面不动，将 H 面绕 OX 轴向下旋转 90°，就将 H 面和 V 面展开到同一个平面上了（图 2-17c）。这样展开到一个平面上的两个投影图，叫做二面正投影图（简称二面投影图）。这种用两个相互垂直的投影面所组成的投影面体系，叫做二面投影体系。

正面投影图和水平投影图是上下对正的。两个投影图之间的连线，称为联系线，它是垂直于 X 轴的。在投影图中，投影面的边框和轴以及投影图间的联系线都可以不画出来（图 2-17d）。

通过图 2-17，很容易将形体想象为一长方体。但把它想象成如图 2-18 所示形体也是正确的。还可以想出其他的形体。这是因为图 2-17 的二面投影的两个矩形，是同时平行于各自投影面的相互平行二平面的投影的重合；而图 2-18 的二面投影的两个矩形，则是一个倾斜于投影面的平面与平行于各自投影面的平面的投影的重合。图 2-17、图 2-18 的投影图虽相同，但空间的形体却不同。

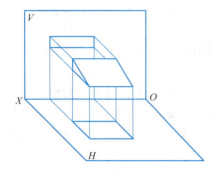

图 2-18 三棱柱的二面投影

如图 2-19（a）所示，在二投影面体系的基础上，增设一个同时垂直于 H 面和 V 面的第三侧立投影面

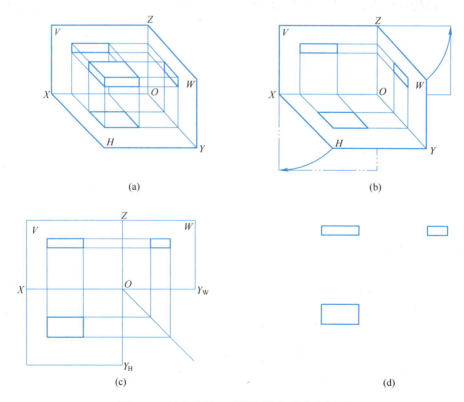

图 2-19 长方体的三面投影图的形成及展开

(简称 W 面)，W 面与 H 面相交于 OY 直线叫 Y 轴，与 V 面相交于 OZ 直线叫 Z 轴。这三个相互垂直的投影面的交线 X 轴、Y 轴和 Z 轴，相交于一点 O，称为原点。

此时长方体上、下底平行于 H 面；正、背面平行于 V 面；左、右侧面必平行于 W 面。用正投影法将长方体向 W 面投射，得到其侧面投影也为一矩形，该矩形即为长方体的侧面投影图。它反映出长方体左、右侧面的真实形状以及长方体的宽度和高度（图 2-19a）。

假设 V 面不动，把 H 面和 W 面沿 OY 轴分开，并分别绕 OX 轴、OZ 轴向下、向右后旋转 90°，使三个投影图展开到一个平面上（图 2-19b）。这样展开到一个平面上的三个投影图（图 2-19c），简称三面投影图。这种用三个相互垂直的投影面所组成的投影面体系，叫三投影面体系。

在三面正投影图中，三个投影图两两之间的联系线分别垂直于它们相应的投影轴。正面投影图和水平投影图的长度是上下对正的，正面投影图和侧面投影图的高度是左右平齐的，水平投影图和侧面投影图的宽度展开前后是相等的。这个"长对正、高平齐、宽相等"的投影规律，称为"三等"关系。

根据"三等"关系，在投影图中，投影面的边框和轴以及投影图间的联系线都可以不画（图 2-19d）。

【例 2-1】根据形体的轴测投影图画其三面投影图（图 2-20）。

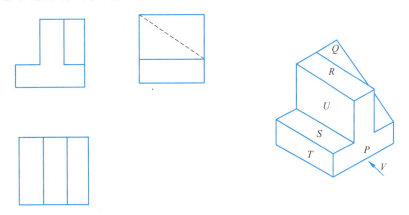

图 2-20　由轴测图画出三面投影图

【解】（1）选择形体方位

① 形体的正面投影图是主要的投影图。应使正面投影最能呈现形体的特征。

② 按其习惯位置和工作位置考虑。

③ 为反映形体的内外部形状，常把不可见的图线画成虚线，在各投影图中，虚线应尽可能地少。

（2）进行线面分析

在图 2-20 中，该形体上、下底平行于 H 面，左右侧面平行于 W 面。形体的 P 面和背面平行于正立投影面，其正面投影反映实形；Q 面倾斜于正立投影面，其正面投影小于实形；其他各面均垂直于正立投影面，其正面投影皆积聚为直线，并与 P 面、Q 面及背面的正面投影的线框重合。P 面和 Q 面的正面投影又与背面（不可见面）的正面投影重合。

形体的 R 面、S 面和底面平行于水平投影面，其水平投影反映实形。Q 面倾斜于水平投影面，其水平投影也小于实形。其他各面均垂直于水平投影面，其水平投影皆积聚为直线，并与 Q 面、R 面、S 面及底部的水平投影的线框重合。Q 面、R 面、S 面又与底面（不可见面）的水平投影重合。这些投影的组合，便是该形体的水平投影。

形体的 T 面、U 面及另二侧面平行于右侧立面投影面，其侧面投影反映实形。其他各面均垂直于右侧立面投影面，其侧面投影皆积聚为直线，并与 T 面、U 面及另二平行于侧立投影面的侧面的投影线框重合。T 面、U 面又于平行于侧立面的另二不可见侧面的侧面投影重合。这些投影的组合，便是该形体的侧面投影。同时，在这侧面投影中，Q 面为不可见，应积聚为虚线。

【例 2-2】 读形体的三面投影图，想象其空间形状（图 2-21）。

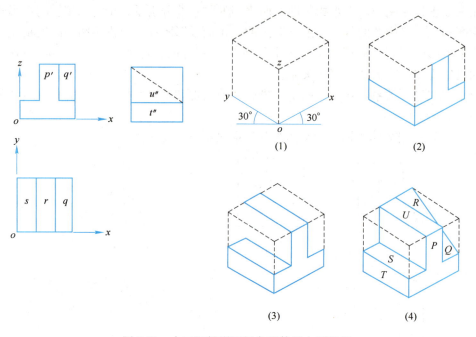

图 2-21　由三面投影图想象形体的空间形状

【解】 在图 2-21 中，形体的正面投影能反映形体的前后面形状及上下、左右各面的相对位置；水平投影能反映形体的上下面的形状及前后、左右各面的相对位置；侧面投影能反映形体的左右面的形状及上下、前后各面的相对位置。

为方便看图，标示空间的点或面的大写字母，在正面投影中用小写加一撇，在侧面投影中用小写加两撇来区分。

根据"三等"关系和正投影的基本性质，结合各投影图中反映出的上下、左右、前后面的位置情况，可以看出 P 面在 H 面和 W 面的投影积聚为直线，二积聚投影分别平行于相应的投影轴，可以想象 P 面是平行于 V 面的，在 V 面上的投影反映实形，并知道其位置在最前。同样，可以读出背面也平行于 V 面，其在 V 面上的投影也反映实形，并在最后。

可以看出 R 面、S 面和底面在 V 面和 W 面的投影积聚为直线。从其积聚投影分别平行于相应的投影轴，可以想象 R 面、S 面和底面是平行于 H 面的，它们的 H 面投影反映实形;并知道 R 面在最上,底面在最下,S 面在 R 面之下、底面之上。

可以看出 T 面、U 面及另二侧面皆平行于 W 面,其 W 面投影皆反映实形。并知 T 面在最左,U 面在 T 面右,另二侧面依次更右。因为 Q 面在 H 面、V 面的投影形状类似而大小不等,其 W 面投影积聚为倾斜于投影轴的直线,故知 Q 面倾斜于 V、H 面,而垂直于 W 面。

先画出一个以三面投影反映出的该形体的总长、总宽、总高六面体的立体图(轴测图),其 X 向、Y 向、Z 向如图 2-21 所示。再运用平行投影的特性之一"互相平行的直线其投影仍然平行",结合形体上各面在空间的上下、左右、前后的不同位置,按图 2-21 所示程序来想象形体的空间形象。

根据线、面的投影特点,从投影图上的线段、线框(一个线框反映一个面)来确定线、面的空间位置和形状及其在形体上的相对位置,从而确定其总的形状。这种方法叫做线面分析法。

2.2 点 的 投 影

2.2.1 点的两面投影图

点是构成空间形体的最基本的元素,因此,空间点的图示法是画法几何学中首先要研究的问题。画法几何学中的点是抽象的概念,没有大小,只有空间位置。

1. 点的两面投影

根据初等数学的概念,两个坐标不能确定空间点的位置,因此,点在一个单一投影面上的投影,可以对应无数的空间点。在两面投影体系中,空间划分为四个区域,按逆时针的顺序将这些区域称为第一、二、三、四分角,并用罗马字母 I、II、III、IV 来表示(图 2-22)。

1) 点在第一分角的投影

(1) 点的两面投影

《房屋建筑制图统一标准》GB/T 50001—2017 规定:房屋建筑的视图应按正投影法并用第一角法绘制。因此,我们将重点讨论点在第一分角中投影的画法。

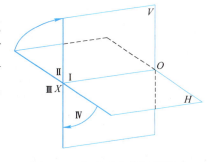

图 2-22 相互垂直的两投影面

如图 2-23(a)所示,过点 A 分别向投影面 V、H 作垂线,即投射线,与 V、H 面分

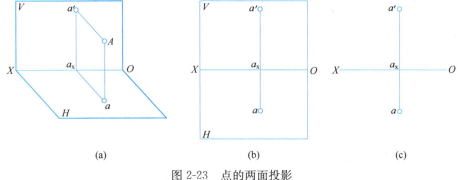

(a)　　　　　　　　　(b)　　　　　　　　　(c)

图 2-23 点的两面投影

别交于 a'、a，a' 称为空间点 A 的正面投影，简称 V 面投影，a 称为空间点 A 的水平投影，简称 H 面投影。$Aa'a$ 构成的平面与 OX 轴的交点为 a_x。

图 2-23（b）、（c）为投影体系展开后点的两面投影图。

（2）点的两面投影特性

从图 2-23（a）中可知，$Aa \perp H$ 面，$Aa' \perp V$ 面，则平面 $Aa'a_xa \perp H$、V 面，也垂直于投影轴 OX。展开后的投影图上 a、a_x、a' 三点成为一条垂直于 OX 的直线。由于 $Aa'a_xa$ 是个矩形，$aa_x = Aa'$，$a'a_x = Aa$。由此可以得出点在两面投影体系中的投影特性：

① 点的正面投影和水平投影的连线，垂直于相应的投影轴（$aa' \perp OX$）；

② 点的正面投影到投影轴 OX 的距离等于空间点到水平投影面 H 的距离；

③ 点的水平投影到投影轴 OX 的距离等于空间点到正投影面 V 的距离（$a'a_x = Aa$，$aa_x = Aa'$）。

以上特性适合于其他分角中的点。

该投影规律正是我们在作点的投影图中的一个基本原理和方法。

2）点在其他分角中的投影

在实际的工程制图中，通常都把空间形体放在第一分角中进行投影，但在画法几何学中应用图解法时，常常会遇到需要把线或面等几何要素延长或扩大的情况，因此就很难使它们始终都在第一分角内。在这里我们简单地讨论点在其他分角的投影情况。

图 2-24 所示的是点在第一、二、三、四个分角内的投影情况。投影的原理以及投影特性与前面所讲述的点在第一分角的投影完全一样，投影面的展开也与前面所讲的一样，得到的两面投影图对于各分角的点的区别如下：A 点在第一分角中，其正面投影和水平投影分别在 OX 轴的上方和下方；B 点是属于第二分角中的点，其正面投影和水平投影均在 OX 轴的上方；D 点在第三分角中，其情况与第一分角正好相反，正面投影在 OX 轴的下方，水平投影在 OX 轴的上方；而第四分角的点 C，则与第二分角的点 B 相反，两个投影均在 OX 轴的下方。显然，两个投影均在投影轴一侧，对于完整清晰地表达物体是不利的，因此，我国和一些东欧国家多采用第一角投影的制图标准，美国、英国以及一些西欧国家采用了第三角投影的制图标准。

2. 特殊位置点的投影

所谓的特殊位置点，就是在投影面上或在投影轴上的点。

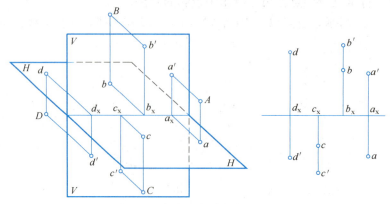

图 2-24 点在四个分角中的投影

从以上的投影原理可以看出，属于投影面上的点，它的一个投影与它本身重合，而另一个投影在投影轴上，如图 2-25 中的 A、B、D、E 点。其中 A、E 点均属于水平面 H，其 V 面投影在 OX 轴上（a'、e' 在 OX 轴上），A 点属于第一分角，其 H 面投影 a 在 OX 轴的下方，E 点属于第二分角。

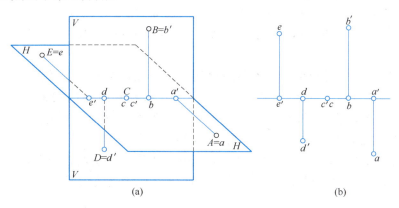

图 2-25 特殊点的投影

注：A 点在第一分角的 H 面上，B 点在第一分角的 V 面上，C 点在第二分角的 H 面上，D 点在第四分角的 V 面上，E 点在 OX 轴上

其 H 面投影 e 在 OX 轴的上方；B、D 点属于正平面 V，其 H 面投影在 OX 轴上（b、d 在 OX 轴上），而由于两者所处的位置不同，b' 在 OX 轴的上方，d' 在 OX 轴的下方。

属于投影轴的点，它的两个投影都在投影轴上，并与该点重合，如图 2-25 中的 C 点。

2.2.2 点的三面投影图

虽然两面投影已经可以确定空间点的位置，但在表达有些形体时，只有用三面投影才能表达清楚。因此，我们在这里讨论点的三面投影。

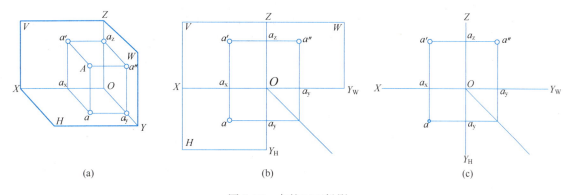

图 2-26 点的三面投影

如图 2-26（a）所示，由空间点 A 分别向 V、H、W 面进行正投影，得到 A 点在各投影面上的投影 a、a'、a''，a'' 是空间点 A 的侧面投影。投射线 Aa、Aa'、Aa'' 分别组成三个平面：aAa'、aAa'' 和 $a'Aa''$，它们与投影轴 OX、OY 和 OZ 分别相交于 a_x、a_y、a_z。这些点和点及其投影 a、a'、a'' 的连线组成一个长方体。则有以下等式成立：

$$Aa = a'a_x = a''a_y = a_zO$$

$$Aa' = a''a_z = aa_x = a_yO$$
$$Aa'' = aa_y = a'a_z = a_xO$$

图 2-26（b）、(c) 为展开后 A 点的三面投影图。其投影特性如下：

(1) 点的正面投影和水平投影的连线垂直于 OX 轴（$a'a \perp OX$）。

(2) 点的正面投影和侧面投影的连线垂直于 OZ 轴（$a'a'' \perp OZ$）。

(3) 点的侧面投影到 OX 轴的距离等于点的水平投影到 OX 轴的距离（$a''a_z = aa_x$）。

这三条投影特性，是形体的三面投影之所以成为"长对正、高平齐、宽相等"的理论依据。这也说明，在三面投影体系中，每两个投影都有内在的联系，只要给出一个点的任何两个投影，就可以求出其第三个投影。图 2-26（c）中的 45°线是为了保证"宽相等"而作的辅助线，也可用四分之一个圆来代替。

【例 2-3】如图 2-27 所示，已知空间点 B 的水平投影 b 和正面投影 b'，求该点的侧面投影 b''。如图 2-28 所示，已知空间点 C 的正面投影 c' 和侧面投影 c''，求该点的水平投影 c。

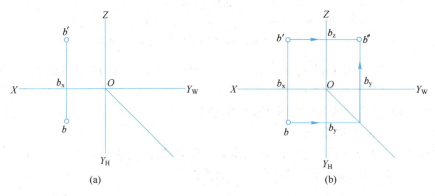

图 2-27 已知点的正面和水平投影求侧面投影
(a) 题目；(b) 结果

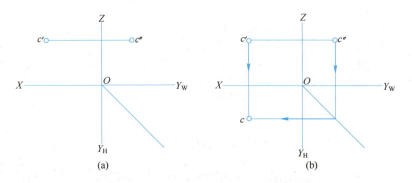

图 2-28 已知点的正面和侧面投影求水平投影
(a) 题目；(b) 结果

【解】过 b' 引 OZ 轴的垂线 $b'b_z$，在 $b'b_z$ 的延长线上截取 $b''b_z = bb_x$，b'' 即为所求。

过 c' 引 OX 轴的垂线 $c'c_x$，在 $c'c_x$ 的延长线上截取 $cc_x = c''c_z$，c 即为所求。

作法如图中的箭头所示。

1. 点的投影与直角坐标的关系

从三面投影体系中可以知道，三根投影轴 OX、OY、OZ 所构成的就是直角坐标（笛卡儿坐标）体系。在三面投影体系中，这三个坐标值代表了空间点到三个投影面的距离，这三个距离或者说这三个坐标值就决定了空间点的位置。

如图 2-29 所示：

A 点到 W 面的距离（Aa''）＝A 点的 x 坐标值（Oa_x）；

A 点到 V 面的距离（Aa'）＝A 点的 y 坐标值（Oa_y）；

A 点到 H 面的距离（Aa）＝A 点的 z 坐标值（Oa_z）。

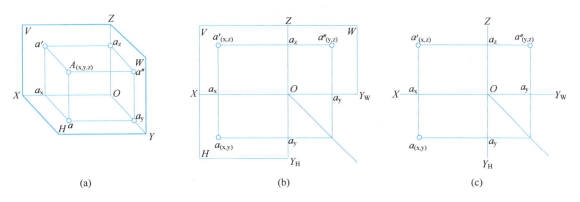

图 2-29 三面投影体系中点的投影与坐标的关系

当三个投影面展开重合为一个平面时，如图 2-29（b），这些表示点的三个坐标的线段（Oa_x、Oa_y、Oa_z）仍留在投影图上。从图中可以看出：由 A 点的 x、y 坐标可以决定 A 点的水平投影 a；由 A 点的 x、z 坐标可以决定 A 点的正面投影 a'；由 A 点的 y、z 坐标可以决定 A 点的侧面投影 a''。这样，得出以下结论：

已知一个点的三面投影，就可以量出该点的三个坐标；相反，已知一点的三个坐标，就可以求出该点的三面投影。每个投影都由两个坐标值确定，实际上，已知点的两个投影，便可以知道点的三个坐标值，就可以求出点的第三个投影。

【例 2-4】已知空间点的坐标：$x=15$mm、$y=10$mm、$z=20$mm，试作出 A 点的三面投影图。

【解】（1）在图纸上作一条水平线和铅垂线，两线交点为坐标原点 O，其左为 X 轴，上为 Z 轴，右为 Y_W，下为 Y_H。

（2）在 X 轴上取 $a_x=15$mm；过 a_x 点作 O 轴的垂线，在这条垂线上自 a_x 向下截取 $aa_y=10$mm 和向上截取 $a'a_z=20$mm，得水平投影 a 和正面投影 a'；如图 2-30（a）、（b）所示。

（3）由 a' 向 OZ 轴引垂线，在所引垂线上截取 $a''a_z=10$mm，得侧面投影 a''。

作法如图 2-30（c）所示。

当空间点为某个特殊位置时，则至少有一个坐标为零。如图 2-31 所示，空间点 D 属于 H 面，则 $z=0$，因此，D 点的 V 面、W 面投影分别在 OX 轴和 OY_W 轴上（d' 在 OX 轴上，d'' 在 OY_W 轴上），而 H 面的投影（即 d''）与空间 D 点本身重合。此时应注意 d'' 应在 OY_W 上，而不在 OY_H 上，因为 d'' 是 W 面上的投影，而非 H 面的投影。若点在 OZ 轴上，

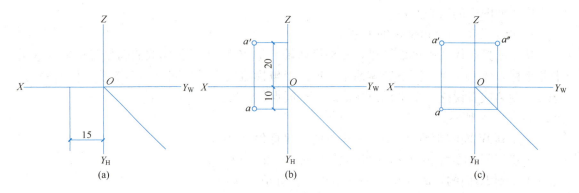

图 2-30 已知空间点的坐标，求其三面投影

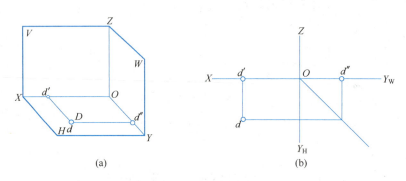

图 2-31 属于投影面的点

也将具有类似的投影特征。

2. 两点的相对位置

两点之间的相对位置，可以用两点之间的坐标差来表示，即两点距投影面 W、V、H 的距离差，如图 2-32 中 $X_A - X_B$、$Y_A - Y_B$、$Z_A - Z_B$。因此，已知两点的坐标差，能确定两点的相对位置，或者已知两点相对位置以及其中一个点的投影，可以求出另一个点的投影。按投影特性我们知道，点的 X 坐标值增大，该点向左移，反之，向右移；Y 坐标值增大，点向前移，反之，向后移；Z 坐标值增大，点向上移，反之，向下移。由图 2-32 中可以看出，A 点在 B 点的上、左、前方，也可以说 B 点在 A 点的下、右、后方。

如果两个点相对位置相对于某投影面处于比较特殊的位置，两点处于一条投射线上，则在该投影面上，两个点的投影相互重合，我们称这两个点为该投影面上的重影点。如图 2-33 中，A 点在 C 点的正前方，则 A、C 两点在 V 面上的投影相互重合，我们把 A、C 两点称为 V 面的重影点。同理，如两个点为 H 面的重影点，则两点的相对位置是正上或正下方；如两个点为 W 面的重影点，则两点的相对位置是正左或正右方。按照前面所述，投射线方向总是由投影面的远处通过物体向投影面进行投射的，因此对于重影点，就有一个可见性的问题，如图 2-33 所示，显然对于 V 面来说，A 点的投影 a' 可见，而 C 点的投影 c' 不可见，为了表示可见性，在不可见投影的符号上加上括号，如（c'）。判别可见性的原则是：前可见后不可见、上可见下不可见、左可见右不可见。总的说来是坐标值较大的，遮挡坐标值较小的，即相对于两点来说距投影面远的可见，距投影面近的不可见。从直角坐标关系来看，重影点实际上是有两组坐标相等，如图 2-33 所示，A、C 两点的 X、Z 坐标相等，只有在 Y 方向有坐标差。

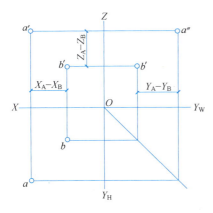

图 2-32 两点的相对位置

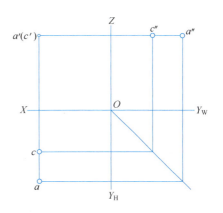

图 2-33 V 面的重影点

【例 2-5】如图 2-34 所示，已知 A 点的坐标为 (10, 10, 20)；B 点距 W 面、V 面、H 面的距离分别为 20，5，10；C 点在 A 点的正下方 10，求 A、B、C 三点的投影，并判别可见性。

【解】分析：A、B、C 点分别以坐标位置、距投影面距离以及两点之间的相对位置来确定空间位置，根据已知条件可以很容易地作出投影。

作法：(1) 由 A 点的坐标求出 A 点的三面投影；

(2) 根据 B 点相对于投影面的距离，实际上是给出了 B 点的坐标，求出 B 点的三面投影；

(3) 根据 C 点处于 A 点的正下方，可以求出 C 点的三面投影，A、C 两点为 H 面的重影点。

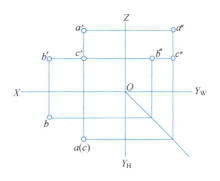

图 2-34 例题 2-5

2.3 直线的三面投影图

2.3.1 各种位置直线的投影

直线的投影一般仍为直线。只有当直线平行于投影方向或者说直线与投影面垂直时，直线的投影则积聚为一点，如图 2-35 所示。

从几何学中得知，空间直线可以由直线上的两点来决定，即两点决定一条直线。因此，在画法几何学中，直线在某一投影面上的投影由属于直线的任意两点的同面投影连线来决定。如图 2-36 所示，当已知直线上的任意两点 A、B 的三面投影，用实线连接两点的同面投影，即连接 a 与 b、a' 与 b'、a'' 与 b''，得到直线 AB 的三面投影 ab、$a'b'$、$a''b''$。

直线与投影面的位置有三种：平行、垂直、一般。与投影面平行或者垂直的直线，叫做特殊位置直线。

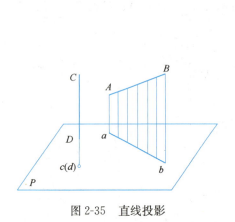

图 2-35 直线投影

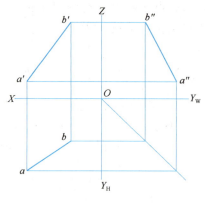

图 2-36 直线的三面投影投影

平行线的投影和投影特性　　　　　　　　　表 2-1

名称	直观图	投影图	投影特性
水平线			1. $a'b'$ // OX $a''b''$ // OY_W 2. $ab=AB$ 3. ab 与投影轴的夹角反映 $β$、$γ$ 实角
正平线			1. cd // OX $c''d''$ // OZ 2. $c'd'=CD$ 3. $c'd'$ 与投影轴的夹角反映 $α$、$γ$ 实角
侧平线			1. ef // OY_H $e'f'$ // OZ 2. $e''f''=EF$ 3. $e''f''$ 与投影轴的夹角反映 $α$、$β$ 实角

1. 投影面的平行线

平行于某一投影面而倾斜于其余两个投影面的直线，称为投影面平行线（简称"平行线")。投影面平行线的所有点的某一个坐标值相等。其中，平行于 H 面的直线称为水平线，Z 坐标相等；平行于 V 面的直线称为正平线，Y 坐标相等；平行于 W 面的直线称为侧平线，X 坐标相等。表 2-1 列出了平行线的投影及投影特性。

表中直线对 H 面的倾角用 α 表示；直线对 V 面的倾角用 β 表示；直线对 W 面的倾角用 γ 表示。根据表 2-1 可知投影面平行线的投影特性如下：

① 直线在它所平行的投影面上的投影反映实长（即有全等性），并且这个投影与投影轴的夹角等于空间直线对倾斜的投影面的倾角；

② 对倾斜的两个投影面的投影都小于实长，并且平行于平行投影面的投影轴。

2. 投影面的垂直线

垂直于某一投影面的直线，称为投影面垂直线（简称"垂直线"）。投影面垂直线上的所有点有两个坐标值相等。当直线垂直于某一投影面时，必然平行于另两个投影面。其中，垂直于 H 面的直线称为铅垂线；垂直于 V 面的直线称为正垂线；垂直于 W 面的直线称为侧垂线。表 2-2 列出了垂直线的投影及投影特性。

垂直线的投影和投影特性　　　　　　　　　　　　　　　　　　　表 2-2

名称	直观图	投影图	投影特性
铅垂线	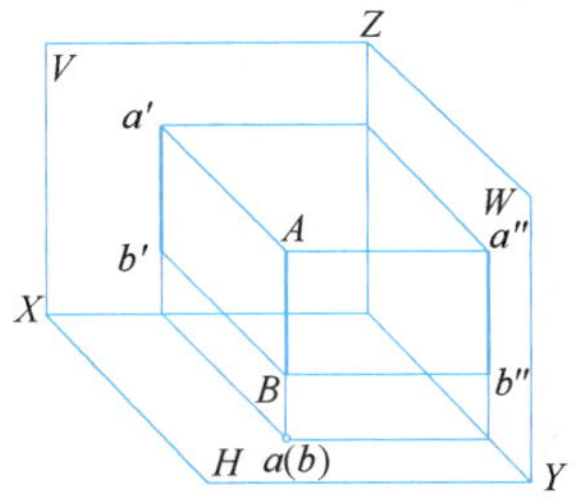	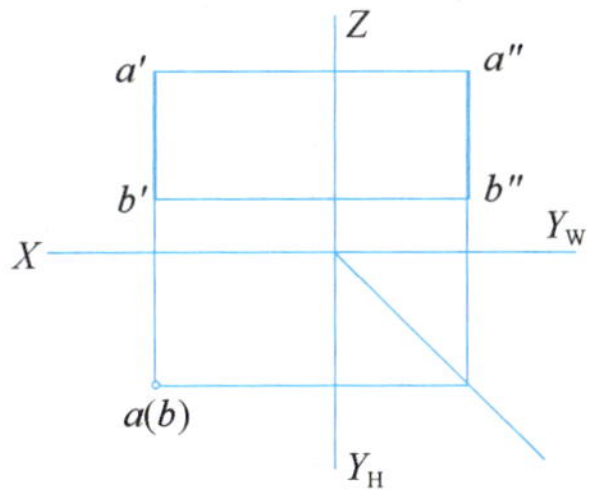	1. ab 积聚成一点 2. $a'b' \perp OX$ 　$a''b'' \perp OY$ 3. $a'b' = a''b'' = AB$
正垂线	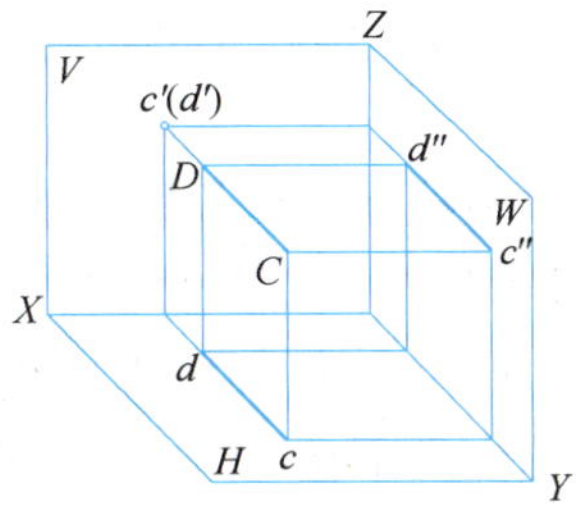	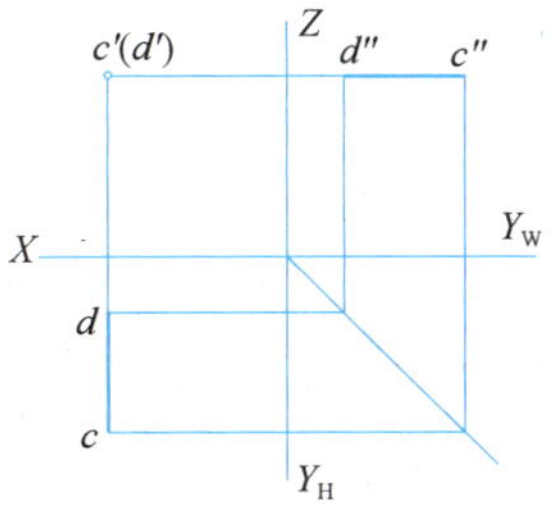	1. $c'd'$ 积聚成一点 2. $cd \perp OX$ 　$c''d'' \perp OZ$ 3. $cd = c''d'' = CD$
侧垂线	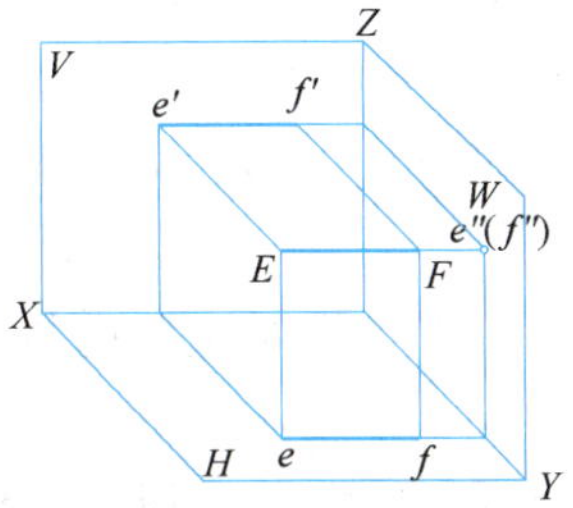	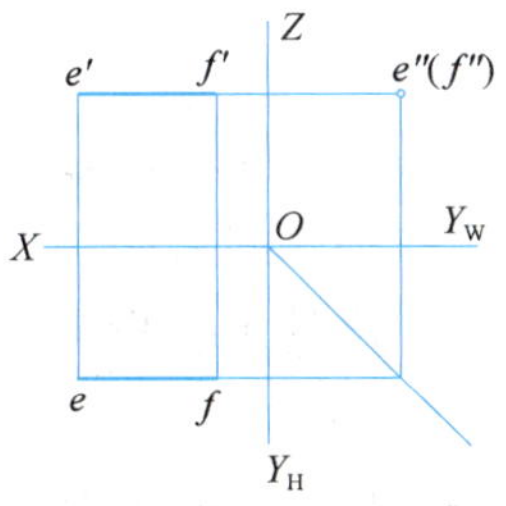	1. $e''f''$ 积聚成一点 2. $ef \perp OY$ 　$e'f' \perp OZ$ 3. $ef = e'f' = EF$

投影面垂直线的投影特性如下：
① 直线在它所垂直的投影面上的投影成为一点（积聚性）；
② 其余两个投影垂直于相应的投影轴，且反映实长（全等性）。

3. 投影面的一般位置直线

对各投影面均倾斜的直线叫做一般位置直线（简称"一般线"）。一般线的各个投影的长度均小于直线的实长，并且投影与投影轴的夹角均不反映直线与投影面的倾角。如图 2-37 所示的直线 AB 就是一般位置直线。

2.3.2 直线上的点

1. 直线上的一般点

空间点与直线的关系有两种情况：点在直线上，点不在直线上。当点在直线上时，则有以下投影特性，如图 2-37 所示：
① 点的各面投影一定属于这条直线的同面投影（从属性）；
② 点分线段呈一定比例，则直线的各面投影也呈相同比例（定比性）。

对于一般位置直线，判断点是否属于直线，只需观察两面投影就可以了。如图 2-38 中的直线 AB 和点 C、点 D。点 C 属于直线 AB，而点 D 就不属于直线 AB。

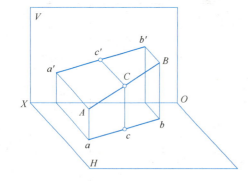 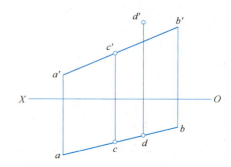

图 2-37　属于直线的点　　　图 2-38　C 点属于直线，D 点不属于直线

对于一些特殊位置直线，判断点是否属于直线，可以根据第三面投影来决定，也可以根据点在直线上的定比性来判断。如图 2-39 中的侧平线 CD 和点 E，虽然 e 在 cd 上，e' 在 $c'd'$ 上，但当求出其 W 面投影 e'' 以后，e'' 不在 $c''d''$ 上，所以点 E 不属于直线 CD。当然也可以通过定比性来判断，由于 $e'c' : e'd' \neq ec : ed$，则点 E 不在 CD 上，如图 2-39（b）所示。

【例 2-6】 在线段 AB 上求一点 C，点 C 将 AB 线段分成 $AC : CB = 3 : 4$。

【解】 作法如图 2-40 所示。
① 过投影 a 作任意方向的辅助线 ab_0，量取七等分，使 $ac_0 : c_0b_0 = 3 : 4$；得 c_0、b_0；
② 连接 b、b_0，再过 c_0 作辅助线 $c_0c \parallel b_0b$；
③ 在水平投影 ab 上得 C 点的水平投影 c，再由 c 向上作"长对正"的投影连线，交 $a'b'$ 于 c'。

【例 2-7】 已知在侧平线 CD 上的点 E 的 V 投影 e'，如图 2-41（a）所示，作出点 E 的 H 投影 e。

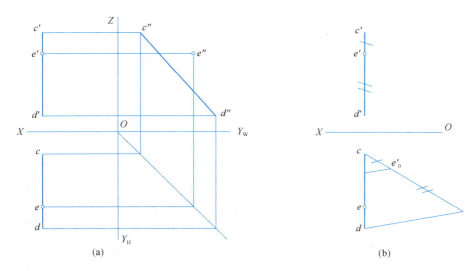

图 2-39 特殊位置直线点的从属性判断

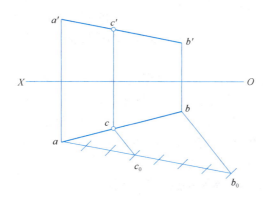

图 2-40 点分直线呈定比

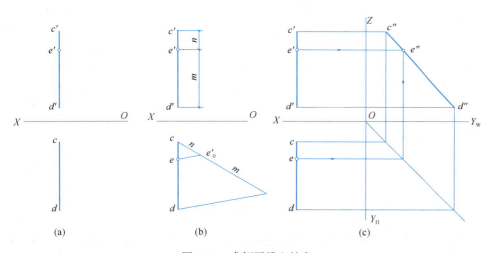

图 2-41 求侧平线上的点
（a）题目；（b）用定比性求；（c）利用第三面投影求作

41

【解】作法如图 2-41 所示，本题有两种作法：
① 把 V 投影 e' 所分 $c'd'$ 的比例 $m:n$ 移到 cd 上面作出 e，如图 2-41（b）所示。
② 先作出 CD 的 W 投影 $c''d''$，再在 $c''d''$ 上作出 e''，最后在 cd 上找到 e，如图 2-41（c）所示。

2. 直线的迹点

直线延长与投影面的交点称为直线的迹点，与 H 面的交点称为水平迹点（常用 M 表示），与 V 面的交点称为正面迹点（常用 N 表示），与 W 面的交点称为侧面迹点（常用 S 表示）。

如图 2-42 所示，给出线段 AB，延长 AB 与 H 面相交，得水平迹点 M；与 V 面相交，得正面迹点 N。因为迹点是直线和投影面的交点，是直线和投影面的公有点，所以有以下性质：

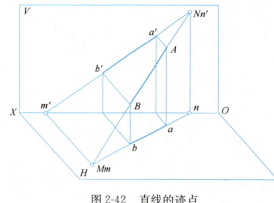

图 2-42 直线的迹点

① 迹点是投影面上的点，则在该投影面上的投影必与它本身重合，而另一个投影必在投影轴上。
② 迹点是直线上的点，则它的各个投影必属于该直线的同面投影。

由此可知：正面迹点 N 的正面投影 n' 与迹点本身重合，而且在 AB 的正面投影 $a'b'$ 的延长线上；水平投影 n 则是 AB 的水平投影 ab 与 OX 轴的交点；同样，水平迹点 M 的水平投影 m 与迹点本身重合，且在 AB 的水平投影 ab 的延长线上；其正面投影 m' 则是 AB 的正面投影 $a'b'$ 与 OX 轴的交点。

【例 2-8】求作直线 AB 的水平迹点和正面迹点。
【解】作法如图 2-43 所示。

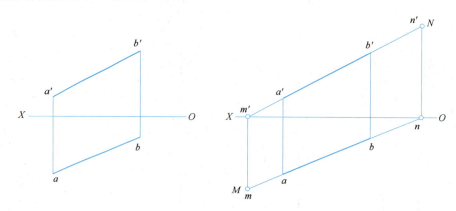

图 2-43 直线迹点的求法

① 延长 $a'b'$ 与 OX 轴相交，得水平迹点的 V 投影 m'，再从 m' 向下作投影连线与 ab 相交，得水平迹点的 H 投影 m，此点即为 AB 的水平迹点 M；
② 延长 ab 与 OX 轴相交，得正面迹点的 H 投影 n，再从 n 向上作投影连线与 $a'b'$ 相

交，得正面迹点的 V 投影 n'，此点即为 AB 的正面迹点 N。

2.3.3 一般位置直线的实长及其对投影面的倾角

一般位置直线的投影的长度均不反映直线本身的实长。如图 2-44 所示。

1. 一般位置直线与 H 面的倾角 α

在图 2-44 中，过空间直线的端点 A 作直线 $AB_0 \parallel ab$，得 $Rt\triangle AB_0B$，$\angle BAB_0$ 就是直线 AB 与 H 面的倾角 α，AB 是它的斜边，其中一条直角边 $AB_0=ab$，而另一条直角边 $BB_0=Bb-Aa=Z_B-Z_A$，Z_A、Z_B 即为 A、B 两点的 Z 坐标值，Z_B-Z_A 为 A、B 两点的高度差。

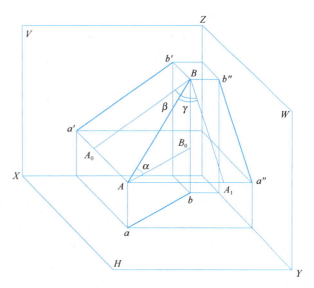

图 2-44　一般位置直线的倾角

根据图 2-45（a）分析可以得知，在直线的投影图上，可以作出与 $Rt\triangle AB_0B$ 全等的一个直角三角形，从而求得直线段的实长 AB 及与 H 面的倾角 α。其作图方法如图 2-45（b）所示：

① 过水平投影 ab 的端点 b 作 ab 的垂线；

② 在所作垂线上量取 $bb_0=Z_B-Z_A$，得 b_0 点；

③ 用直线连接 a 和 b_0，得 $Rt\triangle abb_0$，此时，$ab_0=AB$，$\angle bab_0=\alpha$。

2. 一般位置直线与 V 面的倾角 β

在图 2-45（a）上过点 B 作直线 $BA_0 \parallel a'b'$，A_0 点在投影线 Aa' 上，得 $Rt\triangle ABA_0$，

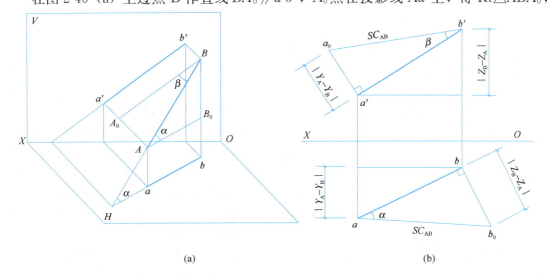

图 2-45　用直角三角形法求一般位置直线的实长与倾角

(a) 立体图；(b) 投影作图

AB 是它的斜边,AA_0 和 BA_0 是它的两条直角边。此时,$BA_0 = a'b'$;而 $AA_0 = Aa' - Bb' = Y_A - Y_B$。因此,用 $a'b'$ 及距离差 $Y_A - Y_B$ 为直角边作直角三角形,也能求出线段 AB 的实长。作法如图 2-45(b)所示。所得的 $\text{Rt}\triangle a'b'a'_0$ 的斜边 $b'a'_0$ 等于线段 AB 的实长,$b'a'_0$ 与 $a'b'$ 的夹角等于线段 AB 与 V 面的倾角 β。

3. 一般位置直线与 W 面的倾角 γ

γ 角的求法与上面所述一样,如图 2-44 中,作 $BA_1 // a''b''$,在 $\text{Rt}\triangle ABA_1$ 中,AA_1 为 A、B 两点之间的 X 坐标差,BA_1 的长度等于 AB 在 W 面上投影 $a''b''$ 的长度,$\angle ABA_1 = \gamma$。同样的道理,该直角三角形大小可以在投影图上表达出来。

综上所述,在投影图上求一般位置直线的实长的方法是:以直线在某个投影面上的投影为一直角边,以直线的两端点到这个投影面的距离(坐标)差为另一直角边,作一个直角三角形,此直角三角形的斜边就是一般位置直线的实长,而斜边和投影的夹角,就等于直线对该投影面的倾角。这种方法称为"直角三角形法"。在这个直角三角形法中,实长、距离差、投影长、倾角四个要素,任知其中两个,便可以求出其余两个。而距离差、投影长、倾角三者均是相对于同一投影面而言。例如,要求直线对 H 面的倾角 α、实长,应该知道该直线的 H 面投影以及线段两端点对 H 面的距离差,即 Z 坐标差。

直角三角形法是一种在投影图中还原空间线面角的作图方法,因此,可以在任何地方表达所需对应的直角三角形。

【例 2-9】试用直角三角形法求直线 CD 的实长及对 V 面的倾角 β。

【解】分析:此题是求直线 CD 对 V 面的倾角 β,根据直角三角形法的四个要素,已知条件中有两个要素:CD 的 V 投影 $c'd'$ 为一直角边,另一直角边则应是直线 CD 的两端点到 V 面的距离差(Y 坐标差)。这样,就可以得到另外的两个要素:直线 CD 的倾角 β 和实长。

作法:作法如图 2-46 所示。

① 过水平投影 c 作 X 轴的平行线,与 $d'd$ 交于 d_0,并延长该线;

② 取 $d_0c_0 = c'd'$,将 c_0 与 d 相连;

③ 此时,$c_0d = CD$,$\angle dc_0d_0 = \beta$,见图 2-46。

【例 2-10】已知直线 CD 对 H 面的倾角 $\alpha = 30°$,作出直线的 V 投影 $c'd'$,如图 2-47(a)所示。

【解】分析:此题直接给出直线的倾角 α 和直线的 H 投影,要求作直线的 V 投影。这两个条件正好是直角三角形法四个要素中对 H 面的两个,可以构成直角三角形。这个直角三角形中的另两个要素就包含了 $c'd'$ 两端的高度差,有了这高度差就可以补全 CD 的 V 投影。

作法:如图 2-47(b)所示。

① 过 c' 作 OX 轴的平行线,与过点 D 的投影连线相交,得 d_0',并延长至 c_0',使 $c_0'd_0' = cd$;

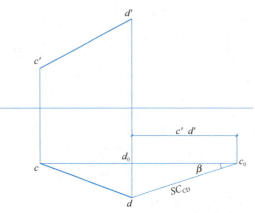

图 2-46 求直线的实长和倾角

② 自 c'_0 对 $c'_0d'_0$ 作 30°斜线，此斜线与过 D 的投影连线相交于 d'；
③ 连接 c' 和 d'，得正面投影 $c'd'$（由于高度差不能确定上下方，所以该题有两解）。

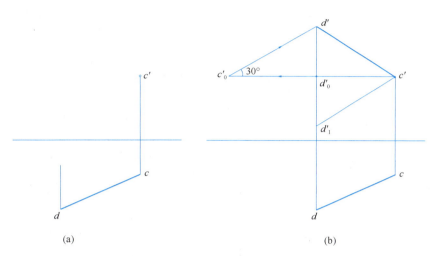

图 2-47 已知直线 $α=30°$，求直线 V 投影
(a) 题目；(b) 求解过程

2.3.4 两直线的相对位置

两直线的相对位置有三种：平行、相交和相叉（即异面）。

1. 两平行直线

根据平行投影的特性可知：两直线在空间相互平行，则它们的同面投影也相互平行。

对于一般位置的两直线，只需根据任意两面投影互相平行，就可以断定它们在空间也相互平行，如图 2-48 所示。但对于特殊位置直线，有时则需要作出它们的第三面投影，来判断它们在空间的相对位置，如图 2-49 中的两条侧平线 AB 和 CD，虽然 V 面、H 面的投影都平行，但它们的 W 投影并不平行，所以在空间里这两条侧平线是不平行的。当然，也可以根据两直线投影中的比例关系来确定它们是否平行，如图 2-49 中的两条侧平线 AB 和 CD 的 V 投影与 H 投影的比例关系明显不同，故这两条侧平线是不平行的。

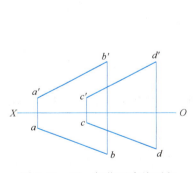

图 2-48 两一般位置直线平行

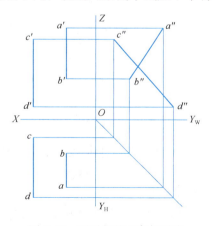

图 2-49 不平行的两条侧平线

如果相互平行的两直线都垂直于同一投影面，如图 2-50 所示，则在该投影面上的投影都积聚为两点，两点之间的距离反映出两条平行线的真实距离。

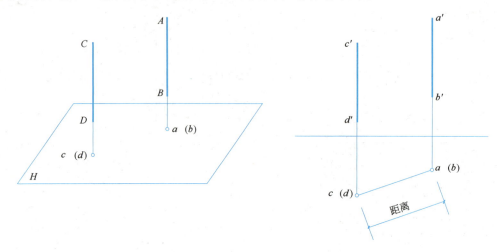

图 2-50　两平行线垂直于同一投影面

2. 两相交直线

所有的相交问题都是一个共有的问题，因此，两相交直线必有一个公共点即交点。由此可知：两相交直线，它们的同面投影也相交，而且交点符合点的投影特性。

同平行的两直线一样，对于一般位置的两直线，只要根据两面投影，就可以判别两直线是否相交。如图 2-51 所示的直线 AB 和 CD 是相交的；而图 2-52 中的直线 AB 和 CD 就不相交，它们是相叉的两直线。但是，当两直线中一条是投影面的平行线时，有时就需要看一看它们的第三面投影或通过直线上点的定比性来判断。

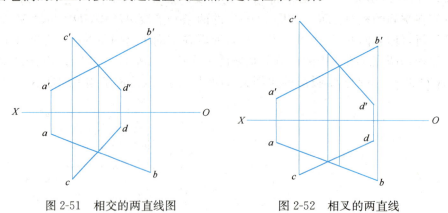

图 2-51　相交的两直线图　　　图 2-52　相叉的两直线

当两相交直线都平行于某投影面时，相交二直线的夹角等于相交二直线在该投影面上的投影的夹角，如图 2-53 所示。

3. 两相叉直线

如图 2-54 所示，在空间里既不平行也不相交的两直线，就是相叉直线。由于相叉直线不能同在一个平面，在立体几何中把相叉直线又叫做异面直线。

如果两条直线的同面投影相交，要判断这两条直线是相交的还是相叉的，就要判断它

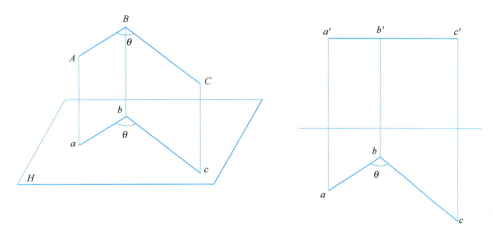

图 2-53 平行于投影面的两相交直线在该投影面上的投影的夹角反映真实夹角

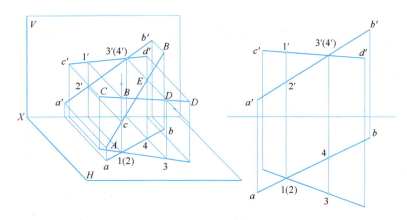

图 2-54 相叉直线

们的同面投影交点是否符合直线上的点的从属性或定比性，如图 2-54 中，V 投影 $a'b'$ 和 $c'd'$ 的交点与 H 投影 ab 和 cd 的交点是重影点，则 AB 与 CD 是相叉直线。

事实上，相叉两直线投影在同一投影面的交点是这个投影面的重影点。如图 2-54 中，ab 和 cd 的交点是空间 AB 上的 Ⅰ 点和 CD 上的 Ⅱ 点的 H 投影。Ⅰ 在 Ⅱ 的正上方，H 投影 1 重合于 2，用符号 1（2）表示。同样的，$a'b'$ 和 $c'd'$ 的交点是空间 CD 上的 Ⅲ 点和 AB 上的 Ⅳ 点的 V 投影，Ⅲ 在 Ⅳ 处正前方，V 投影 $3'$ 重合于 $4'$，用符号 $3'(4')$ 表示。

如果两条直线中有一条或两条是侧平线，并且已知的是 V、H 投影，则可通过 W 投影判断两直线的相对位置是平行还是相叉，见图 2-55。当然也可以利用 CD 的 V、H 投影中所谓交点的定比性来判断，如图 2-55 中 CD 的 V、H 投影。如果将 $1'$、1 视为 $c'd'$ 及 cd 上，其定比性显然不同，故直线 AB、CD 为相叉二直线。

【例 2-11】 判别相叉两直线 AB 和 CD 上重影点的可见性，见图 2-56。

【解】

① 从 W 投影的交点 $1''(2'')$ 向左作投影连线，与 $c'd'$ 相交于 $2'$，与 $a'b'$ 相交于 $1'$。因为 $1'$ 左于 $2'$，所以 AB 上的 Ⅰ 点在 CD 上的 Ⅱ 点的正左方。$1''$ 可见，$2''$ 不可见，在 W 投影上 $2''$ 打上括号；

② 从 V 投影的交点 $3'(4')$，向右作投影连线，与 $a''b''$ 相交于 $4''$ 点，与 $c''d''$ 相交于 $3''$ 点。因为 $3''$ 前于 $4''$，故 $3'$ 可见，$4'$ 不可见，在 V 投影上将 $4'$ 打上括号。

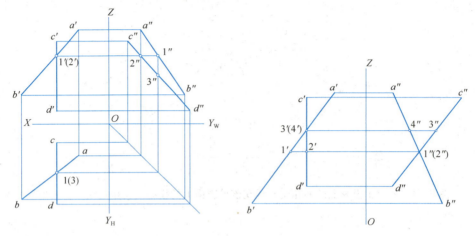

图 2-55　相叉直线中有一条侧平线　　　图 2-56　判别相叉直线的可见性

2.3.5　直角投影定理

两相交直线的夹角，可以是锐角，也可以是钝角或直角。一般说来，要使一个夹角不变形地投射在某一投影面上，必须使构成此角的两边都平行于该投影面。一般情况下，空间直角的投影并不是直角；反之，两条直线的投影夹角为直角时，空间直线间的夹角不一定是直角。但是，对于相互垂直的两直线，只要有一直线平行于某投影面，则此两条直线的夹角在该投影面上的投影仍为直角。

在图 2-57（a）中，$AB \perp BC$，且 $AB // H$ 面，$BC // H$ 面，则 $\angle abc$ 在 H 面上仍是直角；在图 2-57（b）中，当空间 $Rt\angle ABC$ 的一边 $AB // H$ 面，而另一边 BC 与 H 面倾斜。因为 $AB \perp BC$，$AB \perp Bb$，所以 $AB \perp$ 平面 $BCcb$，又知 $AB // ab$，所以 $ab \perp$ 平面 $BCcb$，由此证得 $ab \perp bc$，即 $\angle abc = 90°$。

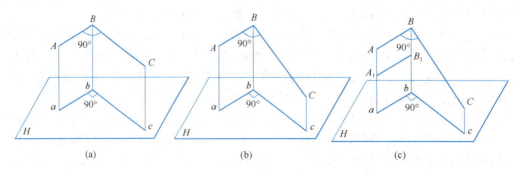

图 2-57　直角投影定理

将上述总结一下，得到直角投影定理：当构成直角的两条直线中，有一直线与投影面平行，则此两直线在该投影面上的投影仍然为直角；反之，如果两直线的同面投影构成直角，且两直线之一是与该投影面平行，则该两直线在空间相互垂直。要注意的是图 2-57（b）中 $Rt\angle ABC$ 在 V 面的投影 $\angle a'b'c' \neq 90°$。

直角投影定理既适用于相互垂直的相交两直线，又适用于相互垂直的相叉两直线，如图 2-57（c）中 A_1B_1 与 CB 就是相互垂直交叉的两条直线。

图 2-58 所表示的相交两直线 AB 和 BC 及相叉两直线 MN 和 EF，由于它们的水平投影相互垂直，并且其中 AB、EF 为水平线，所以它们在空间也是相互垂直的。同样，图 2-59 所示的相交两直线及相叉两直线，也是相互垂直的。

画法几何中常常用直角投影定理来解决有关垂直的问题。

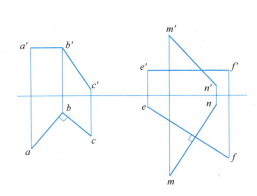 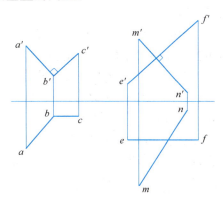

图 2-58　两直线其中一条边　　　　图 2-59　两直线其中一条边为
　　　为水平线的直角投影　　　　　　　　正平线的直角投影

【**例 2-12**】确定点 A 到铅垂线 CD 的距离，如图 2-60 所示。

【**解**】分析：点到直线的距离，是过点向直线作垂线的垂足来确定的。由于直线 CD 是铅垂线，所以 CD 的垂线 AB 一定平行于 H 面，它的水平投影反映实长。

作法：如图 2-60 所示。

【**例 2-13**】求点 A 到正平线 CD 的距离，如图 2-61 所示。

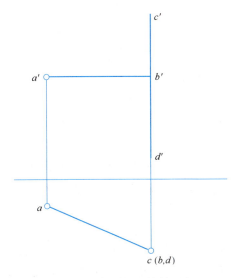 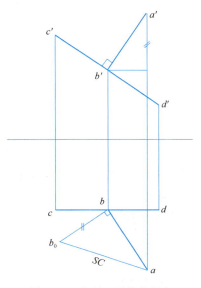

图 2-60　点到铅垂线的距离　　　　图 2-61　点到正平线的距离

【解】 分析：从图中可知，直线 CD 为正平线，通过 A 点向 CD 所作的垂线 AB 是一般位置直线，根据直角的投影特性可知：$a'b' \perp c'd'$。

作法：① 过 a' 作投影 $a'b' \perp c'd'$，得交点 b'；

② 由 b' 向下作投影连线，交 cd 上得到 b；连接 a 和 b，得到投影 ab；

③ 用直角三角形法，作出垂线 AB 的实长 ab_0。

【例 2-14】 已知 MN 为正平线，如图 2-62（a）所示，作等腰 Rt$\triangle ABC$，且 BC 为直角边属于 MN。

【解】 分析：等腰 Rt$\triangle ABC$，BC 为直角边，则 $AB \perp BC$，$AB = BC$；MN 为正平线，根据直角投影定理可求出 B 点的投影。根据直角三角形法求出 AB 实长，BC 属于 MN，在 $m'n'$ 上反映 BC 实长求得 C 点的投影。

作法：如图 2-62（b）所示

① 过 a' 点作 $m'n'$ 的垂线，交于 b' 点，从而得到 b，连接 AB 两点的投影。

② 用直角三角形法求 AB 实长，图 2-62（b）采用 $\triangle Y-a'b'-SC_{AB}$。

③ 在 $m'n'$ 上量取 $b'c' = SC_{AB}$，求出 c'，由 c' 求得 c。加深 $\triangle ABC$ 的投影。

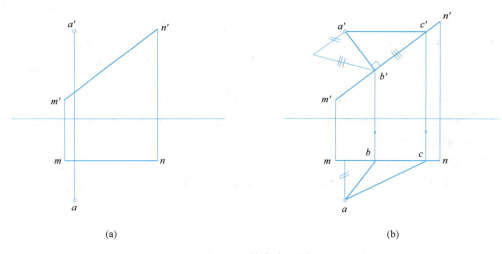

(a) (b)

图 2-62 综合应用题

(a) 题目；(b) 解题步骤

2.4 平面的三面投影图

平面的投影法表示有两种：一种是用点、直线和平面的几何图形的投影来表示，称之为平面的几何元素表示法；另一种是用平面的迹线表示，称之为迹线表示法。

2.4.1 平面的投影表示法

1. 几何元素表示平面

根据初等几何可以知道，决定一个平面的最基本的几何要素是不在同一直线上的三点。因此，在投影图中，可以利用这一组几何元素的组合的投影来表示平面的空间位置（图 2-63）。

① 不属于同一直线的三点（图 2-63a）；

② 一条直线及直线外的一点（图 2-63b）；
③ 相交二直线（图 2-63c）；
④ 平行二直线（图 2-63d）；
⑤ 任意平面图形（图 2-63e）。

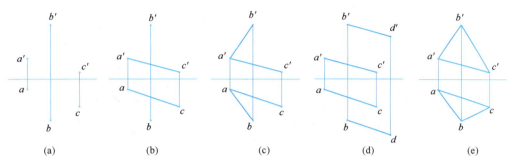

图 2-63 几何元素表示平面

如图 2-63 所示，平面的表示形式虽然不同，但本质都是同一平面，它们可以相互转化。

2. 用平面的迹线表示平面

直线与投影面的交点称为迹点。平面与投影面的交线称为平面的迹线。平面与 V 面的交线叫正面迹线（常用 P_V 表示），与 H 面的交线叫水平迹线（常用 P_H 表示），与 W 面的交线叫侧面迹线（常用 P_W 表示）。相邻投影面的迹线交投影轴于一点，此点称为迹线的集合点，分别用 P_X、P_Y、P_Z 表示（图 2-64）。迹线通常用粗实线表示；当迹线表示辅助平面求解画法几何问题时，迹线则用细实线（或者两端是粗线的细线）表示。

从图 2-64 中可以看出，在三面投影体系中，P_V 为 V 面上的直线，P_V 的 V 投影与迹线本身重合，P_V 的 H 投影及 W 投影分别重合于 OX 轴与 OZ 轴。习惯上，采用迹线本身作标记，而不必再用符号标出迹线其他二面投影。水平迹线 P_H 与侧面迹线 P_W 与此相同。

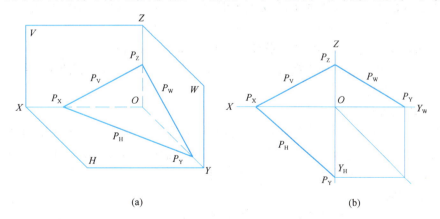

图 2-64 用迹线表示平面
(a) 一般位置平面的空间及迹线位置；(b) 迹线表示法

用几何元素表示的平面可以转换为迹线表示的平面，其实质就是求作属于平面上的任意两直线的迹点问题。如图 2-65 所示，取平面上任意二直线，如 AB 与 BC，作出直线的

水平迹点 M_1 点与 M_2 点，这两个点必属于平面 $\triangle ABC$ 与 H 面的交线 P_H，故而连接点 M_1 与点 M_2 即为 P_H，同理求出两直线 AB 与 BC 的正面迹点 N_1、N_2，可得 P_V。

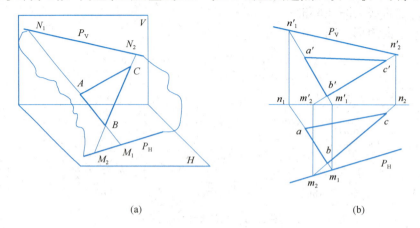

图 2-65　非迹线平面转换为迹线平面
(a) 直观图；(b) 投影图

2.4.2　各种位置的平面的投影

平面与投影面的相对位置，可分为特殊位置与一般位置两大类。

1. 特殊位置平面

特殊位置平面分投影面垂直面和投影面平行面。

(1) 投影面垂直面

垂直一个投影面并倾斜于两个投影面的平面称为投影面垂直面（简称垂直面）。其中与 H 面垂直的平面称为铅垂面；与 V 面垂直的平面称为正垂面；与 W 面垂直的平面称为侧平面。表 2-3 列出这三种平面（用矩形表示）的三面投影及投影特征。投影面垂直面的投影特性如下：

① 平面在所垂直的投影面上的投影积聚为直线，此直线与投影轴夹角，即为平面与同轴的另一个投影面的夹角；

② 平面在所垂直的投影面上的投影与它的同面迹线重合；

③ 平面在另两个投影面上的投影是小于实形的类似形，相应的两条迹线平行于所垂直的投影面外的投影轴。

(2) 投影面平行面

平行一个投影面，同时垂直两个投影面的平面称为投影面平行面（简称平行面）。其中与 H 面平行的平面称为水平面；与 V 面平行的平面称为正平面；与 W 面平行的平面称为侧平面。表 2-4 列出了这三种平面（平面用矩形表示）的三面投影及投影特性。投影面平行面的投影特性如下：

① 平面在其所平行的投影面上的投影反映实形（全等性）；

② 平面在另两投影面上的投影积聚为直线（积聚性），且垂直于平行的投影面外的投影轴。

(3) 投影具有积聚性平面的迹线表示法

特殊位置平面均具有积聚性。如果单考虑特殊位置平面的空间的位置，则在投影图中，用与积聚性的投影重合的迹线（是一条直线），即可以表示该平面。

如图 2-66（a）所示，用 P_V 标记的这条迹线（平行于 OX 轴）表示一个水平面 P，下标字母 V 表示平面垂直于 V 面；再如图 2-66（b）用 Q_H 标记的一条迹线（倾斜于 OX 轴）表示一个铅垂面，下标字母 H 说明 Q 面垂直于 H 面。

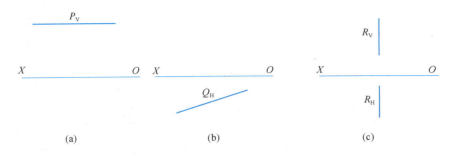

图 2-66 用迹线表示特殊位置平面
（a）用迹线表示水平面；（b）用迹线表示铅垂面；（c）用迹线表示侧平面

投影面垂直面 表 2-3

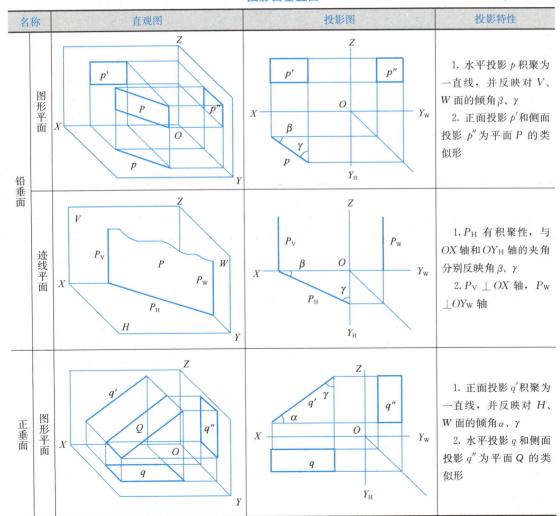

续表

名称		直观图	投影图	投影特性
正垂面	迹线平面			1. Q_V 有积聚性，与 OX 轴和 OZ 轴的夹角分别反映角 α、γ 2. $Q_H \perp OX$ 轴，$Q_W \perp OZ$ 轴
侧垂面	图形平面			1. 侧面投影 r'' 积聚为一直线，并反映对 H、V 面的倾角 α、β 2. 水平投影 r 和正面投影 r' 为平面 R 的类似形
	迹线平面			1. R_W 有积聚性，与 OY_W 轴和 OZ 轴的夹角分别反映角 α、β 2. $R_V \perp OZ$ 轴，$R_H \perp OY_H$ 轴

投影面平行面　　　　　　　　　　　　　　　　表 2-4

名称		直观图	投影图	投影特性
水平面	图形平面			1. 水平投影 p 反映实形 2. 正面投影 p' 积聚为一直线，且平行于 OX 轴。侧面投影 p'' 积聚为一直线，且平行于 OY 轴
	迹线平面			1. 无水平迹线 P_H 2. $P_V \parallel OX$ 轴，$P_W \parallel OY_W$ 轴有积聚性

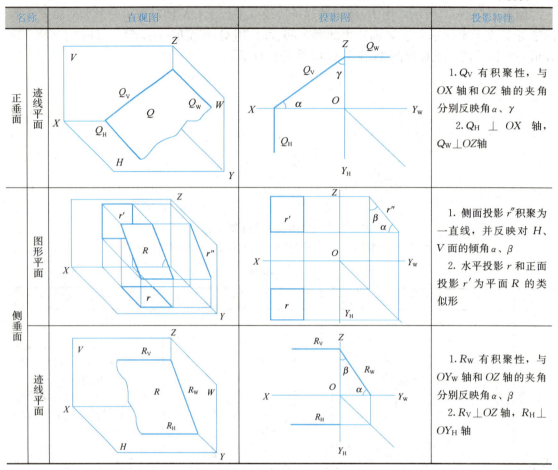

54

续表

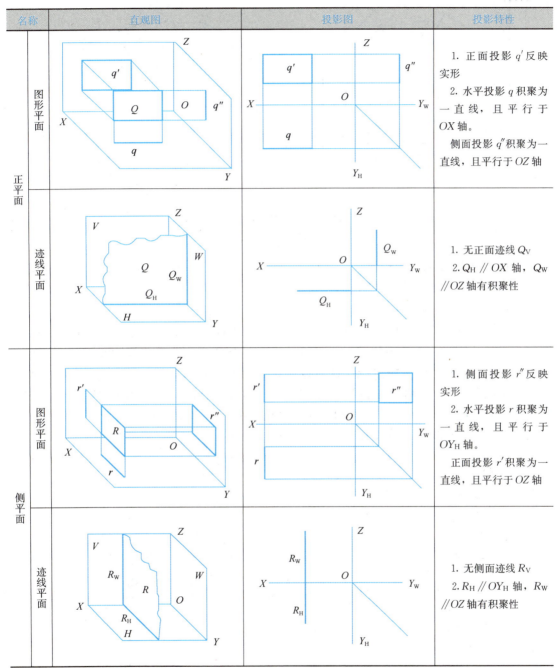

2. 一般位置平面

对三个投影面都倾斜的平面称为一般位置平面，如图 2-67（a）所示。图 2-67（b）为一般位置平面的投影图，三个投影均为小于实形的三角形，即三个投影具有类似性。若用迹线表示一般位置平面，则平面各条迹线必与相应的投影轴倾斜，迹线与投影轴的夹角并不反映平面与投影面的倾角，相邻投影面的迹线相交于相应投影轴的同一点，如图2-64（b）所示。

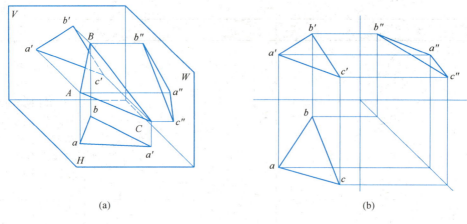

图 2-67 一般位置平面
(a) 直观图;(b) 投影图

2.4.3 平面上的直线和点

1. 属于一般位置平面的直线和点

(1) 平面上的直线

由初等几何可知,一直线若过平面上的两点,则此直线属于该平面,如图 2-68(a)中的 M、N 点在平面上,由这两点连成的直线 MN 属于平面;或者一直线若过平面上的一点且平行于平面上的一条直线,此直线必在平面上,如图 2-68(b)所示的直线 KD,直线 KD 过 K 点,K 点在平面 P 上,且 KD∥AB,则直线 KD 属于平面 P;平面上的直线的迹点,一定在该平面上的同名迹线上。如图 2-68(c)所示,M、N 点分别在 Q_H、Q_V 两条迹线上,则直线 MN 在平面 Q 上。

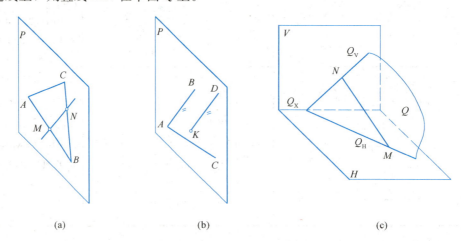

图 2-68 平面上取线、取点的几何条件
(a) 直线过平面上的两点;(b) 平行于平面上的一直线且过平面
上一点的直线;(c) 平面上的直线迹点

【例 2-15】已知相交两直线 AB 与 AC 的两面投影,在由该相交直线确定的平面上取属于该平面上的任意的一条直线(图 2-69)。

【解】在直线 AB 上取点 D 及在直线 BC 上取点 E，即用直线上取点的投影特性求取，并将两点 D、E 的同名投影以连接即得直线 DE。

（2）平面上的点

若点在平面上的一条直线上，则点在此平面上。平面上点的正投影，必在位于该平面上的直线的同名投影上，所以欲取平面内的点，必先在平面上取一直线，再在该直线上取点；反之，如果点在平面上，则点必在平面上的一直线上。

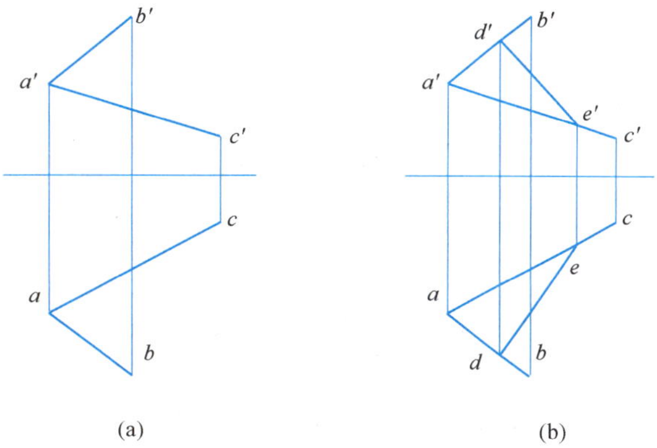

图 2-69 取平面上的直线
（a）已知条件；（b）作图

【例 2-16】已知△ABC 内一点 M 的正面投影 m'，求点 M 的水平投影 m，如图 2-70（a）所示。

【解】分析：在△ABC 内作一辅助直线，则 M 点的两面投影必在此辅助直线的同名投影上。

步骤：如图 2-70（b）所示。

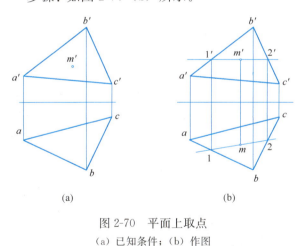

① 在△a'b'c'上过 m'作辅助直线 1'2'；

② 在△abc 上求出此辅助直线的 H 投影 12；

③ 自 m'向下作投影连线与辅助直线的 H 投影的交点，即得点 M 的 H 投影 m。

【例 2-17】已知平面四边形 ABCD 的正面投影 a'b'c'd'和边 AD 的 H 投影 ad，边 BC∥V 面，如图 2-71（a）所示，完成平面的 H 投影 abcd。

图 2-70 平面上取点
（a）已知条件；（b）作图

【解】分析：平面由不共线三点、两相交直线、两平行直线等来确定。已知平面上的一条正平线，那么可以过直线外一已知点再作一条与已知正平线平行的直线，平面即可确定，再用平面上取点的方法，完成平面余下各点的投影，将点的同名投影依顺序连接即可。

步骤：①在四边形 ABCD 的 V 投影 a'b'c'd'上过 a'作 a'm'∥b'c'交 d'c'于 m'，在 H 上过 a 作 am∥OX 轴，交由 V 投影中 m'向下的投影连线于 m；

② 在 H 上连接 dm 并延长交由 V 投影中 c'向下的投影连线于 c，求出 dc；

③ 由于 BC 为正平线，故在 H 上过 c 作 bc∥OX 轴求出 bc；

④ 连接 ab 完成平面的 H 投影 abcd。

2. 属于特殊位置平面的点和直线

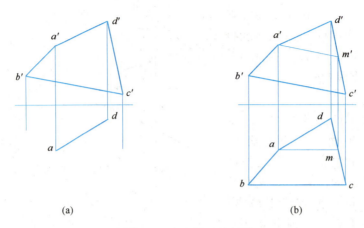

图 2-71 完成平面的投影
(a) 已知条件；(b) 作图

属于特殊位置平面的点和直线，至少有一个投影重合于具有积聚性的迹线；反之，若直线或点重合于特殊位置平面的迹线，则点与直线属于该平面。

过一般位置直线总可以作投影面垂直面；过垂直线则可以作水平面如图 2-72（b）所示，侧平面如图 2-72（c）所示，及无数多个正垂面如图 2-72（d）所示。

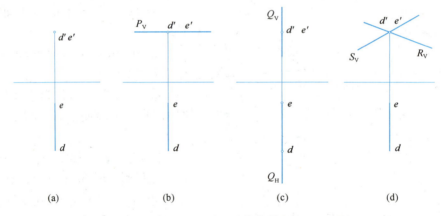

图 2-72 过正垂线作平面
(a) 已知条件；(b) 作水平面；(c) 作侧平面；(d) 作正垂面

【例 2-18】已知一般线 AB 的 V、H 投影如图 2-73（a）所示，包含直线 AB 作投影面的垂直面。

【解】分析：若一般位置直线 AB 属于某特殊位置平面，则该平面的迹线与直线的同名投影重合，由此可过直线 AB 作出铅垂面或正垂面。

步骤：

① 用迹线表示法作图：过 ab 作一迹线 Q_H 即为铅垂面，如图 2-73（b）所示；过 a'b' 作一迹线 R_V 即为正垂面，如图 2-73（c）所示。

② 图 2-73（d）、图 2-73（e）是用几何元素表示法作出的正垂面及铅垂面，为了区别迹线与已知直线，在表示迹线平面时可用细线两端画粗线的方法来表示迹线，如图 2-73

(b)、(c) 所示。

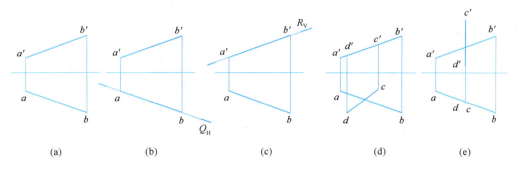

图 2-73 过一般位置直线作特殊位置平面
(a) 已知条件；(b) 用迹线作铅垂面；(c) 用迹线作正垂面；
(d) 用相交二直线作正垂面；(e) 用相交二直线作铅垂面

3. 属于平面的投影面平行线

属于平面的投影面的平行线，不仅与所在平面有从属关系，而且还应符合投影面的平行线的投影特征，即在两面投影中，直线的其中一个投影必定平行于投影轴，同时在另一面的投影平行于该平面的同面迹线。

一般位置平面内的投影面的平行线同时有正平线、水平线及侧平线。

【例 2-19】已知△ABC 投影如图 2-74 (a) 所示，过点 A 作平面内的水平线及正平线。

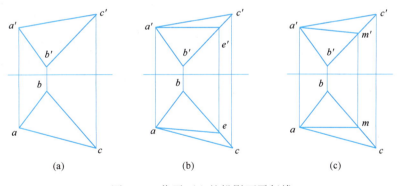

图 2-74 作平面上的投影面平行线
(a) 已知；(b) 作平面上的水平线；(c) 作平面上的正平线

【解】水平线 V 投影平行于 OX 轴，过点 a' 作平行于 OX，与 $b'c'$ 交于点 e'，在 bc 上作出 e，连接 ae 即为所求水平线（图 2-74b）；类似求得正平线 AM 如图 2-74（c）所示，在这里叙述从略。

2.4.4 平面上的最大斜度线

平面上与该平面在投影面迹线垂直的直线即为平面上的最大斜度线（图 2-75），平面的最大斜度线的几何意义在于测定平面对投影面的倾角，由于平面内的投影面平行线平行于相应的同面迹线，所以最大斜度线必定垂直于平面上的投影面

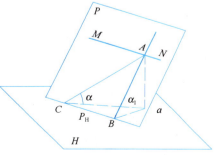

图 2-75 平面上的最大斜度线

平行线。把垂直于平面上投影面水平线的直线，称为 H 面的最大斜度线；把垂直于平面上投影面正平线的直线，称为 V 面的最大斜度线；把垂直于平面上投影面侧平线的直线，称为 W 面的最大斜度线。

平面上的最大斜度线对投影面的倾角最大，在图 2-75 中，直线 AB 交 H 面于点 B，BC 重合于平面 P 的水平迹线 P_H，$AB \perp BC$，那么，$\tan\alpha = \dfrac{Aa}{Ba} > \tan\alpha_1 = \dfrac{Aa}{ac}$，即 $\alpha > \alpha_1$，最大斜度线由此得名。

平面对投影面的倾角等于平面上对该投影面的最大斜度线对该投影面的倾角。如某平面对 H 面倾角 α 等于该平面上对 H 面的最大斜度线的水平倾角 α。若平面的最大斜度线已知，则该平面唯一确定。

欲求平面与投影面的夹角，要先求出最大斜度线，而最大斜度线又垂直于平面内的平行线；得到了最大斜度线后，再用直角三角形法求最大斜度线与对应投影面的夹角即可。

【例 2-20】求作平面 $\triangle ABC$ 与 H 面倾角 α 及 V 面的倾角 β（图 2-76）。

【解】步骤：
① 作平面内的水平线 CD；
② 作 $BE \perp CD$，据直角投影定理，作出最大斜度线 BE 的两面投影 be，$b'e'$；
③ 用直角三角形法，求出线段 BE 对 H 面的夹角 α（β 角求法与 α 角类似）。

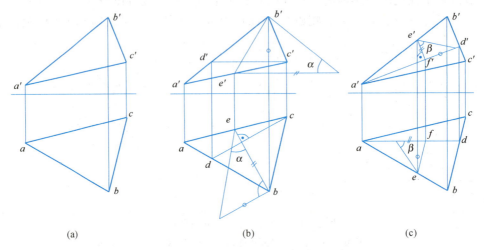

(a) (b) (c)

图 2-76 平面对投影面的夹角
(a) 已知条件；(b) 平面对 H 面的夹角；(c) 平面对 V 面夹角

【例 2-21】试过水平线 AB 作一个与 H 面呈 $30°$ 的平面（图 2-77）。

【解】分析：与平面上水平线 AB 垂直的直线为平面对 H 面的最大斜度线，平面对 H 面的最大斜度线与 H 面的夹角，即为欲求平面与 H 面的夹角。

步骤：
① 根据直角投影定理在 H 面上作 $ab \perp ac$；
② 根据已知平面的 $\alpha = 30°$，用直角三角形法求得点 A 与点 C 距 V 面的距离差 $\triangle y$；
③ 在 V 面上根据距离差 $\triangle y$ 补点 C 的正面投影 c'，连接 $a'c'$，即得所求平面。

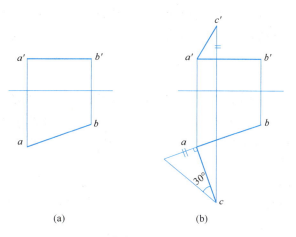

图 2-77 作与 H 面呈 30°的平面
(a) 已知条件；(b) 作图

2.5 辅助正投影

2.5.1 辅助正投影的概念

在正投影的情况下，投射方向是垂直于投影面的。影响空间几何元素投影性质的因素是空间几何元素与投影面的相对位置。

直线和平面的相对位置在两种情况下的比较　　　　表 2-5

	实长、倾角	实形	距离	交点
特殊位置	AB实长	△ABC实形	K到AB的距离	EF与△ABC交点
一般位置	不能反映实长、倾角	不能反映实形	不能反映距离	不能反映交点

从表 2-5 的对比中不难知道，当直线、平面对投影面处于特殊位置时，其投影或具有真实性，或具有积聚性，或直接反映距离，或直接反映交点位置等一些特殊的投影性质。这些性质对解决定位和度量问题是很有利的。从中我们得到启示：如能把空间几何元素从

一般位置改变成为特殊位置，空间几何问题的求解就变得容易。因此，辅助正投影就是将投影面或空间元素通过投影变换将空间几何元素由一般位置转变为特殊位置，以达到简化解题的目的。

2.5.2 投影变换的类型

形成投影的三要素是：投射线、空间几何元素和投影面，当这三者之间的相互关系确定后，其投影也就确定了。如要变动其中的一个要素，则它们之间的相对位置随之而异，其投影也会因此而变化。投影变换就是通过变动其中一个要素的方法来实现有利解题的目的。常用下述两种方法：

① 空间几何元素保持不动，用新的投影面来代替旧的投影面，使空间几何元素对新投影面的相对位置变成有利于解题的位置，作出空间几何元素在新投影面上的投影。这种方法称为变换投影面法，简称换面法。

② 投影体系（也即投影面）保持不动，使空间几何元素绕某一轴旋转到有利解题的位置，作出空间几何元素旋转后的新投影。这种方法称为旋转法。

如图 2-78（a）所示，要求出铅垂面△ABC 的实形，采用换面法是使△ABC 不动，设置一个既平行于△ABC 同时又垂直于 H 面的新投影面 V_1 代替 V 面，建立一个新的 V_1/H 投影体系。这样△ABC 在新体系（V_1/H）中就成为平行面，在 V_1 面上的投影△$a'_1 b'_1 c'_1$ 即反映△ABC 实形。

又如图 2-78（b）所示，要求出铅垂面△ABC 实形，采用旋转法则是使投影体系 V/H 保持不动，将△ABC 绕一个垂直于 H 面的 BC 轴旋转，直至与 V 面处于平行的位置。旋转后△ABC 的新位置△$A_1 BC$ 在 V 面上的投影△$a'_1 b' c'$，同时反映出△ABC 的实形。

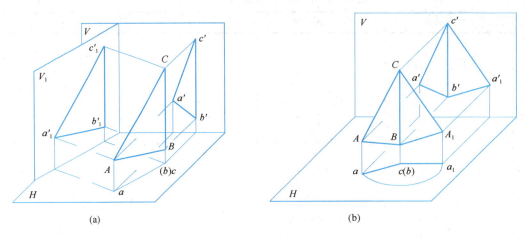

图 2-78 投影变换的方法
（a）换面法；（b）旋转法

2.5.3 换面法

1. 基本概念

在换面法中，首先应考虑的问题是如何设置新的投影面。从图 2-78（a）中可看出，新投影面是不能随便选取的。既要使空间元素在新投影面上的投影能够方便解题，即空间几何元素在新投影面上的投影具有特殊性，又要使新投影面必须垂直于原有投影面之一，以构成新的投影体系。这样，才能应用第 1 章研究过的正投影原理作出点、线、面等几何元素新的投影图。因此，新投影面的选择必须符合以下两个基本原则：

① 新投影面必须与空间几何元素处于有利解题的位置；
② 新投影面必须垂直于原有投影面之一。

2. 基本作图方法

点是最基本的几何元素，因此，在换面法中，必须先掌握点的投影变换规律。

(1) 点的一次换面

如图 2-79 所示，已知点 A 在 V/H 投影体系中的两面投影 (a, a')。设置一个新的投影面 V_1 代替原投影面 V，同时使 V_1 面垂直于 H 面，如图 2-79 (a) 所示，建立起一个新的投影体系 V_1/H 取代原体系 V/H。这时，V_1 面与 H 面的交线便生成新投影轴 X_1，将点 A 向新投影面 V_1 投影，便获得点 A 的新投影 a_1'。

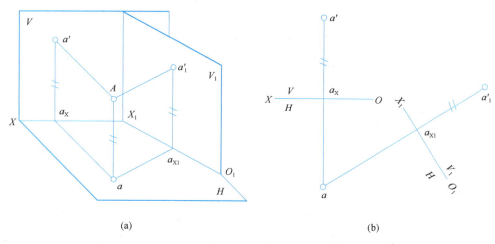

(a) (b)

图 2-79 点的一次换面（替换 V 面）
(a) 立体图；(b) 投影图

从图 2-79 中不难看出：在以 V_1 面代替 V 面的过程中，点 A 到 H 面的距离是没有被改变的。

即：$a_1'a_{X1}' = Aa = a'a_X$。

将新的投影体系 V_1/H 展开：使 V_1 面绕 X_1 轴旋转至与 H 面重合，由于 V_1 面垂直于 H 面，展开后 a 与 a_1' 的连线必定垂直于 X_1 轴，又得出：$aa_1' \perp X_1$。

在图 2-79 (b) 中，可由上述关系作图求出点 A 在 V_1 面上的新投影 a_1'。在这样一个作图过程中，a_1' 称为新投影，a' 称为旧投影，a 称为新 (V_1/H)、旧 (V/H) 体系中共有的保留投影；X 称为旧投影轴，简称旧轴，X_1 称为新投影轴，简称新轴。

通过以上分析，可得出点的换面法投影规律：

① 点的新投影到新轴的距离等于点的旧投影到旧轴的距离；
② 点的新投影和保留投影的连线，必垂直于新轴。

图 2-80 表示当替换水平面时，设置一个 H_1 面代替 H 面，建立一个新体系 (V/H_1)，获得点 A 在 H_1 面的新投影 a_1，如图 2-80 (a) 立体图所示。由点的换面法投影规律，得：$a_1a' \perp X_1$；$a_1a_{X1} = Aa' = aa_X$。图 2-80 (b) 表示求新投影的作图过程。

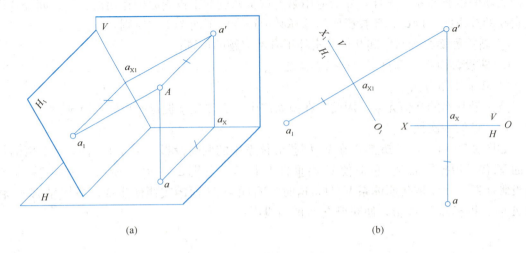

图 2-80 点的一次换面（替换 H 面）
(a) 立体图；(b) 投影图

从以上两投影图中，不难得出点的换面法作图步骤：

① 建立新轴（新轴的建立是有条件的），这是用换面法解题时最关键的一步；
② 过保留投影作新轴的垂线；
③ 量取点的新投影到新轴的距离等于点的旧投影到旧轴的距离，从而得到点的新投影。

（2）点的二次换面

点的二次换面是在点的一次换面的基础上，再进行的一个点的一次换面。图 2-81 表示在第二次变换投影面时，求作点的新投影的方法，其原理与点的一次换面时完全相同。

如图 2-81（a）所示，在点 A 已进行一次换面后的 V_1/H 体系中，再作新投影面 H_2 代替 H 面，H_2 面必须垂直于 V_1 面，得到新体系 V_1/H_2，同时产生新投影轴 X_2。这时，点 A 在新投影面 H_2 的投影 a_2 到 X_2 轴的距离，即点的新投影到新轴的距离，等于点 A 在 H 面上的投影 a 到 X_1 轴的距离，即点的旧投影到旧轴的距离，也就是 $a_2 a_{X2} = a a_{X1} = Aa'_1$，点 A 在 H_2 面上的投影 a_2 与点 A 在 V_1 面上投影 a'_1 的连线垂直于 X_2 轴，即 $a_2 a'_1 \perp X_2$。图 2-81（b）表示的是求点 A 二次换面后投影的作图过程。

同理，也可先作 H_1 面代替 H 面（一次换面），得到 V/H_1 体系。再作 V_2 面代替 V 面（二次换面），得到 V_2/H_1 体系。在这种情况下，是由点 A 的正投影 a' 及第一次换面后的投影 a_1，作出点 A 在 V_2 面上的新投影 a'_2，如图 2-81（c）所示。二次换面的作图步骤与一次换面的作图步骤相同，只是重复再进行一次。

3. 换面法在解决定位和度量问题中的运用

（1）一次换面的运用

在换面法中，新投影面的设置是十分重要的。下面结合几个例子说明用一次换面解决空间几何元素间定位和度量问题时，新面是如何设置的。从前面的分析中，我们得知：新投影面必须垂直原投影面之一；新面的设置必须有利解题。在投影图上，新面的设置是体现在画新轴的位置上。

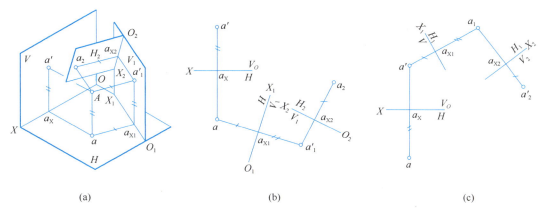

图 2-81 点的二次换面
(a) 立体图；(b) 投影图（先换 V 面，后换 H 面）；(c) 投影图（先换 H 面，后换 V 面）

【例 2-22】如图 2-82（a）所示，求一般位置直线 AB 的实长及其倾角 α。

【解】分析：当直线 AB 为正平线时，AB 的正投影就反映实长，同时正投影与投影轴的夹角反映直线 AB 的 α 倾角。所以，在考虑本例的变换过程中，应将直线 AB 变换成正平线，如图 2-82（a）所示。从中不难看出，用新的 V_1 面代替 V 面，使 V_1 面平行于直线 AB 的同时垂直于 H 面。注意：该图中新轴与保留投影之间的关系是新轴平行于保留投影，即 $X_1 /\!/ ab$。

投影作图：如图 2-82（b）所示：

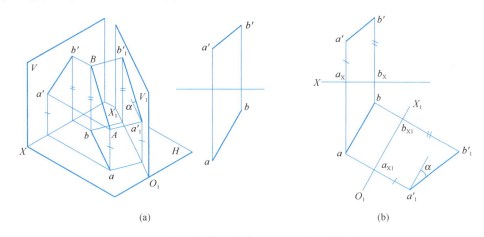

图 2-82 求一般位置直线 AB 的实长及其倾角 α
(a) 立体图及题目；(b) 求解作图过程及结果

① 作新轴 $X_1 /\!/ ab$；
② 过保留投影 a、b 作新轴垂线；
③ 量取 $a'_1 a_{X1} = a' a_X$，$b'_1 b_{X1} = b' b_X$，从而获得 A、B 两点在 V_1 面上的新投影 a'_1、b'_1；
④ 连接 a'_1、b'_1 得直线 AB 的新投影，此时 $a'_1 b'_1$ 反映实长，它与 X_1 轴的夹角即为直线 AB 的倾角 α。

注意：在图 2-82（b）所示的作图过程中，X_1 轴只需保持与 ab 平行，两者间的距离对于求 AB 直线的实长及倾角是没有影响的。

【例 2-23】 如图 2-83 所示,求铅垂面△ABC 的实形。

【解】 分析:从图 2-83(a)中可以看出,需设置新投影面 V_1 代替原投影面 V。由于△ABC 是铅垂面,所以 V_1 面在平行于△ABC 的同时一定要垂直于 H 面。注意:此图中新轴与铅垂面积聚投影的关系是:新轴平行于铅垂面积聚投影,即 $X_1 // abc$。

投影作图:如图 2-83(b)所示:

① 作新轴 $X_1 // abc$(铅垂面的积聚性投影);

② 过保留投影 a、b、c 作新轴垂线;

③ 分别量取点的新投影到新轴距离等于点的旧投影到旧轴距离,得 a'_1、b'_1、c'_1,此时△$a'_1 b'_1 c'_1$ 反映△ABC 实形。

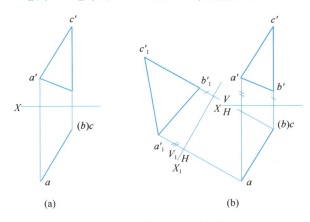

图 2-83 求△ABC 的实形
(a)题目;(b)求解作图过程及结果

【例 2-24】 如图 2-84(a)所示,求一般位置面△ABC 的倾角 α。

【解】 分析:当把一般位置面变成垂直面后,倾角就可由垂直面的积聚投影与对应投影轴的夹角来获得。由于题目中要求的是 α 倾角,故 H 面应当保留。从 2.4.2 节的学习中我们得知,正垂面的正投影具有积聚性,它与投影轴的夹角反映该平面的 α 角。所以,需设置一个既与 H 面垂直又与△ABC 垂直的 V_1 面代替 V 面。如图 2-84(a)立体图中所示,如果在△ABC 上作一条水平线 AD,使 V_1 面垂直于水平线 AD,这样就保证了新建 V_1 面既垂直于△ABC 又垂直于 H 面。

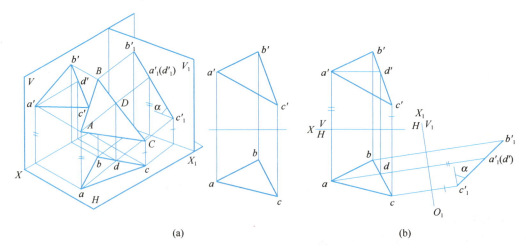

图 2-84 求平面的水平倾角
(a)立体图及题目;(b)求解作图过程及结果

投影作图:如图 2-84(b)所示:

① 在△ABC 中作一条水平线 AD,先由 $a'd' // X$,作出 ad;

② 作新轴 $X_1 \perp ad$，由换面法的作图步骤，求出△ABC 的新投影 $a'_1 b'_1 c'_1$，此投影具有积聚性；

③ 积聚性投影 $a'_1 b'_1 c'_1$ 与 X_1 轴的夹角反映△ABC 的 α 倾角。

（2）二次换面法的运用

【例 2-25】如图 2-85（a）所示，求一般位置平面△ABC 的实形。

【解】分析：若直接设置新投影面平行△ABC，则新投影反映△ABC 实形。但由于△ABC 是一般位置面，与它平行的新投影面也一定是一般位置面，不能与原体系（V/H）之一的 V 面或 H 面构成相互垂直的新体系。从【例 2-23】可知，垂直面可以通过一次换面成为平行面，从而反映实形；又从【例 2-24】可知，一般位置面可以通过一次换面成为垂直面。因此得到启示：先将一般位置面经一次换面变换成垂直面，再将垂直面经第二次换面变换成平行面，从而获得△ABC 的实形。

投影作图：如图 2-85（b）所示：

① 在△ABC 中作出正平线 AD，即作 $ad // X$，再由 d 得 d'；

② 作一次换面的新轴 $X_1 \perp a'd'$；

③ 由换面法作图步骤，求出△ABC 一次换面后在 H_1 面上的新投影 $a_1 b_1 c_1$（具有积聚性）；

④ 再作二次换面的新轴 $X_2 // a_1 b_1 c_1$，再由换面法作图步骤，求出△ABC 在 V_2 面上的新投影△$a'_2 b'_2 c'_2$，则该投影即反映△ABC 的实形。

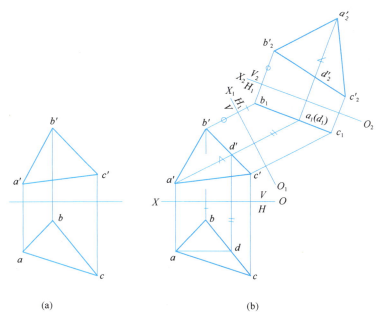

图 2-85 求一般位置平面△ABC 的实形
(a) 题目；(b) 求解作图过程及结果

2.5.4 旋转法

投影变换的另一种常用方法是旋转法：保持原投影体系不动，将选定的空间几何元素绕一垂直于投影面的轴旋转一个角度，使之与另一投影面处于有利解题的位置。此时，将

67

问题所涉及的其他几何元素，按"绕同一条轴，按同一方向，旋转同一角度"的"三同"原则，求出各几何元素旋转到新位置的投影，以利于解题。在旋转法的投影变换中，选择什么样的垂直轴，是有利于解题的关键所在。

1. 旋转轴的选择

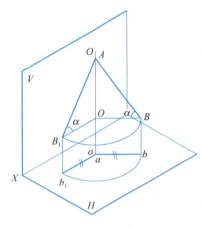

图 2-86 绕垂直轴旋转时的倾角

如图 2-86 所示，直线 AB 对 H 面倾角为 α，绕垂直于 H 面且过 A 点的 OO 轴旋转。过 B 点向 OO 轴作垂线，得直角△ABO，其中∠ABO=α。当 AB 旋转至 AB_1 位置时（AB_1//V 面），有∠AB_1O=∠ABO=α，即是：直线 AB 在绕 OO 轴的旋转过程中，它对 H 面的倾角 α 没有改变；在 H 投影面上，有 $ab=ab_1$，即是：旋转前后直线 AB 的水平投影长度也没有改变；在 V 投影面上，直线在新位置 AB_1 的投影 $a'b_1'$ 反映真长。由此可知：如果要保持直线或平面的水平倾角 α 不变，必须选垂直于 H 面的旋转轴；要保持直线或平面的正面倾角 β 不变，必须选垂直于 V 面的旋转轴。

2. 点的旋转

如图 2-87（a）所示，当点 A 绕一过 O 点的正垂轴旋转时，其轨迹为一正平圆线，该圆所在的平面称为旋转平面，它必定垂直于旋转轴并平行于 V 面。因此，轨迹圆的 V 面投影反映实形，其圆心 o' 为旋转轴 OO 的投影，轨迹圆投影的半径 o'a' 等于旋转半径 OA；轨迹圆的 H 面投影积聚为一条平行于 X 轴的线段，长度等于轨迹圆的直径。当点 A 绕 OO 轴旋转 θ 角到达 A_1 位置时，A 点的正面投影同样旋转 θ 角，形成 $a'a_1'$ 圆弧，其水平投影则沿 X 轴的平行线方向移动，为一线段 aa_1，如图 2-87（b）所示。

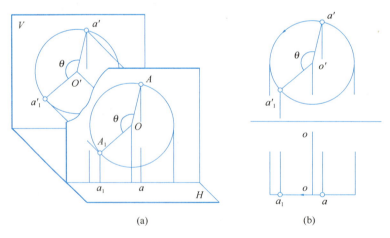

图 2-87 点绕正垂线旋转
(a) 立体图；(b) 投影图

如果点绕铅垂轴旋转，则旋转平面平行于 H 面，如图 2-88 所示。轨迹圆的 H 面投影反映实形，旋转半径等于轨迹圆投影的半径（即 OA=oa），而它的 V 面投影则积聚为一条平行于 X 轴的线段，其长度为轨迹圆直径。

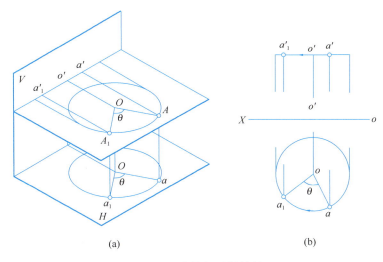

图 2-88 点绕铅垂轴旋转
(a) 立体图；(b) 投影图

从上面的分析，可得出点绕垂直轴的旋转投影变换规律：当点绕垂直于某一投影面的轴旋转时，点在该投影面上的投影为作圆周运动，在另一投影面上的投影则在作平行于投影轴的直线运动。

3．直线、平面的旋转

直线的旋转可用直线上两点的旋转来决定，平面则由不在同一直线上的三点（或其他几何要素组成）来决定。但必须遵循这样的原则：即绕同一轴、按同一方向、旋转同一角度的"三同原则"，以保证其相对位置不变。

图 2-89 所示为一般位置直线 AB 绕铅垂轴 OO 按逆时针方向旋转 θ 角的情况。此时，直线两端点的水平投影分别作逆时针方向旋转 θ 角的圆周运动，同时，直线两端点的正面投影亦分别作平行于 X 轴的直线移动，由此得到线段的新投影 a_1b_1 及 $a_1'b_1'$。

观察水平投影，不难证明出△abo≌△a_1b_1o、$ab = a_1b_1$。这即是说直线绕铅垂轴旋转时，其水平投影长度不变。同理，可推论出：直线如果绕正垂轴旋转，则直线的正面投影长度不变。

综上所述，直线绕垂直轴旋转的投影变化规律为：当直线绕垂直于某一投影面的轴旋转时，直线在该投影面上的投影长度不变，直线相对于该投影面的倾角也不变；直线上各点的另一投影则作平行于投影轴的直线运动。

由直线的旋转规律可以知道，当平面△ABC 绕垂直于投影面的轴旋转时，如图 2-90 所示，其三边 AB、BC 和 CD 在该投影面上的投影长度不变，因而投影所形成的三角形形状不变。由此可以推论出平面绕垂直轴旋转的投影变化规律：当平面图形绕垂直于某一投影面的轴旋转时，它在该投影面上的投影形状和大小不变，平面相对于该投影面的倾角也不变；平面上各点的另一投影则作平行于投影轴的直线运动。

4．旋转法在解决定位和度量问题中的运用

【例 2-26】如图 2-91（a）所示，求直线 AB 的实长和倾角 α。

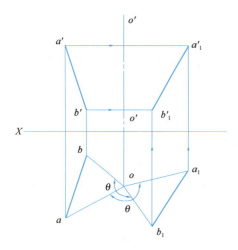
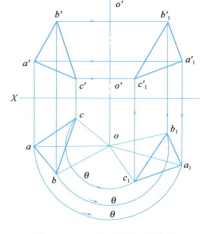

图 2-89　直线段的旋转图　　　　图 2-90　三角形平面的旋转

【解】分析：欲求水平倾角，旋转时应保持水平倾角不变，应选择垂直于 H 面的旋转轴；令旋转轴过 A 点，在旋转过程中 A 点将不动，只需将 B 点旋转。

投影作图：如图 2-91（b）所示：

① 在水平投影图中，以 a 为圆心，ab 为半径作 bb_1 圆弧，使 $ab_1 // X$；

② 在正投影图中，由点的旋转规律，B 点正投影应作平行于投影轴的直线移动，即由 $b' \to b'_1$，$b'b'_1 // X$，得 b'_1；

③ 连接 $a'b'_1$ 即获得反映 AB 直线实长的投影；$a'b'_1$ 与 X 轴夹角，即为所求倾角 α。

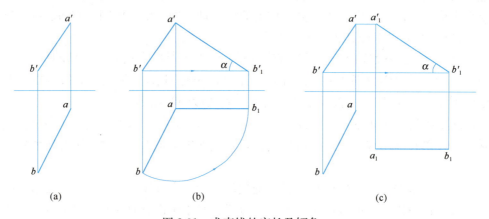

图 2-91　求直线的实长及倾角 α
(a) 已知条件；(b) 绕过 A 点的铅垂轴旋转为正平线；(c) 绕不指明的铅垂轴旋转为正平线

图 2-91（b）中旋转轴的位置很明显，在应用时旋转轴经常无需指明，而图 2-91（c）则表示了一般位置直线 AB 绕不指明位置的铅垂轴旋转成正平线的情况。由于保证了旋转时其水平投影长度不变，正面投影高差不变，故旋转后的正投影反映该直线实长和倾角。由此可见，当旋转轴性质不变，仅改变其位置，对旋转后的结果是没有影响的。在解题中，为了使图面更加清晰，常采用不指明轴的旋转法。

【例 2-27】如图 2-92 所示，求平面 △ABC 的倾角 α。

【解】分析：由于需要求出平面的水平倾角 α，所以必须绕铅垂轴旋转；若要将一般位置面旋转成正垂面，则必须将属于△ABC的一条水平线旋转为正垂线。

投影作图：用绕不指明轴旋转法。

① 在△ABC中作水平线AD，由 $a'd' // X$，$a'd' \to ad$；

② 将AD绕铅垂轴旋转成正垂线的同时（即 $a_1d_1 \perp X$），用 $\triangle abc \cong \triangle a_1b_1c_1$ 求出△ABC新的水平投影 $\triangle a_1b_1c_1$；

③ 过 a'、b'、c' 分别作平行于X轴的直线，并以 $a'_1a_1 \perp X$、$b'_1b_1 \perp X$、$c'_1c_1 \perp X$，求出 $a'_1b'_1c'_1$，此投影具有积聚性；

④ 积聚投影 $a'_1b'_1c'_1$ 与X轴夹角即为所求 α。

用同样的思考方法，可求出平面的正面倾角 β。如图 2-93 所示，在△ABC上作正平线BE，将正平线BE绕正垂轴旋转成铅垂线，根据平面绕垂直轴旋转的投影规律，有 $\triangle a'b'c' \cong \triangle a'_1b'_1c'_1$，过a、b、c分别作平行于X的直线，由 $a_1a'_1 \perp X$、$b_1b'_1 \perp X$、$c_1c'_1 \perp X$，得到△ABC具有积聚性的投影 $a_1b_1c_1$，它与X轴的夹角即为△ABC的 β。

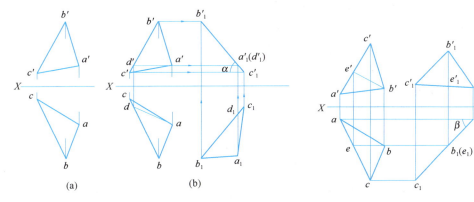

图 2-92　求△ABC的倾角 α
（a）已知条件；（b）作图过程及结果

图 2-93　求△ABC的倾角 β

【例 2-28】如图 2-94（a）所示，求一般位置平面△ABC的实形。

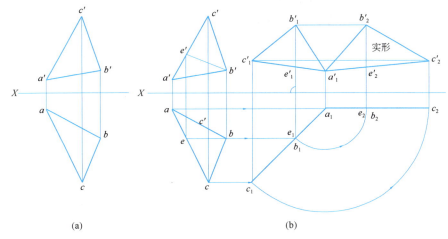

图 2-94　求一般位置平面△ABC的实形
（a）已知条件；（b）作图过程及结果

【解】 分析：为求△ABC实形，需将△ABC旋转成平行平面。在两面体系中，平行面的倾角一个为90°，一个为0°。从【例2-27】中可获得启示：先用一次旋转将△ABC旋转成垂直面，产生一个具有90°倾角的积聚投影，保持这个90°倾角不变（在投影图中体现为积聚投影不变），再进行一次旋转，产生另一个倾角为0°的投影，该投影反映△ABC的实形。

投影作图：如图2-94（b）所示，综合运用不指明垂直轴和指明旋转法。

① 第一次旋转，绕过不指明的正垂轴，将△ABC旋转成铅垂面；作图方法同【例2-27】，产生 $c'_1a'_1b'_1$，$c'_1a'_1b'_1$ 具有积聚性的正面投影 $a_1b_1c_1$ 及△$a'_1b'_1c'_1$；

② 第二次旋转，绕过C点的铅垂轴旋转，将积聚投影 $a_1b_1c_1$ 旋转至平行于X轴的位置，即 $a_2b_2c_2 // X$。由平面绕垂直轴旋转的规律，作出△$a'_2b'_2c'_2$，即为△ABC实形。

<h2 style="text-align:center">小　结</h2>

（1）了解投影法的形成，投影法的分类及特性。
（2）掌握三面投影图的形成原理。
（3）熟练掌握点、线、面的三面正投影作图过程。
（4）能够使用直角三角形法求一般位置直线的实长及倾角。
（5）理解直角定理的条件，并在投影图中运用。
（6）熟练掌握直线上点的投影特征；平面上点及直线的投影原理。
（7）了解点、线、面辅助正投影作图方法。

<h2 style="text-align:center">复习思考题</h2>

2.1　简述为什么不能用单一的投影面来确定空间点的位置？
2.2　为什么根据点的两个投影便能作出其第三投影？具体作图方法是怎样的？
2.3　如何判断重影点在投影中的可见性？怎么标记？
2.4　空间直线有哪些基本位置？
2.5　如何检查投影图上点是否属于直线？
2.6　什么是直线的迹点？在投影图中如何求直线的迹点？
2.7　试叙述直角三角形法的原理，即直线的倾角、线段的实长、与直线的投影之间的关系。
2.8　两直线的相对位置有几种？它们的投影各有什么特点？
2.9　试简述直角投影定律。
2.10　平面的表示法有哪些？什么叫平面的迹线？
2.11　在周围所接触的环境中，存在哪些平面的特点（如门、窗、坡屋面等）？
2.12　如何进行平面上取点和取直线？
2.13　在一般位置平面内，能否画出垂直线？为什么？
2.14　什么是最大斜度线？怎样在平面上作最大斜度线？
2.15　为什么可以利用平面的最大斜度线求一般位置平面的倾角？需要通过哪几个步骤？利用对H面的最大斜度线能否求得该平面对V面的倾角？为什么？
2.16　在正投影的情况下，投影变换是通过什么途径实现的？常用的方法有几种？
2.17　在换面法中，新面设置的基本原则是什么？为什么要遵守这个原则？

第 3 章　平面立体的投影及线面投影分析

本章知识点

本章主要介绍平面立体投影的形成以及属于平面立体表面各种直线、平面的投影特性，两直线的相对位置，直线与平面的相对位置；重点学习平面立体的三面投影作图方法，掌握立体上直线及平面的投影分析，要求熟练分析点、线、面间的相对几何关系，特别应注意直线的实长及与投影面倾角的求解（直角三角形法）、两几何元素间平行或相交的投影特性以及各类交点或交线的求解。

3.1　平面立体的三面投影

由各表面围成，占有一定空间的形体称为**立体**。凡各表面均由平面多边形围成的立体称为**平面立体**。基本的平面立体分为**棱柱**、**棱锥**和**棱台**等。

3.1.1　棱柱

在一个平面立体中，如果有两个面互相平行且相等，其余每相邻两个面的交线均相互平行且相等，这样的平面立体称为棱柱。两个平行且相等的多边形为棱柱的底面，其余的面为棱柱的侧面或棱面，相邻两侧面的交线称为棱柱的侧棱或棱线。因为棱柱底面的边数与侧面数、侧棱数相等，所以底面是几边形，就称为几棱柱。两底面之间的距离为棱柱的高。

侧棱垂直于底面的棱柱为**直棱柱**，侧棱倾斜于底面的棱柱为**斜棱柱**；其中底边是正多边形的直棱柱称为**正棱柱**。

1. 直棱柱

如图 3-1 所示，以一直三棱柱为例分析直棱柱的投影形成及投影特点。

(1) 直棱柱的特征（图 3-1a）

① 上、下底面是两个相互平行且相等的多边形，如图 3-1（c）所示为等腰三角形；

② 各个侧面都是矩形，如图 3-1（d）所示，三棱柱的背面为平行于 V 投影面的正平面，它在 V 面上的投影反映其实形，左右两个侧表面为垂直于 H 面的铅垂面，它们大小相等，位置左右对称，在 H 面上的投影具有积聚性，其投影积聚成直线；

③ 三棱柱的各条侧棱相互平行、相等，且垂直于底面。其长度等于棱柱的高。它们在 H 面的投影均具有积聚性，其投影积聚成点。

(2) 直棱柱的安放

安放原则：为便于识图和画图，放置形体时，应使棱柱尽可能多的表面平行或垂直于某一投影面，以便于投影图中出现更多的反映物体表面的实形投影或积聚投影。

如图 3-1（a）所示，放置三棱柱于三面投影体系中时，使三棱柱的两底面平行于 H 面，后侧面平行于 V 面，左、右二侧面垂直于 H 面（另外，当需要时，也可使两底面平

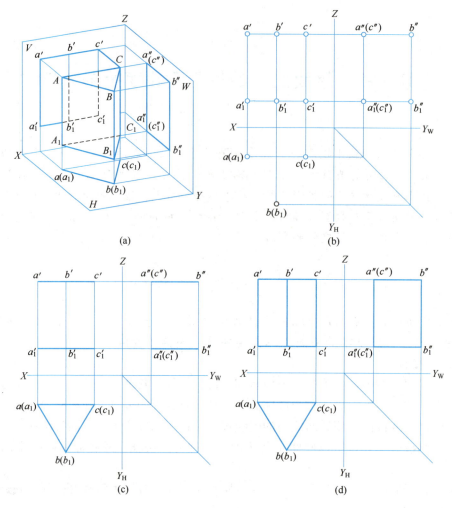

图 3-1 直三棱柱的投影
(a) 直观图；(b) 各顶点的投影；(c) 上、下底面的投影；
(d) 侧棱的投影及完成立体的投影

行于 V 面或 W 面，而最大侧面平行于 H 面）。

(3) 直棱柱的投影作图

完成直棱柱的三面投影，其关键是画出此直棱柱各个顶点的投影，将这些顶点的投影两两连线，也就产生了三棱柱各边线、棱线以及上、下底面和各侧面的三面投影，如图 3-1 (b) 所示。

作图顺序：

① 作上、下底面的投影。将上、下底面各三点 A、B、C 及 A_1、B_1、C_1 的 H 投影画出。再将 H 投影的 a、b、c 和 a_1、b_1、c_1 各自相连，即形成上、下底面的实形投影；根据点的投影特性作出 A、B、C 及 A_1、B_1、C_1 点的 V、W 投影面中的 a'、b'、c'、a_1'、b_1'、c_1' 和 a''、b''、c''、a_1''、b_1''、c_1''，将这些点的同面投影各自相连，便形成上、下底面的 V、W 投影，上、下底面的 V、W 投影均积聚成直线，如图 3-1 (c) 所示。

② 画每条侧棱的各自投影。将 AA_1、BB_1、CC_1 三组点的同面投影两两连线即形成三棱柱的侧棱的投影。三条侧棱的水平投影均积聚成点，三条侧棱的 V、W 投影都反映其实长，如图 3-1（d）所示。

③ 完成直三棱柱六个顶点间两两相连，便形成了直三棱柱立体的投影图。

(4) 直棱柱的投影分析

直棱柱的 H、V、W 面各个投影，应包含该直棱柱所有顶点、棱线和表面的投影，如图 3-1（d）所示。

① 水平面投影为一个三角形，是三棱柱上、下底面的实形投影重合，上底面投影可见，下底面投影不可见；三条边线是棱柱三个侧面的 H 面积聚投影；三个顶点是棱柱三条侧棱的 H 面积聚投影。

② 正面投影为左右两个矩形合成的一个大矩形。左右矩形是左右侧面的类似形投影，均为可见；大矩形是后侧面的实形投影，为不可见；大矩形的上、下边线是棱柱上、下底面的积聚投影。

③ 侧面投影为一个矩形，是左、右侧面的类似形投影的重合，左侧面投影可见，右侧面投影不可见；矩形的上、下边线及左边线是三棱柱上、下底面及后侧面的积聚投影；右边棱廓线，是前侧棱（BB_1）的 W 面投影。

2. 斜棱柱

如图 3-2 所示，以一斜三棱柱为例分析斜棱柱的投影形成及投影特点。

(1) 斜棱柱的特征（图 3-2a）

① 上、下底面是两个相互平行且相等的多边形，如图 3-2（c）所示为等腰三角形；

② 各个侧面都是平行四边形；

③ 各条侧棱相互平行、相等且倾斜于底面，其长度不等于棱柱的高。

(2) 斜棱柱的安放

安放原则同前。如图 3-2（a）所示，使此斜三棱柱的上、下底面平行于 H 面；后侧棱面垂直于 W 面；三条侧棱彼此平行，且与底面及 H 面倾斜。

(3) 斜棱柱的投影

完成斜棱柱的三面投影，即是画出此斜棱柱两底面和各侧面的三面投影，如图 3-2（d）所示。

作图顺序：

① 画上、下底面各顶点的三面投影，如图 3-2（b）所示。再画其实形投影，如图 3-2（c）中 H 面中的 $\triangle abc$ 和 $\triangle a_1b_1c_1$；最后画积聚投影，如图 3-2（c）中 V、W 面中的水平线段 $a'b'c'$、$a_1'b_1'c_1'$ 和 $a''b''c''$、$a_1''b_1''c_1''$。

② 画每条侧棱的各投影。如图 3-2（d）所示，画出 AA_1、BB_1、CC_1 侧棱的三面投影，即完成斜棱柱的投影作图。

(4) 斜棱柱的投影分析

斜棱柱的 H、V、W 面各个投影，应包含该斜棱柱所有表面的该面投影。

判定可见性的原则是：若该表面的全部边线在某投影面的投影可见，则该表面此面投影可见；若该表面有一条边线在某投影面的投影不可见，则该表面此面投影不可见，如图 3-2（d）所示。

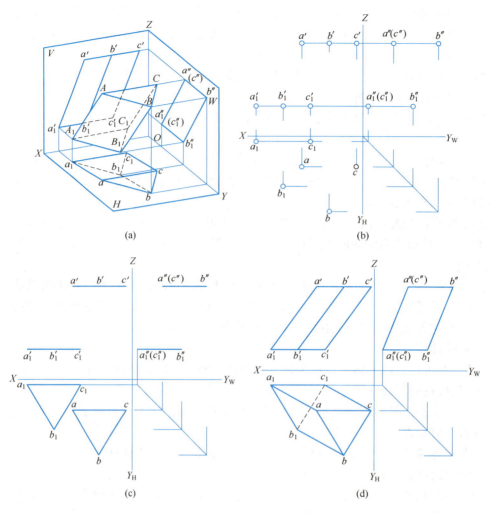

图 3-2 斜三棱柱的投影

(a) 直观图；(b) 各顶点的投影作图；(c) 上、下底面的投影；(d) 侧棱的投影及完成立体的投影

① 水平面投影：两个三角形，是此斜三棱柱上、下底面的实形投影，上底面投影可见，下底面有一边线不可见，故投影不可见；三条斜线，是此斜棱柱三条侧棱的 H 面投影，均为可见。

② 正立面投影：为左右两个平行四边形合成的一个大的平行四边形。左右两个平行四边形，是左右侧面的类似形投影，有一边线不可见，故投影不可见；大平行四边形，是后侧面的类似形投影，四条边线均不可见，故投影为不可见；大矩形的上、下边线，是棱柱上、下底面的积聚投影。

③ 侧立面投影：为一个平行四边形，是左、右侧面类似形投影的投影重合，左侧面投影可见，右侧面投影不可见；该平行四边形的上、下边线及左边线，是此斜三棱柱上、下底面及后侧面的积聚投影；右边棱廓线，是前侧棱（BB_1）的 W 面投影。

3.1.2 棱锥

底面为一个平面多边形，其余各侧面都是三角形，且各侧棱相交于一个顶点的平面立体称为棱锥。因棱锥底面的边数与侧面数和侧棱数相等，故底面是几边形就称为几棱锥。顶点至底面的距离称为棱锥的高。

当棱锥的底面为一正多边形，且棱锥的顶点与此正多边形中心的连线与底面垂直，则此棱锥被称为正棱锥；反之为斜棱锥。如图3-3所示，以一正三棱锥为例分析棱锥的投影形成及投影特点。

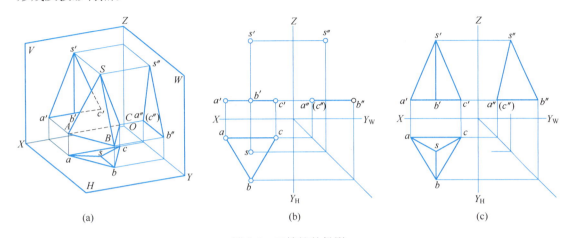

图3-3　三棱锥的投影
(a) 直观图；(b) 各顶点的投影及底面的投影；(c) 投影作图

（1）棱锥的特征

如图3-3（a）所示：

① 底面为一多边形，如图中△ABC；

② 每个侧面均为三角形，如图中△SAB、△SBC、△SAC；

③ 每条侧棱均交于同一顶点，如图中SA、SB、SC均交于顶点S。

（2）棱锥的安放

安放原则：使棱锥的底面平行于某一投影面；顶点通常朝上、朝前或朝左。如图3-3（a）所示，使三棱锥的底面△ABC平行于H面，后侧面△SAC垂直于W面。

（3）棱锥的投影作图

作棱锥的投影，即是画出此棱锥顶点和底面各点的投影。将这些点的同名投影两两连线，形成棱锥底面和各侧面的投影，即获得锥体的投影，如图3-3（b）所示。

作图顺序：

① 画底面△ABC三个点的三面投影，并将它们两两连线，得到锥底面的实形投影，即水平投影△abc，以及底面△ABC的积聚投影，即正投影$a'b'c'$，侧投影$a''(c'')b''$；

② 画顶点S的三面投影（s、s'、s''）；

③ 连各侧棱的三面投影，完成棱锥的投影作图。

（4）棱锥的投影分析

棱锥的H、V、W面各个投影，应包含该棱锥所有表面的投影，如图3-3（c）所示。

① 水平面投影为由三个小三角形组合成的一个大三角形，是此三棱锥三个侧面的类似形投影，与底面的实形投影的重合，三个侧面可见，底面不可见。

② 正面投影为左右两个小三角形合成的一个大三角形。左右两个小三角形是棱锥左、

右侧面类似形投影，可见；大三角形是后侧面的类似形投影，不可见；大三角形的下边线，是棱锥下底面的积聚投影。

③ 侧面投影为一个三角形，是三棱锥左、右侧面的类似形投影重合，左侧面投影可见，右侧面投影不可见；三角形的左边线及底边线是三棱锥后侧面及底面的 W 面积聚投影；右边线是前侧棱（BB_1）的 W 面投影。

3.1.3 棱台

当棱锥被一个平行于底面的平面截割，移除顶部棱锥所产生的平面立体称为<u>棱台</u>。因棱台底面的边数与侧面数和侧棱数相等，故底面是几边形就称为几棱台。上、下底面之间的距离称为<u>棱台的高</u>。当棱锥的底面为一正多边形，且棱锥的顶点与此正多边形中心的连线与底面垂直，则此棱锥被称为<u>正棱台</u>。如图 3-4 所示，以一正四棱台为例分析棱台的投影及特点。

（1）棱台的特征

如图 3-4（a）所示：

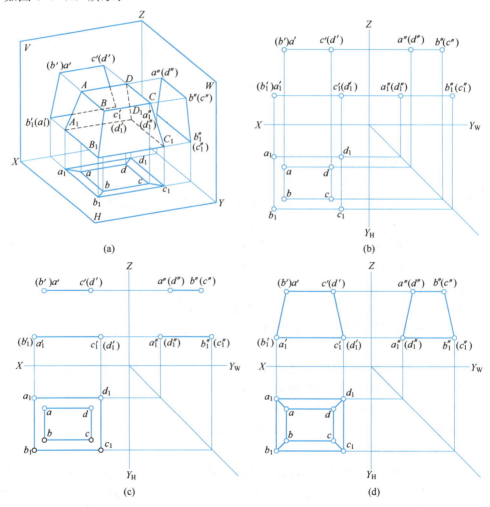

图 3-4 四棱台的投影

（a）直观图；（b）四棱台各顶点的投影；（c）上下底面的投影；（d）侧棱及四棱台的投影

① 底面为一多边形；
② 每个侧面均为梯形；
③ 每条侧棱延长后，均交于同一顶点。

(2) 棱台的安放

安放原则：使棱台的底面平行于某一投影面。如图 3-4（a）所示，使四棱台的上、下底面平行于 H 面，左、右侧面垂直于 V 面，前、后侧面垂直于 W 面。

(3) 棱台的投影作图

作棱台的投影，即画出此棱台上下底面各点的投影，如图 3-4（b）所示；分别将上下底面各点相连，得到上下底面的投影，如图 3-4（c）所示；再将上下各对应位置的顶点连成棱线，既完成了各侧面的投影，也完成了该四棱台的投影，如图 3-4（d）所示。

(4) 棱台的线面投影分析

① 水平面投影为两个矩形，是此四棱台上、下底面的实形投影，上底面投影可见，下底面投影不可见；左、右及前、后共四个梯形，是棱台左、右及前、后侧面的类似形投影，均为可见；

② 正面投影为一个梯形，是棱台前、后侧面的类似形投影，前侧面投影可见，后侧面投影不可见；梯形的上、下边线是棱台上、下底面的积聚投影；其左、右边线是棱台左、右侧面的积聚投影；

③ 侧面投影为一个梯形，是棱台左、右侧面的类似形投影，左侧面投影可见，右侧面投影不可见；平行四边形的上、下边线是棱台上、下底面的积聚投影；其左、右边线是棱台后、前侧面的积聚投影。

3.2　平面立体表面上点的投影分析

作图条件： 当点的一个已知投影位于立体的某一表面、棱线或边线的非积聚投影上时，可由该已知投影，根据点的从属性及点的三面投影规律，补出立体表面点的另两个投影。

作图原理： 平面立体所有的表面均为平面，故其表面取点、直线的作图原理与作属于平面的点、直线的作图相同。

作图步骤：

① 分析。根据点的某一已知投影位置及其可见性，判断、分析出该点所属表面的空间位置及其投影。

② 作图。当点所属表面有积聚投影时，根据点属于面可直接补出点在该面的积聚投影上的投影，再根据点的三面投影规律，补出点的第三面投影；当点所属表面无积聚投影时，则应过点在其所属面内作一条合理的辅助线，找到该线的三面投影，再根据点属于该线，求出点的三面投影。

③ 判别可见性。对某一投影面而言，根据点属于表面，则点的该面投影的可见性，与点所属表面的该面投影的可见性一致；当点的某一投影位于面的该面积聚投影上时（一般不可见），通常不必判别点的该面投影的可见性，其投影不用打括号。

注意：立体表面取点的作图方法是立体表面取点、线，以及求平面截割立体的截交线、两立体相交的相贯线投影作图的基础，必须熟练掌握。

3.2.1 棱柱表面取点

【例 3-1】已知三棱柱表面 K 点的 H 面投影 k，以及 M 点的 V 面投影 m'，如图 3-5（a）所示。求 K、M 点的另两面投影。

【解】分析：

根据 K 点的 H 面投影 k 可见，判断 K 点应属于上底面 $\triangle ABC$，且上底面的 V、W 面投影有积聚性，积聚投影为 $a'b'c'$，$a''b''(c'')$。根据 M 点的 V 面投影 m' 可见，判断 M 点应属于棱柱的右侧面，且其 H 面投影有积聚性，积聚投影为 bc。

作图：如图 3-5（b）所示。

① 求 K 点：由 k 向上作投影连线与积聚投影 $a'c'$ 相交得 k'，再根据三等关系由 k、k' 求得 k''。

② 求 M 点：由 m' 向下作投影连线与 bc 相交得 m，再由 m、m' 求得 m''。

判别可见性：对 K 点，因 k'、k'' 属于上底面的 V、W 面的积聚投影，故不必判别其可见性。对 M 点，因 m 属于右侧面的 H 面的积聚投影，故不必判别其可见性，右侧面的 W 投影不可见，故 m'' 不可见，记为 (m'')。

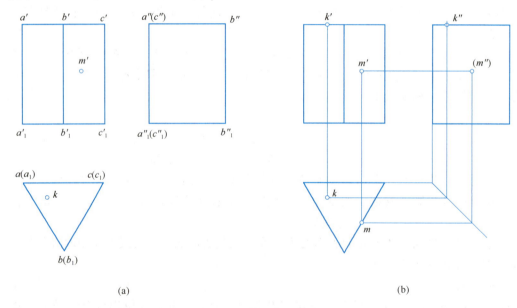

图 3-5 棱柱表面取点
（a）已知条件；（b）作图

3.2.2 棱锥表面取点

【例 3-2】已知三棱锥表面 K 点的 H 面投影 k，M 点的 V 面投影 m'，如图 3-6（a）所示。求 K、M 点的另两面投影。

【解】分析：根据 K 点的 H 面投影可见，判断 K 点应属于 $\triangle SAC$，且 $\triangle SAC$ 的 W 面有积聚投影 $s''a''(c'')$，故 $k'' \in s''a''$。根据 M 点的 V 面投影 m' 可见，判断点 $M \in \triangle SBC$，且该面的 3 个投影均无积聚性。

作图：如图 3-6（b）所示。

① 求 K 点。**方法 1**：由已知 k 根据三等关系向 W 投影面做宽相等的投影连线交 s″a″ 上得 k″，再由 k、k″求得 k′。**方法 2**：在△sac 内过 k 引辅助直线 sk，并延长与 ac 相交得 1 点，过 1 点向上作投影连线交 a′c′得 1′，连 s′1′与过 k 向上所作的投影连线相交得 k′，再由 k、k′求得 k″。

② 求 M 点。在△s′a′c′内过 m′作辅助直线 m′2′，与 s′c′相交于 2′，由 2′求得 2。过 2 作平行 bc 的辅助线（由于 m′2′∥b′c′，故 m2∥bc）交由 m′向下所作的投影连线相交得 m。再由 m′、m 可求得 m″。

判别可见性：对 K 点，因 K 点所在的△SAC 的 V 面投影△s′a′c′不可见，故 k′不可见，记为（k′），k″∈s″a″(c″)（面的积聚投影），不判别可见性。对 M 点，因 M 点所在的△SBC 的 H 投影可见，故 m 为可见；△SBC 的 W 投影为不可见，故 m″为不可见，记为（m″）。

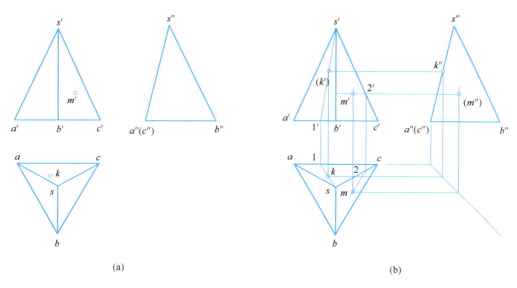

图 3-6 棱锥表面取点
（a）已知条件；（b）作图

3.3 直线与平面平行、平面与平面平行的投影分析

直线与平面、平面与平面平行，二者相交于无穷远处。直线与平面的平行或者相交，是在直线不属于平面的前提下讨论。

3.3.1 直线与平面平行

1. 几何条件

若平面外的一直线与平面内任一直线平行，则直线与该平面平行；反之，若一直线与平面平行，则平面上必然包含与该直线平行的直线。

图 3-7 中，直线 AB 在平面 P 之外，同时与平面 P 上的直线 CD 相平行，则直线 AB 与平面 P 平行，在平面 P 中包含无数条与 AB 平行的直线。另一直线 EF 与平面 P 平行，则过平面 P 内的任意一点 M 可作出直线 MN 平行于直线 EF，同时 MN 属于平面 P。

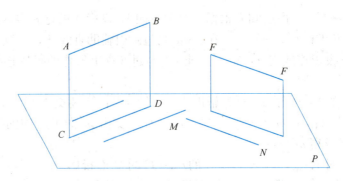

图 3-7 直线与平面平行

2. 投影作图

根据上述几何条件，可以解决两类常见的投影作图问题：

一是作直线平行于一已知平面或者作平面平行于已知直线；

二是判断直线与平面是否平行。

根据直线或平面与投影面的相对位置关系，这两类投影作图问题又可分成一般情况和特殊情况。

（1）平行的特殊情况——直线与特殊平面平行

平面是特殊平面时，至少有一个投影积聚，此积聚投影成为解题入手点。若直线平行于特殊平面，则平面的积聚投影一定与直线的同面投影平行，且两者间距等于直线与特殊面的空间距离（图 3-8）。

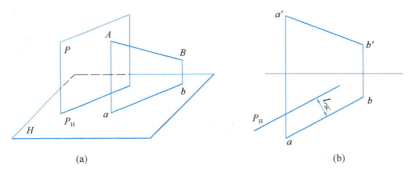

图 3-8 直线与垂直面平行
（a）直观图；（b）投影图

【例 3-3】过已知点 K 作铅垂面 P 和正垂面 Q（用迹线表示）均平行于直线 AB，如图 3-9（a）所示。

【解】分析：$P \perp H$，其 H 面投影积聚，所求 $P / / AB$，只需作 $P_H / / ab$ 即可；$Q \perp V$，其 V 面投影积聚，所求 $Q / / AB$，只要保证 $Q_V / / a'b'$ 即可。

作图：如图 3-9（b）所示：

① 在 H 面投影中过 k 作 $P_H / / ab$；

② 在 V 面投影中过 k' 作 $Q_V / / a'b'$。

注意：这里的 P_H 与 Q_V 分别是两个平面的迹线，并非同一条直线的两面投影。

【例 3-4】过已知点 K 作直线 KL 平行于已知平面△ABC，如图 3-10（a）所示。

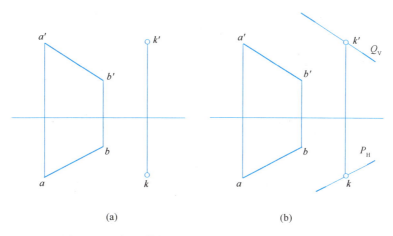

图 3-9　过点 K 作铅垂面 P、正垂面 Q 均平行于 AB
(a) 已知条件；(b) 作图

【解】分析：KL∥△ABC，只需 KL 平行平面中任意一条直线即可。已知△ABC 的 H 面投影积聚为一条直线，如果直线 KL 的 H 面投影与△ABC 的 H 面投影平行，那么 KL∥△ABC。而此时直线 KL 的 V 面投影方向无穷多，故 KL 有无数多条。

作图：如图 3-10（b）所示。作 kl∥ab，k'l'∥a'b'，KL 即为满足题目要求的答案之一。

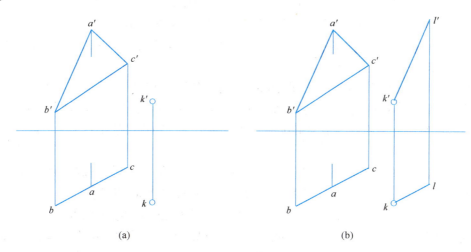

图 3-10　过点 K 作直线 KL∥平面△ABC
(a) 已知条件；(b) 作图

(2) 平行的一般情况——直线与一般位置平面平行

判断直线是否与一般位置平面平行，需利用直线与平面平行的几何条件，寻找平面中是否存在与已知直线平行的直线，由于一般位置平面的投影不具有积聚性，所以必须要对照各面投影判断这两条直线是否平行。

【例 3-5】过已知点 M 作正平线 MN 平行于已知平面△ABC，如图 3-11（a）所示。

【解】分析：△ABC 为一般位置平面，要求所作直线 MN 为正平线，同时也要平行

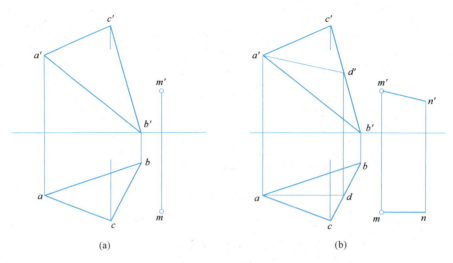

图 3-11 过点 M 作正平线 MN∥平面△ABC
(a) 已知条件；(b) 作图

于平面△ABC，则 MN 应平行于平面△ABC 上的正平线。可见，应首先作平面△ABC 上的正平线。

作图：如图 3-11（b）所示：

① 作平面△ABC 上的正平线 AD。在 H 面投影中过 a 作 ad∥OX，与 bc 相交于点 d，求得 d 点的 V 面投影 d'，连接 a'd'，得 AD 的 H、V 两面投影；

② 过点 M 作直线 MN∥AD。在 H 面投影中过 m 作 mn∥ad，在 V 面投影中过 m' 作 m'n'∥a'd'，即得所求正平线 MN∥△ABC。

[例 3-6] 试判别直线 KL 是否与△ABC 平行，如图 3-12（a）所示。

【解】分析：△ABC 为一般位置平面，KL 若与其平行，必然在△ABC 中存在与 KL 平行的直线。解决此类问题，需要尝试在已知平面中作已知直线的平行线。若能作出，两者平行；反之则不平行。

作图：如图 3-12（b）所示。在 V 面投影中过 a' 作 a'd'∥k'l'，与 b'c' 相交于 d'，作出 AD 的 H 面投影 ad。ad 与 kl 不平行，故 KL 与平面△ABC 不平行。

综上所述，当直线与特殊位置平面平行时，该平面积聚性的投影和直线同面投影必然平行，其间距就是直线与特殊位置平面之间的实际距离，作图时不必在平面内找辅助直线；当直线与一般位置平面平行时，投影作图都必须归结为两直线的平行问题，必须在平面内找辅助直线。因此，作直线与平面平行，作图前必须先对平面位置进行分析，判断是否是特殊平面，便于确定具体作图步骤。

3.3.2 平面与平面平行

1. 几何条件

同一平面内的两相交直线，若分别平行另一平面内的两相交直线，则两平面平行，如图 3-13 所示。

如果平面内相互平行的两条直线，同时与另一平面中相互平行的两直线平行，并不能判断这两个平面是否平行。如图 3-14（b）所示，两相交平面中都存在多条与平面的交线平行的直线。

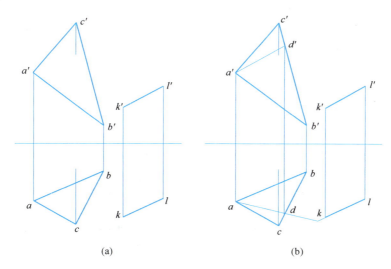

图 3-12 判别直线 KL 与 △ABC 是否平行
(a) 已知条件；(b) 作图

图 3-13 平面与平面平行

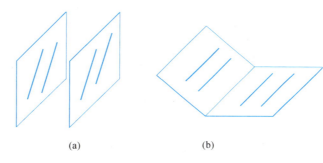

图 3-14 两平面中存在多条平行的直线
(a) 平行；(b) 相交

2. 投影作图

平面与平面平行中，常见问题有两类：

一是作平面平行于已知平面；

二是判别两平面是否平行。

根据平面本身与投影面的关系，可以得知平面是否具有积聚性。当投影无积聚性时，需要在平面内取两条相交辅助直线来解决两平面平行的问题；而投影有积聚性时，则不需取辅助直线即能解决两平面平行的问题。

(1) 两特殊位置平面平行

若两特殊位置平面平行，这两个平面必是同一个投影面的特殊面，并且积聚投影相互平行，此时两积聚投影之间的距离等于两平面的空间距离。如图 3-15 所示，两铅垂面 P、Q，当 $P_V / / Q_V$，则 $P / / Q$；反之，$P / / Q$，则 $P_V / / Q_V$。

(2) 两一般位置平面相互平行

当一般位置平面用迹线表示时，两平面平行时其同面迹线一定相互平行。图 3-16 中，

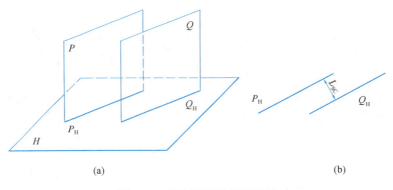

图 3-15 两个铅垂面相互平行
(a) 直观图；(b) 投影图

若 $P/\!/Q$，则 $P_H/\!/Q_H$，$P_V/\!/Q_V$。但是同面迹线之间 P_H 和 Q_H 或者 P_V 和 Q_V 的距离均不等于两平行平面 P、Q 之间的空间距离。

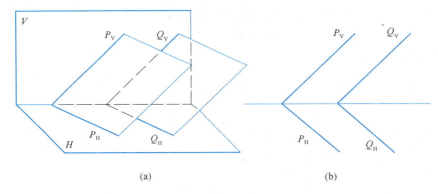

图 3-16 用迹线表示的两个平面平行
(a) 直观图；(b) 投影图

【例 3-7】过点 M 作一个平面与 $\triangle ABC$ 平行，如图 3-17（a）所示。

【解】分析：此题并未限定所求平面的表示方式，故可依据直线与直线、平面与平面平行的几何条件，直接用两相交直线表示所求平面。这时只需选择任意两条 $\triangle ABC$ 上的相交直线，分别过点 M 作其平行线，所作的相交两直线确定的平面即为所求。

作图：如图 3-17（b）所示：

① 在 V 上过点 m' 作直线 $m'n'/\!/a'b'$、$m'l'/\!/a'c'$；

② 在 H 上过点 m 作直线 $mn/\!/ab$、$ml/\!/ac$；则相交两直线 MN 与 ML 所确定的平面平行于 $\triangle ABC$。

【例 3-8】试判别 $\triangle ABC$ 和平面 LMN 是否相互平行，如图 3-18（a）所示。

【解】分析：判断两平面是否平行，取决于能否在其中一平面（如 $\triangle ABC$）上作出两条相交直线，同时平行于另一平面（如平面 LMN）。题目中平面 LMN 已经存在一条直线 MN 平行于 BC，此时的关键是能否在平面 LMN 上过点 L 作出与 MN 相交且平行于 $\triangle ABC$ 的一条直线。

作图：如图 3-18（b）所示。在水平投影中过点 l 作 $lk/\!/ac$，与 mn 相交于 k，求得 K

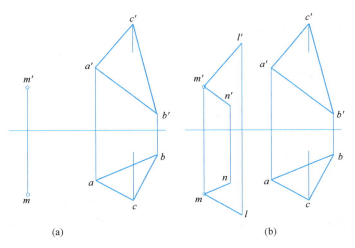

图 3-17 过点 M 作一个平面平行于已知△ABC
（a）已知条件；（b）作图

点的 V 面投影 k'，连接 $l'k'$，得知 $l'k'$ 与 $a'c'$ 并不平行，故△ABC 与平面 LMN 不平行。

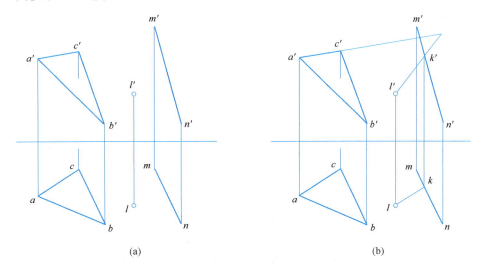

图 3-18 判别两平面是否平行
（a）已知条件；（b）作图

3.4 直线与平面、平面与平面相交的投影分析

直线与平面、平面与平面若不平行，则必相交。相交问题的实质是两元素的共有问题，关键是求得交点或交线的具体位置。

交点（或交线）性质：

① 交点（或交线）是参与相交的两个空间元素（直线或平面）的共有点（或共有线）。

② 交点（或交线）总是可见，交点（或交线）是可见与不可见的分界点（或分界

线)。

3.4.1 直线与平面相交的特殊情况

直线与平面相交的特殊情况是指直线或平面两者至少有一个对投影面处于特殊位置,即投影具有积聚性,那么交点同面投影一定在积聚投影之上。此时可以根据交点的共有性在平面或直线上取点。

1. 投影面垂直线与一般位置平面相交

由于直线投影积聚为一点,直线所有点的同面投影都在该点,当然也包括交点。交点是直线与平面的共有点,故交点也在平面上。利用直线的积聚性,得到交点的同面投影,再在平面上取点,作出此点的另一面投影。如图 3-19(a)所示,直线 MN 为正垂线,其 V 面投影积聚成一点。MN 与 $\triangle ABC$ 交点 K 的 V 面投影 k' 必然与之重合。过 k' 作属于 $\triangle ABC$ 的任一辅助直线,并求其 H 面投影与 mn 的交点即可得 k,如图 3-19(b)所示。

作图步骤:

① 求交点

在 V 面投影中过直线的积聚投影作辅助直线 AD 的 V 面投影 $a'd'$,在 $\triangle ABC$ 求出 AD 的 H 面投影 ad,与 mn 相交于点 k,如图 3-19(b)所示。

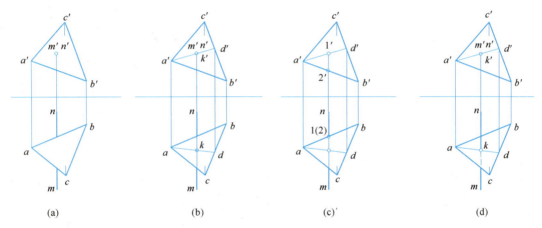

图 3-19 正垂线与一般位置平面相交
(a) 已知条件;(b) 求交点;(c) 判断可见性;(d) 完成作图

② 判别可见性

利用重影点判别可见性,如图 3-19(c)所示。因为直线 MN 在 V 面投影积聚为点,故 V 面投影不必判别其可见性。在 H 面投影中取直线 MN 与平面边线 AB 的重影点,并观察这两个点的 V 面投影,直线 MN 上的点 Ⅰ 就在平面边线 AB 上的点 Ⅱ 正上方,故直线 MN 的 H 面投影 nk 段为可见。

在辨别可见性时所选择的重影点,必须选与已知直线交叉的平面上直线的点,同时要注意在 V、H 面投影图上要一致,应为同一直线,如点 Ⅱ 即为 AB 上的点。那么到另一个投影上去判别可见时,必须保证仍然取的是直线 AB 上该点的投影。

另一种判别可见性较为直接,就是直接对比投影中的位置关系。比如,需判别的是 H 面投影的可见性,就是比较位置的上下问题,所以在 V 面投影上去比较。$a'b'$ 在 k' 之下,故 H 面投影中 kn 可见。

③ 完成作图

补全直线 H 面投影，kn 段为可见（连成实线），km 段为不可见（被△abc 遮住部分画成虚线），如图 3-19（d）所示。

2. 一般位置直线与特殊位置平面相交

特殊位置平面至少有一个投影具有积聚性，所以交点的同面投影就是平面的积聚投影和直线同面投影的交点。根据交点属于直线作出其另一投影，如图 3-20 所示。为了更好地体现立体感，讨论相交问题时将平面视为不透明，直线被遮挡部分需要用虚线来表示，此时还需利用交叉两直线重影点来判别可见性。由图 3-20 可知，交点总是可见的，且交点是可见与不可见的分界点。

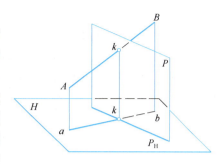

图 3-20 一般位置直线与特殊位置平面交点画法分析

【例 3-9】求直线 MN 与铅垂面△ABC 的交点，并判别可见性，如图 3-21（a）所示。

【解】分析：图中铅垂面△ABC 的 H 面投影积聚为直线段 abc，由于交点是平面与直线的共有点，故交点 k 的 H 面投影既在 abc 上又在 mn 上，所以 abc 和 mn 的交点 k 即为交点 K 的 H 面投影。

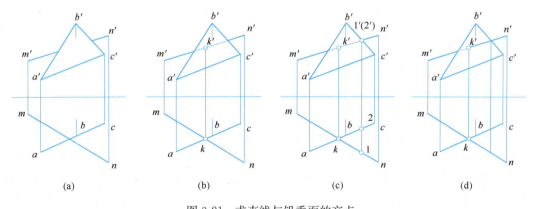

图 3-21 求直线与铅垂面的交点
(a) 已知条件；(b) 求交点；(c) 判断可见性；(d) 完成作图

作图：

① 求交点 K。自 abc 和 mn 的交点 k 向 V 作投影连线与 m'n' 相交得 k'，如图 3-21（b）所示，即得交点 K。

② 判别可见性。利用重影点判别可见性，如图 3-21（c）所示。△ABC 的 H 投影积聚为直线，故不必判别其可见性；V 投影中 m'n' 与△a'b'c' 相重叠的部分，则需要判别 m'n' 的可见性。直线 MN 与△ABC 对 V 面的重影点Ⅰ与点Ⅱ，点Ⅰ的 H 投影 1 在点Ⅱ的 H 投影的前方，故 k'n' 段为可见，k'm' 段与△a'b'c' 重叠部分不可见，如图 3-21（d）所示。

另一种判别方法是利用平面的积聚投影直接与直线进行位置对比。在 H 投影上，以 k 为界，kn 段在积聚投影 abc 的右前方，那么在 V 投影上，k'n' 可见，k'm' 与△a'b'c' 重叠部分则不可见。

3.4.2 一般位置平面与特殊位置平面相交

两平面的相交问题在于求得交线并判定可见性。

两平面的交线是直线，是相交两平面的共有线，只要求得属于交线的任意两点连线。根据两平面关系不同，可以分为全交和互交两种形式（图 3-22）。平面 Q 全部穿过平面 P，称为全交，交线的端点全部出现在平面 Q 的边线，如图 3-22（a）所示；P、Q 两平面相互咬合，交线端点分别出现在两平面各自的一条边线上，称为互交，如图 3-22（b）所示。对于闭合的平面图形，仍然存在着对各边界的可见性判断。

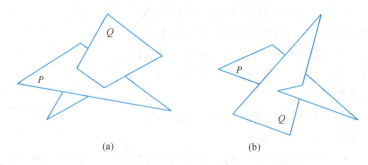

图 3-22 平面的全交和互交
（a）全交；（b）互交

当其中一个平面处于特殊面时，其交线可以利用积聚性作出。图 3-23（a）所示为一般位置平面和铅垂面相交。按照 3.4.1 节中相应方法分别作出在△ABC 上的 AB、AC 与铅垂面ⅠⅡⅢⅣ的交点 K、L，然后连接 K、L 即为交线 KL。

作图：

① 求 AB 与平面ⅠⅡⅢⅣ的交点 K。在 H 面投影上过 ab 与 1234 的交点 k，由 k 向上作投影连线交 a'b' 于 k'；

② 同样的方法求出 AC 与平面ⅠⅡⅢⅣ的交点 L；

③ 连接 kl、k'l' 为所求交线 KL。

④ 判别可见性。由于交线 KL 的投影总是可见的，需要判别的是交线两侧重叠的平面边线的可见性问题。H 面投影中，铅垂面ⅠⅡⅢⅣ积聚为一条直线，此时 H 面投影两者均为可见。但 V 面投影两相交平面投影重叠为一"多边形"，V 面投影中需要判断这一"多边形"各边的可见性，有两种方法：

方法一： 重影点判断法。利用交叉两直线的重影点来进行判断。图 3-23（b）中，如 1'4' 和 a'b' 的投影交点向下作投影连线至 H 面投影，可知 1'4' 在 k'a' 之后，1'4' 与△a'b'c' 重合部分不可见，k'a' 可见。由此在 V 面投影中 k'l'b'c' 一侧两个图形重叠的部分，属于△ABC 的边都为不可见，属于ⅠⅡⅢⅣ的边为可见；k'l'a' 一侧两个图形重叠的部分各边的可见性与 k'l'b'c' 一侧相反。

方法二： 直接观察法。在 H 面投影中以交线 KL 为界，分△abc 为前后两部分，左前侧 kla 在 1234 之前，那么 V 面投影 k'l'a' 可见，而 1'4' 居后，投影重叠部分不可见。△abc 右后侧可见性与左前侧相反，如图 3-23（b）所示。

两平面相交的问题作图过程相对复杂，涉及判别可见性的图线比较多，作图完成后可用"虚实相间法"再次进行全图的关系验证。无论平面关系是全交还是互交，投影中必然

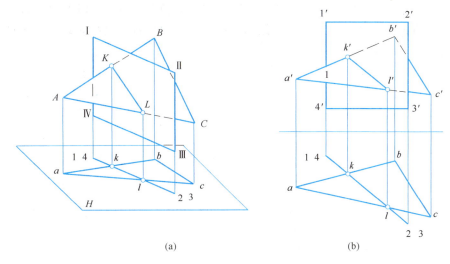

图 3-23 一般位置平面与铅垂面相交
(a) 直观图；(b) 作图

会出现两类点：两个交线端点、若干两平面边线投影相交点（实为重影点）；在无积聚投影的情况下，均为可见部分与不可见部分的分界点，即"虚实分界点"。虚实分界点并不包括平面图形的顶点。每过这样的点，平面边线重叠部分的虚实性就会发生一次变化，呈现"虚→实→虚→实"的一个循环状态。正确的交线作图和可见性判断，会使面投影出现虚实交替的结果。假若发现应该变为虚线时，所作图线仍是实线，则必然出现了错误，然后逐项检查，找到问题并更正。

这里要特别注意图 3-23（b）中 b' 所在位置，b' 是平面图形顶点的 V 面投影，即不是上述所说的虚实分界点，则两侧的图线都是不可见的。

3.4.3 一般位置直线和一般位置平面相交

一般位置直线与一般位置平面的投影均无积聚性，不能直接利用积聚性确定交点投影，需要先通过直线作一辅助平面来求交线。

如图 3-24 所示，交点 K 属于△ABC，同时也属于△ABC 上的一条直线 MN，MN 与已知直线 DE 可确定一平面 P。换言之，交点 K 属于包含已知直线 DE 的辅助平面 P 与已知平面△ABC 的交线 MN。故找到已知直线 DE 与两平面交线 MN 的交点，就可以得到一般位置直线与一般位置平面的交点 K。为便于找到交线 MN，一般以特殊平面作为辅助平面。因此，求一般位置直线与一般位置平面交点的作图步骤如下：

① 含已知直线 DE 作一辅助特殊平面 P；

② 作出辅助平面 P 与已知平面△ABC 的交线 MN；

③ 求已知直线 DE 与平面交线 MN 的交点 K，即为直线 DE 与△ABC 的交点。

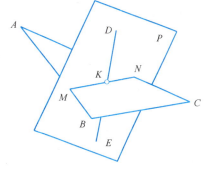

图 3-24 利用辅助平面求一般位置直线与一般位置平面相交的交点

【例 3-10】 求直线 DE 与 $\triangle ABC$ 的交点 K，并判别其可见性，如图 3-25（a）所示。

【解】 分析：由已知条件可知，直线与平面均为一般位置，其投影均无积聚性。

作图：如图 3-25 所示。

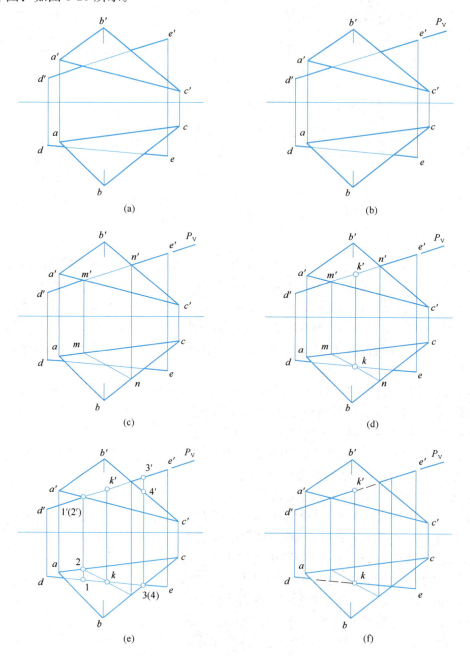

图 3-25 求直线 DE 与 $\triangle ABC$ 的交点
(a) 已知条件；(b) 包含 DE 作正垂面 P；(c) 求 P 与 $\triangle ABC$ 的交线；
(d) 求 DE 和 MN 的交点；(e) 判别可见性；(f) 完成作图

① 过直线 DE 作辅助正垂面 P，如图 3-25（b）所示。由于直线 DE 的 V 面投影 $d'e'$ 与辅助正垂面的 V 面投影重合，辅助正垂面 P 用迹线 P_V 表示。

② 求平面 P 和△ABC 的交线 MN，如图 3-25（c）所示。

③ 交线 MN 的 H 面投影 mn 和 de 的交点 k，就是交点 K 的 H 面投影，再由 k 求 k'，即得所求交点 K，如图 3-25（d）所示。

④ 判别可见性，如图 3-25（e）所示。直线和平面均为一般位置，故其 V、H 面投影都要判别可见性，判别方法与前面所述内容相同。

例如，判别 V 面投影可见性时，先从 $d'e'$ 与 $a'c'$ 的投影交点（DE 与 AC 的 V 面的重影点）向下作投影连线至 H 面投影，DE 上的点Ⅰ在 AC 上的点Ⅱ的正前方，这说明直线 DE 在前，V 面投影上 $d'e'$ 投影与 $a'c'$ 重叠段可见。用同样的方法依据 H 面的Ⅲ、Ⅳ两点可判别 H 面投影上 ek 这一端可见。

简单判别方法：观察平面多边形顶点标注顺序，如其 H 面投影和 V 面投影标注顺序回转方向相同，则直线的两投影在交点投影的同一端为可见，此类平面称为上行平面；如标注顺序回转方向相反，则直线的两投影在交点投影的两端可见性相反，此类平面称为下行平面。这样，只要判别一个投影的可见性，即可确定另一投影的可见性。

⑤ 完成作图，如图 3-25（f）所示。

3.4.4　两个一般位置平面相交

两个一般位置平面的投影均无积聚性，所以必须通过辅助手段才能求得其交线。可采用辅助面和三面共点的原理作交线。

1. 线面交点法

两个一般位置平面的投影相互重叠，通常用线面交点法求交线。一平面图形的边线与另一平面的交点，是两平面的共有点，也是两平面交线上的点，只要求得两个这样的交点并连接它们，便可获得两平面的交线。可见，两个一般位置平面求交线是 3.4.3 节中一般位置直线与一般位置平面求交点的应用。

【例 3-11】求△ABC 与△DEF 的交线，如图 3-26（a）所示。

【解】分析：两个一般位置平面无积聚性可利用，由于它们的投影重叠，可采用线面交点法。选作辅助面的边，首先剔除投影不重叠的边（如 AC、BC、DE），因为这样的边在有限的长度下不与另外一个平面相交。在 AB、DF、EF 中选两个，并尽量选择与另一图形重叠范围较多的边来作辅助面。

作图：如图 3-26 所示。

① 求交线 KG。包含直线 DF 作一个辅助正垂面 P，P 与△ABC 的交线为 MN，MN 与直线 DF 的交点 K，得交线的一个点；同时包含 EF 作一辅助铅垂面 Q，求出 Q 与△ABC 的交线，此交线与直线 EF 的交点 G，得交线的另一个点，如图 3-26（b）所示。连接 KG，得△ABC 与△DEF 的交线，如图 3-26（c）所示。

② 判别可见性。

判别 V 面投影的可见性时，找任意一个 V 面的重影点，如从 $a'b'$ 和 $d'f'$ 的交点开始，向下作投影连线，可知 AB 上的点Ⅰ在 DF 上的点Ⅱ正前方，则 $a'b'$ 可见，$d'k'$ 与△$a'b'c'$ 重叠部分不可见。故 V 面投影 $k'g'$ 为界，在△$k'g'f'$ 一侧两平面投影重叠部分属于可见；而在 $k'g'e'd'$ 一侧可见性则与△$k'g'f'$ 侧相反。当然也可以利用"虚实相间性"来作图，$d'k'$ 侧不可见，为虚线。交点是可见与不可见的分界点，所以 $k'f'$ 可见为实线，$a'c'$ 相应段不可见为虚线，顺次循环，回到可见性判别的起点 k'。

判别 H 面投影的可见性，与 V 面投影的可见性判断方法一样，如图 3-26（c）所示。

两平面相交的可见性判别，还可以利用 3.5.3 节中的方法加以简化。从图 3-26（b）可知，DF、EF 分别与下行平面 △ABC（标注编号得顺序回转方向相反）相交于 K、G，故直线 DF、EF 的 V、H 面投影在交点 K、G 的两侧可见部分相反，所以只需判别一个投影的可见性即可推断另一投影的可见性。

③ 完成作图，如图 3-26（d）所示。

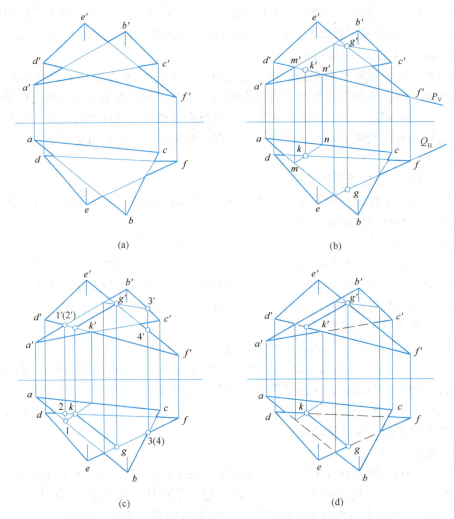

图 3-26 线面交点法求两个一般位置平面的交线
(a) 已知条件；(b) 分别求 △ABC 与 DE 和 EF 的交点；(c) 连交线并判别可见性；(d) 完成作图

2. 线线交点法

线线交点法又称三面共点法。当相交两平面的投影图互不重叠，其交线不会在两图形的有限范围内，此时可用三面共点原理，通过作辅助平面求其交线。如图 3-27（a）所示，辅助平面 R_1 分别与已知平面 P、Q 相交于直线 ⅠⅡ、ⅢⅣ，这两条交线同属平面 R_1，故其延长线必然相交，交点 K 一定属于 P、Q 两平面的交线（K 同时属于 R_1、P、Q 3 个平面）。同理，再利用平面 R_2 可求得属于交线的另一点 G。连接 K、G 即得所求交线。

为便于作图，辅助平面一般都选特殊平面，尤其是平行平面。过已知点作辅助平面更为方便、准确。如图 3-27（b）所示，三面共点法求交线的作图步骤如下：

① 作水平面 R_1 的 V 面迹线 R_{1V}，R_1 与 P（p'，p）、Q（q'，q）的交线（属于各平面的水平线）分别是 ⅠⅡ（$1'2'$，12）、ⅢⅣ（$3'4'$，34），两者相交于点 K（k'，k）。

② 用同样的方法，作辅助平面 R_2 的 V 面迹线 R_{2V}，得属于交线的又一交点 G（g'，g）。注意同一平面的水平线应相互平行。

③ 连接 kg，$k'g'$，得两平面的交线 KG。

此时，两相交平面投影图形相互不重叠，也就不需要判别可见性。

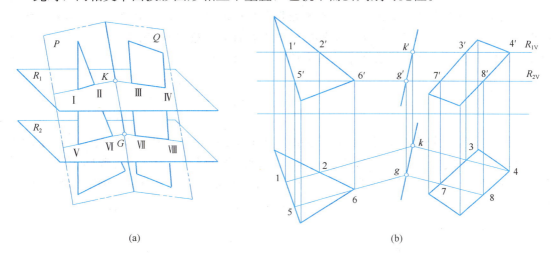

图 3-27 三面共点法求交线
（a）直观图；（b）投影图

小 结

1. 熟悉基本平面立体以及平面立体表面上点的三面投影作图。
2. 掌握直线与平面平行，平面间平行的几何条件，掌握平行的投影特性及作图方法。
3. 熟练掌握特殊情况下，直线与平面相交交点的求法和两个平面相交的交线的求法，一般位置直线、平面相交求交点的方法；掌握两个一般位置平面相交求交线的作图方法。掌握利用重影点判别投影可见性的方法。

复习思考题

3.1 什么是平面立体？常见的平面立体有哪些？
3.2 直棱柱的投影特征是什么？如何确定其安放位置？
3.3 直线与平面的相对位置有哪几种？其中对作图有利的特殊状态有哪些？
3.4 平面与平面的相对位置有哪几种？如何进行判断？
3.5 直线与平面相交，交点有何特性？如何判断可见性？
3.6 两一般平面相交的交线如何求得？如何判断可见性？

第4章 平面立体构型及轴测图画法

本章知识点

主要介绍被切割后、相贯的平面立体及同坡屋面的投影，平面立体的轴测投影的作图。重点掌握平面立体截交线、平面立体相贯线分析求解方法，特别注意截交线和相贯线可见性的判断；熟练掌握平面立体正等测轴测投影的绘制原理和方法，了解形体斜二测轴测投影的绘制原理和方法；熟练掌握同坡屋面交线的求解方法。

4.1 基本平面立体的切割和相交

立体的构型方式通常有切割式和相交式，如图4-1所示。当基本立体被一个以上的平面切割以后，形成的立体，称为切割式立体，切割平面与立体的交线称为 截交线，如图4-1（a）所示。两个立体相交所形成的立体，即为相贯体，两立体表面所产生的交线称为 相贯线，而相贯的情况又可以分为全贯与互贯，如图4-1（b）、（c）所示。

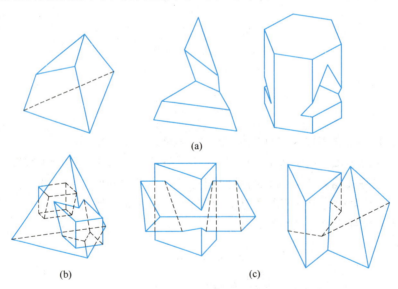

图4-1 基本立体被切割和叠加
（a）立体被切割；（b）两立体相交（全贯）；（c）两立体相交（互贯）

4.1.1 基本平面立体的切割

平面切割立体，在立体表面产生的交线，叫做 截交线。切割立体的平面，称为 截平面。截平面切割立体所得的由截交线围合成的图形，则称为 截断面 或简称 断面。

（1）平面立体的截交线性质

如图4-2所示是截平面与三棱锥相交的情况，可以得到截交线性质：

① 由于平面立体各表面均为平面，故任一截平面与平面立体的截交线为封闭的平面多边形。

此平面多边形的每个边是截平面与平面立体某一表面的交线；平面多边形的各个顶点则是截平面与平面立体各条棱线的交点。

② 截交线是截平面与平面立体表面的共有线，截交线上每个点都是截平面与平面立体表面的共有点。

因此，平面立体被切割的问题，实质上是平面立体各表面或各棱线与截平面相交产生交线或交点的问题。

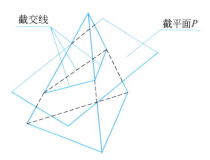

图 4-2　切割式平面立体的截交线

同时，从图中不难看出，截交线的形状是由截平面与平面立体的相对位置来决定。

(2) 求截交线的方法

从截交线的实质出发，截交线的求法可归纳为以下两种：

① 交线法：求出截平面与平面立体各表面的交线，即获得截交线。

② 交点法：求出截平面与平面立体各棱线的交点，按照同平面两点相连的连点原则进行连线，也可获得截交线。

【例 4-1】求三棱锥被正垂面切割后的截交线的投影，如图 4-3 所示。

(1) 分析：由于截平面 P 为正垂面，故与三棱锥的交线的正面投影为已知；并且截平面 P 与三棱锥三条棱线相交，截平面 P 与三条棱线 SA、SB、SC 的交点Ⅰ、Ⅱ、Ⅲ的正面投影 $1'$、$2'$、$3'$ 也为已知（用于交点法），截交线为一三角形，如图 4-31（b）所示。这时，只需求出截交线的水平投影及侧面投影，即完成题目要求。

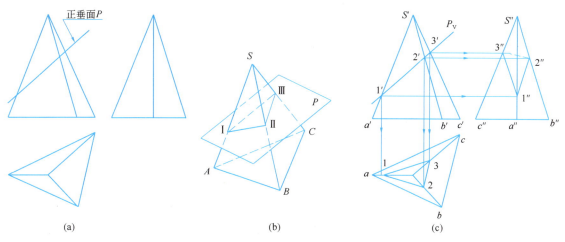

图 4-3　求正垂面与三棱锥的截交线
(a) 已知条件（b）立体图；(c) 作图过程及结果

(2) 作图，由交点法可知：

① 已知截平面 P 与三棱线 SA、SB、SC 的交点Ⅰ、Ⅱ、Ⅲ的正投影 $1'$、$2'$、$3'$，根据直线上点的从属性，求出其余两投影 1、2、3 及 $1''$、$2''$、$3''$。

② 依次连接Ⅰ→Ⅱ→Ⅲ→Ⅰ的同名投影，得截交线的水平投影和侧面投影。

③ 截交线的可见性由它所在表面的可见性确定，如图 4-3（b）所示。

【例 4-2】求带缺口的正三棱锥的三面投影，如图 4-4（a）所示。

（1）分析：正三棱锥被水平面 P 与正垂面 Q 切割形成缺口，得到两组截交线。水平面 P 切割正三棱锥，得到截交线正△ⅠⅡⅢ，它的正面投影积聚为一段水平线 1′2′3′；正垂面 Q 切割正三棱锥产生的截交线，求解方法同【例 4-1】。同时，两截平面均未切断正三棱锥，它们之间的交线是正垂线 ⅥⅦ，端点 Ⅵ、Ⅶ 在三棱锥的棱面上，如图 4-4（c）立体图中所提示。

（2）作图：

① 由于水平面 P_V 切割正三棱锥的正面投影 1′、2′、3′为已知，由此便可求出其水平投影 1、2、3 及侧面投影 1″、2″、3″。

② 由于正垂面 Q_V 切割正三棱锥的正面投影 4′、5′、6′、7′已知，其中积聚点 6′、7′是水平面 P 与正垂面 Q 交线的正面投影，求出其水平投影和侧面投影 4、5、6、7 和 4″、5″、6″、7″。

③ 如图 4-4（c）立体图中所提示，分两个截面连点：P 截面上按照 Ⅰ→Ⅱ→Ⅵ→Ⅶ→Ⅰ 以及 Q 截面上按照 Ⅳ→Ⅴ→Ⅵ→Ⅶ→Ⅳ 的顺序，连接其水平投影和侧面投影。

④ 判定可见性：由于两个切割平面切割三棱锥产生一个向左上方的缺口，所以产生的截交线在投影中全部可见，只是截面 P 与截面 Q 的交线 ⅥⅦ 的水平投影不可见，如图

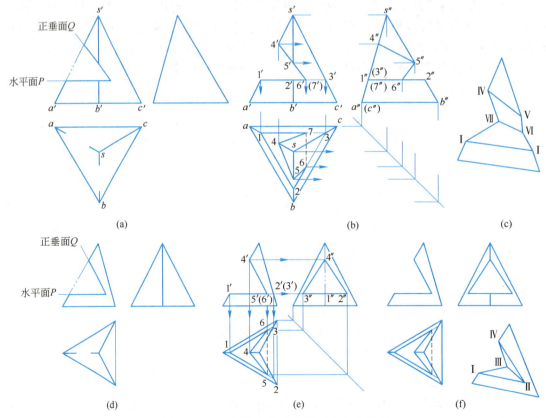

图 4-4　三棱锥被水平面 P 及正垂面 Q 切割

(a) 已知条件；(b) 作图过程及结果；(c) 立体图；(d) 对比组已知条件；(e) 作图过程；(f) 求作结果及立体图

4-4(b)所示。

⑤ 整理图形：缺口以外的轮廓线与切割前的正三棱锥一致。

如图 4-4（d）、(e)、(f) 所示，仍然是一个正三棱锥被水平面 P 和正平面 Q 切割，但是，由于切割口与立体间相对位置与图 4-4（a）、(b)、(c) 所示的立体不同，所以两组截交线是完全不相同的。

【例 4-3】 求带缺口的三棱柱的投影，如图 4-5（a）所示。

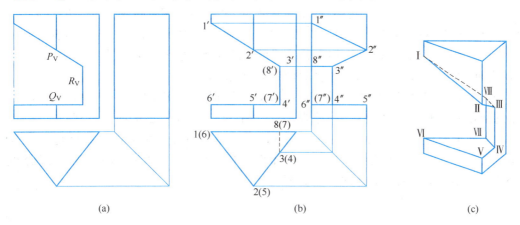

图 4-5 三棱柱被正垂面 P、水平面 Q 及侧平面 R 切割
(a) 已知条件；(b) 作图过程；(c) 立体图

(1) 分析：如图 4-5（a）所示，三棱柱的缺口是由正垂面 P、水平面 Q 及侧平面 R 切割而得，缺口在棱柱左侧中部；同时三棱柱的棱面的水平投影积聚，所以三棱柱截交线的水平投影一定在该积聚投影上，即截交线的水平投影已知。由于三个截平面的正投影均积聚，所以它们与三棱柱产生的截交线，其正面投影也已知。只需求出截交线的侧面投影，便可完成题目的要求。

(2) 作图步骤如下：

① 先求正垂面 P 与三棱柱产生截交线上的点Ⅰ、Ⅱ、Ⅲ、Ⅷ：由于截平面 P 是正垂面，与棱柱的交点 $1'$、$2'$ 已知，同时，它与侧平面 R_V 的交线 $3'$、$8'$ 也已知，根据平面立体表面取点的方法，求出这些点的水平投影和侧面投影。

② 再求水平面 Q 与三棱柱相交产生截交线上的点Ⅳ、Ⅴ、Ⅵ、Ⅶ：由于水平 Q 的正面投影具有积聚性，它与棱柱的交点 $5'$、$6'$ 已知，同时，它与侧平面 R 的交线 $4'$、$7'$ 也已知。同理，可求出这些点的水平投影和侧面投影。

③ 而侧平面 R 与三棱柱相交产生截交线上的点Ⅲ、Ⅳ、Ⅶ、Ⅷ的正面投影 $3'$、$4'$、$7'$、$8'$ 已知，其水平投影和侧面投影已经在前面的作图中完成。

④ 连线：根据同在一个表面的两点才能相连的原则：按照Ⅰ→Ⅱ→Ⅲ→Ⅳ→Ⅴ→Ⅵ→Ⅶ→Ⅷ→Ⅰ的顺序连接，其中，交线Ⅲ→Ⅷ和Ⅳ→Ⅶ只是在水平投影中为不可见的虚线。

⑤ 整理图形：从题目知道，三棱柱只有右边棱线是完整的。在水平投影中，由于三棱柱投影的积聚性使缺口无法体现。在侧面投影中 $1''$→$6''$ 以及 $2''$→$5''$ 之间应该无棱线；但由于右边棱线是完整的，后侧面的侧面投影中间没有断开。

99

4.1.2 基本平面立体的相交

两平面立体表面相交所产生的交线，称为 相贯线。平面立体的相贯线一般情况下为封闭的空间折线或平面多边形，如图4-1（b）及图4-1（c）所示，除图4-1（b）中在三棱锥的后侧面上产生的交线是平面多边形（四边形）外，其余均是封闭的空间折线。当相交立体有表面共面时，相贯线不封闭。当一个立体全部贯穿另一个立体时，称为 全贯，如图4-1（b）所示；当两立体表面相互贯穿时，称为 互贯，如图4-1（c）所示。

从图4-1（b）、（c）中可看出：两平面立体相交产生的空间折线或平面多边形的各线段，是两平面立体相关表面产生的交线，交线的顶点是两平面立体相关棱线与立体表面的交点，即贯穿点。所以，求两平面立体相交后的相贯线的问题，实质上是求直线（棱线）与平面（立体表面）的交点及求两平面（立体表面）交线的问题。

当求出属于相贯线上的点之后，根据属于一立体同一表面同时也属于另一立体同一表面上的两点才能相连的相贯线连线原则，获得相贯线，相贯线上的线段只有同时属于两立体可见表面上时，才为可见，否则为不可见。应当注意的是：两立体贯穿后是一个整体，相贯线既是两立体表面共有线，也是两立体表面的分界线，立体表面的棱线只能画到相贯线处为止，不能穿入另一立体之中，如图4-1（b）、（c）所示。

【例4-4】 如图4-6（a）所示，求两个三棱柱相交后的投影。

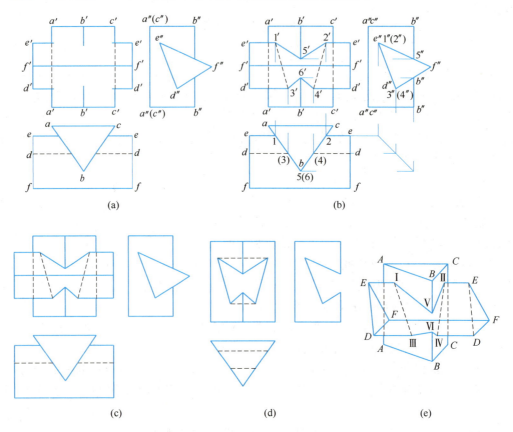

图4-6 两个三棱柱相交后的投影
(a) 已知条件；(b) 作图过程；(c) 作图结果；(d) 直立三棱柱被贯一三棱柱孔；(e) 相贯体的轴测图

(1) 分析：从图 4-6（a）可看出，两三棱柱相交后为互贯，求它们相交后的投影，其关键是求相交后的相贯线。由于三棱柱 ABC 的棱线垂直于 H 面，它的水平投影 abc 具有积聚性，故属于其上的相贯线的水平投影即为已知；又由于三棱柱 DEF 的棱线垂直于 W 面，它的侧面投影 $d''e''f''$ 具有积聚性，故属于其上的相贯线的侧面投影也为已知。此时，只需求出相贯线的正投影，便可完成两三棱柱相交后的投影。

(2) 作图，如图 4-6（b）所示：

① 求六个贯穿点

a. 三棱柱 ABC 的水平投影积聚，由此确定出它与三棱柱 DEF 的贯穿点 1、2、(3)、(4)、5、(6)；而三棱柱 DEF 的侧面投影积聚，也可以确定出它与三棱柱 ABC 的贯穿点 $1''$、$(2'')$、$3''$、$(4'')$、$5''$、$6''$。

b. 贯穿点的水平投影和侧面投影：Ⅰ（1、$1''$）、Ⅱ（2、$2''$）、Ⅲ（3、$3''$）、Ⅳ（4、$4''$）、Ⅴ（5、$5''$）、Ⅵ（6、$6''$）均已知，从而求出它们的正面投影 $1'$、$2'$、$3'$、$4'$、$5'$、$6'$。

② 连线

根据相贯线的连线原则，从任一点开始连线：如图 4-6（e）所提示，按照Ⅰ→Ⅴ→Ⅱ→Ⅳ→Ⅵ→Ⅲ→Ⅰ的顺序连线，在图 4-6（b）的正面投影中，将它们的同名投影相连，即获得相贯线的正投影，为封闭的空间折线。

③ 判定可见性

根据相贯线上的线段，只有同时属于两立体可见表面时才可见的原则，在图 4-6（b）的正面投影中，判断出 $1'5'$、$2'5'$、$3'6'$、$4'6'$ 线段为可见；$1'3'$、$2'4'$ 线段为不可见，完成相贯线的可见性。

④ 整理图形

只需要整理立体的正面投影。三棱柱 ABC 的 AA 棱线、BB 棱线被遮住部分不可见，三棱柱 DEF 的棱线可见，完成两个三棱锥相交后的投影，如图 4-6（c）所示。注意：$1'$ 与 $2'$、$3'$ 与 $4'$、$5'$ 与 $6'$ 之间不能连线。

若相交的两立体一个为实体一个为虚体（即是挖切了一个立体形状）时，相贯线的求解方法与两实体相交时完全相同。如图 4-6（d）所示，可看成是将三棱柱 DEF 沿水平方向抽出（即形成虚体）。此时，应注意相贯线可见性与图 4-6（c）中的变化，以及新产生出的虚线。

[**例 4-5**] 如图 4-7（a）所示，求三棱锥与四棱柱相交后的投影。

(1) 分析：从图 4-7（a）可看出，两立体为全贯，有两组相贯线。求三棱锥与四棱柱相交后的投影，关键就是求相贯线。

① 正面投影左、右对称，所以相贯线也是左、右对称；结合正、侧面投影得知四棱柱全贯于三棱锥中。

② 四棱柱的四条棱线均为正垂线，四个棱面的正投影积聚，上、下表面为水平面，左、右表面为侧平面，属于四棱柱棱面的相贯线的正面投影为已知，为一矩形。

③ 相贯线分别属于四棱柱的水平棱面及侧平棱面上，共有 10 个贯穿点。

(2) 作图：如图 4-7（b）所示。

① 求贯穿点：本例题分别采用辅助直线法和辅助平面法。

a. 辅助直线法

欲求四棱柱 DD 棱线与三棱锥表面的交点，利用 DD 棱线正面投影积聚，连接 $s'd'$，延长交 $a'b'$ 于 q'，得 $s'q'$，SQ 为三棱锥 SAB 表面上过贯穿点 Ⅰ 的一辅助直线，按投影关系求出 sq、$s''q''$，其上的 1、$1''$ 即为贯穿点 Ⅰ 的两个投影。同理，可求出贯穿点 Ⅱ、Ⅲ、Ⅳ、Ⅴ、Ⅵ、Ⅶ、Ⅷ 的投影，加上棱线 SB 与四棱柱上、下表面的交点 J、M，便求出了所有相贯点的投影。

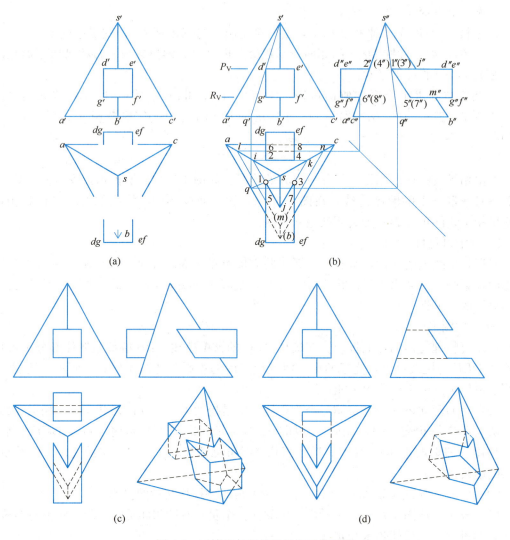

图 4-7 三棱锥与四棱柱相交后的投影
(a) 已知条件；(b) 投影作图；(c) 完成后的投影及立体图；(d) 三棱锥被贯穿一个四棱柱的孔

b. 辅助平面法

欲求三棱锥表面与四棱柱表面的交线，可作包含四棱柱上表面 $DDEE$ 平面的水平面 P_V 及包含四棱柱下表面 $GGFF$ 平面的水平面 Q_V，与三棱锥相交产生截交线 $\triangle IJK$ 和 $\triangle LMN$。这两组交线分别与四棱柱四条棱线相交于 Ⅰ、Ⅱ、Ⅲ、Ⅳ、Ⅴ、Ⅵ、Ⅶ、Ⅷ 点，同时与三棱锥 SB 棱线交于 J、M 点，便求出了所有相贯点的投影。

② 连线求相贯线：

根据相贯线的连线原则，可获得三棱锥与四棱柱全贯后前、后两组的相贯线，前面为封闭的空间折线，后面为封闭平面四边形。它们的侧面投影具有积聚性和重合性。

③ 判定可见性：

根据同时属于两立体可见表面的相贯线线段才可见的原则，判断出：只有属于四棱柱上表面的相贯线段为可见，属于四棱柱下表面的相贯线为不可见。同时，判断出两立体相交后，三棱锥底面被四棱柱遮住部分的投影不可见，如图4-7（c）所示。

④ 整理图形：

如图4-7（c）所示。注意参与贯穿的棱线中间是不连线的。

图4-7（d）表示的是一个实体的三棱锥，被一虚体的四棱柱相贯穿后（即将四棱柱沿水平方向抽出）的投影图，其作图方法与上相同，注意对比两种情况下相贯线可见性、三棱锥可见性的变化及新产生的虚线。

【例4-6】 如图4-8所示，求三棱柱与正四棱锥叠加后的投影。

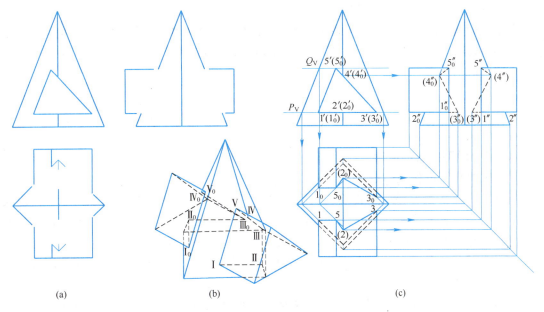

图4-8 三棱柱与四棱锥叠加后的投影
(a) 已知条件；(b) 立体图；(c) 作图过程

(1) 分析：由图4-8（a）可看出，三棱柱与正四棱锥相交后为全贯，求它们相交后的投影，其关键仍然是求相交后的相贯线。

① 由正面投影和侧面投影可知，三棱柱全贯于正四棱锥，产生的相贯线为前后两组。

② 由于两相贯体前、后具有完全的对称性，所以，前、后两组各自独立的相贯线也是对称的。

③ 由于三棱柱的正投影具有积聚性，相贯线其正面投影已知，为一三角形，贯穿点有五对。

(2) 作图：

① 求贯穿点：本例采用辅助平面法求解，如图4-8（c）所示：

a. 在正投影中，包含三棱柱底面（水平面）作辅助平面 P，它与正四棱锥产生一平行于四棱锥底边的截交线，其中为有效交线的是前面部分从Ⅰ→Ⅱ→Ⅲ，后面部分从$Ⅰ_0$→$Ⅱ_0$→$Ⅲ_0$，由正面投影 $1'(1'_0)$ → $2'(2'_0)$ → $3'(3'_0)$ 求出水平投影 $1(1_0)$ → $2(2_0)$ → $3(3_0)$ 及侧面投影 $1''(1''_0)$ → $2''(2''_0)$ → $3''(3''_0)$；

b. 在正面投影中，包含三棱柱最上面的棱线作一辅助平面 Q_V，同样产生一平行于四棱锥底边截交线，其中有效的交点为 V、V_0，即由 $5'(5'_0)$，求出 $5(5_0)$ 及 $5''(5''_0)$；

c. 在正面投影中，由于正四棱锥的最前、最后棱线分别与三棱锥的右侧面和底面相交，故要产生交点Ⅳ、$Ⅳ_0$及Ⅱ、$Ⅱ_0$，其中Ⅱ、$Ⅱ_0$前面已经求出，Ⅳ、$Ⅳ_0$的求解只需根据直线上点的从属性，便可由 $4'(4'_0)$ 求出 $4''(4''_0)$ 和 $4(4_0)$。

② 连线：

根据相贯线的连线原则，可获得前后两组相贯线分别按照 Ⅰ（$Ⅰ_0$）→ Ⅱ（$Ⅱ_0$）→ Ⅲ（$Ⅲ_0$）→ Ⅳ（$Ⅳ_0$）→ Ⅴ（V_0）→ Ⅰ（$Ⅰ_0$）的顺序连接。相贯线的正面投影前、后重合，水平、侧面投影后对称。

③ 判断可见性：

根据同时属于两立体可见表面的线段才可见的原则，判断水平投影中属于三棱柱底面的前、后各两段线段为不可见，侧面投影中属于正四棱锥右侧面的前、后各三段线段为不可见。

④ 整理图形。

4.2 轴测投影原理及正等轴测图、斜轴测图的画法

4.2.1 轴测投影的原理

(1) 轴测投影的作用与形成

作用：图 4-9（a）是一个台阶的三面正投影，它完整地反映台阶的真实形状，同时又便于标注尺寸，故在工程界被广泛地采用。但这种图形缺乏立体感，必须具有一定的投影知识才能看懂。而图 4-9（b）所示的轴测图，长、宽、高三个方向的尺度能在同一投影图上反映出来，立体感较强，在工程中用来作为多面正投影的补充图、小区规划图以及管线的空间系统布置图等。

形成：如图 4-10 所示，用平行投影法将空间形体及其直角坐标系按不平行于任一坐标面的方向 S 投射到一平面 P 上的图形，就称为轴测投影图，简称轴测图。

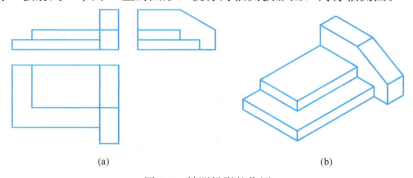

图 4-9 轴测投影的作用

(a) 台阶的三面正投影图；(b) 台阶的轴测图

（2）轴测图的术语及符号

① 轴测投影面——P；

② 轴测投射方向——S；

③ 轴测轴：坐标轴在 P 面上的投影——O_1X_1、O_1Y_1、O_1Z_1；

④ 轴间角：三个轴测轴两两之间的夹角——$\angle X_1O_1Y_1$、$\angle X_1O_1Z_1$、$\angle Y_1O_1Z_1$；

⑤ 轴向伸缩系数：坐标轴上或者与坐标轴平行的线段，它们的轴测投影长度对线段本身长度之比，称为相应轴的轴向伸缩系数。

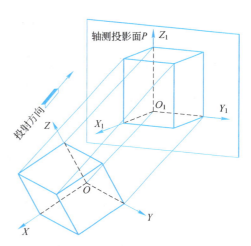

图 4-10 轴测投影的形成

X 轴向伸缩系数称为 p：$p=O_1X_1/OX$；

Y 轴向伸缩系数称为 q：$q=O_1Y_1/OY$；

Z 轴向伸缩系数称为 r：$r=O_1Z_1/OZ$。

轴间角及轴向伸缩系数是绘制轴测图时必须知道的参数。

4.2.2 轴测投影的分类

随着投射方向、空间物体和轴测投影面三者相对位置的不同，可得到无数不同类型的轴测投影。按投射线与投影面的关系，轴测投影可分为两大类：

（1）正轴测投影

投射线 S 垂直于投影面 P：

① 正等测轴测投影——三个轴向伸缩系数均相等，$p=q=r$；

② 正二测轴测投影——三个轴向伸缩系数中任意两个相等，第三个轴向伸缩系数通常取它们的 1/2。如 $p=q$，$r=1/2p$ 或 q；$p=r$，$q=1/2p$ 或 r；$r=q$，$p=1/2r$ 或 q；

③ 正三测轴测投影——三个轴向伸缩系数均不相等，$p\neq q\neq r$。

（2）斜轴测投影

投射线 S 倾斜于投影面 P：

① 斜等测轴测投影——三个轴向伸缩系数均相等，$p=q=r$；

② 斜二测轴测投影——三个轴向伸缩系数中任意两个相等，如 $p=q$，第三个轴向伸缩系数通常取它们的 1/2，如 $r=1/2p$ 或 q；

③ 斜三测轴测投影——三个轴向伸缩系数均不相等，$p\neq q\neq r$。

房屋建筑的轴测图宜采用正等测轴测投影。

4.2.3 轴测投影的特点

（1）因轴测投影是平行投影，所以空间一直线的轴测投影仍为直线；空间相互平行两直线的轴测投影仍相互平行；空间直线分段比例的轴测投影，其比值仍不变。

（2）空间直线若与坐标轴平行，则轴测投影可沿轴或沿轴方向量取；与坐标轴不平行的直线，需先确定它两端点的轴测投影，再得出该直线的轴测投影。

（3）由于投射方向 S 和空间物体的位置可以是任意的，所以可获得不同的轴间角和轴向伸缩系数，因此，同一物体可画出不同的轴测图。

4.2.4 正等测轴测图的画法

如图 4-11 所示，使三条坐标轴对轴测投影面处于倾角都相等的位置，也就是将图中正方体的对角线 AO 放成垂直于轴测投影面的位置，且 AO 就为投射方向，所得到的投影图，就是正等测轴测投影图，简称正等测。

（1）正等测的轴间角和轴向伸缩系数

根据正等测的形成原理，三个坐标轴与轴测投影面的倾角均相等，所以坐标轴在轴测投影面上的投影互呈 120°，也就是正等测的轴间角均是 120°，通常是将 O_1Z_1 轴竖向放置，如图 4-11（b）所示。

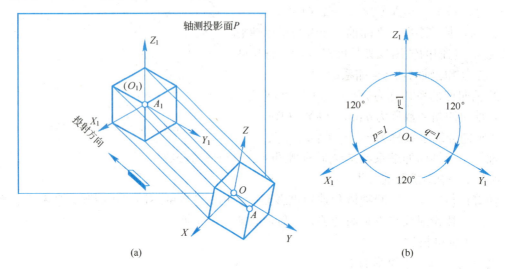

图 4-11　正等测轴测图
(a) 正等测图的形成；(b) 轴间角和各轴向变形系数

在正等测投影的条件下，三个坐标轴与轴测投影面的倾角均相等，所以，它们投影以后变短的程度也相等。经证明正等测轴向伸缩系数为 $p=q=r\approx0.82$，为作图方便，近似取为简化轴向伸缩系数 $p=q=r=1$。图 4-12（b）、（c）分别为按原轴向伸缩系数和简化轴向伸缩系数作出的长方体的正等测，从两个图的对比中可以看出用简化轴向伸缩系数作出的长方体比用原轴向伸缩系数作出的长方体要大一些。

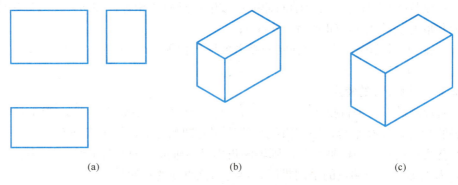

图 4-12　长方体的正等测图
(a) 长方体三投影；(b) $p=q=r\approx0.82$；(c) $p=q=r=1$

（2）正等测图的基本画法

正等测图的基本作图方法是坐标法。图 4-13 所示为画出点 A 的正等测图的作图过程。

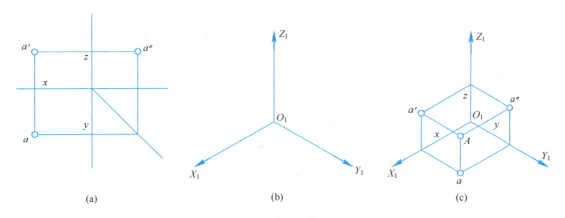

图 4-13 点的正等测图
(a) 正投影图；(b) 确定轴测轴；(c) 作图后的结果

根据正投影图可知点 A 的坐标值 (x, y, z)。首先作出轴测轴 O_1X_1、O_1Y_1、O_1Z_1（互呈 120°且 O_1Z_1 竖直），在轴测轴上，用轴向伸缩系数的简化值，量出 x、y、z 值，即可作出 A 点的正等测轴测图。

【例 4-7】作出图 4-14（a）所示三棱锥的正等测图。

【解】根据正投影图，作图步骤如下：

（1）在正投影图中选定坐标轴，如图 4-14（a）所示；

（2）画出轴测轴，并由坐标关系确定出三棱锥底面上的三个点的轴测投影，如图 4-14（b）所示；

（3）再由坐标关系，确定锥顶的轴测投影，如图 4-14（c）所示；

（4）连接各点，加粗可见图线，即获得了三棱锥的正等测图，如图 4-14（d）所示。

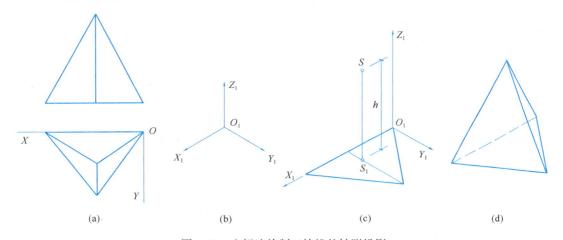

图 4-14 坐标法绘制三棱锥的轴测投影
(a) 题目；(b) 确定轴测轴；(c) 确定锥底及锥顶；(d) 连接各点加深图线

【例 4-8】作出图 4-15（a）所示三棱锥被两个截切平面切割后的正等测图。

【解】根据正投影图，作图步骤如下：

（1）在正投影图中选定坐标轴，画出三棱锥没被切割前的轴测投影，如图 4-15（a）

107

所示；

（2）由坐标关系确定出三棱锥三条棱线上的四个点Ⅰ、Ⅱ、Ⅲ、Ⅳ的轴测投影，如图 4-15（b）所示；

（3）连接各点，加粗可见图线，即获得了三棱锥被切割后的正等测图，如图 4-15（c）所示；

（4）整理图线，完成切割式三棱锥的轴测投影，如图 4-15（d）所示。

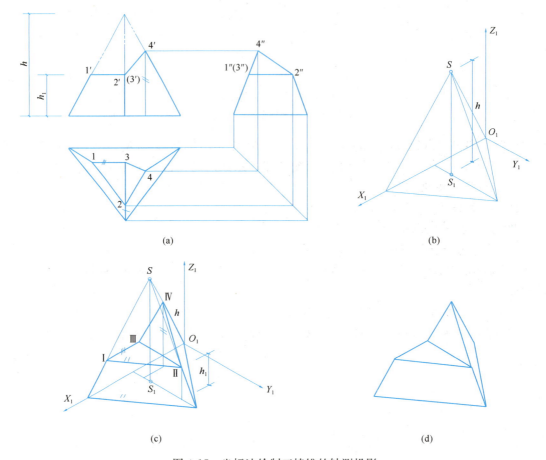

图 4-15　坐标法绘制三棱锥的轴测投影
(a) 切割后的三棱锥的三面投影；(b) 完成三棱锥的轴测投影；
(c) 截切后各点的轴测投影（坐标法）；(d) 整理图线得三棱锥切割后的轴测投影

4.2.5　斜轴测图的画法

投射线 S 倾斜于轴测投影面 P 所获得的投影图称为斜轴测图。为了方便绘图，通常选取轴测投影面 P 平行于一个坐标面。

（1）斜轴测投影的轴间角和轴向伸缩系数

如图 4-16 所示，若将坐标面 XOZ 平行于轴测投影面 P，坐标轴 OZ 竖直放置，当投射方向 S 与三个坐标轴都不平行时，则形成<u>正面斜轴测图</u>。在这种情况下，由于轴测轴 O_1X_1 平行于坐标轴 OX，坐标轴 O_1Z_1 平行于坐标轴 OZ，它们的轴向伸缩系数 $p=r=1$，轴间角 $\angle X_1O_1Z_1=90°$。此时，物体上平行于坐标面 XOZ 的直线、曲线和平面图形在正面斜轴测中均反映真长和实形。轴测轴 O_1Y_1 的方向和它的轴向伸缩系数 q 则随着投射方向 S 的变化而变化。当 $q=1$ 时，形成正面斜等测，当 $q \neq 1$ 时，形成正面斜二测。如果，选择 XOY 坐标面平行于轴测投影面 P，这时，O_1X_1、O_1Y_1 的轴向伸缩系数 $p=q=1$，轴间角 $\angle X_1O_1Y_1=90°$，轴测轴 O_1Z_1 的方向和它的轴向伸缩系数 r 也随着投射方向 S 的变化而变

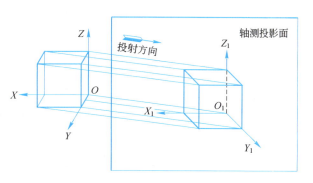

图 4-16 斜二测（正面斜二测）的形成

化，当 $r=1$ 时，形成水平斜等测；当 $r \neq 1$ 时，形成水平斜二测。当然，还可选择 YOZ 坐标面平行于轴测投影面 P，O_1Y_1、O_1Z_1 的轴向伸缩系数 $q=r=1$，轴间角 $\angle Y_1O_1Z_1=90°$，轴测轴 O_1X_1 的方向和它的轴向伸缩系数 p 也随着投射方向 S 的变化而变化，当 $p=1$ 时，形成侧面斜等测，当 $p \neq 1$ 时，形成侧面斜二测。下面将分别进行介绍。

（2）常用几种斜轴测投影

1）正面斜二测。如图 4-17 所示，将坐标轴 OX、OZ 放在轴测投影面上，OZ 轴竖直放置。这时，轴测轴 O_1X_1 与 O_1Z_1 分别与坐标轴重合。通过轴测原点 O_1 也是坐标原点 O，在轴测投影面上作与 O_1X_1 呈 45°（也可呈 30°、60°，通常选取 45°）的直线，并在其上取 OY 坐标轴的一半长度，以此作为轴测轴 O_1Y_1，用 YY_1 作为投射方向 S。图 4-17（b）表示了这种正面斜二测的轴间角和各轴向伸缩系数，$\angle X_1O_1Z_1=90°$，$\angle X_1O_1Y_1=\angle Z_1O_1Y_1=135°$；$p=r=1$，$q=1/2$。也有采用图 4-17（c）所示 Y_1 轴方向的形式。

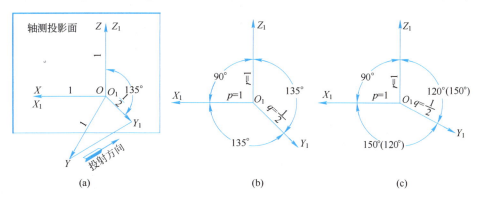

图 4-17 正面斜二测的轴测轴、轴间角及轴向伸缩系数
(a) 轴测轴的形成；(b) 轴间角和各轴向伸缩系数（一）；(c) 轴间角和各轴向伸缩系数（二）

【例 4-9】画出图 4-18（a）所示立体的轴测图。

【解】

（1）分析：该棱柱的端面较为复杂，并且端面为正平面，因此选用正面斜二测。

（2）作图：

① 确定轴测轴，如图 4-18（b）所示，由于 $p=r=1$，$q=1/2$，根据物体的 V 面投影，画出正面的轴测投影；

② 由于 $q=1/2$，将 H 面投影中的宽（y 值）减半画出，得立体的正面斜二测图，如图 4-18（b）所示；

③ 检查无误后，擦去多余图线，加粗可见图线，即获得该立体的轴测图，如图 4-18（c）所示。

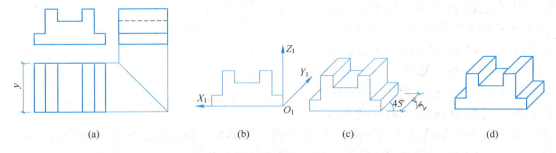

图 4-18 物体的正面斜二测图
(a) 题目；(b) 确定轴测轴；(c) 画完整体的斜二测；(d) 作图结果

2) 侧面斜二测。侧面斜二测的形成原理与正面斜二测相同。此时，轴测投影面平行于 YOZ 坐标面，轴测轴 O_1Y_1 水平放置，O_1Z_1 竖直放置（$O_1Y_1 \perp O_1Z_1$），它们的轴向伸缩系数 $q=r=1$，$p \neq 1$（常取 $p=1/2$），轴间角 $\angle X_1O_1Y_1=90°$，$\angle Z_1O_1X_1=\angle X_1O_1Y_1=135°$。如图 4-19 所示为一个立体（L 形构件）的侧面斜二测。

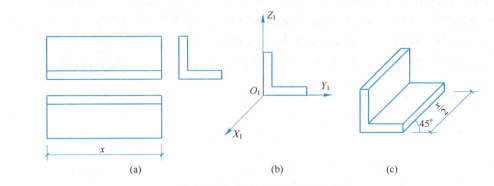

图 4-19 L 形构件的侧面斜二测
(a) 立体的三面投影图；(b) 确定轴测轴及画出侧面；(c) 作图结果

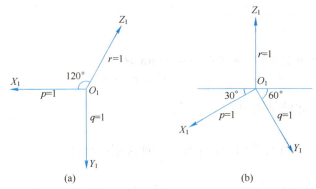

图 4-20 水平斜等测的轴间角及轴向伸缩系数
(a) Z_1 轴倾斜；(b) Z_1 轴竖直

3) 水平斜等测。在实际工程中，水平斜等测的运用远多于水平斜二测，故在此介绍水平斜等测轴测图的画法。水平斜等测的轴测投影面平行于 XOY 坐标面，O_1X_1 轴垂直于 O_1Y_1 轴。通常画成图 4-20（b）所示 Z_1 轴倾斜的形式，它们的轴向伸缩系数 $p=q=r=1$。这种轴测图通常用来表示一个小区概貌或者某一高楼的造型效果。

【例 4-10】 画出图 4-21 所示叠加式四棱柱的水平斜等测。

【解】

（1）分析：图 4-21（a）的立体为大小两个四棱柱叠加而成，可分别画出大小四棱柱的水平斜等测，同时考虑它们间的相对坐标关系即可。

（2）作图：

① 确定轴测轴，如图 4-21（b）所示，由于 $p=r=q=1$，根据立体的 H 面投影，画出处于上面的小四棱柱的顶面的水平轴测投影，同时由其高度值，画出小四棱柱水平斜等测。

② 再由大四棱柱与小四棱柱的相对坐标关系，画出大四棱柱顶面的水平轴测投影，同时由它的高度值画出其水平斜等测。

③ 检查无误后，擦去多余图线，加粗可见图线，即获得该叠加式立体的轴测图，如图 4-21（c）所示。

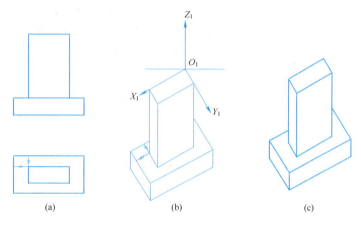

图 4-21 叠加式立体水平斜等测
（a）叠加式立体的两面投图；（b）作图过程；（c）作图结果

如图 4-22（a）所示为一个小区中街道与建筑物的总平面图，若建筑物的层高均为 3.3m，则用水平斜等测轴测图表示的小区概貌，如图 4-22（b）所示。

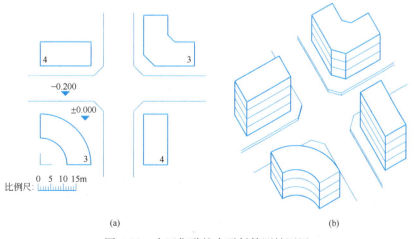

图 4-22 小区街道的水平斜等测轴测图
（a）总平面图：1∶5000；（b）水平斜等测轴测图

4.3 同坡屋面的画法

中国的传统建筑中,大量的屋顶是坡屋顶。现代的房屋建筑设计中,也有屋顶采用坡屋顶的形式。坡屋顶除考虑建筑造型外观的需要,还必须兼顾建筑构造合理、满足排水要求等,故应进行合理、正确的设计。

当坡屋面各个坡面(平面)的水平倾角 α 都相等,且各个坡面的屋檐线高度也都相等(位于同一水平面上)时,这样的坡屋面称为<u>同坡屋面</u>。

如图 4-23(a)所示,有 4 个屋面。正放时,左右屋面(三角形 12A、三角形 34B)为正垂面,前后屋面(四边形 23BA、四边形 14BA)为侧垂面,相应的檐线为 12、34 和 23、14。

图 4-23(b)中有 6 个屋面。正放时,屋面为正垂面的有:三角形 12A、四边形 34DC 和五边形 56BCD,相应的檐线为 12、34 和 56;屋面为侧垂面的有:三角形 45D、四边形 16BA 和五边形 23CBA,相应的檐线为 45、16 和 23。

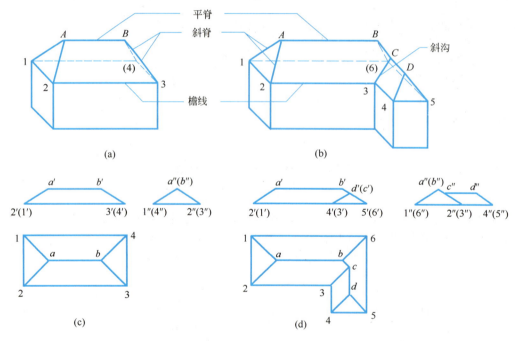

图 4-23 正交同坡屋面轴测图、投影图

4.3.1 同坡屋面的特性

根据图 4-23(a)、(b)的以上分析,同坡屋面的特性如下:

① 一条檐线确定一个坡面。一栋建筑有几条檐线,就有几个坡面。

② 相对两屋面凸交时的交线为平脊线;凹交时的交线为平天沟(由于平天沟的防水要求较高,故实际工程中应尽量避免)。如图 4-23 中 AB、CD 为平脊线。

③ 相邻两屋面凸交时的交线为斜脊线;凹交时的交线为斜天沟(简称"斜沟")。如图 4-23 中 C3 为"斜沟"。

④ 根据三平面两两相交，其 3 条交线必交于一点，则同坡屋面上如有两条线相交于一点，则过此点必有第三条交线。故一般情况下，同坡屋面的脊线（或斜沟）的交点原则是"一点三线、两斜（斜脊或斜沟）一平（平脊）、先碰先交（从一个方向依次向另一方向作图）"。

4.3.2 同坡屋面的 H 面投影特征

① 相邻两檐线垂直相交时，其对应的角平分线斜脊、斜沟的 H 面投影为 45°线。

② 相邻两檐线不垂直相交时，其对应的角平分线斜脊、斜沟的 H 面投影作图原理不变。

③ 相对两檐线平行时，其对应的平脊线与此两檐线的 H 面投影平行。

根据上述同坡屋面的 H 面投影特征，可以极为方便地完成同坡屋面 H 面投影作图。图 4-23（c）是四坡屋面的三面投影，图 4-23（d）是六坡屋面的三面投影。其作图步骤与四坡相同。

4.3.3 同坡屋面的投影作图

如图 4-24（a）所示，已知屋面各檐线等高，各坡面倾角 $\alpha = 30°$，完成屋面的三面投影。

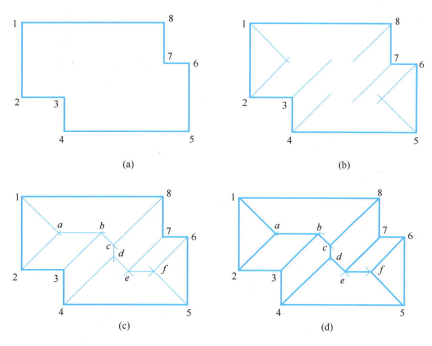

图 4-24 同坡屋面 H 投影的画法
(a) 已知条件；(b) H 面投影作图 1；(c) H 面投影作图 2；(d) H 面投影作图 3

（1）作 H 面投影

① 根据图 4-24（a）的 H 投影，从各檐线的转角点向图形内作角平分线（此时所有相邻两檐线垂直相交，故角平分线都为 45°），如图 4-24（b）所示；

② 在图形内，从左向右（也可从右向左）按交点性质"先碰先交、一点三线、两斜一平"原则依次作图，得到屋面上所有脊线（平脊：ab、cd、ef；斜脊：1a、2a、4d、8c、

$6f$、$5f$）和斜沟（$3b$、$7e$）的 H 投影，如图 4-24（c）所示。

③对屋面上所作脊线和斜沟的 H 投影进行加重后即得屋面的 H 投影，如图 4-24（d）所示。

作图完成。

（2）作 V、W 面投影

分析：根据图 4-24（d）已完成的 H 投影，左右屋面 $12a$、$34dcb$、$78cde$、$56f$ 为正垂面，前后屋面 $45fed$、$23ba$、$67ef$、$81abc$ 为侧垂面；平脊线 ab、ef 为侧垂线，cd 为正垂线。

作图：如图 4-25 所示：

① 根据图 4-24（d）已完成的 H 投影，向上（右）作长对正（宽相等）的投影连线求得檐线上各点的 V、W 投影，如图 4-25（a）所示。

② 在 V（W）上根据已知屋面坡度（30°）作所有正垂面（侧垂面）的积聚投影，如图 4-25（b）所示。

③ 在 V（W）上根据 H 投影中平脊线的编号依次连接 $a'b'$、$c'd'$、$e'f'$（$a''b''$、$c''d''$、$e''f''$）即得同坡屋面的 V（W）投影，如图 4-25（c）所示。

④ 加重、判别 V、W 面投影可见性。在 V 上，由于正垂面屋面 $7'8'c'd'e'$ 在平脊线 $e'f'$ 的后面，故其投影 $7'8'c'd'e'$ 在平脊线 $e'f'$ 以下部分为不可见（画成虚线）；在 W 上，由于 $6''7''e''f''$ 在平脊线 $c''d''$ 的右面，故其投影 $6''7''e''f''$ 为不可见（画成虚线），如图 4-25（d）所示。

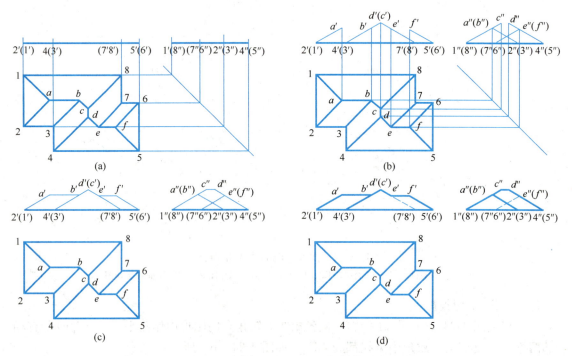

图 4-25　同坡屋面 V（W）投影的画法

(a) 作檐线上各点的 V（W）投影；(b) 求 V（W）上相应垂直面的积聚投影；
(c) 求 V（W）面上平脊线的投影；(d) 加重并判断可见性

小　　结

(1) 平面立体截交线的性质。
(2) 平面立体相贯线的性质。
(3) 轴测投影的特点及运用。
(4) 正等测和斜二测轴测投影的轴间角和轴向伸缩系数。
(5) 同坡屋面的屋面交线的投影特点，求解中交线封闭的原则。

复 习 思 考 题

4.1　平面立体截交线的求解方法有哪些？
4.2　试分析作两平面立体相贯线的方法，在求出贯穿点后，连线原则是什么？如何判断其可见性？
4.3　什么是轴测投影？如何分类？
4.4　什么是轴间角？什么是轴向伸缩系数？
4.5　正等测的轴间角，轴向伸缩系数是多少？
4.6　斜轴测的轴间角，轴向伸缩系数是多少？
4.7　试述正等测、斜轴测的应用范围。
4.8　什么叫同坡屋面？同坡屋面有什么特点？如何根据屋檐的水平投影以及屋面坡度画出同坡屋面的水平投影、正面投影、侧面投影？

第5章 规则曲线、曲面及曲面立体

本章知识点

本章主要介绍工程实践中常用的曲线、曲面或曲面与平面围成的各种曲面立体。了解曲线、曲面或曲面与平面围成的各种曲面立体的形成及投影特征。熟练掌握螺旋楼梯、圆柱体、圆锥体、圆球体的投影特征及画法。重点掌握平面与圆柱体、圆锥体、圆球体相交求截交线的方法。

5.1 规则曲线及工程中常用的曲线

5.1.1 曲线的形成

曲线可以看成由以下三种方式形成：

（1）不断改变方向的点的连续运动的轨迹，如图 5-1（a）所示；
（2）曲面与曲面或曲面与平面相交的交线，如图 5-1（b）所示；
（3）直线簇或曲线簇的包络线，如图 5-1（c）所示。

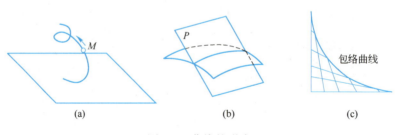

图 5-1 曲线的形成

5.1.2 曲线的分类

根据点的运动有无规律，曲线可分为规则曲线和不规则曲线。规则曲线一般可以列出其代数方程，且为单参数方程，如圆、椭圆、双曲线、抛物线、渐伸线、螺旋线等。

根据曲线上各点是否属于同一平面，可以分成两类：

（1）平面曲线：曲线上所有的点都属于同一平面的称为平面曲线，如圆、椭圆、双曲线、抛物线等。

（2）空间曲线：曲线上任意连续四个点不属于同一平面的称为空间曲线。如圆柱正螺旋线等。

5.1.3 曲线的投影

在画法几何中通常是根据曲线的投影来研究曲线的性质及其画法。因为曲线可看作是由点的运动而形成，只要作出曲线上一系列点的投影，并将各点的同面投影依次光滑地连接起来，即得该曲线的投影，如图 5-2 所示。

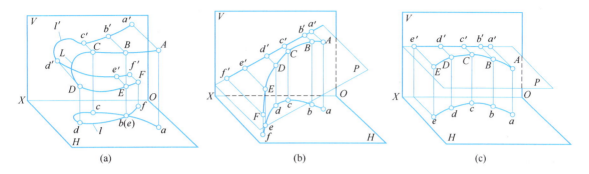

图 5-2 曲线的投影
(a) L 是空间曲线；(b) P⊥V；(c) P∥H

(1) 曲线投影的性质

① 曲线的投影一般仍为曲线。在特殊情况下，当平面曲线所在的平面垂直于某投影面时，它在该投影面上的投影积聚为直线；当平面曲线所在的平面平行于某投影面时，它在该投影面上的投影反映空间曲线实形。

② 曲线的切线在某投影面上的投影仍与曲线在该投影面上的投影相切。

③ 二次曲线的投影一般仍为二次曲线，如圆和椭圆的投影一般为椭圆。

(2) 圆的投影

圆是平面曲线，当它所在的平面平行于投影面时，其投影反映实形；当圆所在的平面垂直于投影面时，其投影积聚成一直线段，该线段的长等于圆的直径。若圆所在的平面倾斜于投影面，其投影为一椭圆。

【例 5-1】如图 5-3 所示，已知圆 L 所在平面 P⊥V 面，P 与 H 面的倾角为 α，圆心为 O，直径为 φ，求圆 L 的 V、H 面投影。

【解】(1) 分析

① 由于圆 L 所在平面 P⊥V 面，其 V 投影积聚为一直线 l'，l' = 直径 φ，l' 与 OX 轴的夹角 = α。

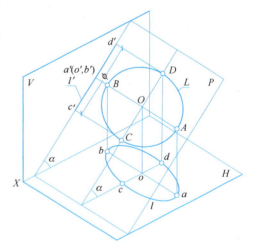

② 圆 L 所属平面倾斜于 H 面，其 H 投影为一椭圆 l，圆心 O 的 H 投影是椭圆中心 o，椭圆长轴是圆 L 内平行于 H 面的直径 AB 的 H 投影 ab，ab = AB（直径），椭圆短轴是圆 L 内对 H 面最大斜度方向的直径 CD 的 H 投影 cd，cd = CD · cosα。CD∥V，故 $c'd'$ = φ。

图 5-3 垂直于 V 面的圆的投影

(2) 作投影图

① 定 OX 轴及圆心 O 的 V、H 面投影 o'，o，如图 5-4 (a) 所示。

② 作圆 L 的 V 投影 l'，即过 o' 作 $c'd'$ 与 OX 轴的夹角等于 α，取 $o'd'$ = φ/2，如图 5-4 (a) 所示。

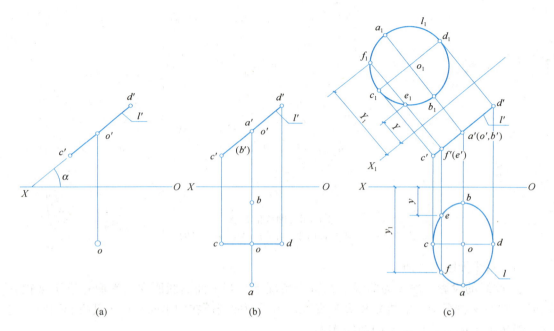

图 5-4 作垂直于 V 面的圆的投影
(a) 定圆心和圆的 V 面投影；(b) 作长短轴；(c) 完成椭圆

③ 作圆 L 的 H 投影椭圆 l，先作椭圆的长短轴。即过 o 作长轴 $ab \perp OX$，$ao = ob = \phi/2$，过 o 作短轴 $cd /\!/ OX$，cd 的长度由 $c'd'$ 确定，如图 5-4 (b) 所示。

④ 由长短轴可作出椭圆。这里采用换面法完成椭圆作图。如图 5-4 (c) 所示，作一新投影面 $H_1 /\!/$ 圆 L，则圆 L 在 H_1 上的投影 l_1 反映实形。在投影图中作新投影轴 $O_1X_1 /\!/ l'$。根据 o、o' 作出 o_1，并以 o_1 为圆心，ϕ 为直径作圆，就得到圆 $l_1 =$ 圆 L。由圆的 l_1 和 l' 而得椭圆 l。为此需定出椭圆的足够数量的点，然后用曲线板依次光滑连接起来。图中表示出了 e、f 点的作图步骤。先在 l_1 上定 e_1、f_1，向 O_1X_1 作垂线，与 l' 交得 e'、f'，再过 e'、f' 向 OX 轴作垂线，并在此垂线上量取 e、f 点分别到 OX 轴的距离等于 e_1、f_1 点分别到 O_1X_1 轴的距离而定出 e、f 点。

5.1.4 圆柱螺旋线的投影

(1) 圆柱螺旋线的形成

一动点沿着一直线等速移动，而该直线同时绕与它平行的一轴线等角速旋转，动点的轨迹就是一根圆柱螺旋线（图 5-5）。直线旋转时形成一圆柱面，叫导圆柱，圆柱螺旋线是圆柱面上的一根曲线。当直线旋转一周回到原来位置时，动点在该直线上移动的距离（S）叫导程。

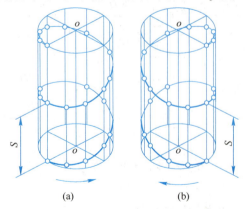

图 5-5 圆柱螺旋线的形成
(a) 右螺旋线；(b) 左螺旋线

由此得知画圆柱螺旋线的投影必具备以下三个条件：

① 导圆柱的直径——D。

② 导程——S，是动点（I）回转一周时，沿轴线方向移动的一段距离。

③ 旋向——分右旋、左旋两种旋转方向。设以握拳的大拇指指向表示动点（I）沿直母线移动的方向，其余四指的指向表示直线的旋转方向，符合右手情况的称为右螺旋线（图5-5a）；符合左手情况的称为左螺旋线（图5-5b）。

（2）画圆柱螺旋线的投影

如图5-5（a）所示，导圆柱轴线垂直于 H 面，则：

① 由导圆柱直径 D 和导程 S 画出导圆柱的 H、V 投影。

② 将 H 投影的圆分为若干等份（图中为12等份）；根据旋向，注出各点的顺序号，如1、2、3、……、13。

③ 将 V 面上的导程投影 s 相应地分成同样等份（图中为12等份），自下向上依次编号，如1、2、3、……、13。

④ 自 H 投影的各等分点1、2、3、……、13向上引垂线，与过 V 面投影的各同名分点1、2、3、……、13引出的水平线相交于 $1'$、$2'$、$3'$、……、$13'$。

⑤ 将 $1'$、$2'$、$3'$、……、$13'$ 各点光滑连接即得螺旋线的 V 面投影，它是一条正弦曲线。若画出圆柱面，则位于圆柱面后半部的螺旋线不可见，画成虚线。若不画出圆柱面，则全部螺旋线（$1'\sim13'$）均可见，画成粗实线。

⑥ 螺旋线的 H 投影与导圆柱的 H 投影重合，为一圆。

（3）螺旋线的展开

螺旋线展开后成为一直角三角形的斜边，它的两条直角边的长度分别为 πD 和 S，如图5-6（b）所示。

$$L（螺旋线一圈的展开长）=\sqrt{S^2+(\pi D)^2}$$

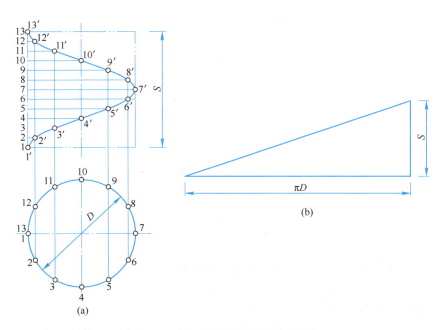

图 5-6　圆柱螺旋线的投影及展开图
(a) 形成；(b) 投影

5.1.5 曲面的形成及在工程中的应用

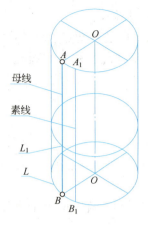

图 5-7 曲面的形成

曲面可以看成是一条动线（直线或曲线）在空间按一定规律运动而形成的轨迹。该动线称为母线，控制母线运动的点、线、面分别称为导点、导线、导面，母线在曲面上任意一停留位置称为素线。曲面的轮廓线是指在投影图中确定曲面范围的外形线。

母线作规则运动则形成规则曲面。母线作不规则运动则形成不规则曲面。在图 5-7 中，圆柱面可以看作是由直母线 AB 绕与 AB 平行的轴 OO（导线）回转而成。A_1B_1 称为素线；圆柱面也可以看作由圆 L 为母线，其圆心 O 沿导线平行移动而成。L_1 称为素线。

同一曲面可由不同方法形成。在分析和应用曲面时，应选择对作图或解决问题最简便的形成方法。

1. 曲面的分类

曲面 { 回转曲面 { 直线回转面 { 可展曲面（如圆柱面）
　　　　　　　　　　　　　　不可展曲面（如单叶双曲面）
　　　　　　　曲线回转面——不可展曲面（如球面）
　　　　非回转曲面 { 直线面 { 可展曲面（如斜圆柱面）
　　　　　　　　　　　　　不可展曲面（如双曲抛物面）
　　　　　　　　曲线面——不可展曲面（如自由曲面）

2. 回转曲面

（1）直线回转面（图 5-8）

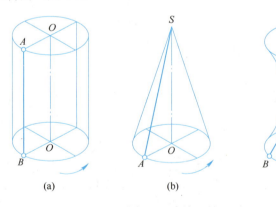

图 5-8 直线回转面
(a) 圆柱面；(b) 圆锥面；(c) 单叶双曲回转面

一直线作母线，另一直线作轴线，母线绕轴线旋转一周形成的曲面称为直线回转面。当母线与轴线平行得到圆柱面（图 5-8a），母线与轴线相交得到圆锥面（图 5-8b），母线与轴线相叉得到单叶双曲回转面（图 5-8c）。

当直母线 AB（或 CD）绕与它交叉的轴线 OO 旋转一周而形成的曲面称为单叶双曲回转面，单叶双曲回转面也可由双曲线 MED 绕其虚轴 OO 旋转一周而形成（图 5-9）。

由于母线的每点回转的轨迹均是纬圆，母线的任一位置都称为素线，所以回转面是由一系列纬圆或一系列素线（此例既有直素线，又有双曲线素线）所组成。

母线的上、下端点 A、B 形成的纬圆，分别称作顶圆、底圆，母线至轴线距离最近的一点 E 所形成的纬圆，称作喉圆，如图 5-9 所示。

单叶双曲回转面具有接触面积大、通风好、冷却快、省材料等优点，因此在建筑工程中应用较为广泛，如化工厂的通风塔、电厂的冷凝塔等，如图 5-10 所示。

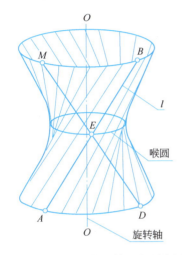

图 5-9　单叶双曲回转面的形成图

图 5-10　冷凝塔

（2）曲线回转面

任意平面曲线绕同一平面的轴线旋转一周形成的曲面称为曲线回转面。最简单的平面曲线是圆，它绕其自身直径旋转一周得到球面；圆绕不通过圆心而与圆共面的直线旋转一周形成圆环面。

3. 非回转直线曲面

（1）柱面

① 柱面的形成

直母线ⅠⅡ沿着一曲导线 L 移动，并始终平行于一直导线 AB 而形成的曲面称为柱面。曲导线 L 可以是闭合的或不闭合的，如图 5-11（a）所示。此处曲导线 L 是平行于 H 面的圆，AB 是一般位置直线。由于柱面上相邻两素线是平行二直线，能组成一个平面，因此柱面是一种可展曲面。

② 柱面的投影（图 5-11b）

a. 画出直导线 AB 和曲导线 L（圆 $L/\!/H$）的 V、H 投影（即 $a'b'$、ab，l'、l'）。

b. 画轴 OO_1 的 V、H 投影。显然，轴 $OO_1/\!/AB$，且 O_1 点属于 H 面，故作 $o'o_1'/\!/a'b'$（o_1' 属于 OX 轴），$oo_1/\!/ab$。

c. 画出母线端点Ⅱ运动轨迹 L_1 的 V、H 投影。显然，L_1 线属于 H 面（L_1 线也可看作各素线与 H 面的交点的集合）。画 L_1 线的 H 投影：以 o_1 为圆心，以圆 L 的半径为半径画圆即得。L_1 线的 V 投影积聚成一段直线在 OX 轴上，长度等于直径。

d. 画出柱面的 V 面投影轮廓线，即画出柱面上最左素线ⅠⅡ和最右素线ⅢⅣ的 V 面

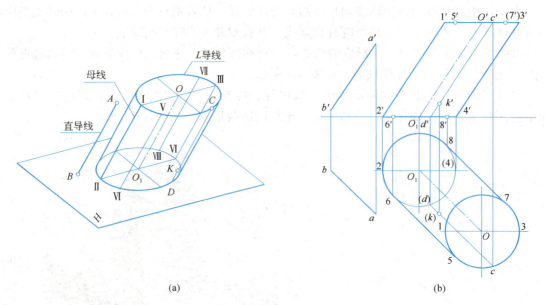

图 5-11 柱面的形成和投影
(a) 形成；(b) 投影

投影，如图 5-11（b）中的 $1'2'$、$3'4'$。ⅠⅡ、ⅢⅣ 不是柱面 H 投影的轮廓线，其 H 投影 1 2、3 4 不必画出。

e. 画出柱面的 H 投影轮廓线，即在 H 面中作 l、l_1 两圆的公切线 56、7 8 即得。它们的正面投影 $5'6'$、$7'8'$ 不必画出。

f. 若曲导线 L 不封闭时，则要画出起、止素线的 V、H 投影。

虽然直导线 AB 的位置和曲导线 L 的形状、大小可根据实际需要来确定，但其投影的画法仍如上述。

③ 柱面投影的可见性（图 5-11b）。

a. V 投影是前半柱面和后半柱面投影的重合，最左、最右素线是前后半柱面的分界线，也是可见与不可见的分界线，由 H 投影得知，包含曲线ⅠⅤⅢ的部分是可见的，包含曲线ⅠⅦⅢ的部分是不可见的。

b. H 投影，素线ⅤⅥ和ⅦⅧ的 H 投影是柱面的 H 投影轮廓线，也是可见与不可见的分界线，包含曲线ⅤⅡⅦ的部分是可见的，包含曲线ⅧⅣⅥ的部分是不可见的。

④ 取属于柱面的点（图 5-11b）。

a. 已知：属于柱面的一点 K 的 V 投影 k'（k'是可见点），求作其 H 投影 k。

b. 方法：用素线法，即过点 K 作一属于柱面的素线 CD，点 C 属于 L 圆，点 D 属于 L_1 圆。作出 CD 的 V、H 投影 $c'd'$、cd，则 K 点的 H 投影 k 必属于 cd。

c. 作图：过 k' 作 $c'd' // a'b'$，点 c' 属于 l'，点 d' 属于 l_1'；由 c' 向下引垂线交 l 的前半圆于 c，由 d' 引垂线交 l_1 的前半圆于 d，连接 cd；再由 k' 向下引垂线交 cd 得 k。因 K 点所属柱面的 H 投影为不可见，故 k 为不可见。

⑤ 柱面的应用举例（图 5-12）。

柱面的应用实例如图 5-12 所示。

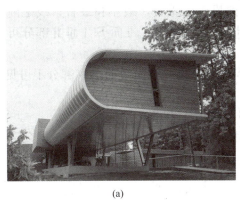

(a) (b)

图 5-12 柱面的应用实例

(a) 柱面建筑 1；(b) 柱面建筑 2

(2) 锥面

① 锥面的形成

一直母线 SⅠ 沿着一曲导线 L 移动，并始终通过一定点 S 而形成的曲面称为锥面。S 为顶点。曲导线 L 可以是闭合的或不闭合的。如图 5-13（a）所示，导线 L 是 H 面的一个圆。由于锥面相邻两素线是相交二直线，能组成一个平面，因此锥面是可展曲面。

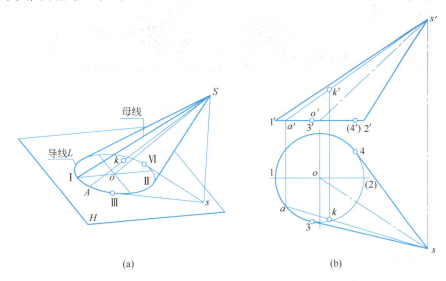

(a) (b)

图 5-13 圆锥面的形成和投影

(a) 形成；(b) 投影

② 锥面的投影

a. 画出导线 L 和顶点 S 的 V、H 投影 l'、l 和 s'、s，并用点画线连接 s'、o'、s、o。

b. 画锥面的 V 投影，即最左素线 SⅠ 和最右素线 SⅡ 的 V 投影 $s'1'$ 和 $s'2'$。

c. 画锥面的 H 投影，即过 s 向 l 圆作的两条切线 $s3$ 和 $s4$。

若导线 L 不封闭时，则要画出起、止素线的 V、H 投影。

③ 锥面投影的可见性（图 5-13b）

a. V 投影是锥面前半个锥面和后半个锥面投影的重合，最左和最右素线是前、后部分的分界线，也是可见与不可见的分界线，由 H 投影得知，锥面 S-ⅠⅢⅡ 部分可见，锥面 S-ⅠⅣⅡ 部分不可见。

b. H 投影，由 V 投影知，锥面 S-ⅢⅠⅣ 部分可见，锥面 S-ⅢⅡⅣ 部分不可见。

④ 取属于锥面的点（图 5-13b）

a. 已知：属于锥面的一点 K 的 H 投影 k，求其 V 投影 k'。

b. 作图：采用素线法，连接 sk 与 l 圆相交于 a；由 a 向上作垂线与 l' 相交于 a'，并连接 $s'a'$；由 k 向上作垂线与 $s'a'$ 相交于 k'，即为所求。

⑤ 锥面的应用举例

斜锥面的应用实例如图 5-14 所示。

图 5-14 斜锥面的应用实例

(a) 斜锥面实例 1；(b) 斜锥面实例 2

（3）柱状面

① 柱状面的形成

一直母线沿两条曲导线滑动，并始终平行于一个导平面而形成的曲面，称为柱状面。如图 5-15（a）所示，直母线为ⅠⅡ；曲导线为 L_1 和 L_2，直母线始终平行于导平面 P（P∥W 面）滑动。由于柱状面的相邻二素线是相叉的两直线，它们不能属于一个平面，因此柱状面是不可展的直线面。

② 柱状面的投影（图 5-15b）

a. 画出曲导线 L_1 和 L_2 的 H、V、W 投影如 l_1、l_1'、l_1'' 和 l_2、l_2'、l_2''（亦可用两面投影表示）。

b. 画导平面 P 的积聚投影 P_H。若 P 平行于一投影面时，则 P_H 可以不画。

c. 画出起、止素线和若干中间素线的三面投影。由于各素线是侧平线，宜先画出其 H 或 V 投影，再画 W 投影。

d. 画出曲面各投影的轮廓线。如素线ⅢⅣ是曲面的 W 投影的轮廓线，其 W 投影为 $3''4''$。

③ 柱状面的应用举例

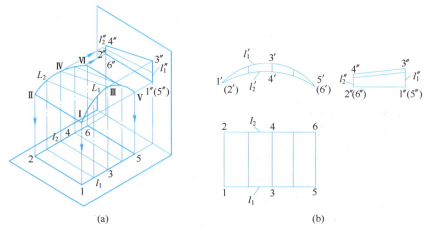

图 5-15 柱状面的形成和投影

柱状面的应用实例如图 5-16 所示。

(4) 锥状面

① 锥状面的形成

一直母线沿一条直导线和一条曲导线滑动,并始终平行于一个导平面而形成的曲面,称为锥状面。如图 5-17(a)所示,直母线为ⅠⅡ;直导线为 AB;曲导线为圆 L($L/\!/H$ 面);导平面为 P($P/\!/V$ 面,$P \perp AB$)。由于锥状面的相邻二素线是相叉两直线,它们不属于一个平面,因此锥状面是不可展开的直线面。

图 5-16 柱状面的应用实例

② 锥状面的投影(图 5-17b)

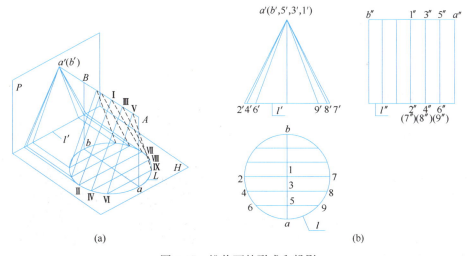

图 5-17 锥状面的形成和投影
(a) 形成;(b) 投影

图 5-18 锥状面屋面的应用实例

a. 画出直导线 AB、曲导线 L 的 V、H、W 投影，导平面 $P/\!/V$ 面，其积聚投影 P_H 不必画出。

b. 画若干素线的 H、V、W 投影。由于各素线平行于 V，它们的 H 投影平行于 OX 轴，宜先画 H 投影，再画 V 投影。

c. 画锥状面的 V 投影轮廓线，即ⅠⅡ、ⅠⅦ的 V 投影 $1'2'$、$1'7'$。

③ 锥状面的应用举例

锥状面屋面的应用实例如图 5-18 所示。

(5) 双曲抛物面

① 双曲抛物面的形成

由一直母线沿两条相叉的直导线滑动，并始终平行于一个导平面而形成的曲面，称为双曲抛物面。如图 5-19 (a) 所示，直母线为 AC，直导线为 AB、CD，导平面为 P（$P\perp H$ 面）。由于此曲面上相邻二素线是相叉的，故它是不可展开的直线面。

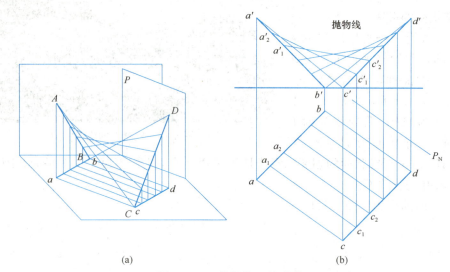

(a) (b)

图 5-19 双曲抛物面的形成

② 双曲抛物面的应用举例

双曲抛物面的应用实例如图 5-20 所示。在该曲面工程中，常沿两簇素线方向来配置材料或钢筋。

(6) 圆柱正螺旋面（简称正螺旋面）

① 圆柱正螺旋面的形成

当一直母线沿一条圆柱螺旋线及该螺旋线的轴线滑动，并始终平行于与轴线垂直的导平面而形成的曲面，称为圆柱正螺旋面。如图 5-21 (a) 所示，直母线ⅠⅠ。，直导线 $OO\perp H$ 面，曲导

图 5-20 双曲抛物面的应用
（星海音乐厅）

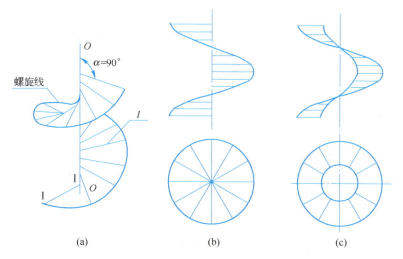

图 5-21 圆柱正螺旋面的形成及投影

线为圆柱螺旋线,导平面为 H。因此,圆柱正螺旋面是锥状面的一种特例。

② 圆柱正螺旋面的应用

【例 5-2】画螺旋楼梯的投影。

(1) 已知:螺旋楼梯内、外圆柱的直径(D_1、D),导程(S),右旋,步级数(12),每步高($s/12$),梯段竖向厚度(δ)。

(2) 分析:螺旋楼梯由每一步级的扇形踏面($P /\!/ H$ 面)和矩形踢面($T \perp H$ 面)、内、外侧面(Q_1、Q 均为垂直于 H 面的圆柱面)、底面(R 是螺旋面)所围成。画螺旋楼梯的投影就是画出这些表面的投影。

(3) 画图:

① 如图 5-22(a)所示,画轴线及中心线;在 H 面上由 D_1、D 分别画圆,即螺旋楼梯内、外侧面的 H 投影;按右旋方向和步级数 12,从水平中心线的右侧开始,将内外圆作 12 个等分,得分点,并将分点分别编号(内圆 $a\sim m$,外圆 $0\sim 12$),把内外圆上同号点相连,即为相应踢面在 H 面上的积聚投影;内外圆间的 12 个扇形即为相应踏面在 H 面上的实形投影。至此,完成螺旋楼梯的 H 投影。

在 V 面轴线上定导程 S,且将 S 作 12 等分,并将所得分点编号 $0\sim 12$。

② 如图 5-22(b)所示,画各踢面的 V 投影。每一踢面均是垂直于 H 面的矩形,矩形下边线的序号与 V 面上中轴线上的等分序号相同,根据其 H 投影可画出 V 投影。轴线左侧的踢面不可见,画成虚线。

这里,每一矩形踢面的上边线位置即是同级踏面的 V 投影积聚位置,踏面积聚投影长度由相应踏面的 H 投影确定。

③ 在 V 投影中画可见的螺旋线。螺旋楼梯在 V 投影中的可见性是:如图 5-22(c)在前半的外侧面可见,后半的内侧面可见;右旋时,轴线右侧的踢面可见,轴线左侧的底面(螺旋面)可见(当左旋时,前半的外侧面可见,后半的内侧面可见;轴线左侧的踢面可见,轴线右侧的底面可见)。螺旋楼梯底面内螺旋线可见的是一圈的先 3/4 段,楼梯底面外螺旋线可见的是一圈的后 3/4 段。所以,由踢面下边线位于一圈内侧面的先 3/4 段

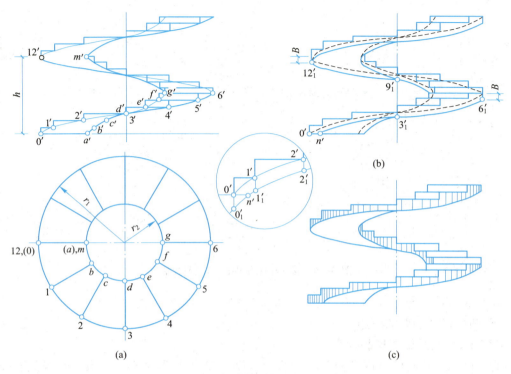

图 5-22 螺旋楼梯投影图的画法

的各端点（即 $0_1'\sim 9_1'$）和踢面下边线位于一圈外侧面的后 3/4 段上的各端点（$3_1'\sim 12_1'$），均向下移动一个梯段竖向厚度（δ），得相应各点，再分别用曲线板依次光滑连接，即得可见螺旋线的 V 投影。

④ 改正图线，完成全图。即将左侧外形线加深，擦去不可见虚线，加深其余可见图线，如图 5-22（c）所示。

(7) 切线面

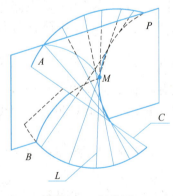

图 5-23 切线面

直母线 1 沿着一条曲导线 C 运动，且始终与 C 相切。这样形成的曲面叫做切线面。曲导线 C 是空间曲线，成为切线的脊线，如图 5-23 所示。由形成可知，切线面有两叶，在工程曲面设计中一般主要利用其中的一叶。过脊线 C 上任意点 M，作截平面 P，使之与切线面相交，截交线为 AMB，其中 M 为截交线上的尖点，也称为回折点。因为脊线 C 是所有回折点的轨迹，所以把脊线也称为回折棱，切线面也相应称为回折棱面。

工程中弯曲斜坡面的两侧坡面往往设计为切线面，并且使切线面的所有切线（即素线）与地面（水平面）呈同一倾角，这样设计成的切线面称为同坡曲面或同斜曲面，有时也称为盘旋面。如图 5-24 所示是以圆柱螺旋线为曲导线的同坡曲面的投影图，图中除了应表示曲导线和切线面的外形线的投影外，还需要作出切线面与地面的交线和切线面上若干条素线的投影。

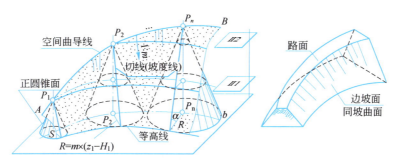

图 5-24 同坡曲面在工程中的应用

5.2 基本曲面立体和立体上的曲表面

由曲面围成或由曲面和平面围成的立体，称为曲面立体。圆柱、圆锥、圆球、圆环是工程实践中最常见的曲面立体，它们是回转体。画回转体的投影时，应首先画出它们的轴线投影（用点画线表示），再画出曲面的外形轮廓线投影。

5.2.1 基本曲面立体

1. 圆柱体

（1）形成

圆柱体可以看成一矩形平面（AA_1OO_1）绕其一边（OO_1 为轴线）旋转而成。这一边是旋转轴，其中垂直于轴（OO_1）的两边（AO，A_1O_1）旋转成为圆柱体的上、下圆面，平行于轴（OO_1）的一边（AA_1）旋转成为圆柱面，即圆柱表面是由圆柱面和上、下两圆面组成。上、下两圆面间的距离为圆柱的高。

（2）投影作图

首先画圆的中心线和轴线的各投影（用细点画线画出），其次画出的是圆的 H 面投影，最后画其余两投影。

当圆柱的轴线垂直于 H 面时，它的 H 投影为一圆。圆柱面有积聚性，圆柱面上的任何点和线的 H 投影都积聚在这个圆周上。圆柱的其他两个投影是由上、下两圆面的积聚投影和圆柱面的外形轮廓线的投影组成的长方形线框（图 5-25c）。

（3）分析轮廓素线和判断曲面的可见性

1）分析轮廓素线：从不同方向投影时，圆柱面的投影轮廓素线是不同的。从图 5-25（b）可看出，圆柱面 V 投影的轮廓素线 $a'a_1'$、$b'b_1'$ 是圆柱面最左、最右的两条素线 AA_1、BB_1 的投影，它们在 W 面上的投影 $a''a_1''$、$b''b_1''$ 与轴线重合，它们并不是 W 投影的轮廓线，因此画图时不必画出。圆柱面 W 投影的轮廓素线 $c''c_1''$、$d''d_1''$ 是从左向右看时，圆柱面的最前和最后的两条素线 CC_1、DD_1 的投影，它们在圆柱的 V 投影中也与轴线重合，不必画出。

2）某投影图上的轮廓线是曲面在该投影图上可见部分与不可见部分的分界线。

在图 5-25（b）、（c）中，V 投影图上曲面的可见部分，可根据轮廓素线 AA_1、BB_1 在 H 投影图上的位置来判断，在轮廓素线 AA_1、BB_1 之前的 ACB 半个圆柱面是可见的，而后半个圆柱面 ADB 是不可见的。AA_1、BB_1 即为 V 投影图上可见与不可见的分界线。

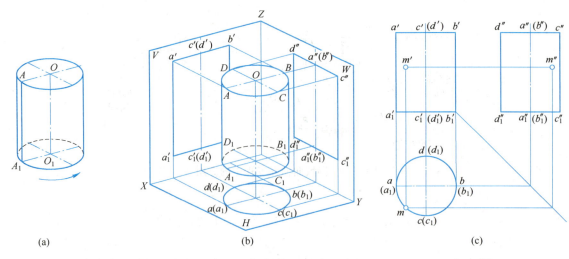

图 5-25 圆柱的形成及投影
(a) 形成；(b) 直观图；(c) 投影图

W 投影图上的可见与不可见的分界线，请读者自行分析。

(4) 圆柱表面取点

如图 5-25（c）所示，设已知圆柱面上一点 M 的 V 投影 m'，求作它的 H 投影 m 和 W 投影 m''。由于圆柱面的 H 投影有积聚性，又因 m' 可见，故 M 点一定位于圆柱面的左前部分，因此，M 点的 H 投影必位于左前圆周上。然后再由 m'、m 求出 m''。

2. 圆锥体

(1) 形成

圆锥体可以看成直角三角形（SAO）绕其一直角边（SO）旋转而成。该直角边是旋转轴，另一直角边（AO）旋转成为垂直于轴的圆面，即圆锥体的底圆，斜边（SA）旋转成为圆锥面，圆锥体表面是由圆锥面和底圆组成。顶点（S）至底面的距离为圆锥的高。

(2) 投影作图

画圆锥体的投影时，首先画出中心线和轴线的各投影（用细点画线画），其次画出投影为圆的投影图，再根据圆锥的高，画出其他两个投影图。

圆锥的三个投影都没有积聚性。当圆锥的轴线垂直于 H 时，圆锥的 H 投影是一个圆，是圆锥面和底圆的重影。圆心为轴和锥顶的 H 投影，半径等于底圆半径。圆锥体的 V、W 投影为大小相同的等腰三角形线框（图 5-26c），此等腰三角形的高等于圆锥的高，底等于圆锥底圆直径。

(3) 分析轮廓素线与曲面的可见性判断

1) 分析轮廓素线：同圆柱面一样，圆锥面的 V 投影和 W 投影的轮廓素线，并非同一对素线的投影；从图 5-26（b）看出圆锥 V 投影的轮廓素线 $s'a'$、$s'b'$ 是圆锥最左、最右的两条素线 SA、SB 的投影，它们在 W 面上的投影与轴线重合；圆锥 W 投影的轮廓素线 $s''c''$、$s''d''$ 是圆锥最前、最后的两条素线 SC、SD 的投影，它们的 V 投影与轴线重合。

2) 曲面的可见性判断

在图 5-26（c）中，V 投影图上曲面的可见部分可根据素线 SA、SB 在 H 投影图上的

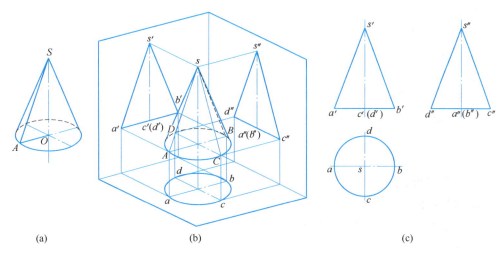

图 5-26 圆锥的形成及投影
(a) 形成；(b) 直观图；(c) 投影图

位置来判断，在素线 SA、SB 之前的半个圆锥面是可见的，而后半个圆锥面是不可见的。SA、SB 为 V 投影图上可见和不可见的分界线。

W 投影图上曲面的可见部分可根据素线 SC、SD 在 H 投影图上的位置来判断，在素线 SC、SD 之左的半个圆锥面是可见的，而右半个圆锥面是不可见的。SC、SD 为 W 投影图上可见与不可见的分界线。

H 投影图上，圆锥面可见，底圆面不可见。

（4）圆锥表面取点

已知圆锥表面上一点 A 的 V 投影 a'，求 a、a''（图 5-27a）。

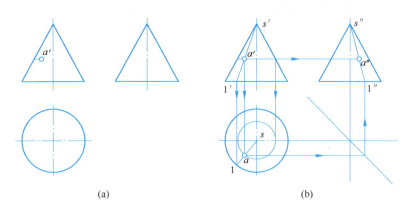

图 5-27 圆锥表面上求点
(a) 已知条件；(b) 求解过程

方法 1：素线法

1) 分析：设想圆锥面是由许多素线组成的，圆锥面上任一点必属于过该点的素线，因此只要求出过该点的素线的投影，即可求出该点的投影。

2) 作图（图 5-27b）：

131

① 过 a' 作素线 SI 的 V 投影 $S'1'$。
② 由 $S'1'$ 求出 $S1$。
③ 由 a' 作铅垂联系线交 $S1$ 于 a，由 a'、a 作出 a''。

方法 2：纬圆法

1) 分析：设想将锥面沿水平方向切成许多圆，每个圆都平行于 H 面，称为纬圆。圆锥面上任一点必属于其高度相同的纬圆，因此只需求出过该点纬圆的投影，即可求出该点的投影。

2) 作图（图 5-27b）：
① 过 a' 作纬圆的 V 投影。
② 画出纬圆的 H 投影。
③ 由 a' 求出 a，由 a' 和 a 求出 a''。

3. 圆球

（1）形成

圆球可以看作一个圆面绕其直径旋转而成，该直径为旋转轴。

（2）投影及轮廓分析

圆球的三个投影图均为大小相等的圆，其直径等于圆球直径，如图 5-28 所示。这三个圆是分别从三个方向投影圆球时所得的形状，也是圆球面上不同圆的投影。H 投影轮廓圆 a 是球面的赤道圆 A 的 H 投影，它的 V 投影 a' 和 W 投影 a'' 都与水平中心线重合，不必画出。V 投影轮廓圆 b' 是平行于 V 面的主子午圆 B 的 V 投影，其 H 投影 b 和 W 投影 b'' 与对应的中心线重合，不必画出。圆球的 W 投影轮廓圆 c'' 是平行于 W 面的侧子午圆 C 的 W 投影，其 V 投影 c' 和 H 投影 c 均与对应的中心线重合，不必画出。这三个轮廓圆分别把球面分成上下、前后、左右半球，在向 H、V、W 面投影时，分别是上半球、前半球和左半球可见，下半球、后半球、右半球不可见。

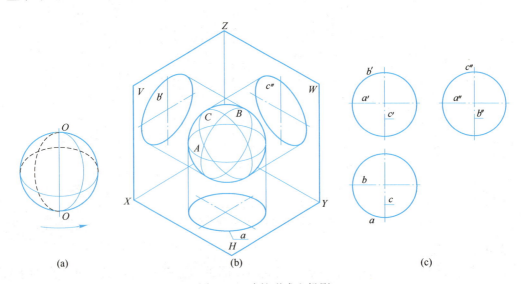

图 5-28 球的形成和投影
(a) 形成；(b) 直观图；(c) 投影图

(3) 圆球表面取点

圆球的三个投影都没有积聚性，球的表面上也没有任何直线，在球表面上取点，利用平行于投影面的辅助圆进行作图较为简便。

已知球面一点 K 的 H 投影 k（可见），求其 V 投影 k' 和 W 投影 k''（图 5-29a）。

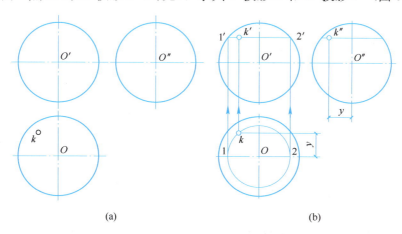

图 5-29 纬圆法求解圆球表面上的点
(a) 已知条件；(b) 求解过程

采用水平圆（纬圆）法作图：

1) 分析：设想将圆球沿水平方向切成许多圆，每个圆都平行于 H 面，称为水平圆（纬圆），球面上任一点必属于距过球心的赤道圆面的距离相同的水平圆，因此只要求出过该点的水平圆的投影即可作出该点的投影。

2) 作图（图 5-29b）：

① 作过 K 点的水平圆的 H、V 投影，即以 O 为圆心，以 Ok 为半径画圆，此圆即水平圆的 H 投影；此圆与水平中心线交得 1、2 点，由 1、2 得 $1'2'$，$1'2'$ 即为此纬圆的 V 投影。

② 因 K 点在此水平圆上，由 k 得 k'。

③ 利用 y 坐标，可由 k，k' 求得 k''。

可见性：由 k 知点 K 属于球面的左、上、后部分，故 k' 不可见，k'' 可见。

4. 圆环

(1) 形成

圆环可以看成是以圆为母线，绕与它共面的圆外直线旋转而成，该直线为旋转轴（图 5-30a）。

离轴线较远的半圆周 ABC 旋转成外环面；离轴线较近的半圆周 ADC 旋转成内环面；当轴线 $OO \perp H$ 面时，上半圆周 BAD 旋转成上环面，下半圆周 BCD 旋转成下环面。属于母线圆，且距离轴线最远的 B 点、最近的 D 点分别旋转成最大、最小纬圆（也称赤道圆、颈圆），它们是上、下半环面的分界线，也是圆环面的 H 面投影轮廓线。母线圆的最高点 A、最低点 C 旋转成最高、最低纬圆，它们是内、外环面的分界线。

(2) 投影作图

如图 5-30（b）所示，首先画出中心线，其次画 V 投影中平行于 V 面的素线圆 $a'b'c'$

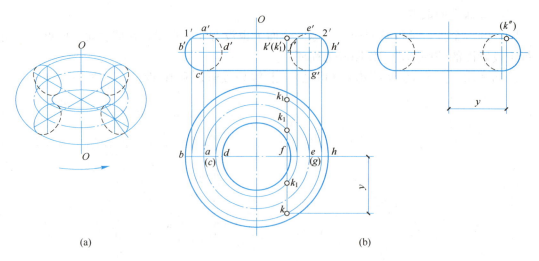

图 5-30 圆环的形成和投影
(a) 形成；(b) 投影

d' 和 $e'f'g'h'$。然后画上下两条轮廓线，它们是内外环面分界处的圆的投影。因圆环的内环面从前面看是不可见的，所以素线圆靠近轴线的一半应该画成虚线（W 投影的画法与 V 投影相似）。最后画出 H 投影中最大、最小轮廓圆和用细点画线画出母线圆心的轨迹圆。

（3）圆环面投影的可见性分析

圆环的 H 投影，内、外环面的上半部都可见，下半部都不可见；V 投影，外环面的前半部可见，外环面的后半部及内环面都不可见；W 投影，外环面的左半部可见，外环面的右半部及内环面都不可见。

（4）圆环表面取点

圆环表面取点，采用纬圆法（图 5-30b）：

1) 已知：属于圆环面的一点 K 的 V 投影 k'（可见），求其余二面投影 k、k''。

2) 作图：由 k' 可见而知点 K 在外环面的前半部。

① 过点 K 作纬圆的 V 投影，即过 k' 作 OX 轴的平行线与外环面最左、最右素线的 V 投影相交得 $1'2'$。

② 以 $1'2'$ 为直径，在 H 面上画圆，此圆即所作纬圆的 H 投影。

③ 点 K 属于此纬圆，因 k' 为可见，故 k 位于此纬圆 H 投影的前半圆上，再由 k'、k 得 k''。

判别可见性：因 k' 可见，且位于轴的右方，故 K 位于外环面的右前上部，因此 k 为可见，k'' 为不可见。

若圆环面的点 K_1 的 V 投影 k_1' 为不可见，且与 k' 重合，其 H 投影有如图 5-30（b）所示的三个位置。

5.2.2 立体上的曲表面

曲面立体有两种形式，一种是由平面与曲面围成的空间几何形体，例如圆柱体、圆锥体及圆台；一种是由曲面与曲面围成的空间几何形体，例如圆球、圆环。

因此，立体上的曲表面即我们在前面学习过的圆柱面、圆锥面、球面及环面等，还有在工程当中经常会遇到的双曲抛物面、切线面等，在此就不再细述了。

5.3 平面与曲面体或曲表面相交

平面和曲面体相交，犹如平面去截割曲面体，所得截交线一般为闭合的平面曲线。求平面与曲面体截交线的实质是如何定属于曲面的截交线的点的问题。其基本方法是采用辅助平面。

1. 对于直线面，辅助平面应通过直素线。如图 5-31（a）中辅助面 R 通过直素线 SM 和 SN，R 交截平面 P 于直线 KL。KL 与 SM、SN 的交点 A 和 B 便是属于截交线的点，作一系列的辅助面，可得属于截交线的一系列的点，将这些点光滑地连成曲线即为平面与曲面体的截交线。此法亦称为素线法。

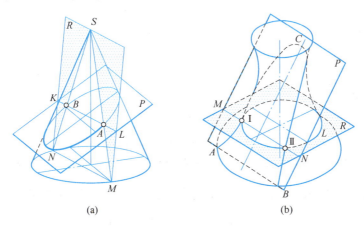

图 5-31　曲面立体的截交线作图分析

2. 凡是回转体，则采用垂直于回转轴的平面为辅助面，如图 5-31（b）中垂直于回转轴的辅助面 R，交回转体于纬圆 L，交截平面 P 于直线 MN。纬圆 L 与 MN 的交点便是属于截交线的点。作一系列的辅助面，可得属于截交线上一系列的点。将这些点依次光滑地连成曲线，即得截平面与回转体的截交线。此法亦称为纬圆法。

注意，选择辅助平面时，应使辅助平面与曲面立体表面的交线是简单易画的圆或直线。

为了较准确而迅速地求出截交线的投影，首先应求出控制截交线形状的点，例如截交线上的最高、最低、最前、最后、最左、最右以及可见性的分界点等等。以上这些统称为特殊点。

5.3.1　平面与圆柱相交

平面截割圆柱，其截交线因截平面与圆柱轴线的相对位置不同而有不同的形状。当截平面平行或通过圆柱轴线时，平面与圆柱面的截交线为两条素线，而平面与圆柱体的截交线是一矩形（图 5-32a）；当截平面与圆柱轴线垂直时，截交线是一个直径与圆柱直径相等的圆周（图 5-32b）；截平面倾斜于圆柱轴线时，截交线为椭圆，该椭圆短轴的长度总是等于圆柱的直径，长轴的长度随着截平面对圆柱轴线的倾角不同而变化（图 5-32c）。

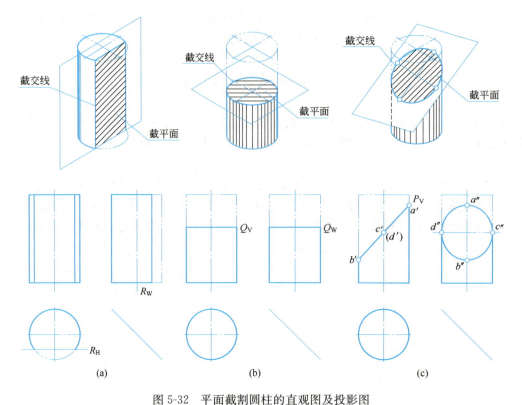

图 5-32 平面截割圆柱的直观图及投影图
（a）平面平行于圆柱轴线；（b）平面垂直于圆柱轴线；（c）平面倾斜于圆柱轴线

【例 5-3】已知圆柱切割体的正面投影和水平投影，补出它的侧面投影（图 5-33a）。

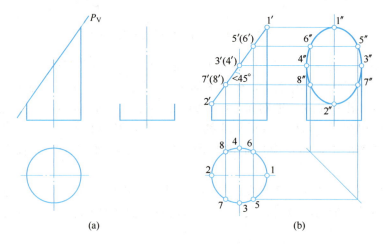

图 5-33 正垂面与圆柱的截交线
（a）已知；（b）解题过程

【解】

（1）分析：圆柱切割体可以看作圆柱被正垂面 P 切割而得。正垂面 P 与圆柱轴线斜交，其截交线为椭圆。椭圆的长轴平行于正立投影面，短轴垂直于正立投影面，椭圆的正面投影与 P_V 重合，其水平投影与圆柱的水平投影重合。所以截交线的两个投影均为已知，可用已知二投影求第三投影的方法，作出截交线的侧面投影。

（2）作图（图 5-33b）：

① 求特殊点：即求椭圆长、短轴的端点Ⅰ、Ⅱ和Ⅲ、Ⅳ。P_V 与圆柱正面投影轮廓素线的交点 $1'$、$2'$ 是椭圆长轴端点Ⅰ、Ⅱ的正面投影；P_V 与圆柱最前、最后素线的正面投影的交点 $3'$、$4'$ 是椭圆短轴端点Ⅲ、Ⅳ的正面投影。由此求出长短轴端点的侧面投影 $1''$、$2''$、$3''$、$4''$。

② 求一般点：为了使作图准确，还需要再求出属于截交线的若干个一般点。例如在截交线正面投影上任取一点 $5'$（图 5-33b），由此求得 V 点的水平投影 5 和侧面投影 $5''$。由于椭圆是对称图形，可作出与 V 点对称的Ⅵ、Ⅶ、Ⅷ点的各投影。

③ 连点：在侧投影上用光滑的曲线依次连接各点，即得截交线的侧面投影。

（3）判别可见性：由图中可知截交线的侧面投影均为可见。

从【例 5-3】可知，截交线椭圆的侧面投影一般仍是椭圆。椭圆长、短轴在侧立投影面上的投影仍为椭圆投影的长、短轴。当截平面与圆柱轴线的夹角 α 小于 45°（图 5-33），椭圆长轴的投影，仍为椭圆侧面投影的长轴。而当夹角 α 大于 45°时，椭圆长轴的投影，变为椭圆侧面投影的短轴。当 $\alpha = 45°$ 时，椭圆长轴的投影等于短轴的投影，则椭圆的侧面投影成为一个与圆柱底圆等大的圆。读者可自行作图。

5.3.2 平面和圆锥相交

当平面截割圆锥时，由于截平面与圆锥的相对位置不同，其截交线有以下五种形状：

（1）当截平面过锥顶时，截平面与圆锥面的截交线为两条直素线，而截平面与圆锥体的截交线是一个过锥顶的三角形（图 5-34a）。

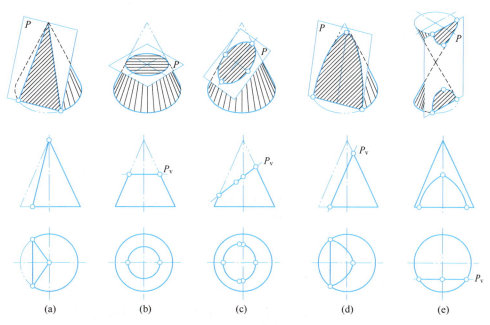

图 5-34 平面截割圆锥
(a) 截平面过锥顶（三角形）；(b) 截平面垂直于圆锥轴线（纬圆）；(c) 截平面与圆锥面上所有素线相交（椭圆）；(d) 截平面平行圆锥上一条素线（抛物线）；(e) 截平面平行圆锥上两条素线（双曲线）

(2) 当截平面垂直于圆锥的回转轴时，其截交线是一个纬圆（图 5-34b）。

(3) 当截平面倾斜于圆锥的回转轴线，并与圆锥面上所有素线均相交时，其截交线为椭圆（图 5-34c）。

(4) 当截平面倾斜于圆锥的回转轴线，并平行于圆锥面上的一条素线时，其截交线为抛物线（图 5-34d）。

(5) 当截平面平行于圆锥面上的两条素线时，其截交线为双曲线（图5-34e）。

平面与圆锥相交所得的截交线圆、椭圆、抛物线和双曲线，统称为圆锥曲线。当截平面与投影面倾斜时，椭圆、抛物线、双曲线的投影，一般仍分别为椭圆、抛物线和双曲线，但有变形。

作圆锥曲线的投影，实际上是属于锥面取点的问题。不论它是什么圆锥曲线，作图方法都相同。即可用素线法或纬圆法或二者并用，求出截交线上若干点的投影，然后依次连接起来即可。

【例 5-4】作正垂面 P 与圆锥的截交线和截断面实形（图 5-35a）。

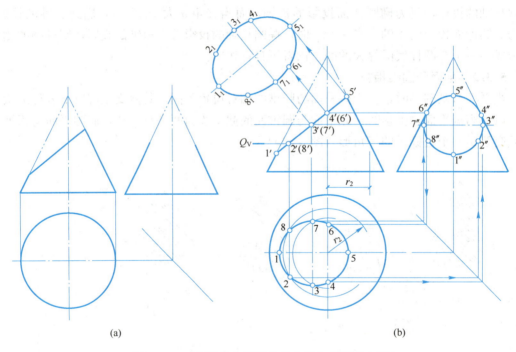

图 5-35　正垂面 P 与圆锥的截交线和截断面实形
(a) 题目；(b) 解题过程

【解】

(1) 分析：因截平面 P 与圆锥轴线倾斜，并与所有素线相交，故截交线是一个椭圆。它的长轴平行于正立投影面，短轴垂直于正立投影面，并垂直平分长轴。椭圆的正面投影积聚在 P_V 上。又因截平面 P 倾斜于水平投影面，椭圆的水平投影仍为椭圆，但不反映实形，椭圆长、短轴的水平投影仍为椭圆投影的长、短轴。本例以纬圆法作图。

(2) 作图：

① 求特殊点：在正面投影中，P_V 与圆锥正面投影轮廓素线的交点即为椭圆长轴ⅠⅤ

两端点的正投影 $1'$ 和 $5'$，由此向下引铅垂线得Ⅰ、Ⅴ的水平投影 1、5；线段 $1'5'$ 的中点 $3'$（$7'$）是椭圆短轴ⅢⅦ的两端点的正面投影，过ⅢⅦ作纬圆，即可求出ⅢⅦ的水平投影 37；P_V 与圆锥最前、最后素线的正面投影的交点 $4'$（$6'$）是圆锥面的最前、最后素线与 P 面的交点Ⅳ（Ⅵ）的正面投影，用纬圆法作出其水平投影 4、6（图 5-35b）。

② 用纬圆法求一般点Ⅱ、Ⅷ的水平投影 2、8（图 5-35b）。

③ 在水平投影中，用光滑的曲线依次连接 1—2—3—4—5—6—7—8—1 各点，便得椭圆的水平投影（图 5-35b）。

④ 用换面法作出长、短轴端点Ⅰ、Ⅴ、Ⅲ、Ⅶ和中间点Ⅳ、Ⅵ、Ⅱ、Ⅷ等点的新投影，画出的椭圆即截断面的实形（图 5-35b）。

5.3.3 平面和圆球相交

平面截割圆球体，不管截平面处在何种位置，截交线的空间形状总是圆。截平面距球心越近，截得的圆就越大，截平面通过球心，截出的圆为最大的圆。当截平面平行于投影面时，截交线圆在该投影面上的投影，反映圆的实形；当截平面倾斜于投影面时，其投影为椭圆。

图 5-36 分别表示水平面 P、正平面 Q、侧平面 R 与圆体截交所得投影的作法。从图中可以看出，在截平面所平行的投影面上截交线圆的投影反映实形，其半径等于空间圆的半径，其余两个投影积聚成直线段，并分别平行于对应的投影轴，直线段的长度等于空间圆直径。

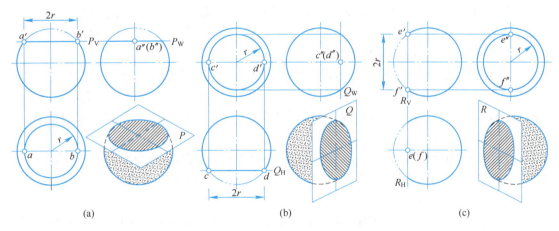

图 5-36　与投影面平行的平面截割球体
(a) 水平面；(b) 正平面；(c) 侧平面

【例 5-5】作铅垂面 S 与圆球的截交线的投影和截断面实形（图 5-37a）。

【解】

(1) 分析：截平面 S 为一铅垂面，截交线圆的水平投影积聚在属于 S_H 的一段直线上，其长度等于截交线圆的直径；截交线圆的正面投影和侧面投影变为椭圆。画这两个椭圆时，可分别求出它们的长、短轴后作出。

(2) 作图（图 5-37b）：

① 取截交线圆的一直径ⅢⅦ∥H，则ⅢⅦ的水平投影为截平面 S_H 与圆球水平投影轮廓线的交点 3、7，37 等于截交线圆的直径。由 37 即可得 $3'$、$7'$ 和 $3''$、$7''$，它们分别在圆球的赤道圆

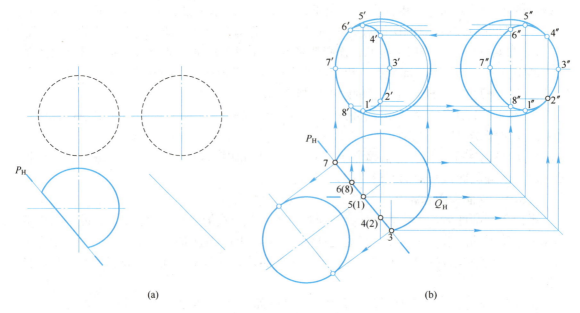

图 5-37 铅垂面截割球体并求截面实形
(a) 题目；(b) 解题过程

的正面投影和侧面投影上（与水平中心线重合）。

② 取截交线圆的另一直径Ⅰ Ⅴ⊥Ⅲ Ⅶ，则Ⅰ Ⅴ为铅垂线。Ⅰ Ⅴ的水平投影 15 积聚在 37 的中点，$1'5'=1''5''=$截交线圆直径 37。于是 $1'5'$、$3'7'$和 $1''5''$、$3''7''$分别是截交线圆的正面投影和侧面投影椭圆的长、短轴。

③ 作截平面 S 与圆球的正面投影轮廓线的交点Ⅵ、Ⅷ的各投影。水平投影中，S_H与主子午圆水平投影（水平中心线）的交点便是 6（8）。由 6（8）引铅垂线与圆球正面轮廓线相交，即得 $6'$、$8'$；再由 6（8）和 $6'8'$即可求得 $6''8''$。$6'8'$是截交线圆正面投影椭圆的可见与不可见的分界点。

④ 还可以作正平面为辅助面，求出截交线圆的更多点的正、侧面投影。将这些点依次连接为椭圆或由长轴 $1'5'$、$1''5''$和短轴 $3'7'$、$3''7''$分别作椭圆，而得截交线圆的正面和侧面投影。

(3) 判别可见性：对于正面投影，由于截交线圆Ⅵ Ⅶ Ⅷ属于后半球面，为不可见，理论上 $6'7'8'$应画为虚线，但是由于球体左边部分已经被切掉，故截交线圆Ⅵ Ⅶ Ⅷ露出来了，所有应为实线。对于侧面投影，由于截交线圆都属于左半球面，故椭圆 $1''3''5''7''$都是实线（图 5-37b）。

(4) 截断面的实形为圆，圆的直径等于 37 或 $1'5'$（图 5-37b）。

【例 5-6】已知半球体被切割后的正面投影，求半球体被切割后的水平投影和侧投影（图 5-38a）。

【解】

分析：从正面投影可以看出半球体的缺口是被左右对称的两侧平面和水平面所截割而成。

由水平面截得的截交线的水平投影反映圆弧实形，在 V 面投影中量取半径 r_1，在 H

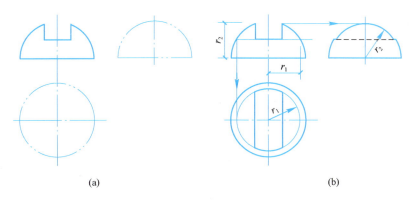

图 5-38 平面截割半球体
(a) 题目；(b) 求解过程

面上画出水平纬圆。

由侧平面截得的截交线的侧面投影反映圆弧的实形，因此在 V 面投影中量取半径 r_2，在 W 面画出侧平纬圆。

最后判别可见性，求得的正确图解如图 5-38（b）所示。

5.4 曲面立体的轴测图画法

5.4.1 曲面体的正等测轴测投影

平行于坐标面的圆的正等测画法。以水平圆为例，说明其正等测投影为椭圆的常用两种画法：

（1）坐标法

如图 5-39 所示，图（a）为水平圆的 H 面投影，其轴测投影的作图步骤如下：

① 在圆的投影图中定坐标系并确定出若干点，如图 5-39（a）所示；
② 按圆上各点的坐标，作出它们的正等测投影，如图 5-39（b）所示；
③ 依次光滑连成椭圆，即获得圆的正等测投影，如图 5-39（c）所示。

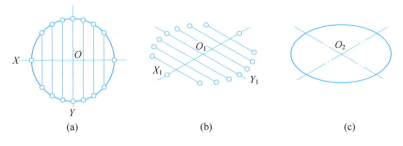

图 5-39 坐标法画圆的正等测图
(a) 正投影圆；(b) 作图过程；(c) 作图结果

此法适用于作各坐标面上圆的各种轴测投影，也适合作一切平面曲线或空间曲线的轴测投影。

（2）四心近似法

如图 5-40（a）所示为水平圆的 H 面投影，用四心近似法作圆的正等测投影——椭圆，其步骤如下：

① 在圆的 H 投影中确定坐标轴 X、Y。它们与圆相交于 1、2、3、4 点，过这四点作圆的外切正方形 $abcd$，如图 5-40（a）所示。

作轴测轴 X_1、Y_1，并相应作出 1、2、3、4 点及正方形 $abcd$ 的正等测投影：1_1、2_1、3_1、4_1 及 $a_1b_1c_1d_1$（为菱形），如图 5-40（b）所示。

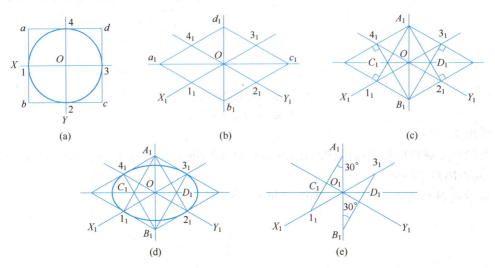

图 5-40 平行于坐标面的圆的正等测图——近似椭圆的画法
(a) 定坐标轴；(b) 外接正方形的正等测投影；(c) 求出四个圆心；
(d) 分别画出四段圆弧形成椭圆；(e) 不作外接正方形的作图方法

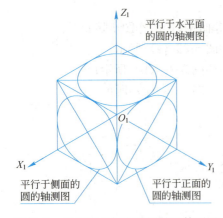

图 5-41 平行于坐标面的圆的正等测图

② 过切点 1_1、2_1、3_1、4_1 作菱形 $a_1b_1c_1d_1$ 各边垂线，四条垂线与对角线的交点即获得四个圆心 A_1、B_1、C_1、D_1，如图 5-40（c）所示。

③ 分别以这四个点为圆心，以到切点的距离为半径，可作四段圆弧。每段圆弧两两相交于切点，如图 5-40（d）所示。

在实际作图时，还可不画出外切正方形的轴测投影（即菱形），用过 1_1、3_1 作与竖直方向呈 30°的直线的方法，也可求出四个圆心，如图 5-40（e）所示。

图 5-41 所示为处于各坐标面圆的正等测投影，每个面上的椭圆均采用图 5-40 的作图方法画出。要注意的是：水平圆的正等测投影——椭圆的长轴垂直于 O_1Z_1 轴；正平圆的正等测投影——椭圆的长轴垂直于 O_1Y_1 轴；侧平圆的正等测投影——椭圆的长轴垂直于 O_1X_1 轴。

【例 5-7】 画出图 5-42 所示圆台的正等测图。

【解】 根据轴测图的画图步骤如下：

① 定出圆锥台的坐标轴，如图 5-42（a）所示；

② 画出轴测轴，由坐标关系，用四心近似法画出上、下底圆的正等测投影——椭圆，

作上、下椭圆的公切线（注意：此公切线不是该锥台的最左、最右轮廓线的轴测投影），如图 5-42（c）所示；

③ 检查无误，擦去多余图线，加粗可见图线，即完成圆锥台的正等测投影，如图 5-42（d)所示。

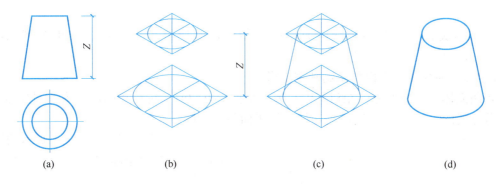

图 5-42 圆台的正等测画法
（a）题目；（b）画上下圆的正等测图；（c）画圆锥台的轮廓线；（d）作图结果

对于由基本体切割后得到的物体，可先画出基本体的轴测投影，再在轴测投影中把应去掉的部分切去，这就是轴测图的切割画法，具体作图方法见下面的例题。

【例 5-8】画出图 5-43 所示带切口的圆柱体的正等测图。

【解】

分析：该物体为一个圆柱体被两个水平面及一个侧平面切割以后产生。

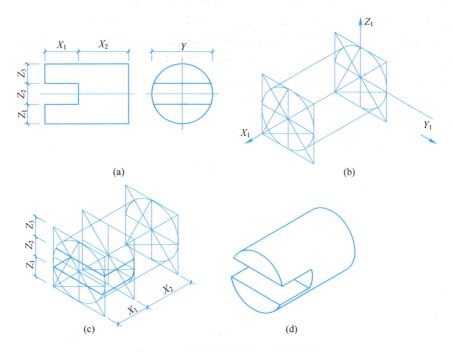

图 5-43 圆柱截割体的正等测投影
（a）题目；（b）画圆柱的正等测；（c）画缺口的正等测；（d）作图结果

143

作图：
① 确定坐标轴，由坐标关系，确定切口坐标值，如图 5-43（a）所示；
② 确定轴测轴，画出没切割前圆柱的轴测投影，如图 5-43（b）所示；
③ 以切口坐标值逐一求出每一截切平面产生的截交线的轴测投影，如图 5-43（c）所示；
④ 检查无误，擦去多余线，加粗可见图线，即获得带切口圆柱的正等测图，如图 5-43（d）所示。

5.4.2 曲面体的正面斜二测轴测投影

当曲面体中圆线的方向相对集中在某一个投影方向时，选用正面斜二测轴测投影画图是十分方便的，如图 5-44 所示为花格窗的正面斜二测图。

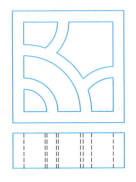

图 5-44　花格窗的正面斜二测轴测图

【例 5-9】画出如图 5-45 所示的圆柱体的正面斜二测轴测投影。

【解】
分析：该形体的圆线都是平行于 V 面的圆线，因此它们的正面斜二测投影是不发生变化的，只是作斜轴 Y_1 分方向的轴测投影时，要减半尺寸画出。

作图：① 画出正面斜二测轴测轴及外圆柱体的正面斜二测投影，如图 5-45（b）所示；
② 画出该圆柱体前后两端面圆孔的斜二测轴测投影，如图 5-45（c）所示；
③ 画出台阶圆孔的正面斜二测轴测投影，如图 5-45（d）所示；
④ 整理图线，加粗结果得该形体的正面斜二测轴测投影，如图 5-45（e）所示。

将图 5-45（e）与（f）作比较，不难看出，当形体中的圆线集中在某一投影方向时，斜二测轴测投影作图比正等测作图有很大的优势。同时该形体的空孔效果在正面斜二测图中明显一些。同理，也可以把圆线或者曲线集中在侧投影方向和集中在水平投影方向的形体，画成侧面斜二测投影图及水平斜等测投影图。画图的方法及步骤同上述例题。

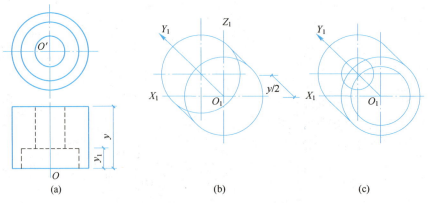

图 5-45　圆柱体的正面斜二测画法（一）
（a）正投影图；(b) 画外圆柱的正面斜二测投影；(c) 前后圆孔的正面斜二测投影

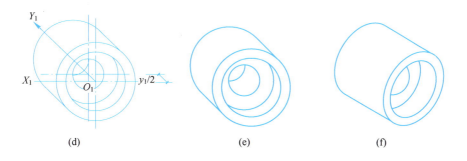

图 5-45 圆柱体的正面斜二测画法(二)
(d) 画出台阶圆孔的正面斜二测投影;(e) 完成后的正面斜二测图;(f) 同一形体的正等测图表达

小 结

(1) 曲线的形成及分类。
(2) 曲线的投影。
(3) 圆的投影。
(4) 圆柱螺旋线的投影。
(5) 曲面的形成及其分类。
(6) 直线回转面和曲线回转面的类型。
(7) 非回转直线曲面的种类及其应用。
(8) 基本曲面的立体的投影及分类。
(9) 平面与曲面立体相交求解截交线的基本方法。
(10) 平面与圆柱体相交。
(11) 平面与圆锥体相交。
(12) 平面与球体相交。
(13) 曲面体的正等测轴测投影。
(14) 曲面体的斜二测轴测投影。

复习思考题

5.1 曲线的形成有哪些方法?其投影如何表达?
5.2 曲线的投影性质是什么?
5.3 如何求解圆的投影?
5.4 圆柱螺旋线的投影如何求解?螺旋线的展开如何表达?
5.5 曲面的种类有哪些?怎样形成不同的曲面?
5.6 直线回转面有哪些?曲线回转面有哪些?
5.7 非回转直线屋面有哪些种类?
5.8 柱面的形成及投影表示是怎样的?在实际工程中如何应用?
5.9 锥面的形成及投影表示是怎样的?在实际工程中如何应用?
5.10 柱状面的形成及投影表示是怎样的?在实际工程中如何应用?
5.11 双曲抛物面的形成及投影表示是怎样的?在实际工程中如何应用?

5.12 旋转单叶双曲面的形成及投影表示是怎样的？在实际工程中如何应用？

5.13 螺旋面的形成及投影表示是怎样的？在实际工程中如何应用？

5.14 柱面的形成及投影表示是怎样的？在实际工程中如何应用？

5.15 怎样画螺旋楼梯？

5.16 曲面立体的基本体有哪些？其投影如何表示？

5.17 平面与曲面立体相交求解截交线的基本方法是什么？

5.18 平面与圆柱相交有哪些类型？截交线如何求解？

5.19 平面与圆锥相交有哪些类型？截交线如何求解？

5.20 平面与球体相交有哪些类型？截交线如何求解？

5.21 曲面立体的正等测投影画法要点是什么？

5.22 圆的正等测画法有哪些？请举例说明。

5.23 曲面立体的斜二测轴测图画法是什么？其要点是什么？

5.24 如何选择曲面立体的轴测图画法？

第6章 组 合 体

本章知识点

本章主要介绍组合体的基本概念：组合体的定义、组合方式，组合体的视图及其画法，组合体的尺寸标注，读组合体视图等。重点掌握绘制和阅读组合体视图的方法和技巧，难点是组合体视图的阅读。

6.1 组合体视图画法

组合体是由基本立体（包括基本平面立体如棱柱、棱锥以及基本曲面立体如圆柱、圆锥、圆环、球体等）按照一定构型方式组合而成的立体。

6.1.1 组合体的组合方式

（1）相加

组合体由基本立体简单叠加或相交（前述的相贯）而成，如图 6-1（a）所示。

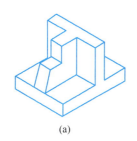
(a)
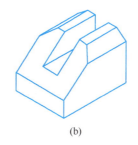
(b)
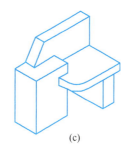
(c)

图 6-1 组合体的组合方式

（2）相减

组合体由基本立体经切割而成，如图 6-1（b）所示。

（3）综合

综合利用相加与相减的方式可以组合成千变万化的组合体，如图 6-1（c）所示。

6.1.2 组合体的视图

（1）基本视图

组合体的投影同基本形体以及几何点、线、面的投影一样，都是将对象置于三面投影面体系中进行正投影。所不同的是，以前我们把几何点、线、面、体正投影所得到的图形叫做投影，而现在，用正投影方法绘制的形体的某个投影叫做"视图"。基本视图是形体向基本投影面投射所得的图形。具体而言，把组合体的 V 面投影称为"主视图"（A）；H 面投影称为"俯视图"（B）；W 面投影则称为"左侧视图"（简称左视图）（C）。这三个视图，就是工程界使用最多的所谓"三视图"。组合体的"视图"三面投影面体系中的

"投影"有两点不同,其一是表达的对象不同;其二是称谓不同,其余如投影规律、方位关系等完全相同。

在工程实践中,仅用三视图难以清楚地表达复杂的工程对象,此时,在原有的三面投影体系基础上,再加上三个与原有的三个投影面平行的投影面来帮助清楚地表达工程对象,如图 6-2(c)所示,构成六面体方箱的投影体系,六面体的六个面为基本投影面,将形体置于其中进行投影,按照图 6-2(d)所示的展开方式将投影展开,得到六个基本视图。除前面已介绍的主、俯、左三个视图外,另三个视图分别为:右视图——由右向左投射所得的视图;仰视图——由下向上投射所得的视图;后视图——由后向前投射所得的视图,如图 6-2(e)所示。

(2)向视图

显然,图 6-2(e)中视图的布置不够紧凑,在保持原有的三个视图不变的情况下,重新安排新增的三个视图的位置,如图 6-3(a)所示。这种根据需要自由配置的视图,称为向视图。按照制图规范规定,根据不同专业的需要,只允许从以下两种表达方式中选择一种:

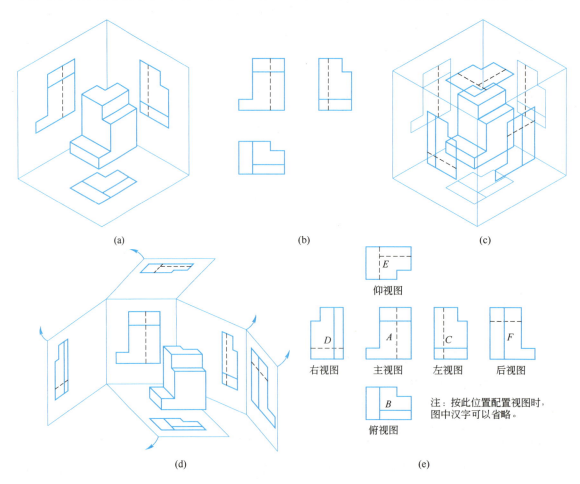

图 6-2 组合体的视图
(a)三投影面体系中的组合体;(b)组合体的三视图;(c)增加三个投影面;
(d)投影面的展开方式;(e)组合体的六个基本视图

① 在向视图的下方标注图名，标注图名的各视图的位置，可根据需要和可能，按相应规则布置。这种方式多用于建筑类的专业图中（图 6-3a）。

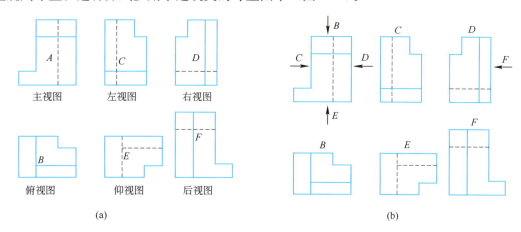

图 6-3 向视图
(a) 基本视图合理布置方式之一；(b) 基本视图合理布置方式之二

② 在向视图的上方标注大写拉丁字母，在相应的视图附近用箭头指明投射方向并标注相同的拉丁字母（图 6-3b），这种表示方法，多见于机械等工程图中。

（3）局部视图

局部视图是将物体的局部向基本投影面投射所得的视图。当形体的主体形状已由一组视图表达清楚，但仍有部分结构需要表达，且没有必要画出完整的基本视图时，可采用局部视图。局部视图既可按基本视图的形式配置（图 6-4b），也可按"向视图"的配置形式配置（图 6-4c）。

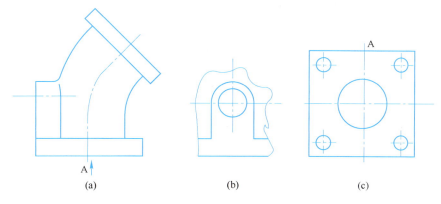

图 6-4 局部视图

（4）斜视图

斜视图是将组合体上局部不平行于基本投影面的部分，向该局部所平行的辅助投影面上投射所形成的投影。这个投影绕辅助投影面与原视图基本投影面的交线旋转展开后即形成斜视图（成图原理同换面法）（图 6-5a）。必要时允许将倾斜的斜视图旋转到正常状态（图 6-5b）但应标注旋转符号，旋转符号的画法见图 6-5（c），表示该视图名称的大写字母应靠近旋转符号的箭头端，需要时，还可以把旋转的角度标注在字母之后。

6.1.3 组合体视图的画法

按照制图规范要求,在能够完整、清晰地表达组合体形状的前提下,图形的数量越少越好。

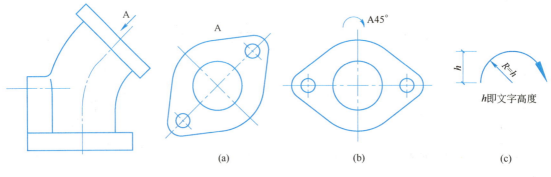

图 6-5 斜视图

(1) 形体分析

分析组合体的形成方法,叫做形体分析。形体分析的内容包括:假想将组合体分解成若干个基本体,分析它们的形状、相对位置和组合形式,以及表面之间的连接方式。所以,对一个组合体进行形体分析,主要从以下三方面分析:首先,分析形体是由什么基本形体组成的;其次,看看具体的组成方式,是叠加、切割还是综合;最后,分析各组成部分之间的相对位置关系及表面的交接关系。以图 6-6 为例,该组合体显然是由 A、B、C 三个长方体经简单叠加而成,其中,B、C 二体左右叠加并共同位于 A 体之上,B 体的前后位置相对于 A 体居中,而 C 体的前后位置则以 1、2 两表面共面为准。至于 B、C 二体相对于 A 体的左右关系,图中也已定性表示,至于定量表示的问题,则可以通过标注尺寸来解决。注意图中画圈的部分,组合体一经形成,便是一个"生长"在一起的整体,所以,组合时共面的 1、2 两表面,现在就融合成同一个表面,其间当然就没有交线了。

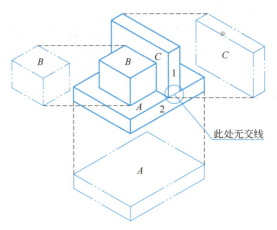

图 6-6 相加而成的组合体

再看图 6-7 所示形体,就是在一个完整的长方体的基础上,分别切割掉左上方的三棱柱、前上及后上方的两个小三棱柱、中间的四棱柱而成。

而图 6-8 所示形体,则可以用两种不同的思路去分析。思路一,我们可以把形体分解成前后对称的 A、B 部分及中间的长方体 C (图 6-8a),其中的 A 或 B 又可以进一步分解成 1、2、3 三个长方体,最后在 2 和 3 上分别切割掉一个小三棱柱即成(图 6-8b)。注意,图中画圈处仍然没有交线。思路二,在图 6-8 (c) 所示形体的基础上,在形体右上方先叠加一个长方体 1,然后用一个正垂面切割掉三棱柱 2,用水平面和侧平面加上两个正平面组合切割掉形体 3,最后用两个铅锤面切割掉左端前后对称的小三棱柱即成。

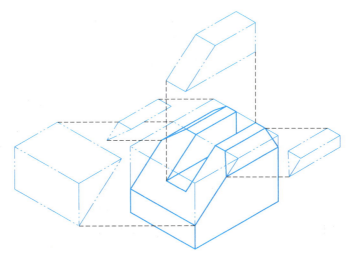

图 6-7 相减而成的组合体

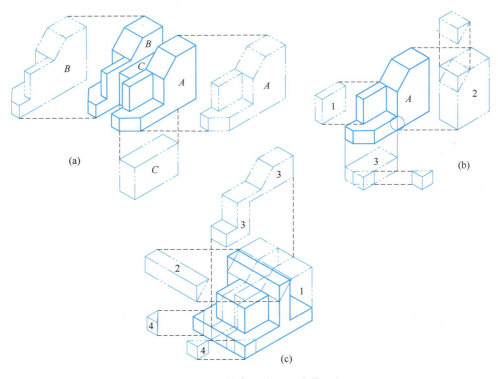

图 6-8 综合而成的组合体

由此可见,形体的空间形态是唯一的,但是形体组成的分析思路却可以不一样。无论采用什么样的思路,只要最终能够透彻地理解进而正确地表达形体即可。

形体分析只是在想象中把组合体分解成基本形体,其目的是把我们已经熟知的基本形体的投影结果利用起来从而形成组合体的投影,而实际上,组合体始终是一个整体。所以,其表面的各种交线,必须利用投影法的基本知识去正确判断(图 6-9)。

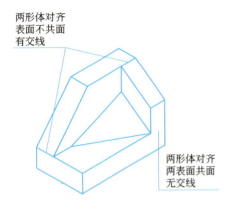

图 6-9 组合体表面的交线

（2）投影选择

正确地分析形体，是正确表达形体的前提；而合理地选择投影，则是合理表达形体的关键。按照国家制图规范规定，在考虑投影时，应兼顾以下几方面的问题：

① 尽量将包含物体几何信息量最多的视图作为主视图；

② 在正确、完整表达形体的前提下，图形数量越少越好；

③ 尽量避免出现虚线；

④ 避免不必要的细节重复。

因此，我们在选择投影时，主要包括选择形体的安放位置、主视图的投影方向以及确定视图的数量。

① 确定安放位置

所谓确定安放位置，主要指如何确定组合体的上下关系，或者说，组合体三个坐标表面中的哪一个放置成水平面更合理。对于有明确功能作用的工程对象，往往取它们的工作位置或加工位置或安装位置（图 6-10，相同形体的不同安放位置，暗示着形体的用途不同）。

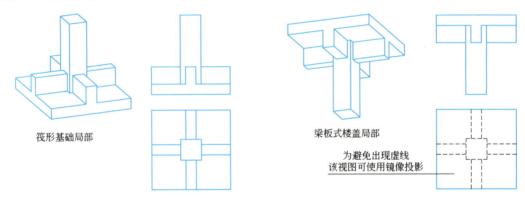

图 6-10 不同安放位置的相同形体

图 6-10 右图中，俯视图中出现了许多虚线，这是规范所忌讳的，在不至于引起误解的情况下，当然也可以使用，但最好采用其他更合理的投影方式，如镜像投影（图 6-11）。镜

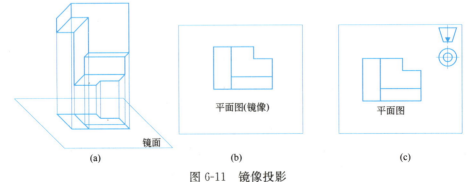

图 6-11 镜像投影

像投影是物体镜面虚像的正投影,这种投影图使用时,必须在图名后注明镜像二字(图 6-11b)或者在投影图附近画上镜像投影的识别符号(图 6-11c)。

对于抽象组合体,则可以考虑以安放稳定、图面紧凑、避免虚线、视觉感受合理等作为确定安放位置的考虑因素。此外,组合体的各主要表面应尽量平行于投影面以便制图和反映实形这一基本要求,切不可忘记。

② 主视图的选择

安放位置确定以后,俯视图(包括仰视图)也就基本确定了,剩下的问题是,其余的四个投影,哪一个作为主视图更为合理?一旦安放位置和主视图确定,也就等于物体的三个坐标面与三投影面体系中三个投影面的对应关系已经确定,其他所有视图自然相应确定,它们与主视图的对应投影关系是不会也不能改变的。在图 6-12(a)中,物体的安放位置已经确定,因此图中的上(E)下(F)两个投影方向,只能分别用作俯视图和仰视图的投影方向(图 6-12b),其余四个投影方向投影所得视图,理论上都可以作为主视图,与每一个"主视图"对应的三视图如图 6-13 所示。显然只有 C 投影方向的视图作为主视图才是最合理的(主视图信息量大、虚线最少、占用图纸少,如图 6-13d 所示)。

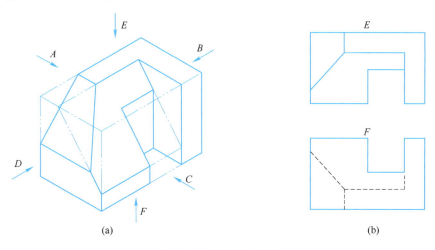

图 6-12　主视图的选择

③ 确定视图数量

如何用最少的视图数去清楚地表达组合体,这是绘图的一种境界。任何一个形体的任意两个视图,已经包含了形体所有构成要素的所有空间坐标信息,而这些坐标信息的体现,又是依赖于形状表达的。也就是说,对于某些特殊形体而言,必须要有"特征投影"才能明确所有构成要素的所有空间坐标信息以及形体的形状。

如图 6-14 所示的(a)、(b)两个形体,分别要用主、俯视图和主侧视图来表示,而如果将二者组合,则需要用三视图才能表示清楚。这就是表达这个形体(图 6-14c)的最少视图数量。可见,表达组合体的视图数量,由表达组成这个组合体的每一基本形体的视图数量的并集来确定。

(3)绘图步骤

① 确定比例及图幅

在实际工作中,绘制工程对象的视图时,首先要做的,就是要根据对象的大小,确定

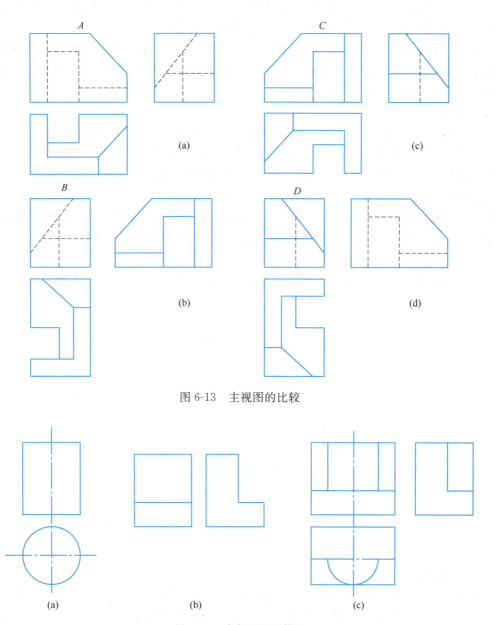

图 6-13 主视图的比较

图 6-14 确定视图的数量

用多大的比例和使用多大的图纸。比例大小及图纸大小（即图纸幅面大小，简称图幅）选择的基本原则是：在能够清楚表达对象并注写必要的尺寸、符号和文字的前提下，图幅及比例都应该尽量取偏小的。比例小，图幅才可能小；图幅小，施工现场阅读图纸才方便。但比例过小，势必导致表达不清，因此，比例选择需适当。

绘图时可以先确定图幅，再根据对象的几何尺寸及图幅尺寸，并考虑视图数量、视图间距、标注尺寸、注写文字及符号等所需要的图纸空间，经简单计算即可确定所需比例（应在规范的比例数列里选取相近的）。也可以先确定比例，然后根据对象的几何尺寸并考虑视图数量、视图间距、标注尺寸、注写文字及符号等所需要的图纸空间，经简单计算即可确定所需图幅的大小。这种计算，也就是下文所说的图面布置。

② 画底稿

图纸正确贴在图板上，用工具绘制出图框及标题栏底稿后，即可开始绘制组合体各视图的底稿线。

我们在图纸的水平方向或竖直方向上画出的第一条底稿线可以叫做"基准线"，这些基准线一旦画出，视图在图纸上的位置就固定不变了，所以，要画的"第一条"线必须经过图面布置计算来确定。

基准一经确定，接下来就可以正式画各个视图的底稿了。画图的顺序既可以是各视图同时展开，也可以各个击破。以图 6-15 为例，这个形体我们已非常熟悉，前文也对它做了形体分析，它由 A、B、C 三部分组成，所谓各视图同时展开，也就是说，在画 A 的视图时，可以同时将它的各视图都画出来，然后再把 B 的各视图也同步画出，然后是 C，并最终完成全图。而所谓各个击破，则是指在画某一个视图时，同时把组成这个形体的所有对象都画出来，如图 6-16 所示。

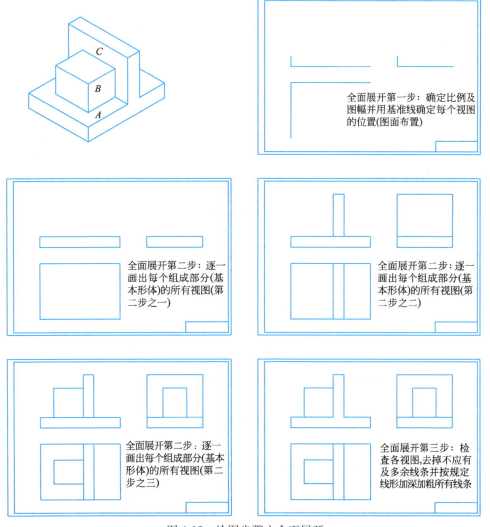

图 6-15　绘图步骤之全面展开

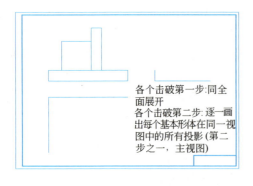
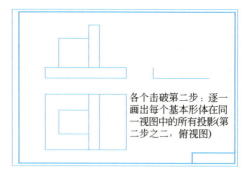
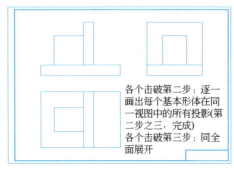

图 6-16　绘图步骤之各个击破

另外，绘图时，还应该兼顾主次、大小、可见性等关系。

底稿完成后，要仔细检查并整理线条。检查的重点是那些因为共面或者进入了"体内"而应该"消失"的原有交线或轮廓线等。

③ 加深线条

各种不同的线条，按相应的规定加深加粗。请注意保证线条的质量。

④ 文字及收尾

图形绘制完成后，还应检查一遍，确认无误后，方可标注尺寸；绘制各种必要的符号；书写各种说明文字及图名，填写标题栏等；最后全面检查一遍，完成全图，取下或裁下图纸。

6.2　组合体视图的尺寸标注

组合体的形状用视图表达，而组合体的大小则由尺寸确定，这二者是工程图纸中最基本的两方面内容。

组合体的尺寸是需要从三维的角度来加以考虑并标注的。这里的三维是通过长宽高或 XYZ 三个方向的尺寸来体现的。

组合体的尺寸分为三种：定形尺寸、定位尺寸、总尺寸。定形尺寸：确定组成组合体的各基本形体形状大小的尺寸叫定形尺寸；定位尺寸：确定组成组合体的各基本形体或截平面彼此之间或部分与整体或与基准线（面）之间相对位置或距离的尺寸叫定位尺寸；总尺寸：组合体总的三维最大尺寸叫总尺寸。这三种尺寸很多时候没有明确区别，可以相互取代。要标注组合体的尺寸，首先要熟悉基本形体的尺寸，尤其是带有缺口的基本形体的尺寸标注。

6.2.1 基本形体的尺寸标注

基本形体中的平面立体，一般需要标注三个甚至以上的尺寸，而基本形体中的曲面立体，因为可以使用特定符号说明形体的形状，所需视图及尺寸数反而更少（图 6-17 中，具体的尺寸数字省略）。请注意，基本形体的这些尺寸，就是所谓的定形尺寸，多数也是它们的总体尺寸。

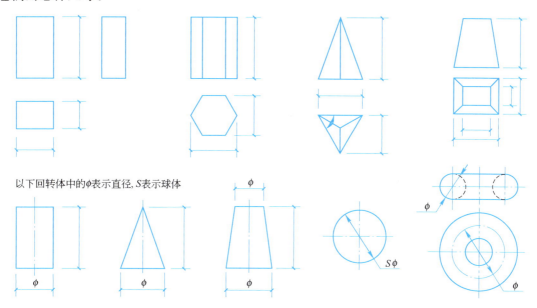

图 6-17 基本形体的尺寸标注

6.2.2 基本形体切割后的尺寸标注

当基本形体带有切口时，除了基本形体自身的定形尺寸外，还应标注出切口的定形及定位尺寸。标注时应注意，这些尺寸多数时候体现为截平面的定位问题，当形体一定时，只要标注出这些截平面的定位尺寸，则无论是截交线的形状还是位置都会自然形成，一般不应该再给这些截交线标注尺寸（图 6-18 中带 * 号的尺寸，都是不应该标注的尺寸）。

6.2.3 组合体的尺寸标注

熟悉并理解了基本形体及带切口基本立体的尺寸标注，组合体的尺寸标注就容易理解了。把组成组合体的每个基本形体的定形尺寸标注完整，再把所有基本形体相互之间的位置关系用定位尺寸标注清楚，最后再把组合体的总体尺寸标注出来就可以了。标注的具体步骤，需要综合考虑各种尺寸的布置要求。图 6-19 中，X 代表定形尺寸；W 代表定位尺寸；Z 代表总体尺寸。

在标注定位尺寸时，首先需要在组合体不同的坐标方向或者说长宽高方向分别选定基准，即确定标注组合体不同组成部分之间相对位置尺寸的参照点或起点，一般可选择物体上平行于投影面的主要坐标表面、对称面（线）或者回转体的中心轴线（图 6-18）作为相应方向的定位尺寸基准（图 6-19）。

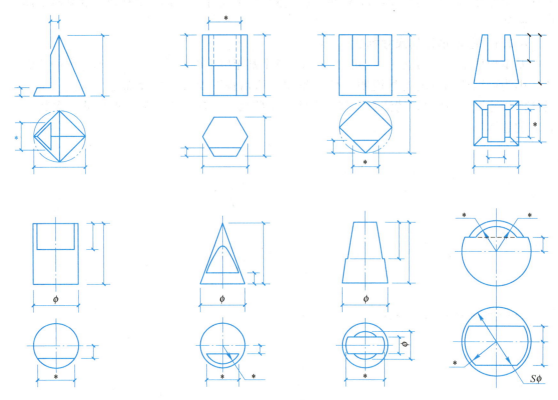

图 6-18 带切口基本形体的尺寸标注

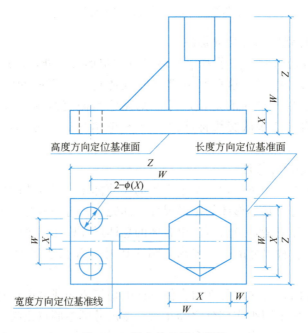

图 6-19 组合体的尺寸标注

实际标注尺寸时，还应遵循以下原则：首要原则是完整，不能有任何遗漏。其次是方便读图，尺寸的布置要尽可能明显、集中、整齐、清晰。

（1）明显

① 尺寸应尽量标注在特征视图上或者标注在反映形体几何信息量较大的视图上，比如圆的尺寸。

② 与某两个视图有关的尺寸，尽量标注在两个视图之间。

③ 尽量避免在虚线上标注尺寸。如图 6-19 所示，圆孔的直径就不能标注在主视图上。

（2）集中

组成组合体的同一基本形体的尺寸，无论是定形还是定位尺寸，应尽量集中标注。如图 6-19 中六棱柱的尺寸，除了高度无法在俯视图中标注外，其余尺寸均在俯视图中集中注出。

（3）整齐

相互平行的尺寸线之间的间隔应该相等；大尺寸排列在外（离被标注物体远），小尺寸排列在内（离被标注物体近），避免尺寸线与尺寸界线交叉；尺寸数字的大小应该一致且排列整齐，尽量注写在水平尺寸线上方居中或垂直尺寸线左侧居中（字头向左）位置。此外，同一方向上相互平行的尺寸界线起点也应尽量对齐。

（4）清晰

标注尺寸时，应尽量保持各个视图本身的清晰完整，尽量将尺寸标注在视图的四周而不要将尺寸标注在视图的投影轮廓范围之内，个别标注困难的小尺寸以及必须标注在特征视图上的尺寸可以例外。

除了以上标注原则外，尺寸标注时还应注意以下几点：

① 必须符合国家制图规范中关于尺寸标注的相关规定；

② 尺寸标注必须完整但不能多余或重复；

③ 尺寸的数字必须是真实的，与画图时所采用的比例大小无关。

6.3 组合体视图的阅读

所谓读图（也称看图、识图），就是通过阅读已有组合体的二维视图，将该组合体真实的三维空间形状想象出来。

6.3.1 读图的预备知识

（1）正投影的根本规律。必须牢记构成组合体的任一元素乃至整体的三等规律，即"长对正；高平齐；宽相等"并熟练运用。

（2）熟悉各种基本几何形体的投影特点及投影规律。

（3）熟悉各种位置直线、平面、曲线、曲面的投影特点。

（4）联系各视图读图。除了特定情况（如文字或符号注明）之外，任何情况下，必须将同一个组合体的所有视图联系起来，才有可能得出正确的结论。由图 6-20 和图 6-21 可以看出，不仅一个视图不能说明问题，即便是两个视图，有时仍然没有唯一的结论。

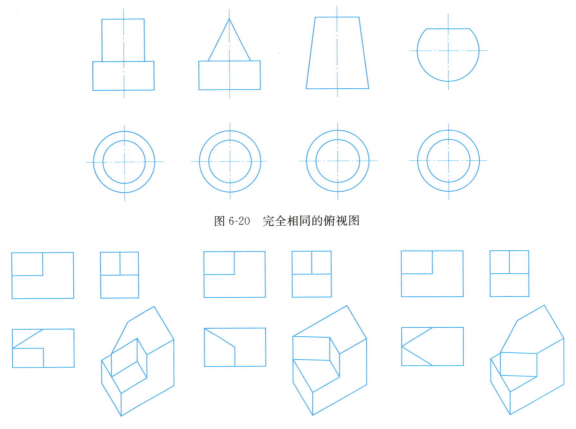

图 6-20 完全相同的俯视图

图 6-21 完全相同的主、左视图

6.3.2 读图的基本方法

(1) 形体分析法

形体分析的概念主要包括三方面内容：由谁组成、怎样组成、相对位置如何。所有这些，都要通过具体的视图内容来体现。任何一个视图，其内容都表现为具体的线条以及由线条围合而成的一个个线框，读图时，就以这些线条或线框为依据；以投影规律为准绳；结合基本形体的投影特点，逐一判读这些线条和线框。

视图中的那些线条或线框，要么是物体表面的积聚性投影；要么是两个表面的交线；否则就一定是回转体的转向轮廓线。另外，视图中如果没有曲线，则不考虑曲面立体的存在；视图中若有曲线，则一定有曲面立体存在。就线框而言，或者是平面的投影，如图 6-22（a）中 A；或者是曲面的投影，如图 6-22（a）中 C；否则就一定是平曲相切表面的投影，如图 6-22（a）中 $B+C$。此外，线框的投影还有一些特殊情况需要注意，如平行两表面完全重影，如图 6-22（a）中 a、e；不平行两表面完全重影，如图 6-22（b）中 B 与 F 的侧面投影（假设没有左前方的切口）；两表面部分重影，如图 6-22（b）中 G 与 J 的水平投影；通孔或盲孔洞的投影，如图 6-22（b）中 K 等。最后，相邻两线框之间的线条也要加以注意，因为这种线条的具体状态决定了相邻两线框的相互关系。

读图例一：阅读图 6-23（a）所示三视图，想象并画出其轴测图。

审视这组三视图，首先大致了解一下基本情况，比如是否有曲面？是否有对称的情

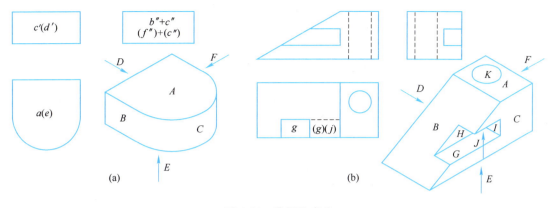

图 6-22 线框的意义

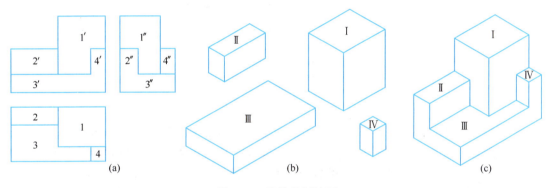

图 6-23 形体分析读图
(a) 原图；(b) 分解；(c) 结论

况？组合体的组合方式是什么？就本例而言，这个组合体是通过叠加的方式。读图时，先分出一个个封闭的线框（如俯视图所注）；然后根据每一个线框向其他视图投影的结果，判断这些线框的含义。如线框 1，根据"长对正"等三等规律，不难发现该线框的三面投影均为矩形（或接近矩形）。逐一对余下线框进行分析，会发现原来这个组合体不过就是由四个大小不等的长方体组成（图 6-23b）。接下来，判定各基本形体的相对位置，依据同样是这个三视图。由俯视图及主视图可以看出，形体Ⅰ在形体Ⅲ的右后上方，其背面与右侧分别与Ⅲ的背面与右侧对齐，形成一个完整的该组合体的形象（图 6-23c）。

（2）线面分析法

形体分析法用来阅读叠加而成的组合体；切割而成的组合体，用线面分析法读图更得心应手。

线面分析法既可以作为一种独立的读图方法；也可以作为一种辅助手段用在形体分析读图的过程中（当碰上一些斜线和曲线时）。其理论基础仍然是我们已经熟知的各种线（包括截交、相贯线）、面投影基本知识及投影特点，尤其是前文提及的关于线、面、线框等的相关概念。一起来看看 6-24（a）。

倾斜的线条暗示，这个形体是通过切割长方体形成的；没有曲线，所以这只是一个平面立体，非对称。接下来，将注意力放在"线框"上，从相对较复杂的线框 1 开始，按投影规律，高平齐到侧视图中很容易就找到了它的类似形，而长对正到俯视图中，没有类似

161

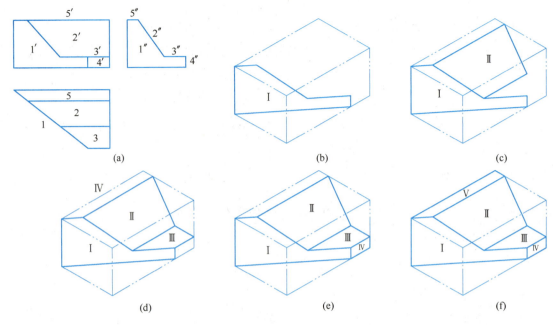

图 6-24 线面分析读图

形。这说明该线框必然是一个铅垂面(在平面立体的任一视图中,任一线框的其他投影若无类似性则必有积聚性)(图 6-24b)。再看线框Ⅱ,长对正到俯视图中很容易就找到其类似形,高平齐到侧视图中积聚为一条直线,所以,该线框是一个侧垂面(图 6-24c)。其余线框都是投影面的平行面,当把水平面Ⅲ、Ⅴ以及正平面Ⅳ加上去以后,虽然立体的图形已经完成(其余不可见的线条无需再画),但立体尚未形成,还需要再加上下底面、右侧面和背面才行。

6.3.3 读图的一般步骤

面对一个相对复杂组合体的三视图,判断一下该组合体的组合方式还是必要的。一般,三视图的每一个视图的外轮廓相对简单或方正,而视图内部或轮廓中有斜线的,往往是采用切割方式形成的组合体;三视图中一个或以上的视图外轮廓线相对复杂,凹凸起伏明显,内部没有或少有斜线,基本就是叠加形成的。

明确了组合体的组合方式,读图方法或步骤也就明确了,通常用形体分析获得形体的整体概略印象,进而对各组成部分深入分析,个别复杂的局部,也不妨辅以线面分析,最终整合零星形象成整体形象,对照印证后得出正确的结论。

读图步骤可总结为:

(1) 浏览三视图,获取基本印象;
(2) 形体分析;
(3) 线面分析;
(4) 整合形体,获得整体形象;
(5) 对照印证。

如图 6-25 所示三视图,给人的第一印象是综合式的组合体。

概略地浏览一下三个图形,尤其是通过主视图,基本可以断定这是一个叠加和切割综

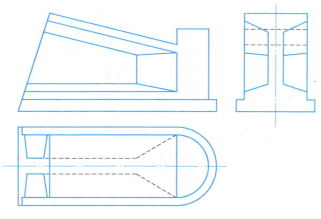

图 6-25 组合体视图的阅读

合形成的组合体,有曲面并且前后对称。

通过形体分析（划线框,对投影,得结论的细节略）,立体主要由三个部分组成。它们分别是下方的底板、右上方的半圆柱和左上方带切口的四棱台。其中,底板及半圆柱的形状很简单,无需更多分析。但带切口的四棱台的切口形成情况及表面交线详情,就需要做仔细的线面分析才能得出清晰和准确的结论。

图 6-26 展示了形体分析尤其是线面分析的细节,图中,为了弄清切口四棱柱的详情,

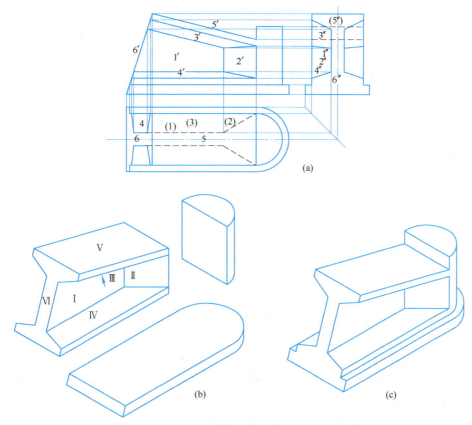

图 6-26 组合体视图的阅读步骤

划分了六个线框〔为图面清晰计，图 6-26（a）中仅分析了形体后半部分的线框投影情况，前半部分对称即可〕。其中，线框 1′的正面投影为四边形，将其投影到俯视图和侧视图中，一方面找不到与其范围适应的类似形，另外，能与其投影对应的，都是投影轴的平行线（虚线或实线）。因此，线框 1 是一个正平面；与此相仿，线框 2 为铅垂面，线框 4 为侧垂面；线框 3 的三面投影均为四边形，可见是一般位置平面；线框 5 及线框 6 则均为正垂面。如果愿意，还可以进一步分析上述线框与线框之间的交线情况，并且，像图 6-24 一样，可以一边分析，一边画草图以帮助正确理解形体及其表面与表面上的各种交线。

将上述零星结论综合起来，可以得到图 6-26（b）所示的结论，加上相对位置关系并正确处理表面的交线以后，最终结果如图 6-26（c）所示。

6.3.4 二补三

许多情况下，只需要形体的两个视图，就可以将形体表达清楚。检验是否读懂了形体视图的最有效方法之一，就是将这个形体所缺的那个视图补画出来。这样做的另外一个好处是，在培养读图能力的同时，还训练了画图能力。

图 6-27 给出了某形体的主、左视图，要求补画出俯视图。

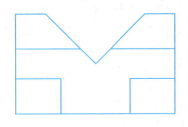

图 6-27 "二补三"实例

看上去，这明显是一个通过切割长方体而成的组合体，没有曲面，左右对称。形体形成的过程大致是，第一步，用水平面及正平面将长方体切除前上方的小长方体（图 6-28a）；第二步，用两个左右对称的正垂面切出上方中部的 V 形缺口（图 6-28b）；最后，用侧平面与侧垂面的组合，切除左前下方和右前下方两个左右对称的三棱柱（图 6-28c），形成形体。

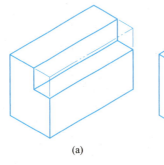 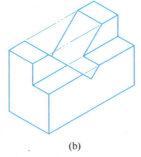 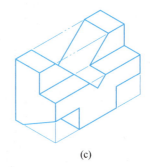

(a) (b) (c)

图 6-28 "二补三"过程一

对已经想象出来的形体，还应与原图对照印证，确认无误以后方能进行下一步补图工作。

有了对形体形状的充分了解，接下来，就可以按 6.1.3 节所述的画图方法，结合已有的两个视图，将所缺的第三个视图按投影规律补画出来。图 6-29（a）中，线框 1 为一侧垂面，其侧面投影积聚为一条斜线，水平投影不可见；线框 2 为一侧平面，正面及水平面的投影均积聚，侧面投影反映该三角形平面的实形。

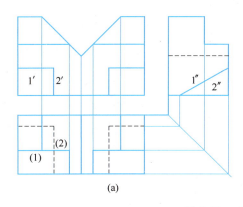
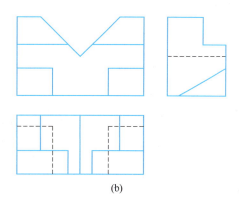

(a)　　　　　　　　　　　　　　(b)

图 6-29　"二补三"过程二

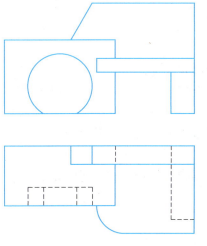

图 6-30　"二补三"之画左视图

前述例子是已知平面立体的主视图与左视图补画俯视图，其实，三视图中的任何一个，都可以作为补画的对象，图 6-30 所示即为已知主视图和俯视图补画侧视图的例子。

简单地划分线框并对其投影，可以判定这是一个主要经叠加而成的组合体，有一些简单的切割，有曲面，不对称。经过对各主要线框的进一步详察，组成该组合体的基本形体及部分切割等情况被分离出来（图 6-31a）。结合对形体各部分相对位置的理解，完成读图结论并验证（图 6-31b）。

形体想象完毕，下一步按投影规律并结合原有视图，完成补画左视图的工作（图 6-32）。

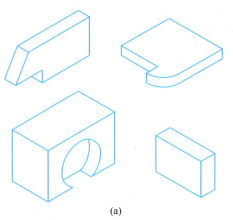
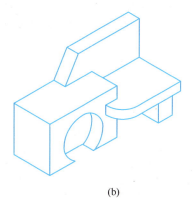

(a)　　　　　　　　　　　　　　(b)

图 6-31　读图

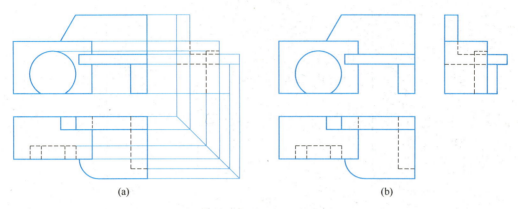

图 6-32 补画左视图

小　　结

（1）明确组合体的概念及其组合方式。
（2）熟悉组合体视图的形成及各种不同视图的成因及用途。
（3）掌握正确认识组合体的形体分析方法，学会合理选择组合体的各个视图并用正确的线形表示。
（4）了解基本形体的尺寸标注需求，体会带缺口基本形体的尺寸需求进而了解组合体的尺寸标注原则。
（5）熟练掌握读图的预备基础理论和技能，熟知读图的两种方法并能熟练运用。

复习思考题

6.1　2008 年北京奥运会游泳馆水立方能称为组合体吗？
6.2　组合体的基本视图有几个？
6.3　形体分析的要点有哪些？
6.4　绘制组合体的视图时，确定形体的安放位置及视图选择时，应考虑哪些因素？
6.5　组合体的尺寸分为哪几种？试分别绘图举例说明。
6.6　形体分析方法在阅读组合体的视图时应如何体现？

第7章 图 样 画 法

本章知识点

图样是根据投影原理、标准或有关规定，表示工程对象，并有必要的技术说明的图。本章主要介绍各类工程图样的画法，如剖面图与断面图、轴测图中的剖切画法、简化画法等，其中重点是剖面图与断面图、带剖切的轴测图画法。

7.1 剖面图和断面图

我们如果把第6章图6-30稍加改动，其侧视图将不会发生任何变化（图7-1）。这是因为，修改部分的侧面投影为不可见的虚线，其位置刚好与原有不可见虚线完全重合，故侧视图没有变化。有时在工程实践中常规的六个基本视图也很难清楚地表达形体，而真正的工程实体特别是建筑物的内部空间关系往往更加复杂，所以，常用剖面图和断面图来表达。

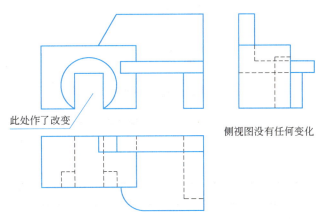

图 7-1 对比图 6-30 没有变化的侧视图

7.1.1 剖面图

1. 定义

假想用剖切平面剖开物体，将处在观察者与剖切面之间的部分移去，然后将其余部分作为新的整体向剖切面所平行的投影面投射所得的图形，称为剖面图（图7-2）。

定义中的"假想剖切面"多数情况下为投影面平行面，个别情况下可以是投影面垂直面或曲面。

如图 7-2 所示，形体表面（无论内外）凡与剖切面相交的交线，都是截交线。在剖切的情况下，所有截交线围合成的平面图形，称为断面。断面暴露了形体的内部实体材料，因此，在剖面图中，应该在断面内，把物体的建造材料用规定的图形符号（即材料图例）

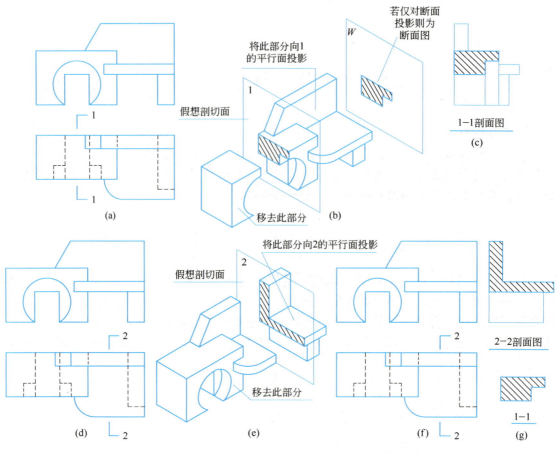

图 7-2 剖面图的形成

表示出来。中华人民共和国国家标准《房屋建筑制图统一标准》GB/T 50001—2017 规定的常用建筑材料图例见表 7-1。

常用建筑材料图例（摘自 GB/T 50001—2017）　　　　　　　表 7-1

序号	名称	图例	备注
1	自然土壤		包括各种自然土壤
2	夯实土壤		
3	砂、灰土		靠近轮廓线点较密
4	砂砾石、碎砖三合土		
5	石材		

168

续表

序号	名称	图例	备注
6	毛石	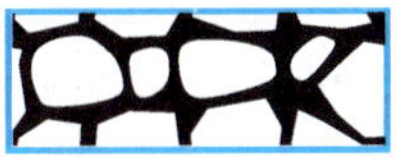	
7	实心砖多孔砖	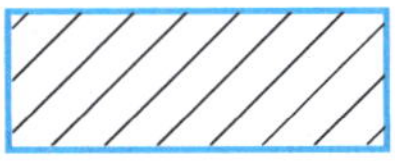	包括普通砖、多孔砖、混凝土砖等砌体
8	混凝土耐火砖	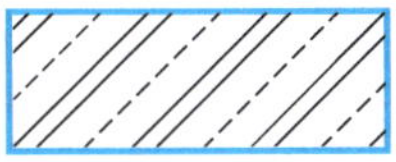	包括耐酸砖等砌体
9	空心砖空心砌块		包括空心砖、普通或轻骨料混凝土小型空心砌块等砌体
10	加气混凝土		包括加气混凝土砌块砌体、加气混凝土墙板、加气混凝土材料制品
11	饰面砖		含地砖、陶瓷锦砖、人造大理石等
12	焦渣、矿渣	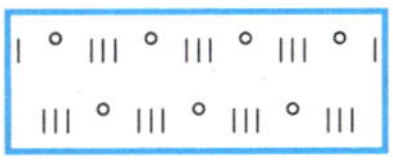	包括与水泥、石灰等混合而成的材料
13	钢筋混凝土	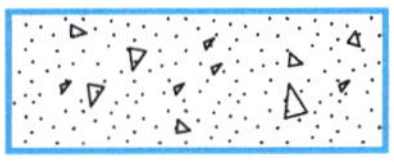	包括各种强度、骨料、添加剂的混凝土 剖面图中如画出钢筋则本图例可省略 断面太小不易绘制时，可涂黑
14	混凝土	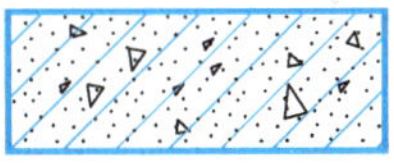	
15	多孔材料	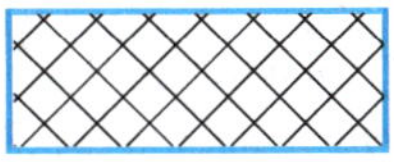	含水泥、沥青珍珠岩、泡沫、加气混凝土、软木、蛭石制品等
16	纤维材料		含矿棉、岩棉、玻璃棉、麻丝、木丝板、纤维板等
17	泡沫塑料	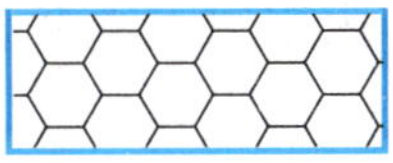	含聚乙烯、聚苯乙烯、聚氨酯等多孔聚合物类材料
18	木材	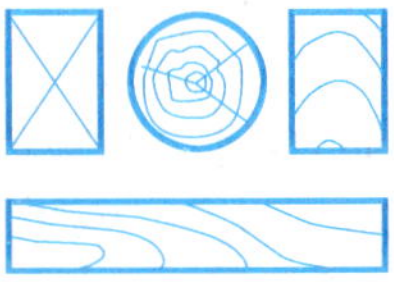	上为横断面，左上为垫木、木砖或木龙骨，下为纵断面
19	胶合板		应注明是几层胶合板

续表

序号	名称	图例	备注
20	石膏板	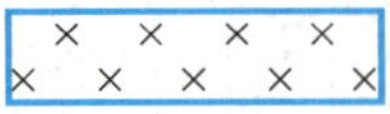	含圆孔、方孔石膏板、防水石膏板等
21	金属	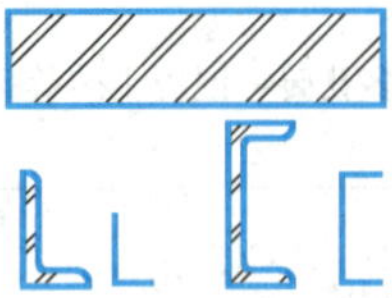	含各种金属，断面过小可涂黑或深灰
22	网状材料		含各种金属、塑料网，应注明具体材料名称
23	液体		应注明具体液体名称
24	玻璃		含平板玻璃、磨砂玻璃、夹丝玻璃、钢化玻璃、中空玻璃、夹层玻璃、镀膜玻璃等
25	橡胶		
26	塑料		包含各种软硬塑料及有机玻璃等
27	防水材料		构造层次多或绘制比例大时，采用上面的图例
28	粉刷		本图例采用较稀的点

注：1. 本表中的所列图例通常在1∶50及以上比例的详图中绘制表达；
    2. 如需表达砖砌块等砌体墙的承重情况时，可通过在原有建筑材料图例上增加填灰的方式区分，灰度宜为25%左右；
    3. 序号1、2、5、7、8、14、15、21图例中的斜线、短斜线、交叉线等均为45°。

当需要使用表中没有列出的材料时，允许自编图例，但要加以说明。此外，画图例时还应注意：

（1）规范只规定了图例的画法，其大小比例视所画图样的大小而定；

（2）当不必指明材料种类时，应在断面轮廓范围内用细实线画上45°的剖面线，图例中相互平行的线条应间隔均匀，疏密适度；

（3）不同品种的同类材料使用同一图例时（如不同品种的金属、石膏板等），应加以说明；

（4）相同材料的两个物体相接，图例宜错位或反向绘制，如碰巧都是涂黑的图例，则应在物体间留下不小于0.7mm的间隙（图7-3a、b、c、d）；

（5）当需要绘制图例的面积太大时，可在断面轮廓内沿轮廓做局部示意（图7-3e）；

（6）在同一张图纸上，同一物体的不同剖面（断面）图中的图例应该完全一致（如方向、疏密等）。

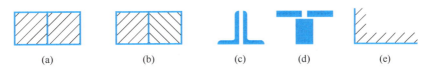

图 7-3 图例的特殊处理

2. 确定剖切平面的位置

剖切平面应平行于投影面，且尽量通过物体的孔、洞、槽的中心线。如要将 V 面投影画成剖面图，则剖切平面应平行于 V 面；如果要将 H 面投影或 W 面投影画成剖面图时，则剖切平面应分别平行于 H 面或 W 面。

3. 线型

（1）剖面图中，断面的轮廓线一律用实线（$0.7b$ 线宽）绘制，断面材料图例线用细实线绘制；其余投影方向可见的部分，一律用实线（$0.5b$ 线宽）绘制。

（2）剖面图中一般不画不可见的虚线。

4. 剖面图的标注

为了看图时便于了解剖切位置和投影方向，寻找投影的对应关系，还应对剖面图进行以下的剖面标注。

（1）剖切符号

剖面的剖切符号，应由剖切位置线及剖视方向线组成，均应以粗实线绘制。剖切位置线的长度为 6~10mm；剖视方向线应垂直于剖切位置线，长度应短于剖切位置线，宜为 4~

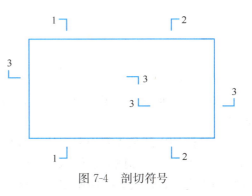

图 7-4 剖切符号

6mm；需要转折的剖切位置线，应在转角的外侧加注与该符号相同的编号，如图 7-4 所示。

绘图时，剖面剖切符号不应与图面上的图线相接触。

（2）剖面编号及图名

在剖视方向线的端部宜按顺序由左至右、由下至上用阿拉伯数字编排注写剖面编号，并在剖面图的下方正中分别注写 1-1 剖面图、2-2 剖面图、3-3 剖面图……以表示图名。图名下方还应画上粗实线，粗实线的长度应超过图名字体长度两边各 2~3mm。

必须指出：剖切平面是假想的，其目的是表达出物体内部形状，故除了剖面图和断面图外，其他各投影图均按原来未剖时画出。一个物体无论被剖切几次，每次剖切均按完整的物体进行。

5. 剖面图的种类

（1）全剖面图——用一个剖切平面将物体全部剖开

当物体需要表达的内部空间单一或简单或对称时，用单一平面剖切即可达成明示对象的目的（图 7-5）。如图 7-5 所示为一水池的投影，从图中可知，物体外形比较简单。而内部有一隔墙，故剖切平面沿水池的前后对称平面及左池中心分别用平行于 V 面和 W 面把它全部剖开，然后分别向 V 面和 W 面进行投影，即可得到如图 7-5 所示的 1-1、2-2 剖面图。

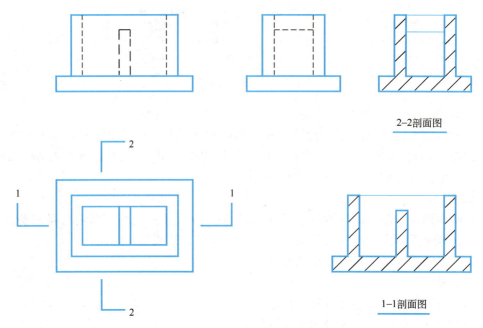

图 7-5 水池的投影及全剖面图

（2）半剖面图——用两个相互垂直的剖切平面把物体剖开一半（剖至对称面止，拿去形体的 1/4）

当物体的内部和外部均需表达，且具有对称平面时，其投影以对称线为界，一半画外形，另一半画成剖面图，这样得到的图称为半剖面图。如图 7-6 所示，由于物体内部的矩形坑的深度难以从投影图中确定，且该物体前后、左右对称，故可采用半剖面图来表示。

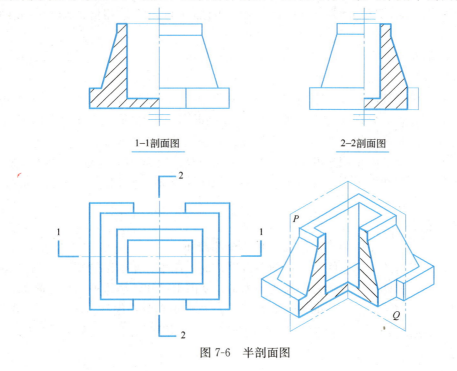

图 7-6 半剖面图

画出半个 V 面投影和半个 W 面投影以表示物体的外形，再配上相应的半个剖面，即可知内部矩形坑的深度。

按中华人民共和国国家标准《房屋建筑制图统一标准》GB/T 50001—2017 推荐，半剖面图如果是左右对称的，应该将左面画成外形，右面画成剖面图；如果是上下对称的，则应该将上部画成外形，下部画成剖面图。另外，不仅剖面图中尽量不画虚线，表达外形的普通视图中也不画虚线，因为对称的关系，外形内形正好互补。

（3）阶梯剖面图——用两个或两个以上平行的剖切面剖切

当用一个剖切平面不能将物体需要表达的内部都剖到时，可以将剖切平面直角转折成相互平行的两个或两个以上平行的剖切平面，由此得到的图就称为阶梯剖面图。

如图 7-7 所示，双面清洗池内部有三个圆柱孔，如果用一个与 V 面平行的平面剖切，只能剖到一个孔。故将剖切平面按 H 面投影所示直角转折成两个均平行于 V 面的剖切平面，分别通过大小圆柱孔，从而画出的剖面图就是阶梯剖面图。

画阶梯剖面图时，在剖切平面的起始及转折处，均要用粗短线表示剖切位置和投影方向，同时注上剖面名称。如不与其他图线混淆时，直角转折处可以不注写。另外，由于剖切面是假想的，因此，两个剖切面的转折处不应画分界线。

（4）旋转剖面图——用两个或两个以上相交的剖切面剖切

用两个或两个以上相交的剖切面（剖切面的交线应垂直于某投影面）剖切物体后，将倾斜于投影面的剖面绕其交线旋转展开到与投影面平行的位置，这样所得的剖面图就称为旋转剖面图（或展开剖面图）。用此法剖切时，应在剖面图的图名后加注"展开"字样。

如图 7-8 所示，其检查井两孔的轴线互呈 135°，若采用铅垂的两剖切平面并按图中 H 面投影所示的剖切线位置将其剖开，此时左边剖面与 V 面平行，而右边与 V 面倾斜的剖面就绕两剖切平面的交线旋转展开至与 V 面平行的位置，然后向 V 面投影画出，就得该检查井的剖面图。

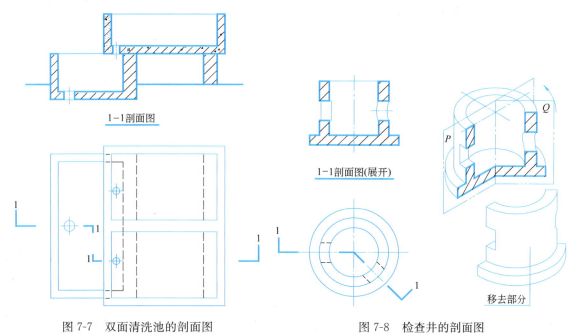

图 7-7 双面清洗池的剖面图　　　　图 7-8 检查井的剖面图

画旋转剖面图时，应在剖切平面的起始及相交处，用粗短线表示剖切位置，用垂直于剖切线的粗短线表示投影方向。

（5）局部剖面图

对于某些总体形状不太复杂，但有些小的细节需要表达的形体，仅将其需要表达的局部剖开并表示清楚即可，这样的剖面图就叫局部剖面图（图7-9）。另外，无论物体是否复杂，只要物体的投影中，存在与对称中心线重合的图线，这样的物体除了全剖外就只能用局部剖面图来表达（图7-10）。

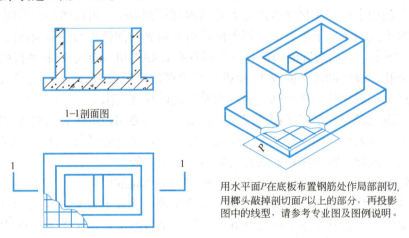

图 7-9　局部剖面图

某些多层构造（如屋面、楼面、地面、墙面等）的建筑物的构配件，也可以用局部剖面的概念，将各构造层次逐一分层表示出来。这样的剖面图，也叫做分层局部剖面图（图7-11）。

局部剖面图剖与未剖的分界线称为"波浪线"，但应画成比较自然的断裂纹理比较好。

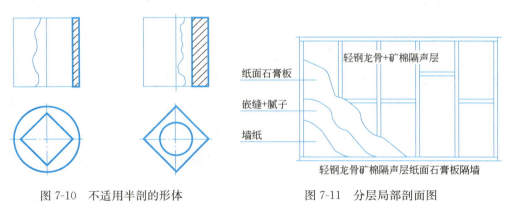

图 7-10　不适用半剖的形体　　　　图 7-11　分层局部剖面图

7.1.2　断面图

1. 定义

假想用剖切面剖开形体，仅将截交线所围成的断面向剖切面所平行的投影面投射所得的断面实形并正确绘制材料图例和标记后即为断面图，简称断面。断面图只是一个平面图形的实形而非立体的投影。

对于工程实践中许多细长的杆状构件（简称杆件，如各种梁、柱甚至屋架等）和大面积的薄壁构件（如屋面、楼面、地面及各种墙面等）而言，其自身形状并不复杂，常用断面图来表达。

2. 断面图的标注

同剖面图一样，断面图也应该加以标注，具体方式如图7-12所示。

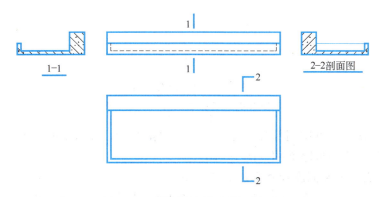

图7-12 窗楣板的剖面图与断面图

（1）用同剖面图一样的剖切位置符号标明具体剖切位置；

（2）不用投射方向线而是用断面编号数字的注写位置暗示投射方向，数字在哪一侧，就向那一侧投影；在剖切位置符号起讫位置的投射方向一侧，用阿拉伯数字为断面编号；

（3）在已绘制完成的断面图下方，注写该断面图，仅写由上述对应编号数字组成的图名如"1-1、2-2"，注意，没有汉字，图名下方仍然画一条长度相当的粗实线（图7-12中，左为断面图，右为剖面图）。

3. 线型

用0.7b线宽的实线绘制断面图的轮廓（即所有截交线），其内的材料图例同剖面图的要求。

4. 断面图分类

按断面图所绘制的具体位置分为移出断面与重合断面两种。所谓移出断面，就是将断面图独立地绘制在物体原有视图的轮廓范围之外，如图7-2（g）及图7-12所示断面，都是移出断面。重合断面刚好与移出断面相反，不仅断面图直接绘制在物体原有轮廓范围之内，有关转折还特意与物体原有相应部位的投影重叠。如图7-13（a）所示墙面，相当于用侧平面对墙体剖切后向右投射所得；图7-13（b）图所示用于厂房带牛腿的柱子，

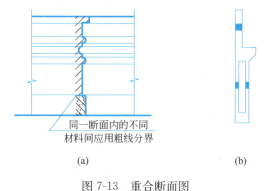

图7-13 重合断面图
(a) 某墙外表面的重合断面；(b) 某柱的重合断面

则分别在上下柱处各用一水平面剖切后投射所得。重合断面的特点是可以省略标记。

此外还有一种情形，某些细长的杆件如薄腹梁，除了两端稍有变化外，很长的中部完全不变，这样的构件如果原貌画出，对形象理解没有益处（图7-14a）。

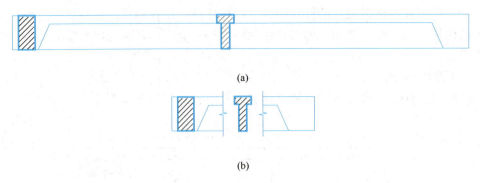

图 7-14 中断处断面图
(a) 原貌的薄腹梁及重合断面；(b) 合理化以后

如果用折断线将构件中间部分折断不画，只保留两端，并将断面图画在中间折断部分的空白处，就称为中断处断面图（图 7-14b）。

7.1.3 剖面图与断面图尺寸标注的特殊情况

剖面图中因为不再画虚线，故在标注内部空间尺寸时，表达外形部分的尺寸界线与尺寸起止符就省略标注了，但尺寸线必须超过对称中心线，而尺寸数字仍然是全尺寸的真实尺寸（图 7-15 中的尺寸 16），同样，如果是圆形因剖切而只剩下半圆，仍然要标注直径，尺寸线也须超过圆心（图 7-15 中的 $\phi 8$）。

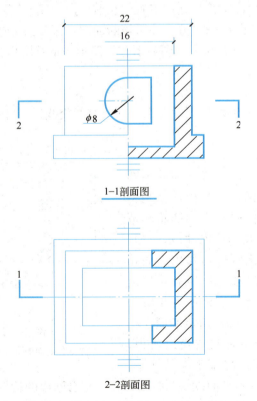

1-1剖面图

2-2剖面图

图 7-15 剖面图中尺寸标注的特殊情况

7.2 轴测图中剖切的画法

7.2.1 剖切轴测图的概念

假想用轴测坐标面的平行面或其组合,将原本完整的轴测图切去一部分,余下部分便是剖切轴测图。余下的这一部分,应该有两个特点:其一,最能清楚地表达形体;其二,形体被切开的实体断面,应反映出形体的具体材料(图例)。本章图 7-16 的轴测图就是剖切轴测图的例子。

7.2.2 剖切轴测图的画法

绘制剖切轴测图,主要需要三方面的能力:

(1) 熟练的读图能力,保证对形体的正确理解;

(2) 熟练的画轴测图的能力,具有绘制剖切轴测图的基础;

(3) 熟练的线面分析能力,保证有能力分析出假想剖切平面与物体任意表面的交线,无论物体的表面处于什么位置、是什么形状。

下面以图 7-16 所示立体为例,详述其剖切轴测图的绘图方法。

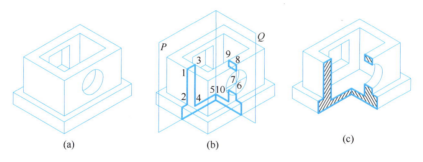

图 7-16 剖切轴测图的画法

由于本例题的形体为对称形体,如图 7-16(a) 所示,根据形体原图及已经绘制好的轴测图,用半剖剖面图的形式来表达较好。

在决定了具体的剖切位置和方式后,要逐一分析每一个假想剖切平面与物体表面的交线情况(剖切面将与物体的哪些内外表面相交?交线究竟是什么位置、什么形状的线?范围如何?),并逐一表示出来(图 7-16b)。

在本例中,已经设定 P 平面位于前后对称位置,因此,该平面与物体左端相应棱线(正垂线)的交点就是该线条的中点(如图中的 1、2、3 等点),只要把各条相互平行的同方向棱线的中点找到,连接它们,便可得到相应的交线。4 点是个例外,相应的棱线因为不可见而未画,剖切平面与 3、4 所在表面的交线一定是铅垂线,而该铅垂线的高度在原视图中是很明确的,所以,在找到 3 点后,过该点作铅垂线并量取该铅垂线的高度等于原高即可确定 4 点。

Q 平面的剖切结果可以用相似的方法得到,也可以用上述坐标定点原理另外寻找出发点。Q 平面是通过物体前方小圆孔中心线的侧平面,因此,找到最前面小圆的圆心 6,就找到 Q 平面剖切该立体的出发点了。过 6 点作铅垂线,可以得到与圆周及上底面的交点 7、8;过 8 点作正垂线可得 9;过 9 点作铅垂线可得 10,过 10 点作正垂线与过 4 点所作的侧垂线相交,可得到位于两个剖切平面交线上的交点 5……两个剖切平面与物体表面的所有交线全部作出后,断面呈三个封闭的多边形。

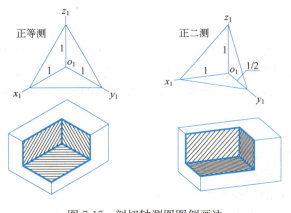

去掉物体位于 P 平面之前 Q 平面之左的四分之一部分,绘图中具体体现为擦掉物体位于这一区域的所有线条,将剖切的断面及原来看不见的部分充分暴露出来(图 7-16c)。检查无误后加粗即可。但应注意,切出的断面应该正确绘出图例,无论何种类型的轴测图,原来在投影图中呈 45°的斜线,在剖切轴测图中应保持"轴测"意义上的角度"不变",但相邻两剖面上的斜线方向应该相反(图 7-17)。

图 7-17 剖切轴测图图例画法

如果需要,也可用剖切平面对同一物体作其他位置的剖切,但作图方法仍然是相同的(图 7-18)。

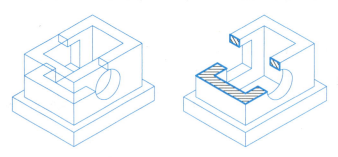

图 7-18 不同位置剖切

7.3 简 化 画 法

简化表示法分为简化画法和简化注法,简化必须保证不致引起误解和不会产生理解的多意性,读图和绘图均方便。

7.3.1 对称形体的简化

对称形体,可以根据其对称的程度进行合理简化:图 7-19(a)形体有一条对称线时,可简化一半;图 7-19(b)形体有两条对称线时,可简化成 1/4。

对称形体需用剖切方式表现时,可以对称中心线为界,一半画视图(外貌);一半画剖面图或断面图(图 7-20)。

对称形体还可用非对称的方式来简化,这需要将对称形体关于对称中线的一半全部画出,

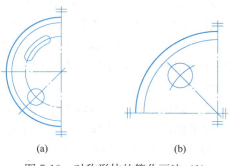

图 7-19 对称形体的简化画法(1)

另一半仅保留对称线附近的少许部分，在这样的处理方式中，不需要也不允许画出对称符号（图7-21）。

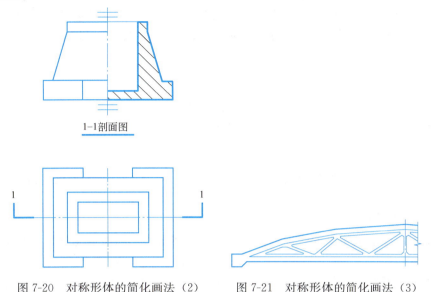

图7-20 对称形体的简化画法（2）　　图7-21 对称形体的简化画法（3）

7.3.2 相同要素的简化

物体上多个完全相同且连续排列的形状要素，可在两端或其他适当位置画出其完整形状，其余以中心线或中心线交点表示其位置即可（图7-22）。但应注意，当纵横交叉的中心线网格交点处并不都有形状要素时，除了正常画出一两个外，其余要素的位置应用小黑点标明（图7-23）。

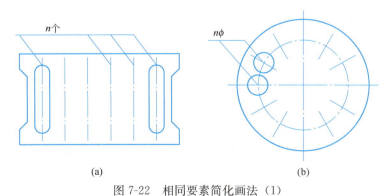

图7-22 相同要素简化画法（1）

7.3.3 折断简化

图7-24（a）及图7-24（b）所示的处理方法，是折断简化的一种，即将物体中部无变化的部分折断，保留并移近两端有变化的部分。另外，按一定规律变化的形体，也可如此（图7-24b）。

还有一种情况是，物体因太长等原因而无法在同一张图纸上绘制，此时也可将物体折断并将两段各自

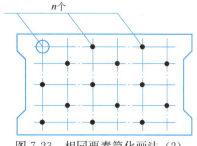

图7-23 相同要素简化画法（2）

单独绘制出来，但一定要在物体折断的同一位置绘制出连接符号（图 7-25a）。

利用连接符号，还可将两个"部分"形状相同的物体进行简化，如乙物体左端与甲物体左端完全相同但右端不同，在绘出甲物体视图的基础上，绘制乙物体时，可以仅仅绘出不同部分，但在相同与不同的分界处，也应绘出连接符号（图 7-25b）。

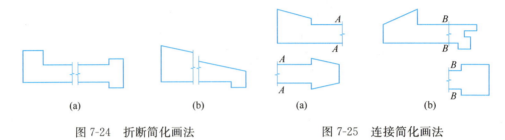

图 7-24　折断简化画法　　　　图 7-25　连接简化画法

7.3.4　其他简化

在需要表示位于剖切平面之前的形状时，可以将这些形状按假想投影的轮廓线绘制出来（图 7-26）。

当圆或圆弧所在平面与投影面的夹角小于或等于 30°时，圆或圆弧在该投影面上的投影可以仍然用相同直径的圆或圆弧代替（图 7-27）。

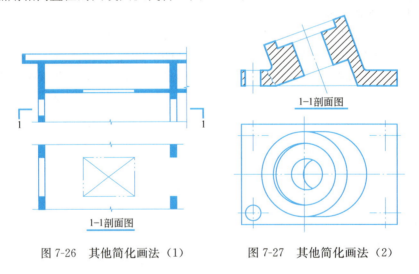

图 7-26　其他简化画法（1）　　　图 7-27　其他简化画法（2）

小　　结

（1）了解采用剖面图、断面图的由来。
（2）熟练掌握剖面图、断面图的概念、分类及画法；并明确剖面图与断面图的异同。
（3）熟悉轴测图的剖切画法。
（4）熟悉各种简化画法。

复 习 思 考 题

7.1　什么是图样？工程实践中常用的图样有哪些？

7.2 为什么要用剖面图或断面图?
7.3 剖面图与断面图分别是怎样形成的?
7.4 剖面图中的线型是如何规定的?
7.5 剖面图与断面图为什么需要标注?二者表达剖切后投影方向的方式有什么不同?
7.6 剖面图与断面图各分几种类型?各适用于什么对象?
7.7 绘制剖切轴测图,需要哪些基本能力?

第8章 透 视 投 影

本章知识点

本章主要介绍透视投影的基本原理及方法，包括：透视投影的基本原理及图形特点、透视作图的基本术语、点及直线的透视规律及其透视作图方法、透视图的分类及具体作图方法、透视图基本参数的选择等。重点应熟悉直线的透视并掌握视点、画面和物体相对位置的选择。

8.1 透视投影的基本概念

8.1.1 基本原理及特点

照片之所以能"真实"地表现对象，是因为其成像符合人们的视觉习惯。照相机通过镜头将对象聚焦于"底片"上而成像，就如同人眼通过眼球水晶体将对象聚焦于视网膜上而成像（图 8-1）。还可以做这样一个实验：当透过窗上玻璃单眼观察室外景物比如建筑物时，若将所见建筑在玻璃上沿相应轮廓描画下来，就可以在玻璃上得到该建筑的"图像"（图 8-2）。该图像与相机的成像原理也是相当的，所不同者，仅在于承受图像的载体在材料上和位置上有所变化。无论上述哪一种成像方式，它们均基于一个共同的投影原理——中心投影。

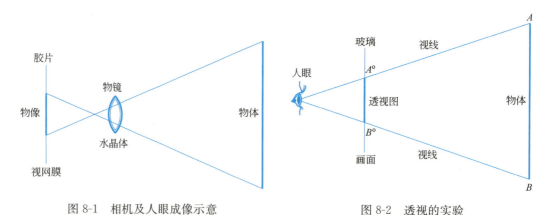

图 8-1 相机及人眼成像示意　　　　图 8-2 透视的实验

中心投影又称透视投影，其所形成的投影图便称为透视图。这一称谓是根据透视作图类似于上述实验而形象地得出的。无论是在胶片上、玻璃上，还是在纸上，当对象被"表现"后，对象最终都落在或画在了平面上。当原本处于"三维空间"中的对象的形状、体积、距离，乃至纵深效果等都被表现在平面上时，图上所呈现出的最典型的特征是"近大远小"，空间原来相互平行的直线最终将交汇于一点，除非这些彼此平行的线条同时也平行于画面（如胶片、玻璃等）。图 8-3 所示某世博馆室内的透视十分直观地表现了透视图的这一特点。

实际的透视作图是求视点和对象之间的连线与画面的交点。简言之，求直线与平面的交点即可。并且，我们将这种交点称为点的"透视投影"，简称透视。

8.1.2 基本术语及其代号（图8-4）

（1）画面 P：画面就是用来绘制透视图的平面。多数情况下它处于铅垂位置。画面相当于正投影中的 V 面，但我们在绘制透视图时，一般将它置于人眼（光源）与被投影的物体之间（类似于第三角投影）。

（2）基面 G：可以假设基面就是地面，是用于放置建筑物的水平面，绘图中，也可以认为建筑底层平面图所在的水平投影面为基面。

图 8-3 透视实例

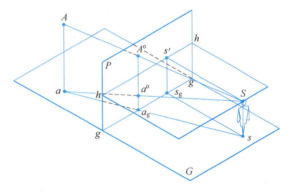

图 8-4 基本术语及其代号

（3）基线 g-g：基线是画面 P 与基面 G 的交线，它相当于"投影面体系"中的 X 轴，在求作透视时，它是基面上的投影与画面上的透视的联系媒介。

（4）视点 S：中心投影的光源位置，即投影中心。求作透视时，可将其设想成人眼的位置。

（5）站点 s：视点在基面上的正投影即站点。相当于人站立的位置。

（6）视线：一切过视点 S 即光源的直线均称为视线。

（7）视心 s'：视点在画面上的正投影即视心。它是视线的中心，也是上述主视线的画面垂足。视心又名心点或主点。

（8）主视线 Ss'：上述视线中垂直于画面者即为主视线。

（9）水平视平面：过视点 S 的水平面，即所有水平视线的集合。

（10）视平线 h-h：上述水平视平面与画面的交线，多数情况下为通过视心 s' 的水平线。

（11）视高：视点到基面的垂直距离，即图中 Ss 的高度。

（12）视距：视点到画面的垂直距离，即图中主视线 Ss' 的长度。

（13）空间被投影的物体：如图中的 A 点。

（14）基点：空间 A 点在基面上的正投影 a 称为 A 的基点。

（15）点的透视：空间点 A 和视点 S 的连线 SA 与画面的交点即为 A 点的透视，用 A° 表示。

（16）基透视：空间点 A 的水平投影 a 的透视，用 a° 表示。

除以上术语及代号外，学习透视投影还有必要重申在"画法几何"中提到的"中心投影"与"平行投影"的共性：①点的影是点；②线的影是线；③点在线上，其影也在线的影上；④重影和积聚（当投影对象为线或面时）。

8.2 点与直线的透视投影规律

8.2.1 点的透视规律

在透视投影中,点的位置需要同时由其透视与基透视共同确定。

规律 1:点的透视与其基透视位于同一铅垂线上。

如图 8-5(a)所示,空间 A 点与其基点 a 的连线 Aa 垂直于基面 G。将连线 Aa 与其线外 S 点即视点组成一平面,该平面容纳了包括过 A 点及 a 点所作视线在内的所有通过 Aa 线上任一点的视线,故可称为过 Aa 线的视线平面(图中以阴影表示,简称"视平面")。由于 $Aa \perp G$,故该视平面亦垂直于 G,此视平面与画面的交线自然也是垂直于 G 的了。

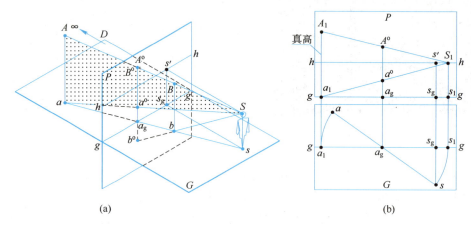

图 8-5 点的透视规律及作图

规律 2:点的基透视是判别空间点位置的依据。

图 8-5(a)中,B 点与 A 点在空间位于同一视线上,事实上,类似于 B 而与 A 处于同一视线上的点还有无穷多。按点的透视定义,它们具有完全相同的透视。由此可见,仅仅根据某点的透视,是无法确定其空间位置的。但是,如果注意到这些点的基点及其透视(基透视)便会发现:当点位于画面之后时(如 A 点),其基透视在基线 g-g 的上方;当点位于画面之前(即人与画面之间,如 B 点)时,其基透视在基线 g-g 的下方。

规律 2 的三个有意义的推论:

(1)当空间点位于画面前时,其基透视必在基线下方。
(2)当点位于画面上时,其基透视应在基线上。
(3)当点离开画面无穷远时,其基透视及透视均在视平面上。

规律 3:点的基透视是确定空间点透视高度的起点。

如果空间点到基面的距离即点的高度被透视以后称为透视高度,则该透视高度就是点的透视与其基透视之间的垂直距离。若将点的基透视看成已知的,则点的透视高度便可以其基透视为起点而垂直向上量取。利用此规律可以获得后续直线规律中的真高线概念(图 8-5b),并以真高线为基础在已有点的基透视的情况下求出其透视。

观察点的基透视位置,可以产生的推论是:

(1) 当空间点位于画面前时,其透视高大于真高;
(2) 当空间点位于画面上时,其透视高等于真高;
(3) 当空间点位于无穷远时,其透视高等于零。

8.2.2 直线的透视及其迹点和灭点

1. 直线透视定义及基本求作方法

理论上,直线的透视即直线上所有点的透视的集合。因此,直线的透视可通过求作过直线的视线平面(图中带阴影的三角形)与画面的交线而获得。但实际作图时,可直接求作直线端点的透视后,连线即可得到直线的透视,如图 8-6 所示。

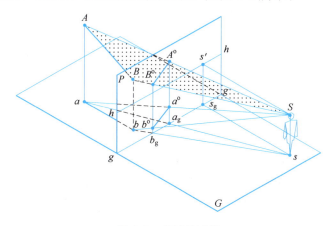

图 8-6 直线的透视

直线的透视及其基透视在一般情况下仍为直线。但以下两种情形例外:其一,当直线延长后通过视点 S 时,直线的透视为一点,其基透视为铅垂线。其二是当直线垂直于基面时,其透视为一铅垂线,而其基透视成为一点。前者如图 8-7 中的 AB 直线,后者如图 8-7 中的 CD 直线。

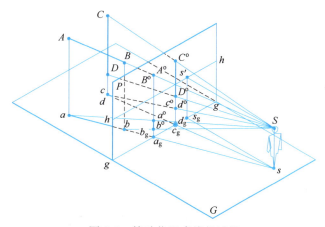

图 8-7 特殊位置直线的透视

2. 直线的画面迹点

空间中凡与画面不平行的直线均会与画面相交,直线与画面的交点称为直线的"画面迹点"。在图 8-7 中,AB 直线延长后将交画面于 $A°$ 或 $B°$ 点。在图 8-8 中,AB 直线延长后

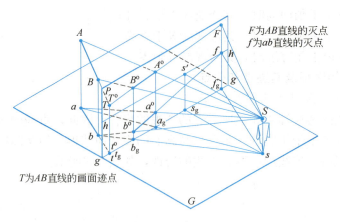

图 8-8 直线的迹点及灭点

与画面的交点不再与 A° 或 B° 重合而是交于 T。但均为迹点。"迹点"作为画面上的点，其透视自然是其自身。

3. 直线的灭点

若 AB 直线的 A 点沿 BA 方向移向无穷远，则称此点为直线上离画面无穷远的点，其透视称为该直线的灭点（或称消失点）。求作直线灭点的方法为：过视点 S 作 AB 直线的平行线且交画面于 F 点，此 F 点即 AB 直线的"灭点"，如图 8-8 所示。

与直线灭点相关的另一个概念是"基灭点"，它是直线基面投影的灭点。因直线的基面投影属于基面，故：按灭点的作法，所作直线基面投影的平行线当然是过视点的水平线，属于水平视平面，故必与视平线相交。考虑到空间直线与其基面投影可构成一铅垂面，因此空间直线的灭点与其基面投影的灭点二者必位于同一铅垂线上且基灭点还应位于视平线上。图 8-8 中，f 点即是 AB 直线的基灭点。

8.2.3 直线的透视投影规律

空间直线相对于画面的位置，不外乎两种情况，要么平行，要么相交，如表 8-1 所示。

各种位置的直线　　　　　　　　　　　　　　　　表 8-1

空间直线	画面平行线	仅平行于画面	
		同时平行于基面即平行于基线	
		基面垂直于直线即铅垂线	
	画面相交线	垂直相交	
		倾斜相交	一般斜交
			水平斜交

规律 1：画面平行线的透视与自身平行，其基透视平行于基线或视平线。

画面平行线因平行于画面而无迹点和灭点，如图 8-9 所示。

规律 2：与画面相交的直线在透视图上是有限的长度，一组平行线共灭点。

由于灭点的定义为直线上离画面无穷远点的透视，因此空间无限长的直线，当其与画面相交时，透视图上将表现为有限的长度，以灭点为结束端。

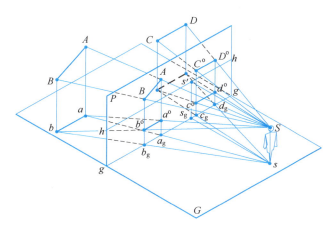

图 8-9 画面平行直线的透视

同时从图 8-8 中灭点的作图过程可以看出，对于一组平行直线，从视点 S 只能作出它们的一条平行线，只会和画面获得一个共同的交点。因此，一组平行直线有一个共同的灭点，同理其基透视也有一个共同的基灭点。所以，一组平行线的透视及其基透视，分别相交于它们的灭点和基灭点，图 8-3 中所表现的透视现象即反映出这一规律。

根据直线与画面相交角度的不同，又可以将此规律细化出以下几种不同情况：

(1) 画面垂直线的画面垂足为其迹点，视心 s' 为其灭点。如图 8-10 所示。画面垂直线的透视永远位于其迹点 T 与灭点 s' 的连线 Ts' 上；其基透视始终在迹点的基点 t 与灭点 s' 的连线 ts' 上。

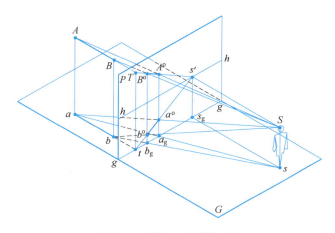

图 8-10 画面垂直线的透视

(2) 画面水平相交线因平行于基面，故其透视与基透视具有共同的灭点（F、f 重合于视平线上）。在图 8-11 中，该灭点在画面的有限轮廓范围之外。

(3) 一般位置的画面相交线：一般位置的画面相交线如图 8-12 所示，图中，当 A 点高于 T 点时称为"上行直线"；当 A 点低于 T 点时称为"下行直线"。它们的灭点位于过基灭点的同一铅垂线上。其中上行直线的灭点在视平线上方，下行直线的灭点则在视平线的下方。在图 8-12 中，AB 直线的灭点与基灭点亦超出了画面 P 的图示有限范围。

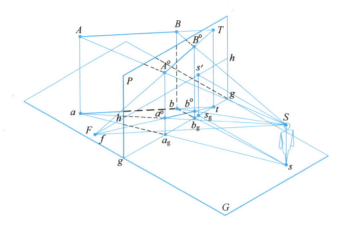

图 8-11 画面水平相交线的透视

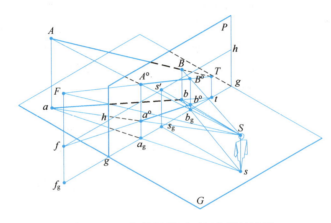

图 8-12 一般位置的画面相交线的透视

规律 3：垂直于基面的直线可以利用透视高度还原出真实高度。

当直线位于画面上时，其长度是真实的。这种能反映真实长度的直线中，有一种垂直相交于基线的画面铅垂线，因其反映直线的真实高度而被称为真高线。利用真高线，可以解决空间点的高度问题，也可以还原作出基面垂直线的真实高度。

在图 8-13（a）中，过 A 点作任意方向的水平线 AB 与画面相交于 T，求出 T 点的基点 t，则 Tt 就是一条能反映 A 点真实高度 Aa 的"真高线"。

为了求出 A 点被透视以后在画面上呈现出的"透视高度"$A°a°$，可以先求出 AT 及 at 的透视 TF 及 tf。然后在求出 A 点的基透视 $a°$（在 tf 上）后，过 $a°$ 向上作铅垂线与 TF 相交即可得到 A 点的透视高度 $A°a°$。事实上，"透视高度"的确定意味着 A 点的透视被求出，作图过程见图 8-13（图中数字为作图步骤）。

按上述作图方法，还可以得出一个结论：求作某点的透视高度依赖于两个条件，一是该点的真高，二是该点的基透视。

值得注意的是：直线 AT 是"任意"的，这种任意的结果是灭点 F 的任意。所以，实际操作时，可在已知或已求出某点的基透视后，任定灭点并连接之。在图 8-14 中，假

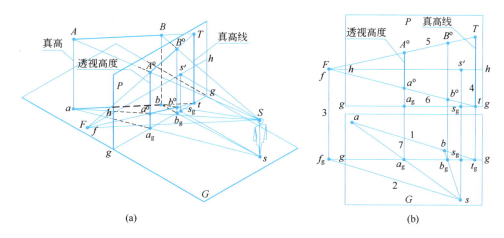

图 8-13 真高线及求法

设 A 点的基透视 $a°$ 已求出，A 点的真高等于 H，则求 $A°$ 的过程如下：

（1）在 h-h 线上任定灭点 F；

（2）连接 $Fa°$ 并延长之，使其与基线 g-g 相交于 t 点；

（3）过 t 作铅垂线 $tT = H$；

（4）连接 TF；

（5）过 $a°$ 向上作铅垂线交 TF 于 $A°$。

图 8-14 中，在视平线上任意选定灭点 F 后，连接 $a°F$ 并延长，使其交基线 g-g 于 t，过 t 即可作真高线，因为 F 的任意性又导致了 t 的任意性，于是，直接在基线上任选 t 点，亦可得出与上述完全相同的结果。

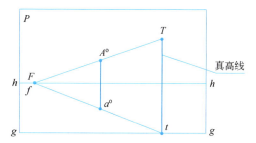

图 8-14 灭点或真高线的任意性

为此，我们包含 Aa 作矩形 $AaBb$ 平行于画面，并求出该矩形的透视 $A°B°a°b°$，观察后可以发现：$A°B°$ 与 $a°b°$ 均平行于基线 g-g，$A°a°$ 及 $B°b°$ 均垂直于基线 g-g（图8-15）。即平行于画面的矩形的透视仍是矩形。其结论是：若 AB 两点的空间高度相等，在与画面的距离也相等的前提下，其透视高度也是相等的。于是，B 点的透视高度可以用为求 A 点的透视高度而作的真高线来量取。利用这一原理，我们可以只用一条真高线，将空间任意多已知基透视和真高的点的透视高度或透视求出。这样的真高线，称为"集中真高线"。在图 8-15（c）中，Tt 为集中真高线，B、C、D、E 四点虽然具有不同的空间位置与空间高度，但它们的"透视高度"或透视均是通过 Tt 而求出的。

同理，我们也可以逆向作图，利用辅助灭点，将已经作出的基面垂直线透视高度还原到画面位置上，获得真高线，从而确定该线的真实高度。

任意"形"或"体"的透视均可求出。因为线由点构成，面由线而来。总之，从几何意义的角度看，万物均离不开"点"这一基本构成要素，再结合直线的透视规律，可以增进对各种透视现象与规律的把握，熟悉和深入理解各种作图方法与技巧。

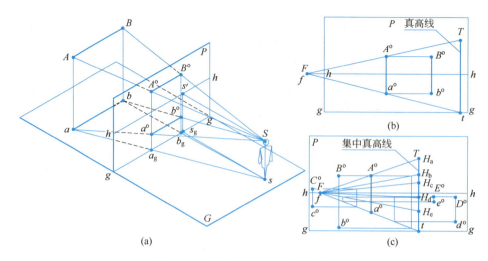

图 8-15 集中真高线的原理及运用

8.3 透视图的分类及常用作图方法

8.3.1 透视图的分类

建筑物是三维空间形体。它至少具有长、宽、高三个方向上的量度即坐标方向的棱线。随着画面与建筑物相对位置或角度等的变化，这三组主要棱线与画面的相对位置关系就可能出现或平行或垂直或倾斜等各种情况。由于建筑的主要棱线与画面的相对位置关系有了这些不同，它们的灭点位置也就各不相同。例如，当主要棱线平行于画面时，画面上将没有它们的灭点；而当主要轮廓线垂直于画面时，这些被称为"主向灭点"的主要棱线的灭点将与视心重合；当主要棱线水平斜交于画面时，它们的主向灭点将位于视平线上。透视图正是按照画面上主向灭点的多少而分类的。

1. 一点透视

当建筑某主要棱线方向（一般为进深方向）与画面垂直时，该方向将在画面上形成一个与视心重合的主向灭点。其长、高两方向将因同时与画面平行而无灭点。在这种前提下所作的建筑透视，称为"一点透视"或"平行透视"（实际上应为与画面平行的两个坐标方向所决定的立面透视），如图 8-16 所示。一点透视多用于表现室内效果或街景等。当需要强调建筑庄重沉稳的形象时，一点透视的表现效果亦独具特色。

2. 两点透视

两点透视是建筑透视中应用最

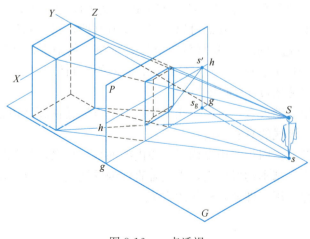

图 8-16 一点透视

多的一种透视类型，它使建筑的高度方向平行于画面（画面与建筑竖向轮廓均处于铅垂位置），而其余（长宽）方向水平地与画面倾斜，客观上使得建筑无竖向灭点而水平方向在视平线 h-h 上同时具有 x、y 两个坐标方向的主向灭点 F_x、F_y。这样形成的透视图因具有两个主向灭点而被称为两点透视，如图 8-17 所示。此外，也有人因为此种情况下，画面与建筑主要立面成一定角度而将其称为"成角透视"。

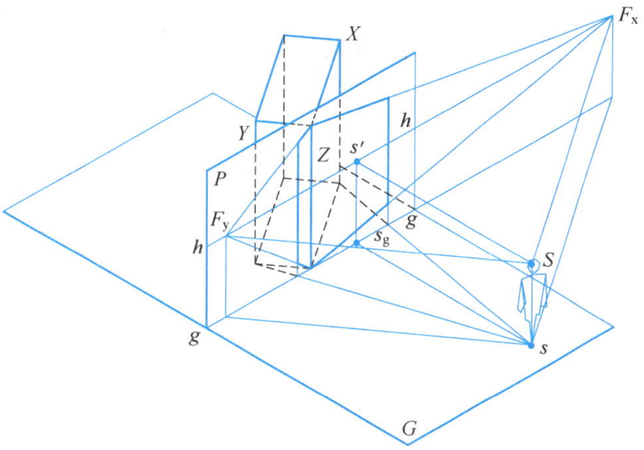

图 8-17 两点透视

3. 三点透视

对于高层尤其是超高层建筑，按常规视距等方式选择画面与建筑的关系其结果一般不太符合人们的视觉习惯。于是可以通过模拟人们从近处观察建筑时的"姿势"，使画面与

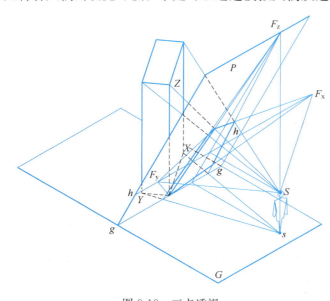

基面倾斜一定角度，如图 8-18 所示。此时，建筑的三个主要棱线（坐标）方向均与画面成一定角度，画面上将产生该方向的三个主向灭点 F_x、F_y、F_z。于是，这样的透视图顺理成章地被称为三点透视。因为画面相对于基面是倾斜的，所以有人更喜欢将其直观地称为"斜透视"。

实际上，人们观看建筑并不总是从下向上仰望，也可能有机会（如乘飞机）从上向下俯瞰。相应地，三点透视也就不仅仅可以画成"仰望三点透视"，自然也可以画成"俯瞰三点透视"。

图 8-18 三点透视

上述三点透视是建立在假想人与建筑相对较近（视距较小）的基础上的，这样作出的透视图虽然也符合人们的视觉习惯，但一方面画面上的建筑失真较大，更主要的是绘图时由于需要同时处理三个主向灭点，给绘制工作带来了很大的不便。所以，工作中有人宁愿将视距选得稍大一些后，仍采用两点透视的方式来表现高层或超高层建筑，其效果仍然可以令人满意。基于这样的原因，实际工作中愿意采用三点透视作图的比较少见。

8.3.2 透视图的常用作图方法

在讨论基本几何元素的透视问题时，已经涉及了最基本的透视作图思想——视线迹点法。只要求出视点 S 与空间点 A 之连线即视线 SA 与画面的交点 $A°$，即为空间 A 点的透视。在具体操作过程中，虽然作图的思路仍如上述，过程却并非直接求视线的迹点，而是通过求空间点的基透视及其透视高度，然后达到求出空间点透视的目的。

空间形体透视作图过程基本上是先求其基透视，然后确定出形体各部位真实高度的透视高度。常用作图方法如下。

1. 视线法

视线法是最传统的透视作图方法之一，因其曾为广大建筑设计师所普遍采用而被称为"建筑师法"。这种方法的实质仍然是求作视线的迹点。

在基面上得出各点的投影并确定出站点、视距等基本条件以后，将基面展开并与画面共面，如图8-19（a）、（b）所示。

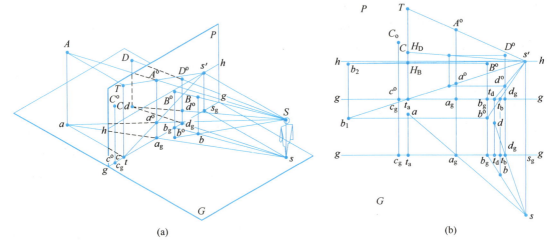

图8-19 视线法（建筑师法）

接下来，按如下步骤作图：

（1）在基面上连接站点 s 与各点的水平投影如 a、b、c 等得连线 sa、sb……，求出所有连线与基线 $g\text{-}g$ 的交点如 a_g、b_g 等（C 点因位于画面上，其透视就是它自身，故图中直接在画面上作出了 C 点的透视及基透视）。从作图过程可以看出，所连的线实质上就是视线的水平投影，故名"视线法"。

（2）将基线上各交点 a_g、b_g 等"转移"（投影）到画面上。请注意，当受图幅限制而无法将画面与基面绘于同一幅面内时，"转移"的意义十分重要。

（3）过空间各点作画面的垂线并求出这些垂线的基透视如 t_as'、t_bs'……。它们分别与②中过基线上 a_g、b_g 各点所作之铅垂线相交，即可得出各点的基透视 a°、b°……。

（4）利用"真高线"求出各点的透视高度，即可最终求出各点的透视。本例中，首先求出了过 A 点所作画面垂线的垂足 T（过 t_a 向上作铅垂线，取铅垂线长等于 A 点真高即可），然后连接 Ts' 并与 a_gA° 相交于 A° 点即求出了 A 点的透视 A°。在求作 B 点的透视时，又利用了"集中真高线"的概念。因为 B 点位于画面之前，所以，它的基透视必然位于基线 $g\text{-}g$ 之下，其透视高度将大于其真高。作图时，首先过 b° 点作水平线向左与 t_as' 连线的延长线相交于 b_1 点。然后在 A 点的真高线上从 t_a 向上量取 B 点的真高得出 H_B 点。连接 H_Bs' 并与过 b_1 所作之铅垂线相交于 b_2，则 B 点的透视高度即可求出。最后只需过 b_2 作水平线向右与过 b° 所作铅垂线相交于 B°。如此重复若干次，各点的透视即可全部求作完毕。

在以上作图过程中，用到了过空间点作辅助线的方法。理论上，这种辅助线可以是任意的画面相交线。但为作图方便并简化作图步骤，最好取画面水平相交线或画面垂直线。本例选用后者，则直接利用了视心 s' 而免去了求作辅助线灭点的麻烦。由于辅助线的引入，建筑师法作图的本质为：空间两直线透视的交点就是该两直线交点的透视。

掌握了点的透视求作方法以后，对于更复杂的形体，只不过是上述过程的重复而已。

建筑师法既可用于两点透视，亦可用于一点透视。当其用于一点透视时，其作图的原理和方法与上完全相同，不再叙述。

2. 量点法

建筑师法作透视图时，必须在基面上过站点引平面图各转折点的连线并与基线相交于若干点，当透视图较大时，平面图与画面无法画在一张图纸上，此时这些交点向画面"转移"的工作就显得十分麻烦并且很容易出错。为此，有必要探索新的作图方法。

求作透视图的两大关键是求作形体的基透视和确定形体的透视高度。后者一般均用集中真高线的原理与方法加以解决，前者的任务则主要是确定平面图中各可见点和线等的透视位置与透视长度。为了不用建筑师法而达到相同目的，请注意图 8-20。

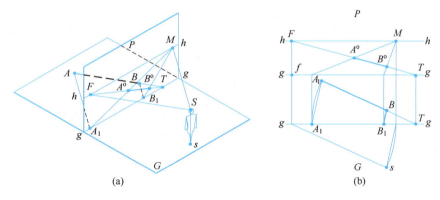

图 8-20 量点法
(a) 量点的概念；(b) 量点法作图

为求基面上 AB 直线段的透视，可以先分别求出其迹点 T 和灭点 F，连接 TF 即得到 AB 直线的"全透视"，即包括 A、B 两点在内的整条直线的透视，A、B 两点必位于该"全透视" FT 上。接着，只要能确定出 A、B 两点透视后的具体位置，即可求出 AB "线段"的透视，为此，过 A 点作辅助线 AA_1，该辅助线在求作时必须满足的条件是：$AT = A_1T$，即三角形 ATA_1 为一等腰三角形，而 AA_1 为其底边。现在，可以求辅助线 AA_1 的透视了——先求其灭点并用 M 表示，连接 A_1M 则得其全透视，而 A 点的透视必在 A_1M 上，同时 A 点的透视还必然在 FT 上，于是，A_1M 与 FT 二线的交点 $A°$，就成了 A 点透视的唯一解。

按同样的作图原理和方法，又可求出 AB 线段的另一端点 B 的透视。

虽然辅助线 AA_1 及 BB_1 的共同灭点 M 可用求灭点的传统方法获得，但分析三角形 FSM 后可知，其各边与三角形 TAA_1 或三角形 TBB_1 的对应边分别平行。于是，三角形 FSM 也是等腰三角形，SM 为其底边，两腰 FM 与 FS 是相等的。因此，作图时，M 点

的位置可通过自 F 点直接"量取"一段长度等于 F 点到 S 点的距离而获得。

以上作图方法，是根据"**两直线交点的透视必等于两直线透视的交点**"这一实质性理由而得出的。作图过程中，M 点的作用在于确定辅助线的透视，从而"量取"线段透视以后的透视长度，正是由于这样的原因，这种辅助线的灭点 M 才被称为"量点"，而这种利用量点直接根据平面图中线段的已知尺寸求作平面图基透视的方法便被称为量点法。

在正常作图时，因为辅助线 AA_1、BB_1 等的水平投影的意义在于确定其迹点 A_1、B_1 等，而这些点按 $AT=A_1T$、$BT=B_1T$ 这样的关系，也可以直接在画面上自 T 点量得，所以，这些辅助线并不需要直接画出，只要能定出 A_1、B_1 等点就可以了。

利用量点的概念求作直线的基透视时，量点的数量如同灭点的数量一样，与直线的"方向数"是相同的。如建筑平面图中有两个主向灭点，则必然有两个相应的量点。作图时请注意区别对应的关系。另外，量点法是在画面上利用"直线交点"得出点的透视的。两直线相交的角度越接近垂直，交点位置越易明确；反之，若交角越接近平行，则交点的位置越是模糊。如图 8-20（b）中，随着 h-h 线的位置降低（视高减小），A_1M 与 FT 二线将逐渐接近平行。这意味着二线交点 $A°$ 的位置将越来越难于用肉眼判定。这必将导致最终的作图结果严重失真。因此，在利用量点法（包括以后的距点法）绘制透视图时，若因视高太小出现上述问题时，一般可以采用在画面上"升高基面"或"降下基面"（相当于将画面上 g-g 线人为向下或向 h-h 线以上"复制一个"）的方法，使问题得以缓解。

升高或降下基面是基于"**点的透视与其基透视始终位于同一铅垂线上**"的道理。在降下或升高后的基面上相对准确地确定出点的基透视位置后，还必须将结果返回到原来的基面上。如图 8-21 所示，因视高相对较小，A_1M 与 FT 的交点不易确定，

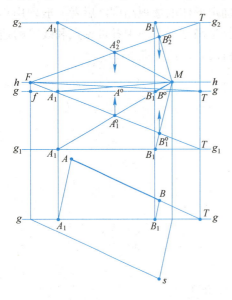

图 8-21 升高或降下基线作图

于是分别采用了降下基面和升高基面的方法。由图还可以看出：

（1）无论是降下基面还是升高基面，作图时只是移动了 g-g 线及其上各点如 A_1、B_1、T 等，视平线并不动。并且移动的"量"完全取决于需要和图纸的大小。

（2）无论用哪种方式（升高或降低），所得到的结论是一致的。

（3）升高或降下的基面上的透视 $A_1°$、$B_1°$、$A_2°$、$B_2°$ 等，并不是直线在原视高条件下的透视。因此必须将其返回到原基面上（图中箭头方向），所得 $A°B°$ 才是所求。

（4）原始基线位置上的 A_1M、B_1M 等线条在正式作图时无需画出（如图中的 B_1M 便未画）。只需将 $A_1°$ 或 $A_2°$ 投影到直线的"全透视"上即可。本图中画出 A_1M 是为了让读者体会其交点位置的不确定程度。

3. 距点法

用量点法求作一点透视时，由于建筑物的三组主向棱线中只有一组与画面相交，故透

视图中，建筑只有一个主向灭点，该灭点即视心 s'。求作量点时，灭点 s' 到量点的距离仍然等于视点 S 到灭点 s' 的距离，由于这一距离反映的是"视距"，所以，这种特殊情形下的量点改叫"距离点"简称距点且用 D 表示，如图 8-22 所示。

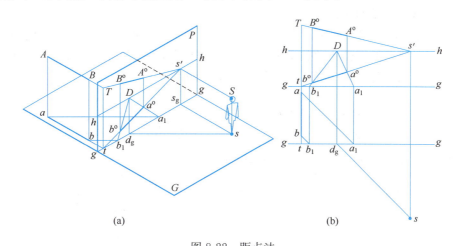

图 8-22　距点法
（a）距点的概念；（b）距点法作图

距点与量点的区别在于：

（1）距点 D 到视心 s' 的距离反映了视距，而量点无此能力。

（2）基面上，为求某点的透视而作的辅助线如 aa_1，由于必须满足 $at=a_1t$ 而使得 aa_1 与 g-g 线呈 45°夹角（这种辅助线在实际作图时亦不必画出）；在量点法中，类似的夹角完全取决于基面上直线如 AB 与 g-g 所夹的角度大小，多数情况下不等于 45°。

（3）量点法中，正如灭点的位置取决于直线的方向一样，其量点相对于灭点的位置也是固定不变的。但在距点法中，由于上述"辅助线"如 aa_1 等既可作在迹点 t 的右边（如图 8-22 所示），亦可作在 t 的左边，这将导致距点相对于灭点（视心）的左右位置关系的相应改变。作图时可根据图面的布置情况及个人习惯灵活处理，但一定要注意对应关系。例如：距点在心点 s' 的左边，则 a_1 点必在迹点的右边。但当直线 AB 上的点位于画面以前时，上述对应关系则刚好颠倒。这在量点法中同样需要注意。

8.4　透视图的参数选择

8.4.1　透视图的基本参数

在着手绘图之前，应该充分考虑并妥善处理以下几方面问题：

（1）透视类型：包括一点、两点、三点及仰望、俯瞰等。

（2）恰当安排画面、观者、对象三者的位置关系。三者相对位置的变化，直接影响到透视的效果。处理不当，轻则不能完美体现建筑的艺术感染力，重则导致建筑在视觉上产生严重变形、失真。例如在一点透视中，若视点与对象的任一表面共面，则绘出的透视图将不能反映该表面的真实情形。再如，将任意透视图视高取为零，则基面将表现为一条水平线。这不仅与生活的经验不符，还将给作图带来极大的困惑。

8.4.2 透视图基本参数的选择

1. 视点的选定

视点 S 的选定意味着站点的位置及视高（视平线的高度）均被确定。在确定站点 s 时，应当注意满足视觉的几方面要求。

（1）在视觉方面：眼球固定注视一点时所能看见的"空间范围"称为视野。有单眼与双眼之分，通常所谓的视野主要指前者。按上述视野的定义，"睁只眼闭只眼"作感觉尝试，会体会到人的视野形如一椭圆锥，称为视锥（图 8-23）。

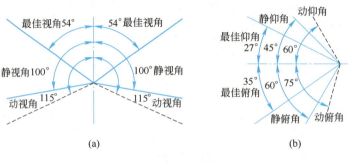

图 8-23 视野图
(a) 水平视野图；(b) 垂直视野图

用水平面沿视锥中轴线剖切视锥，所得素线与中轴线的夹角称为水平视角，其最佳值约 54°。用铅垂面沿中轴线剖切视锥，所得的视角称为垂直视角，分俯、仰二部分，其大小视观看对象而各不相同。一般，人们观察建筑群体全景的最佳仰角为 18°；观赏单体建筑的最佳仰角是 27°；观赏建筑局部的最大仰角为 45°。垂直俯角的值比仰角值略大一些，但亦不宜大于 45°。从事设计与绘制透视图时，必须考虑到对上述视角要求的满足。

如图 8-24 所示，在站点 s_2 处，水平视角完全能够满足最佳视角要求，但因垂直视角超过了 27°，两灭点相对于建筑物的高度而言就显得相距太近。于是，在所绘出的透视图中，建筑物水平轮廓线急剧收敛，画面所呈现的视觉效果因畸变而失真。若在满足水平视角要求的同时，也考虑到对垂直视角要求的满足，将站点移至 s_1 处，这样绘出的透视图从视觉感受上看，因轮廓较为平缓而显得舒展、自然。

以上例子不单是说明视角大小对透视图效果的影响问题，更主要的是两种视角对不同的透视对象应有不同的侧重。例如，对现代高层建筑而言，

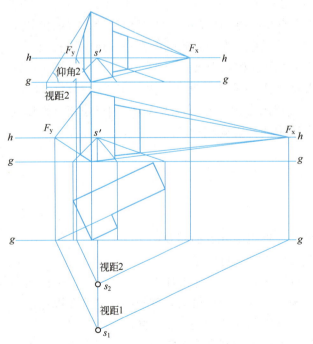

图 8-24 不同视角（距）的效果

仅仅讨论其水平视角是没有什么意义的。因为，当其仰角要求被满足时，其水平视角肯定是满足的。当然，对于或低矮或扁长的形体，其水平视角则应优先考虑。

（2）站点选择应满足的另一个要求是：所绘出的建筑透视图应能全面反映建筑物的外部形态。如图 8-25 所示的形体，与图 8-24 的完全一致（包括仰角），但若视点位置不当，原本为 L 形的形体完全可能被误认为仅是一长方体，而且长、宽方向的视觉印象也发生了颠倒。

此外，在选择站点位置时，还应考虑对客观环境的忠实，即使是在后期渲染、配景时，这也是有必要引起重视的问题。

视高是一个与视点位置相关的问题。它指视点与站点间的高度，在画面上表现为视平线与基线间的距离（三点透视除外）。多数情况下，视高可按人的身高选取。这种视高条件下所形成的透视图接近人的真实视觉感受，画面显得真实、自然。当考虑到对环境的尊重或设计人员为了强调建筑的个性特征时，视平线

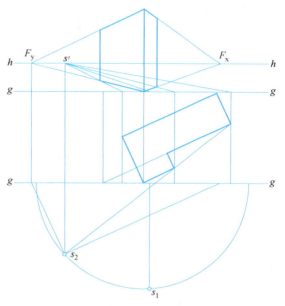

图 8-25　不同站点的效果

可以适当升高或降低。但请注意，视平线的升高意味着视高的增大，而视平线的降低则不一定是指视高的减小，因为降低视平线往往是连同基线一起进行的，实质是站点或视点的降低，更准确地说，则往往是建筑物的地面与透视图中的基面不再共面。

升高视平线可以使被表现的范围得到扩展，画面显得更开阔，犹如鸟瞰一般。所以用升高视平线的方式表现建筑群体的透视图又称为鸟瞰图。此外，此法还可用于表现室内或表现场景等。

降低视平线后将使透视图产生仰视的感觉，建筑将因此而显得更高大、雄伟。如

图 8-26　降低视平线

图 8-26 所示莱特的流水（考夫曼）别墅，虽然采用了降低视平线的方式去表现，但建筑仍不失为一种与大自然浑然一体并充满着亲切感的田园建筑。

2. 画面与建筑物的相对位置

画面与建筑物的相对位置包括角度和距离两个方面。

画面与建筑物的夹角主要指建筑物主要立面与画面的夹角。如图 8-27 中的 α，这些角度的大小将影响到建筑立面表达的侧重。随着 α 角的增大，建筑与画面相邻的两个立面在透视图中所占的比例逐渐变化。与图 8-25 比较，这种变化与站点从左向右移动所造成的变化具有相似之处。

在绘制透视图时，上述角度的选择显然不是由单方面因素决定的，既应该考虑对象表现上的需要，又要照顾到作图的方便程度。例如，许多人在绘图时取 α 角等于 30°，这个角度一方面使得手工作图较方便（求灭点位置时），另一方面 30° 角将使建筑的主要立面得到更充分的展示和表现，使得建筑各立面的透视主次分明。如将 α 取为 45°，虽然作图方便程度相当，但如暂不考虑站点位置的影响，则相邻立面被表现的机会是均等的。这就好比用正等测表现正方体一样，图面会显得呆板、没有生气。若 $\alpha > 45°$，则建筑的长宽方向经透视后会"黑白"颠倒，这在某些表现街景的图中时有所见。画面与建筑物的距离是指：在夹角不变的情况下，平行地移动画面所造成的距离变化。这种距离的变化也将对透视图产生影响。当画面位置相对于视点平行移动时，所生成的透视图将发生大小变化，但透视图自身各部分的比例关系保持不变。利用这种特性，在实践中往往根据图幅大小的需要来决定画面的具体位置。当需要绘制较大的图形时，可以将画面向远离视点的方向移动，反之，则向靠近视点的方向移动。通过这种方式，理论上可得到任意大小的透视图。但作图时，建议使建筑物上的典型墙角线位于画面上，这样的墙角线将因为反映真高而给绘图带来不少方便。

绘制的透视图是否被放大，取决于对象与画面的前后位置关系。当对象位于画面之后，所绘图形缩小；当对象位于画面之前，所绘图形放大；当对象位于画面上时，所绘图形保持原大不变。可见，画面是放大或缩小图形的分界面。

3. 确定视点及画面的方法

绘制透视图时，在平面图中确定视点及画面位置的一般方法如下：

在给定建筑平、立面图以后，绘制透视图的第一步工作就是根据表现的需要，用本节曾介绍过的有关知识作指导，合理选择视点及画面的有关参数。如图 8-28 所示，以下是较常用的一种方法：

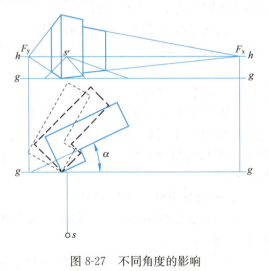

图 8-27　不同角度的影响

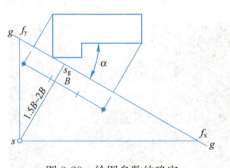

图 8-28　绘图参数的确定

(1) 过平面图某墙角作基线 g-g，二者间夹角 α 视需要而定，一般取 30°。

(2) 过建筑最远的转角点或轮廓线（如圆弧墙等）作基线的垂线，由此可得画面图幅的近似宽度 B。

（3）将近似宽度三等分，在中间一段内根据需要选择视心的基面投影 s_g 的位置，并由 s_g 作 $g\text{-}g$ 线的垂线 ss_g。

（4）取 ss_g 的长度为画面近似宽度 B 的 1.5~2.0 倍，即可确定站点的位置。执行此步骤的结果，将主要影响水平视角与垂直视角的大小。故一定要根据对象的具体情况酌情处理。例如：低矮而偏长的建筑应考虑满足最佳水平视角（≤54°），高大细长的高层或超高层建筑则主要满足垂直视角的要求（≤27°）。

小 结

（1）了解透视投影的基本原理及形成透视图的几种方法。
（2）熟悉透视图的基本术语及其代号。
（3）掌握点的透视规律及其求作方法。
（4）掌握各种位置直线的透视规律及其求作方法。
（5）掌握各种位置直线的透视规律；迹点、灭点、真高、透视高等相关概念及各种位置直线的透视求作方法。
（6）掌握透视图的分类及常用作图方法。
（7）了解透视图基本参数对成图的影响以及具体选择方法。

复习思考题

8.1 点的透视与其基透视为什么会在同一条铅垂线上？
8.2 如何根据点的基透视确定空间点的位置？
8.3 视线迹点法是用来干什么的？
8.4 直线的透视及其基透视为什么还是直线？例外的情况有哪些？
8.5 直线的画面迹点与其灭点有什么关系？
8.6 真高线的意义何在？
8.7 透视图是按什么依据分类的？各自有什么样的视觉特点？为什么？
8.8 求作透视图的两大关键是什么？
8.9 建筑师法求透视的本质是什么？
8.10 量点法与距点法求作透视的异同有哪些？
8.11 影响透视图成图效果的基本参数包括哪些内容？
8.12 简述画面、视点、对象三者的变化对透视成图的影响。

第 9 章 建筑施工图

本章知识点

本章主要介绍建筑施工图的内容，包括组成建筑施工图的总平面图、各层平面图、立面图、剖面图及详图的形成、用途、比例、线型、图例、尺寸标注等要求和绘图方法。重点应掌握识读和绘制建筑施工图的方法和技巧。

9.1 概　　述

9.1.1 房屋的组成及房屋施工图的分类

（1）房屋的组成

虽然各种房屋的使用要求、空间组合、外形处理、结构形式和规模大小等各有不同，但基本上是由基础、墙、柱、楼面、屋面、门窗、楼梯以及台阶、散水、阳台、走廊、天沟、雨水管、勒脚、踢脚板等组成，如图 9-1 和图 9-2（是一幢三层的小别墅住宅）所示。

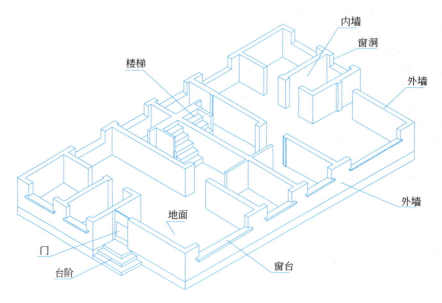

图 9-1　房屋的组成（1）

基础起着承受和传递荷载的作用；屋顶、外墙、雨篷等起着隔热、保温、避风遮雨的作用；屋面、天沟、雨水管、散水等起着排水的作用；台阶、门、走廊、楼梯起着沟通房屋内外、上下交通的作用；窗则主要用于采光和通风；墙裙、勒脚、踢脚板等起着保护墙身的作用。

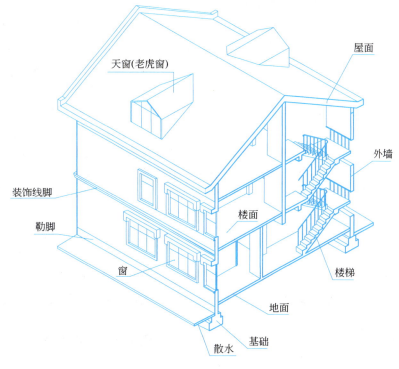

图 9-2 房屋的组成（2）

（2）房屋施工图的分类

在工程建设中，首先要进行规划、设计，并绘制成图，然后才能照图施工。

遵照建筑制图标准和建筑专业的习惯画法绘制建筑物的多面正投影图，并注写尺寸和文字说明的图样，叫建筑图。

建筑图包括建筑物的方案图、初步设计图（简称初设图）和扩大初步设计图（简称扩初图）以及施工图。

施工图根据其内容和各工程不同分为：

① 建筑施工图（简称建施图）。主要用来表示建筑物的规划位置、外部造型、内部各房间的布置、内外装修、构造及施工要求等。它的内容主要包括施工图首页、总平面图、各层平面图、立面图、剖面图及详图。

② 结构施工图（简称结构图）。主要表示建筑物承重结构的类型、结构布置、构件种类、数量、大小及作法。它的内容包括结构设计说明、结构平面布置图及构件详图。

③ 设备施工图（简称设施图）。主要表达建筑物的给水排水、暖气通风、供电照明、燃气等设备的布置和施工要求等。它主要包括各种设备的布置图、系统图和详图等内容。

本章主要讲述建筑施工图的内容。

9.1.2 模数协调

为使建筑物的设计、施工、建材生产以及使用单位和管理机构之间容易协调，用标准化的方法使建筑制品、建筑构配件和组合件实现工厂化规模生产，从而加快设计速度，提高施工质量及效率，改善建筑物的经济效益，进一步提高建筑工业化水平，国家颁布了中华人民共和国国家标准《建筑模数协调标准》GB/T 50002—2013。

模数协调使符合模数的构配件、组合件能用于不同地区不同类型的建筑物中，促使不同材料、形式和不同制造方法的建筑构配件、组合件有较大的通用性和互换性。在建筑设计中能简化设计图的绘制，在施工中能使建筑物及其构配件和组合件的放线、定位及组合等更有规律、更趋统一、协调，从而便利施工。

模数是选定的尺寸单位，作为尺度协调的增值单位。模数协调选用的基本尺寸单位，叫基本模数。基本模数的数值为100mm，其符号为M，即M＝100mm，整个建筑物和建筑物的一部分以及建筑组合件的模数化尺寸，应是基本模数的倍数。模数协调标准选定的扩大模数和分模数叫导出模数，导出模数是基本模数的整倍数和分数。

扩大模数应符合基数为2M、3M、6M、12M……的规定，其相应的尺寸分别为200、300、600、1200mm……。

分模数应符合基数为M/10、M/5、M/2的规定，其相应的尺寸分别为10、20、50mm。

建筑物的开间或柱距，进深或跨度，梁、板、隔墙和门窗洞口宽度等部分的截面尺寸宜采用水平基本模数和水平扩大模数数列，且水平扩大模数数列宜采用$2n$M、$3n$M（n为自然数）。

建筑物的高度、层高和门窗洞口高度等宜采用竖向基本模数和竖向扩大模数数列，且竖向扩大模数数列宜采用nM。

构造节点和分部件的接口尺寸等宜采用分模数数列，且分模数数列宜采用M/10、M/5、M/2。

9.1.3 砖墙及砖的规格

目前在我国房屋建筑中的墙身，如为框架结构，墙体多为加气混凝土砌块和水泥空心砖及页岩空心砖。其墙体厚度一般为100、150、200、250、300mm。如为墙体承重结构，墙体多以砖墙为主，另外有石墙、混凝土墙、砌块墙等。砖墙的尺寸与砖的规格有密切联系。墙体承重结构中墙身采用的砖，不论是黏土砖，还是页岩砖、灰砂砖，当其尺寸为240mm×115mm×53mm时，这种砖称为标准砖。采用标准砖砌筑的墙体厚度的标志尺寸为120（半砖墙，实际厚度115mm）、240（一砖墙，实际厚度240mm）、370（一砖半墙，实际厚度365mm）、490（二砖墙，实际厚度490mm）等。砖的强度等级是根据10块砖抗压强度平均值和标准值划分的，共有五个级别，即MU30、MU25、MU20、MU15、MU10（图9-3）。

砌筑砖墙的粘结材料为砂浆，根据砂浆的材料不同有石灰砂浆（石灰、砂）、混合砂浆（石灰、水泥、砂）、水泥砂浆（水泥、砂）。砂浆的抗压强度等级有M2.5、M5.0、M7.5、M10、M15五个等级。

在混合结构及钢筋混凝土结构的建筑物中，还常涉及混凝土的抗压强度等级，混凝土的抗压强度等级分为十四级，即C15、C20、C25、C30、C35、C40、C45、C50、C55、C60、C65、C70、C75、C80。

9.1.4 标准图与标准图集

为了加快设计与施工的速度，提高设计与施工的质量，把各种常用的、大量性的房屋建筑及建筑构配件，按"国家标准"规定的统一模数，根据不同的规格标准，设计编出成

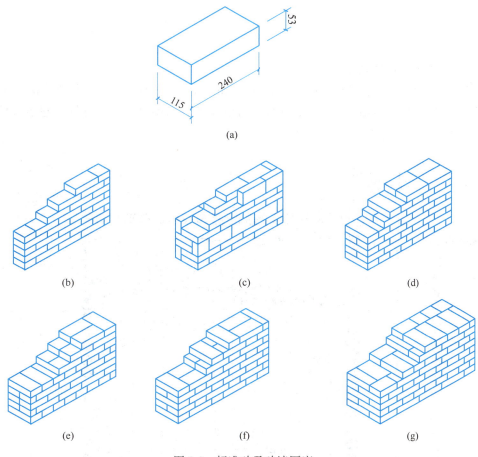

图 9-3 标准砖及砖墙厚度
(a) 标准砖尺寸；(b) 全顺式（12 墙实厚 115）；(c) 两平一侧（18 墙实厚 178）；
(d) 一顺一丁（24 墙实厚 240）；(e) 三顺一丁（24 墙实厚 240）；
(f) 十字式（24 墙实厚 240）；(g) 一顺一丁（37 墙实厚 365）

套的施工图，以供选用。这种图样，叫做标准图或通用图。将其装订成册即为标准图集。标准图集的使用范围限制在图集批准单位所在的地区。

标准图有两种，一种是整幢房屋的标准设计（定型设计）；另一种是目前大量使用的建筑构配件标准图集。建筑标准图集的代号常用"建"或字母"J"表示。如国家建筑标准设计图集《小城镇住宅通用（示范）设计·重庆地区》代号为"05SJ917-8"。西南地区（云、贵、川、渝、藏）《刚性、卷材、涂膜防水及隔热屋面构造图集》代号为"西南 03J201-1"。山东省《06 系列山东省建筑标准图集·建筑工程做法》图集编号为 L06J002。

结构标准图集的代号常用"结"或字母"G"表示。如国家建筑标准设计图集《混凝土结构施工图平面整体表示方法制图规则和构造详图（现浇框架、剪力墙、梁、板）》代号为"11G101-1"。四川省《空心板图集》代号为"川 G202"。福建省建筑标准设计《人工挖孔灌注桩》DBJT13-68 代号为"闽 2004G107"等。

9.2 总平面图

9.2.1 总平面图的用途

在画有等高线或坐标方格网的地形图上,加画上新设计的乃至将来拟建的房屋、道路、绿化(必要时还可画出各种设备管线布置以及地表水排放情况)并标明建筑基地方位及风向的图样,便是总平面图(图9-4)。

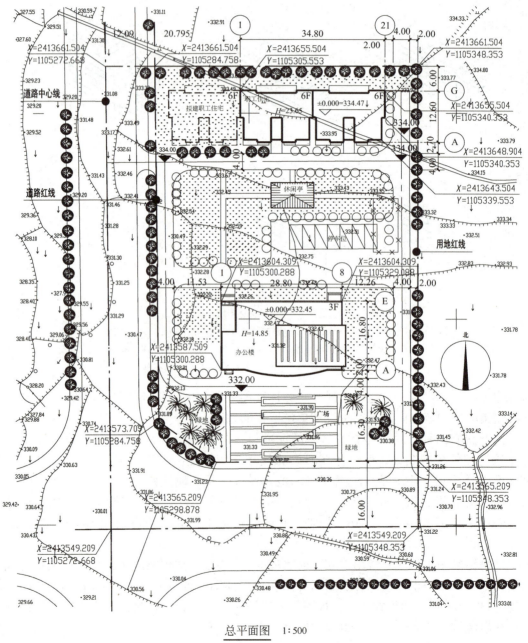

总平面图　1:500

图9-4　总平面图

总平面图是用来表示整个建筑基地的总体布局，包括新建房屋的位置、朝向以及周围环境（如原有建筑物、交通道路、绿化、地形、风向等）的情况。总平面图是新建房屋定位、放线以及布置施工现场的依据。

9.2.2 总平面图的比例

由于总平面图包括地区较大，中华人民共和国国家标准《总图制图标准》GB/T 50103—2010（以下简称《总图制图标准》）规定：总平面图的比例应用 1∶500、1∶1000、1∶2000 来绘制。实际工程中，由于国土管理部门提供的地形图常为 1∶500 的比例，故总平面图常用 1∶500 的比例绘制，如图 9-4 所示。

9.2.3 总平面图的图例

由于总平面图的比例较小，故总平面图上的房屋、道路、桥梁、绿化等都用图例表示。表 9-1 列出的为《总图制图标准》规定的总图图例。在较复杂的总平面图中，如用了一些《总图制图标准》上没有的图例，应在图纸的适当位置加以说明。总平面图常画在有等高线和坐标网格的地形图上，地形图上的坐标称为测量坐标，是用与地形图相同比例画出的 50m×50m 或 100m×100m 的方格网，此方格网的竖轴用 x，横轴用 y 表示。一般房屋的定位应注其三个角的坐标，如建筑物、构筑物的外墙与坐标轴线平行，可标注其对角坐标。

总平面图图例（摘自 GB/T 50103—2010） 表 9-1

名称	图例	说明
新建的建筑物	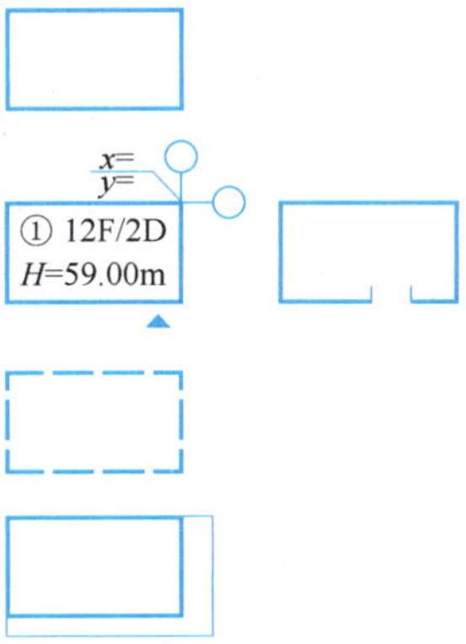 ① 12F/2D H=59.00m	新建建筑物以粗实线表示与室外地坪相接处±0.00 外墙定位轮廓线 建筑物一般以±0.00 高度处的外墙定位轴线交叉点坐标定位，轴线用细实线表示，并标明轴线编号 根据不同设计阶段标注建筑编号，地上、地下层数，建筑高度，建筑出入口位置（两种表示方法均可，但同一图纸采用一种表示方法） 地下建筑物以粗虚线表示其轮廓 建筑上部（±0.00 以上）外挑建筑以细实线表示 建筑物上部连廊用细虚线表示并标注位置
原有的建筑物		用细实线表示
计划扩建的预留地或建筑物（拟建的建筑物）		用中粗虚线表示
拆除的建筑物		用细实线表示
建筑物下面的通道	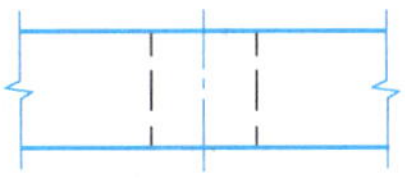	

续表

名称	图例	说明
散状材料露天堆场		需要时可注明材料名称
其他材料露天堆场或露天作业场		
铺砌场地		
烟囱		实线为烟囱下部直径，虚线为基础，必要时可注写烟囱高度和上、下口直径
围墙及大门		
台阶及无障碍坡道	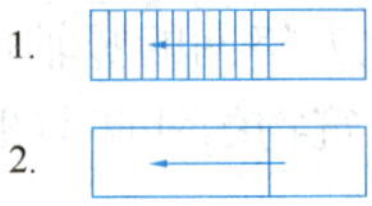 1. 2.	1. 表示台阶（级数仅为示意） 2. 表示无障碍坡道
挡土墙	 5.00 / 1.50	挡土墙根据不同设计阶段的需要标注 墙顶标高 墙低标高
挡土墙上设围墙		
坐标	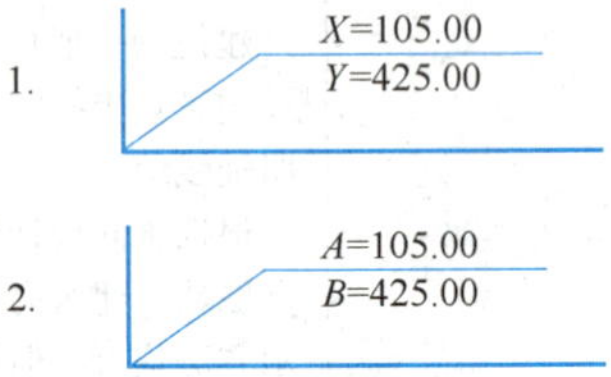 1. $X=105.00$ $Y=425.00$ 2. $A=105.00$ $B=425.00$	1. 表示地形测量坐标系 2. 表示自设坐标系 坐标数字平行于建筑标注
填挖边坡	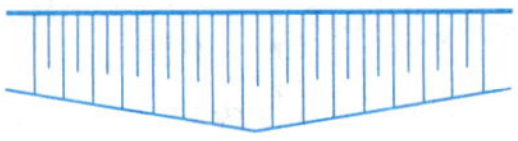	
雨水口	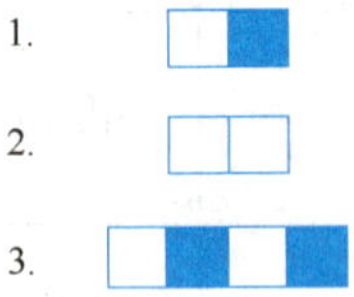 1. 2. 3.	1. 雨水口 2. 原有雨水口 3. 双落式雨水口
消火栓井		
室内标高	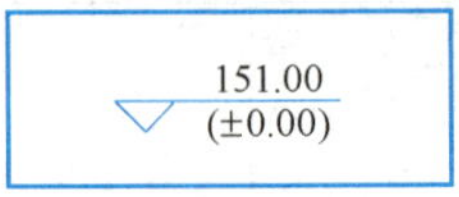 151.00 (±0.00)	数字平行于建筑物书写

续表

名称	图例	说明
室外标高	143.00 ▼	室外标高也可采用等高线表示
地下车库入口		机动车停车场

新建房屋的朝向（对整个房屋而言，主要出入口所在墙面所面对的方向；对一般房间而言，则指主要开窗面所面对的方向）与风向，可在图纸的适当位置绘制指北针或风向频率玫瑰图（简称"风玫瑰"）来表示，指北针应按中华人民共和国国家标准《房屋建筑制图统一标准》GB/T 50001—2017 规定绘制，如图 9-5 所示，指针方向为北向，圆用细实线，直径为 24mm，指针尾部宽度为 3mm，指针针尖处应注写"北"或"N"字。如需用较大直径绘制指北针时，指针尾部宽度宜为直径的 1/8。

风向频率玫瑰图在 8 个或 16 个方位线上用端点与中心的距离，代表当地这一风向在一年中发生频率，粗实线表示全年风向，细虚线范围表示夏季风向。风向由各方位吹向中心，风向线最长者为主导风向，如图 9-6 所示。

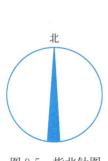
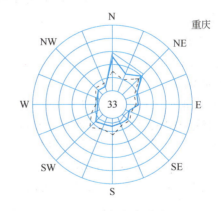

图 9-5　指北针图　　　　图 9-6　风向频率玫瑰图

9.2.4　总平面图的尺寸标注

总平面图上的尺寸应标注新建房屋的总长、总宽以及与周围房屋或道路的间距，尺寸以米为单位，标注到小数点后两位。新建房屋的层数在房屋图形右上角用点数或数字表示。一般低层、多层用点数表示层数，高层用数字表示，如果为群体建筑，也可统一用点数或数字表示。

新建房屋的室内地坪标高为绝对标高，这也是相对标高的零点。标高符号的规格及画法如图 1-30 所示。室外整平标高采用全部涂黑的等腰三角形"▼"表示，大小形状同标高符号。总平面图上标高单位为"m"，标到小数点后两位。

图 9-4 为某县质量技术监督局办公楼及职工住宅所建地的总平面图。从图中可以看出整个基地平面很规则，南边是规划的城市主干道，西边是规划的城市次干道，东边和北边是其他单位建筑用地。新建办公楼位于整个基地的中部，其建筑的定位已用测量坐标标出

了三个角点的坐标，其朝向可根据指北针判断为坐北朝南，新建办公楼的南边是入口广场，北边是一已建好的休闲亭和停车场及即将新建的职工住宅，东边和西边都布置有较好的绿地，使整个环境开敞、空透，形成较好的绿化景观。图中用粗实线画出的新建办公楼共3层，轴线总长28.80m，总宽16.80m，总高14.85m，距东边环形通道12.26m，距南边环形通道2.00m。新建办公楼的室内整平标高为332.45m，室外整平标高为332.00m。从图中我们还可以看到紧靠新建办公楼的北偏东方向停车场边有一需拆除的建筑。基地北边用粗实线画出的是即将新建的两个单元的职工住宅，该新建的职工住宅共6层，总长34.80m，总宽12.60m，总高23.65m，距北边建筑红线6.00m，距东边建筑红线8.00m，建筑前后都建成与小区道路相接的回车场地，以方便小车停入一层车库。新建的职工住宅的室内整平标高为334.15m，室外整平标高为334.00m。而在即将新建的两个单元的职工住宅的西边准备再拼建一个单元的职工住宅，故在此用虚线来表示。

9.3 建筑平面图

9.3.1 建筑平面图的用途

建筑平面图是用以表达房屋建筑的平面形状、房间布置、内外交通联系，以及墙、柱、门窗等构配件的位置、尺寸、材料和做法等内容的图样。建筑平面图简称"平面图"。

平面图是建筑施工图的主要图样之一，是施工过程中，房屋的定位放线、砌墙、设备安装、装修及编制概预算、备料等的重要依据。

9.3.2 平面图的形成

平面图的形成通常是假想用一水平剖切面经过门窗洞口间将房屋剖开，移去剖切平面以上的部分，将余下部分用直接正投影法投影到H面上而得到的正投影图。即平面图实际上是剖切位置位于门窗洞口间的水平剖面图（图9-7、图9-8）。

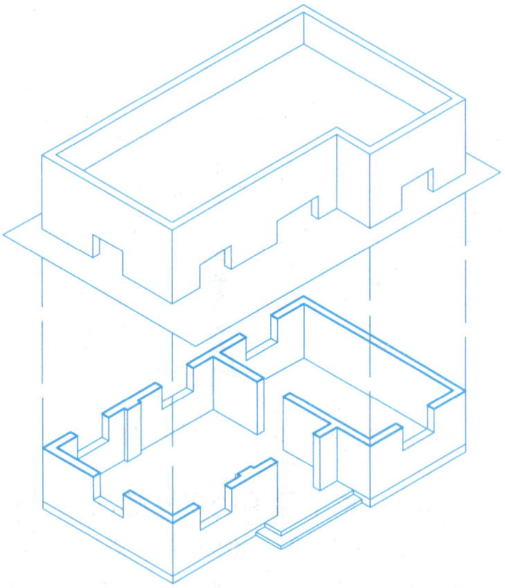

9.3.3 平面图的比例及图名

（1）比例

平面图用1∶50、1∶100、1∶200的比例绘制，实际工程中常用1∶100的比例绘制。

（2）图名

一般情况下，房屋有几层就应画几个平面图，并在图的下方标注相应的图名，如"底层平面图""二层平面图"等。图名下方应加一粗实线，图名右方标注比例。当房屋中间若干层的平面布局、构造情况完全一致时，则可用一个平面图来表达这相同布局的若干层，称之为标准层平面图。底层以下的地下室可用"负一层平面图""负二层平面图"等表示。

图9-7 平面图的形成

9.3.4 平面图的图示内容

底层平面图应画出房屋本层相应的水平投影，以及与本栋房屋有关的台阶、花池、散

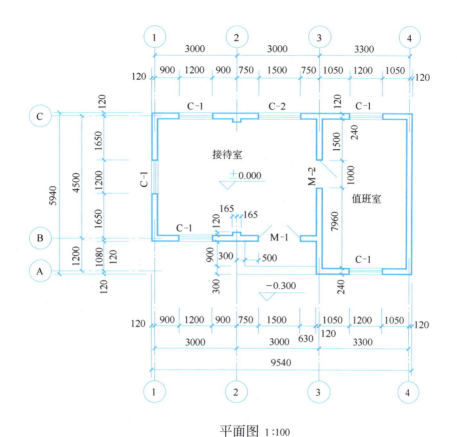

图 9-8 平面图

水等的投影（图 9-8）；二层平面图除画出房屋二层范围的投影内容之外，还应画出在底层平面图上无法表达的雨篷、阳台、窗楣等内容，而对于底层平面图上已表达清楚的台阶、花池、散水等内容就不再画出；三层以上的平面图则只需画出本层的投影内容及下一层的窗楣、雨篷等这些下一层无法表达的内容。

建筑平面图由于比例小，各层平面图中的卫生间、楼梯间、门窗等投影难以详尽表示，于是采用中华人民共和国国家标准《建筑制图标准》GB/T 50104—2010（以下简称《建筑制图标准》）规定的图例来表达，而相应的详尽情况则另用较大比例的详图来表达。具体图例见表 9-2。

建筑构造及配件图例（摘自 GB/T 50104—2010） 表 9-2

序号	名称	图例	说明
1	墙体		1. 上图为外墙，下图为内墙 2. 外墙细线表示有保温层或有幕墙 3. 应加注文字或涂色或图案填充表示材料的墙体 4. 在各层平面图中防火墙应着重以特殊图案填充表示

续表

序号	名称	图例	说明
2	隔断		1. 加注文字或涂色或图案填充表示材料的轻质隔断 2. 适用于到顶与不到顶的隔断
3	玻璃幕墙		幕墙龙骨是否表示由项目设计决定
4	栏杆		
5	楼梯	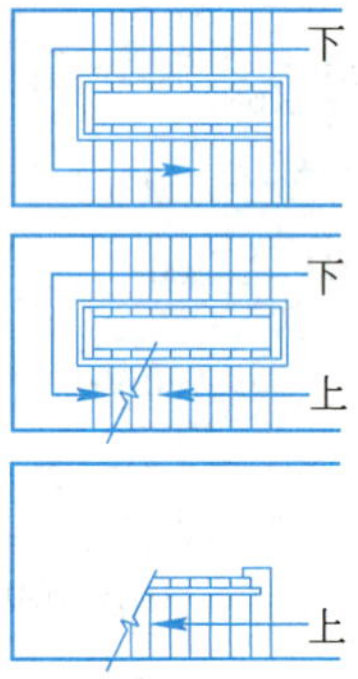	1. 上图为顶层楼梯平面，中图为中间层楼梯平面，下图为底层楼梯平面 2. 需设置靠墙扶手或中间扶手时，应在图中表示
6	坡道		长坡道 上图为两侧垂直的门口坡道，中图为有挡墙的门口坡道，下图为两侧找坡的门口坡道
7	台阶	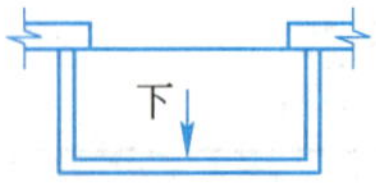	
8	平面高差	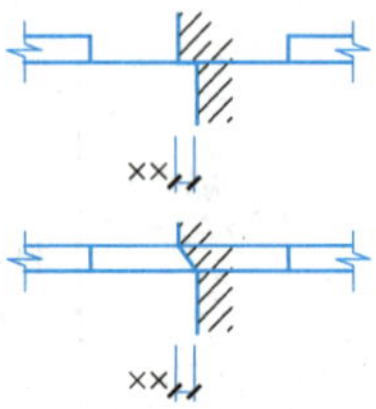	用于高差小的地面或楼面交接处，并应与门的开启方向协调

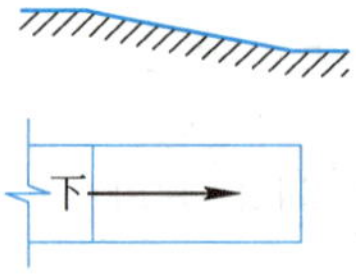

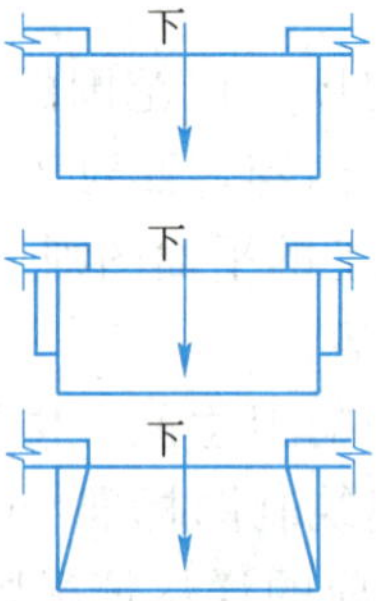

续表

序号	名称	图例	说明
9	检查孔		左图为可见检查孔，右图为不可见检查孔
10	孔洞		阴影部分亦可填充灰度或涂色代替
11	坑槽		
12	墙预留洞	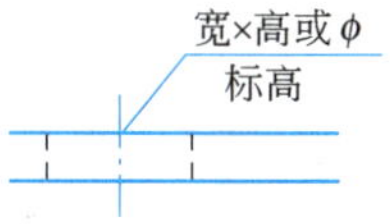 宽×高或ϕ 标高	1. 上图为预留洞，下图为预留槽 2. 平面以洞（槽）中心定位 3. 宜以涂色区别墙体和留洞（槽）
13	墙预留槽	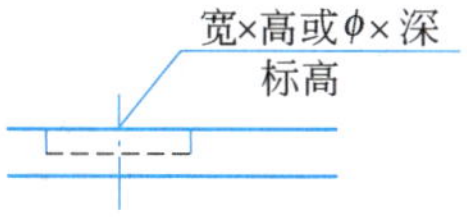 宽×高或ϕ×深 标高	
14	烟道	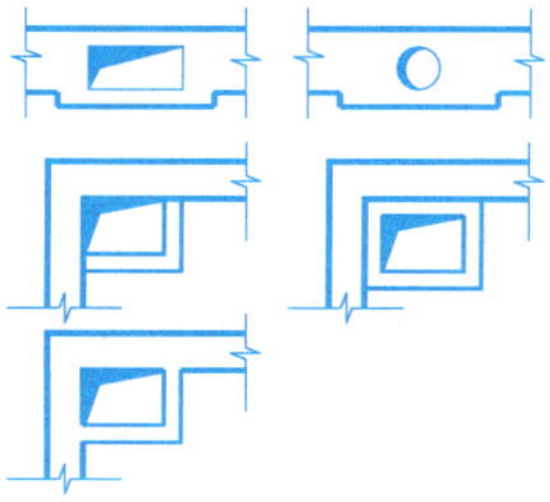	1. 阴影部分可以涂色代替 2. 烟道与墙体为同一材料，其相接处墙身线应断开
15	风道	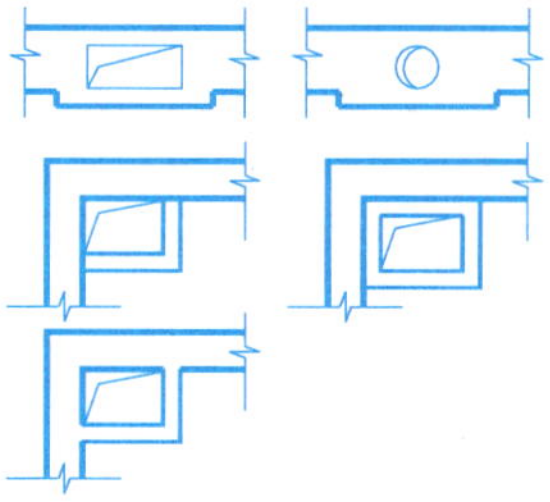	
16	空门洞	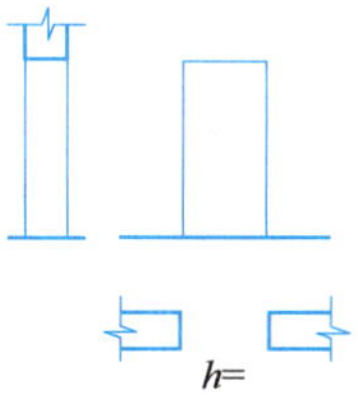 $h=$	h 为门洞高度

续表

序号	名称	图例	说明
17	单扇开启单扇门（包括平开或单面弹簧）	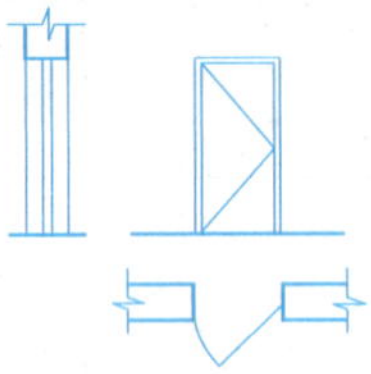	
18	双面开启单扇门（包括双面平开或双面弹簧）	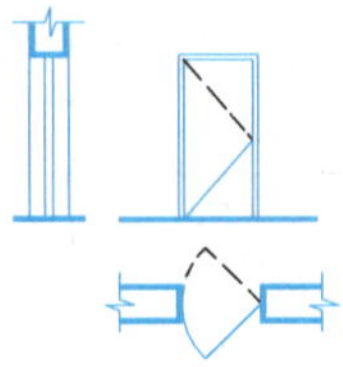	1. 门的名称代号用 M 表示 2. 平面图中，下为外、上为内 门开启线为 90°、60° 或 45°，开启弧线宜画出 3. 立面图中，开启线实线为外开，虚线为内开。开启线交角的一侧为安装合页一侧。开启线在建筑立面图中可以不表示，在立面大样图中可根据需要画出 4. 剖面图中，左为外、右为内 5. 附加纱窗应以文字说明，在平、立、剖面图中均不表示 6. 立面形式应按实际情况绘制
19	双层单扇平开门	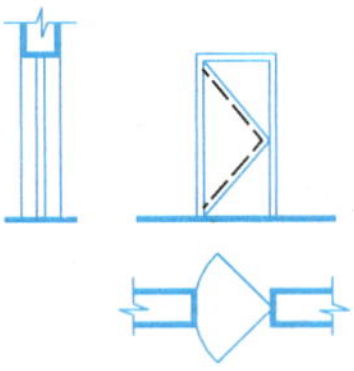	
20	单面开启双扇门（包括平开或单面弹簧）	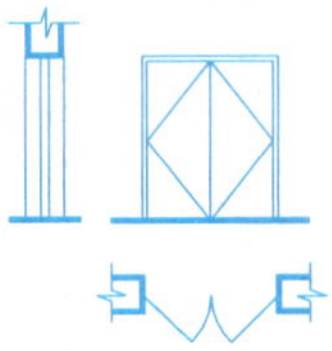	
21	双面开启双扇门（包括双面平开或双面弹簧）	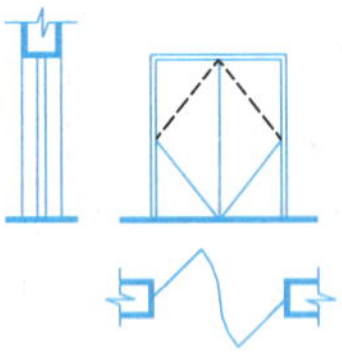	
22	双层双扇平开门		
23	折叠门	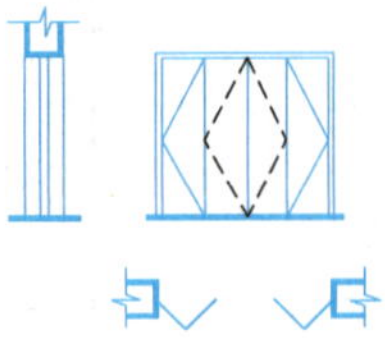	1. 门的名称代号用 M 表示 2. 平面图中，下为外、上为内 3. 立面图中，开启线实线为外开，虚线为内开。开启线交角的一侧为安装合页一侧 4. 剖面图中，左为外、右为内 5. 立面形式应按实际情况绘制

续表

序号	名称	图例	说明
24	墙洞外单扇推拉门	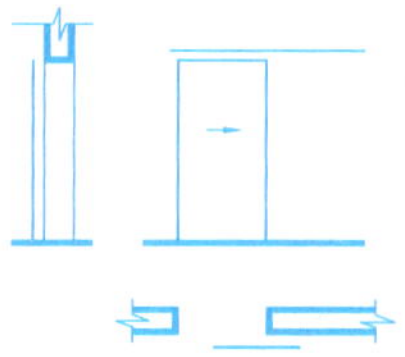	1. 门的名称代号用 M 表示 2. 平面图中，下为外、上为内 3. 剖面图中，左为外、右为内 4. 立面形式应按实际情况绘制
25	墙洞外双扇推拉门	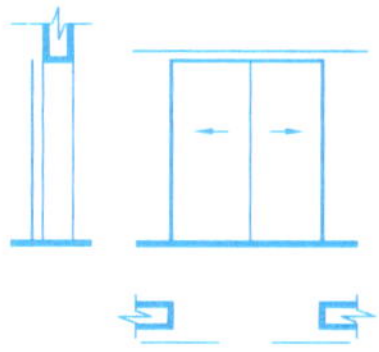	
26	墙中单扇推拉门	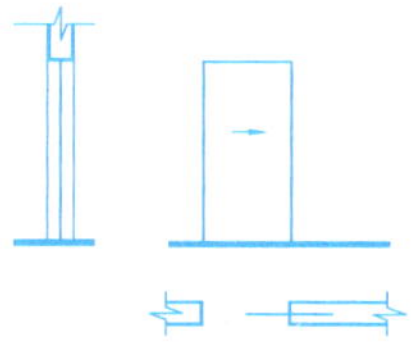	1. 门的名称代号用 M 表示 2. 立面形式应按实际情况绘制
27	墙中双扇推拉门	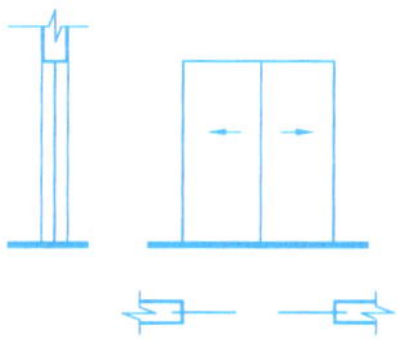	
28	推杠门	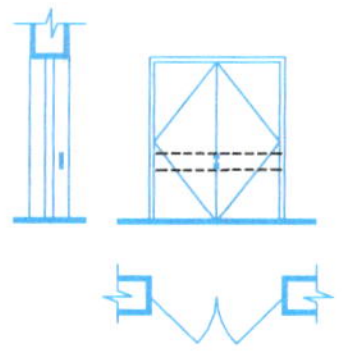	1. 门的名称代号用 M 表示 2. 平面图中，下为外、上为内 门开启线文 90°、60°或 45°，开启弧线宜画出 3. 立面图中，开启线实线为外开，虚线为内开。开启线交角的一侧为安装合页一侧。开启线在建筑立面图中可以不表示，在立面大样图中可根据需要画出 4. 剖面图中，左为外、右为内 5. 立面形式应按实际情况绘制
29	门连窗	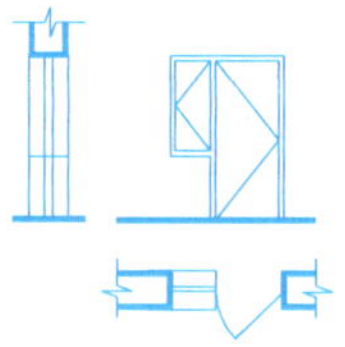	
30	自动门	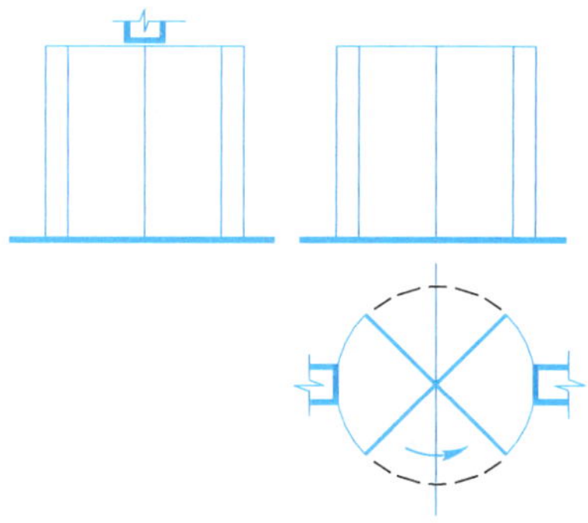	1. 门的名称代号用 M 表示 2. 立面形式应按实际情况绘制

213

续表

序号	名称	图例	说明
31	竖向卷帘门	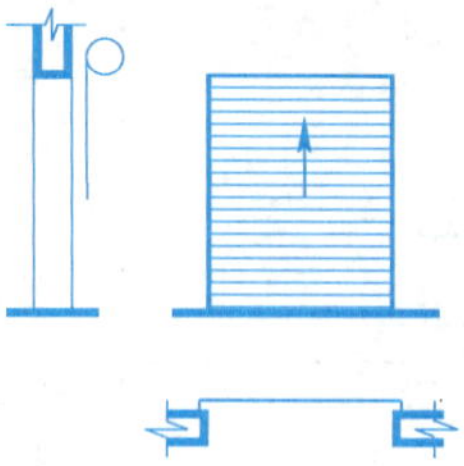	1. 门的名称代号用 M 表示 2. 立面形式应按实际情况绘制
32	自动门	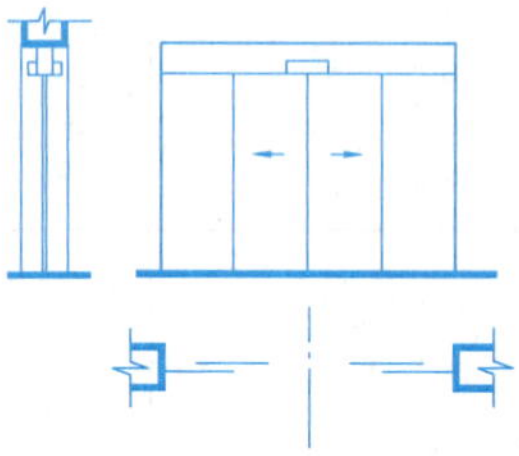	
33	固定窗	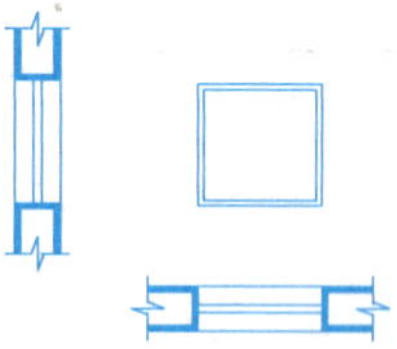	1. 窗的名称代号用 C 表示 2. 平面图中，下为外、上为内 3. 立面图中，开启线实线为外开，虚线为内开。开启线交角的一侧为安装合页一侧。开启线在建筑立面图中可不表示，在门窗立面大样图中需画出 4. 剖面图中，左为外、右为内。虚线仅表示开启方向，项目设计不表示 5. 附加纱窗应以文字说明，在平、立、剖面图中均不表示 6. 立面形式应按实际情况绘制
34	上悬窗	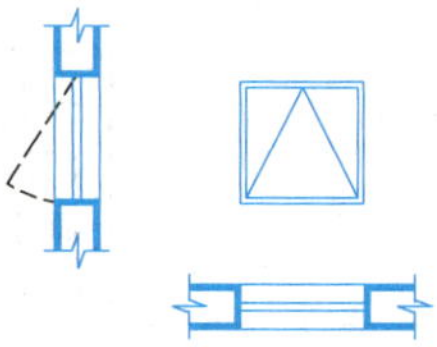	
35	中悬窗	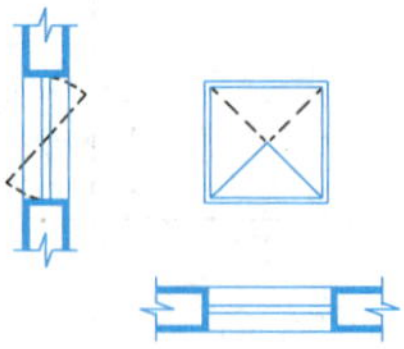	
36	下悬窗	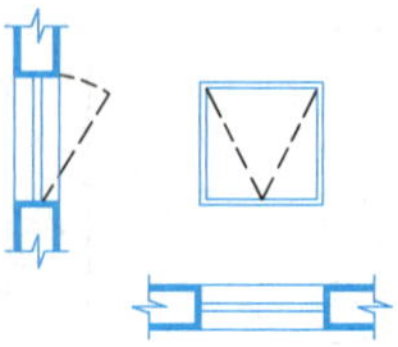	

续表

序号	名称	图例	说明
37	立转窗		
38	单层外开平开窗	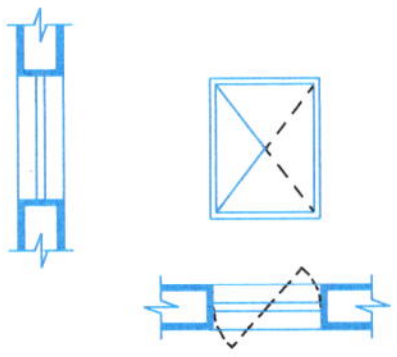	1. 窗的名称代号用C表示 2. 平面图中，下为外、上为内 3. 立面图中，开启线实线为外开，虚线为内开。开启线交角的一侧为安装合页一侧。开启线在建筑立面图中可不表示，在门窗立面大样图中需画出 4. 剖面图中，左为外、右为内。虚线仅表示开启方向，项目设计不表示 5. 附加纱窗应以文字说明，在平、立、剖面图中均不表示 6. 立面形式应按实际情况绘制
39	单层内开平开窗		
40	双层内开平开窗		
41	单层推拉窗		
42	双层推拉窗		1. 窗的名称代号用C表示 2. 立面形式应按实际情况绘制
43	百叶窗		

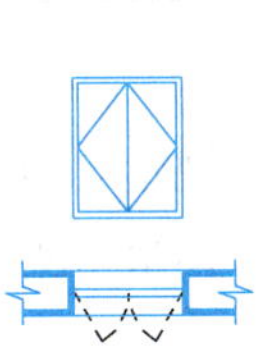

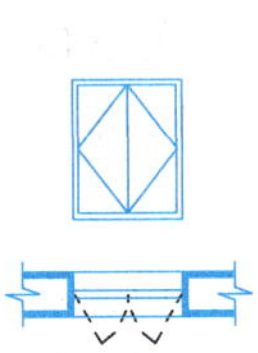

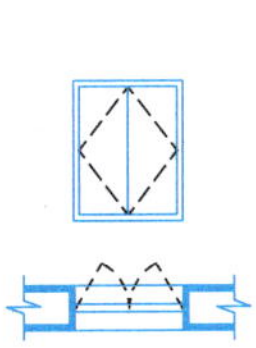

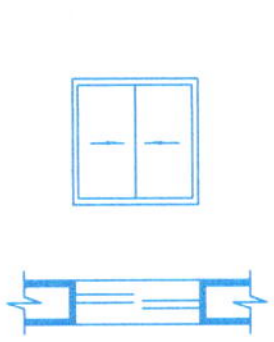

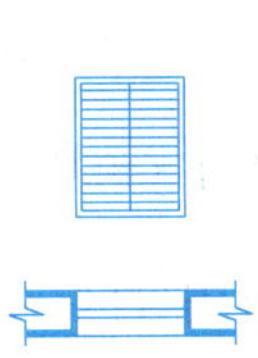

续表

序号	名称	图例	说明
44	高窗		1. 窗的名称代号用C表示 2. 立面图中，开启线实线为外开，虚线为内开。开启线交角的一侧为安装合页一侧。开启线在建筑立面图中可不表示，在门窗立面大样图中需画出 3. 剖面图中，左为外、右为内 4. 立面形式应按实际情况绘制 5. h 表示高窗底距本层地面高度 6. 高窗开启方式参考其他窗型

9.3.5 平面图的线型

建筑平面图的线型，按《建筑制图标准》规定，凡是剖到的墙、柱的断面轮廓线，宜用粗实线，门扇的开启示意线用中粗实线表示，其余可见投影线则用细实线表示（图9-8）。

9.3.6 建筑平面图的轴线编号

为了建筑产业化，在建筑平面图中，采用轴线网格划分平面，使房屋的平面布置以及构件和配件趋于统一，这些轴线叫定位轴线，它是确定房屋主要承重构件（墙、柱、梁）位置及标注尺寸的基线。《房屋建筑制图统一标准》GB/T 50001—2017规定：水平方向的轴线自左至右用阿拉伯数字依次连续编为①、②、③……；竖直方向自下而上用大写英文字母连续编写Ⓐ、Ⓑ、Ⓒ……，并除去Ⅰ、O、Z三个字母，以免与阿拉伯数字中1、0、2三个数字混淆；如建筑平面形状较特殊，也可以采用分区编号的形式来编注轴线，其方式为"分区号-该区轴线号"（图9-9）。

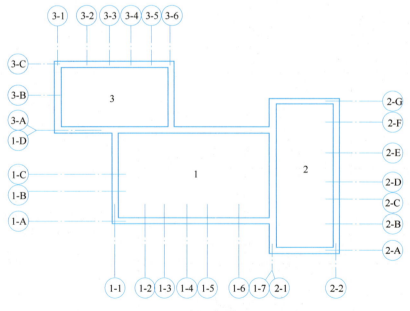

图9-9 定位轴线分区编号标注方法

如果平面为折线形，定位轴线的编号也可用分区，亦可以自左至右依次编注（图9-10）。如为圆形平面，定位轴线则应以圆心为准呈放射状依次编注，并以距圆心距离决定其

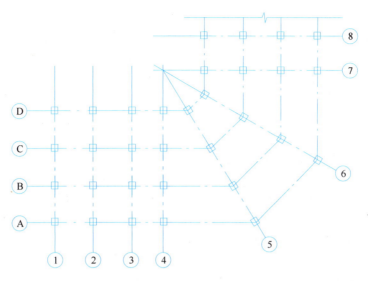

图 9-10 折线形平面定位轴线标注方法

另一方向轴线位置及编号（图 9-11）。

一般承重墙柱及外墙编为主轴线，非承重墙、隔墙等编为附加轴线（又称分轴线）。第一号主轴线①或Ⓐ前的附加轴线编号为1/01或1/0A，如图 9-12 所示。轴线线圈用细实线画出，直径为 8～10mm。

9.3.7 建筑平面图的尺寸标注

建筑平面图标注的尺寸有外部尺寸和内部尺寸。

（1）外部尺寸：在水平方向和竖直方向各标注三道。

① 最外一道尺寸标注房屋水平方向的总长、总宽，称为总尺寸；

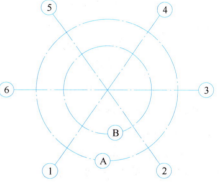

图 9-11 圆形平面定位轴线标注方法

② 中间一道尺寸标注房屋的开间、进深，称为轴线尺寸（注：一般情况下两横墙之间的距离称为"开间"；两纵墙之间的距离称为"进深"）；

图 9-12 轴线编号

③ 最里边一道尺寸标注房屋外墙的墙段及门窗洞口尺寸，称为细部尺寸。

如果建筑平面图图形对称，宜在图形的左边、下边标注尺寸，如果图形不对称，则需在图形的各个方向标注尺寸，或在局部不对称的部分标注尺寸。

（2）内部尺寸：图形内凡是外部无法标注的尺寸可在图形内标注。常标注各房间长、宽方向的净空尺寸，墙厚及轴线的关系、柱子截面、房屋内部门窗洞口、门垛等细部尺寸。

（3）标高、门窗编号：平面图中应标注不同楼地面高度、房间及室外地坪等标高。为编制概预算的统计及施工备料，平面图上所有的门窗都应进行编号。门常用"M1""M2"或"M-1""M-2"以及"M1022""M1522"等表示，窗常用"C1""C2"或"C-1""C-2"以及"C1515""C2415"等表示，也可用标准图集上的门窗代号来标注门窗，如"X-0924""B.1515""SGC.1615""J.0921"等。

（4）剖切位置及详图索引：为了表示房屋竖向的内部情况，需要绘制建筑剖面图，其剖切位置应在底层平面图中标出。如剖面图与被剖切图样不在同一张图纸内，可在剖切位置线的另一侧注明其所在图纸号。如图中某个部位需要画出详图，则在该部位要标出详图索引标志，表示另有详图表示。平面图中各房间的用途，宜用文字标出，如"卧室""客厅""厨房"等。

图9-13为某县质量技术监督局职工住宅的一层平面图，图9-14～图9-18分别为该住宅的二层平面图、三层和五层平面图、四层和六层平面图、七层平面图及屋顶平面图。这些图在正式的施工图中都是按《房屋建筑制图统一标准》GB/T 50001—2017及《建筑制图标准》的规定用1∶100比例绘制的。

从图9-13中可以看出该职工住宅平面形状为矩形，一层为车库，每户的车库都是独立设置。该职工住宅总长35040mm，总宽为15720mm。住宅两个单元的出入口设在建筑的南端⑤～⑦轴线间和⑮～⑰轴线间的Ⓑ轴线墙上。通过出入口处外上5级台阶进入楼梯间内再由楼梯间上至各层住户。由于一层为车库，要考虑车的出入。故一层室内地坪标高设为±0.000m，室外地坪标高为－0.150m，即室内外高差为150mm。剖面图的剖切位置在⑤～⑦轴线之间的楼梯间位置。两个楼梯间的开间尺寸均为2600mm，进深尺寸均为5400mm。楼梯间的室内地坪标高为0.700m，门外平台地坪标高为0.600m；门是宽度为1600mm，高度为2100mm，编号为FDM.1621的防盗门。南向车库的开间尺寸均为3300mm，进深尺寸均为6000mm。每个南向车库的门都用的是宽度为2700mm，高度为1800mm的卷帘门。而北向车库的开间尺寸却有3900mm和4800mm两种，进深尺寸仍均为6000mm。北向车库的门也是卷帘门，高度都为1800mm，但有3000mm和3600mm两种宽度。从图9-13一层平面图中还可以看出沿该建筑的外墙都设有宽度为1000mm的散水。

在图9-14二层平面图中，我们可以看到以下内容：由于两个单元是完全相同的，故只在左边的单元内部标注尺寸，而在右边的单元内部布置家具以示使用功能。每个单元都是一梯两户的平面布置，两户的户型完全一致。因此，我们只要看懂了一户的平面布置即可。下面我们以左边单元中的左边一户为例读图。该户型是一户两层的跃层式住宅，二层为跃层的下层。从⑤轴线墙上，Ⓒ到Ⓓ轴线间的编号为FDM.1021防火防盗门进入户内，该跃层下层的平面布置有客厅、厨房、餐厅、卫生间和一个卧室，并在户内设有一个通向跃层上层的楼梯间。客厅的开间尺寸为4800mm，进深尺寸为6000mm；在客厅的Ⓕ轴线墙上开有一个通向阳台的宽3000mm、高2100mm的塑钢门连窗拉门；此处的阳台被称为"空中花园"，是因为阳台面积较大而且贯穿跃层的上下两层。卧室的面积也较大，其开间尺寸为3900mm，进深尺寸为4500mm；卧室的窗是编号为"凸窗.1819"的阳光窗；窗

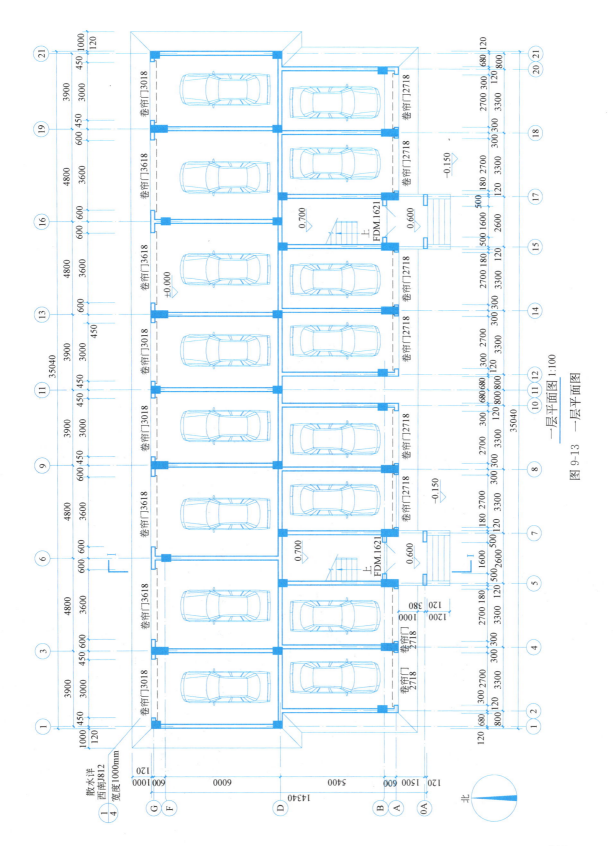

图 9-13 一层平面图

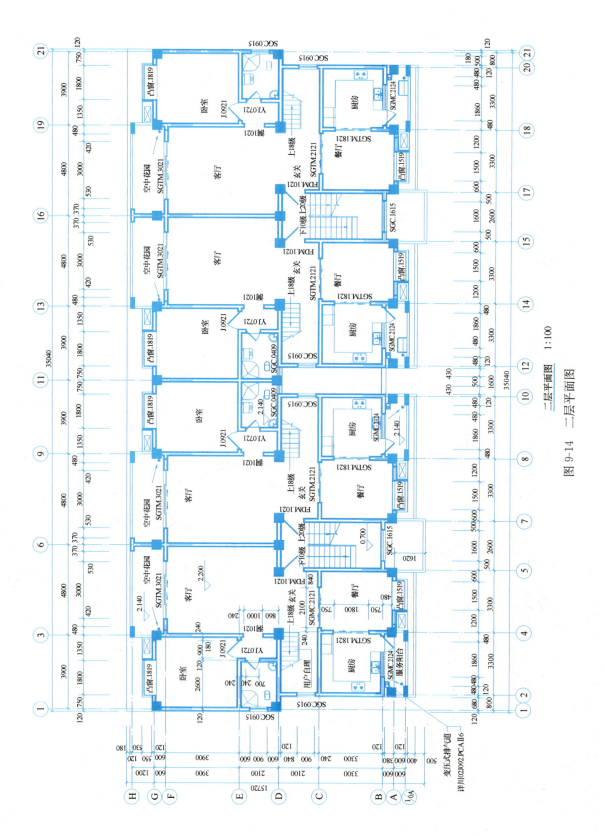

图 9-14 二层平面图

的旁边是室外空调机的安放位置。进入餐厅和厨房的门都是塑钢门连窗，从厨房到生活阳台的门是塑钢带窗门（门窗编号中的数字，一般表示门窗洞口的宽度和高度，如"SGTM.2121"表示进入餐厅的门洞口的宽度为2100mm、高度为2100mm）；餐厅的开间尺寸为3300mm，进深尺寸为3900mm；厨房的开间、进深尺寸均为3300mm；餐厅的窗也是阳光窗；窗的旁边同样有室外空调机的安放位置。在室内楼梯间与卧室之间是公共卫生间，开间、进深尺寸都很小，为2100mm×2600mm、门洞口也较窄，为700mm×2100mm。室内楼梯间的开间尺寸为2100mm，进深尺寸为3300mm；其踏面和踢面的尺寸可从以后的楼梯详图中看到。本层室内地坪标高为2.200m，从楼梯间下10级可下到标高为0.700m一层的楼梯间地面，从标高为2.200m的二层楼梯间上20级可上到标高为5.200m三层的楼梯间地面。从二层平面图中我们还可以看到楼梯间一层出入口上边的雨篷和一层车库的南北两边沿屋顶的投影，以及两个单元间在Ⓑ轴线墙上的拉接连梁的投影。

图9-15是三、五层平面图，也是该跃层式住宅的上层平面图。从图中我们可以看到：从该跃层式住宅的下层楼梯间上到本层后，右边是一书房，书房外有一阳台；书房和阳台的尺寸与下层（二、四层平面图）的厨房及阳台尺寸一致，不同的是书房的门开在Ⓒ轴线上，宽900mm。书房的右边④、⑤轴线和Ⓑ、Ⓒ轴线之间范围内是一卧室，其开间、进深尺寸为3300mm×3900mm。主卧室设在①、③轴线和Ⓓ、Ⓖ轴线之间范围内；主卧室的开间尺寸为3900mm，进深尺寸为4500mm，并带有一个开间、进深尺寸为2100mm×2600mm的卫生间。从主卧室外的过厅，可看到客厅是贯穿室内上下两层的共享空间。由于本图为跃层式住宅的上层，故⑤轴线到⑦轴线之间的公共楼梯间里没有设置出入口。

图9-16是四、六层平面图。同图9-14二层平面图一样也是该跃层式住宅的下层平面图。故除了楼层的标高与图9-14二层平面图不同以及没有二层平面图中一层车库的屋顶的投影、一层出入口上雨篷的投影外，其余内容都与图9-14二层平面图一致。

图9-17是七层平面图。同图9-15三、五层平面图一样，也是该跃层式住宅的上层平面图。故除了楼层的标高与图9-15三、五层平面图不同外，其余内容都与图9-15一致。

图9-18为该跃层式住宅的屋顶平面图。屋顶平面图是屋顶的 H 面投影，除少数伸出屋面较高的楼梯间、水箱、电梯机房被剖到的墙体轮廓用粗实线表示外，其余可见轮廓线的投影均用细实线表示。

屋顶平面图是用来表达房屋屋顶的形状、女儿墙位置、屋面排水方式、坡度、落水管位置等的图形。

屋顶平面图的比例常用1∶100，也可用1∶200的比例绘制。平面尺寸可只标轴线尺寸。从图9-18该跃层式住宅的屋顶平面图可看出，该屋顶为平屋面，雨水顺着屋面从Ⓓ轴线分别向前后的Ⓑ、Ⓕ轴线墙处排，经①、⑩、③、⑨轴线墙外的雨水口排入落水管后排出室外。由图9-18屋顶平面图还可看出，楼梯间伸出了屋面，作为到屋面检修和活动的出入通道。从以上的各图中我们还可看出，一层、中间层、顶层平面图中的楼梯表达方式是不同的，要注意区分。

9.3.8 平面图的画图步骤（图9-19）

房屋建筑图是施工的依据，图上一条线、一个字的错误，都会影响基本建设的速度，甚至给国家带来极大的损失。我们应该采取认真的态度和极端负责的精神来绘制好房屋建筑图，使图纸清晰、正确，尺寸齐全，阅读方便，便于施工。

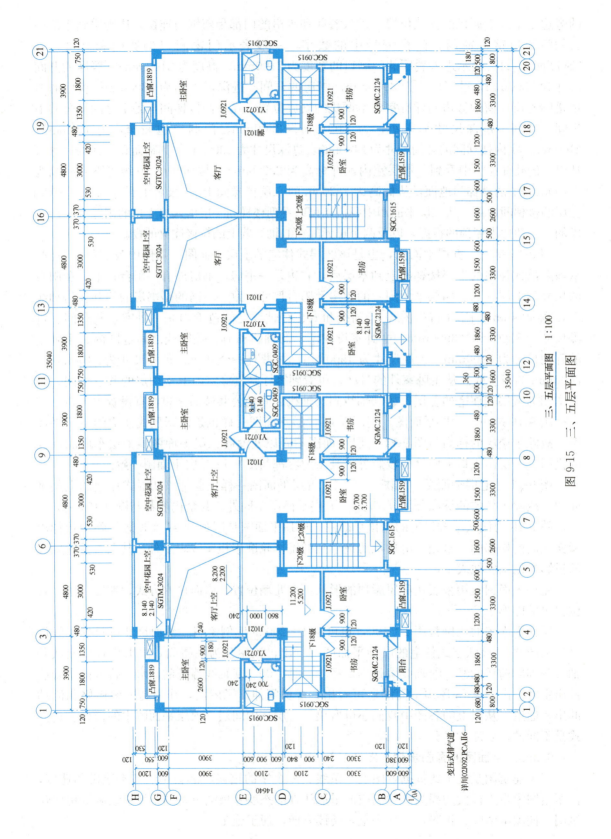

图 9-15 三、五层平面图

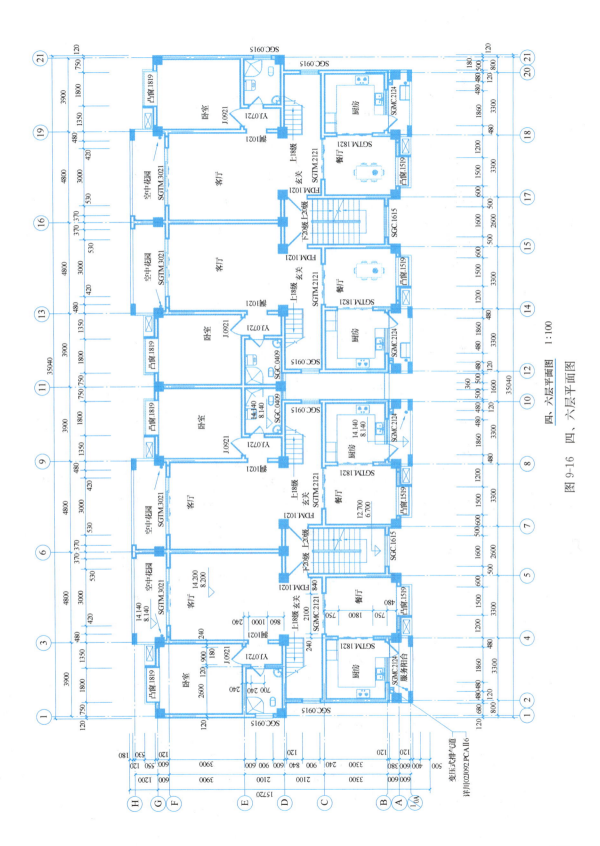

图 9-16 四、六层平面图 1:100

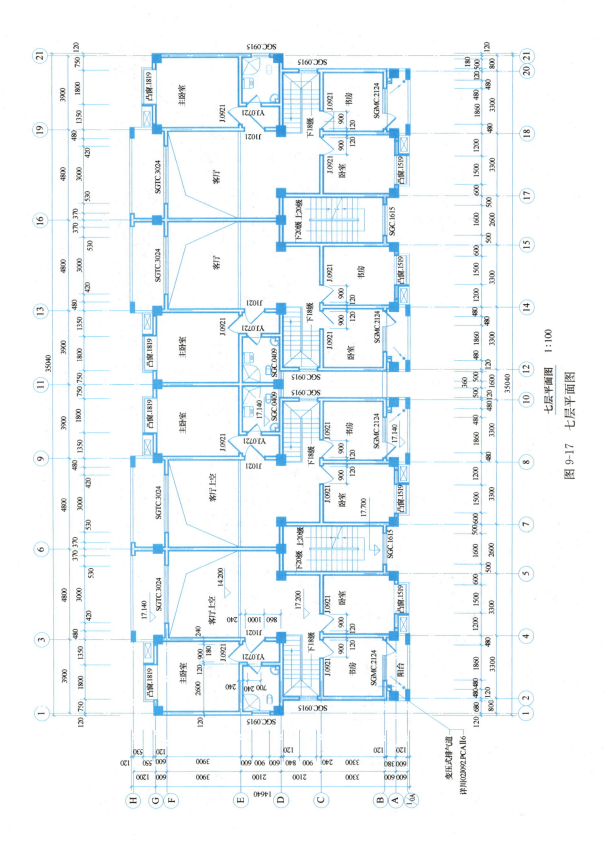

图 9-17 七层平面图 1:100

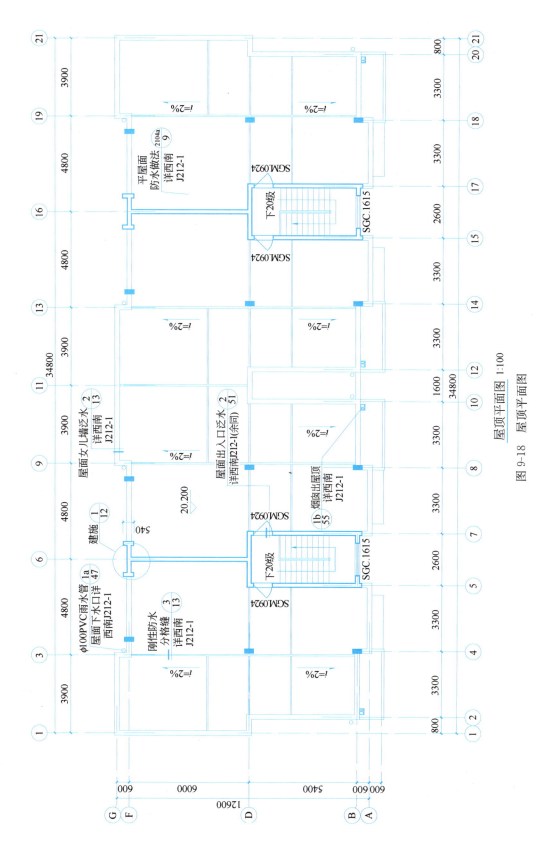

图 9-18 屋顶平面图

修建一幢房屋需要很多图纸，其中平、立、剖面图是房屋的基本图样。规模较大、层次较多的房屋，常常需要若干平、立、剖面图和构造详图才能表达清楚。对于规模较小、结构简单的房屋，图样的数量自然少些；在画图之前，首先考虑画哪些图。在决定画哪些图样时，要尽可能以较少量的图样将房屋表达清楚。其次要考虑选择适当的比例，决定图幅的大小。有了图样的数量和大小，最后考虑图样的布置，在一张图纸上，图样布局要匀称合理，布置图样时，应考虑标注尺寸的位置。上述三个步骤完成以后便可开始绘图。绘图的基本步骤如下：

(1) 画墙柱的定位轴线（图 9-19a）；
(2) 画墙厚、柱子截面、定门窗位置（图 9-19b）；
(3) 画台阶、窗台、楼梯（本图无楼梯）等细部位置（图 9-19c）；

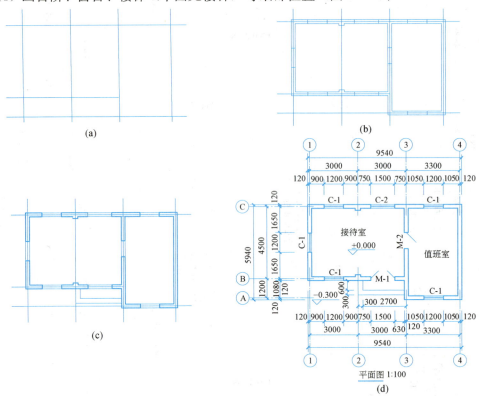

图 9-19 平面图的画图步骤

(4) 画尺寸线、标高符号（图 9-19d）；
(5) 检查无误后，按要求加深各种线型并标注尺寸数字、书写文字说明（图 9-19d）。

9.4 建筑立面图

9.4.1 建筑立面图的用途

建筑立面图主要用来表达房屋的外部造型、门窗位置及形式，墙面装修、阳台、雨篷等部分的材料和作法（图 9-20）。

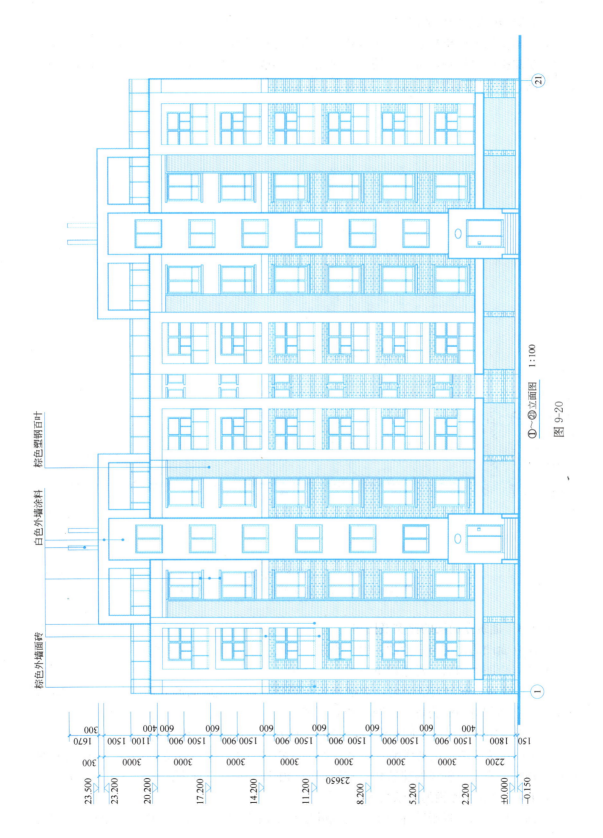

图 9-20 ①～㉑立面图 1:100

9.4.2 建筑立面图的形成

立面图是用直接正投影法将建筑各个墙面进行投影所得到的正投影图（图9-21）。某些平面形状曲折的建筑物，可绘制展开立面图，圆形或多边形平面的建筑物，可分段展开绘制立面图。但均应在图名后加注"展开"二字。

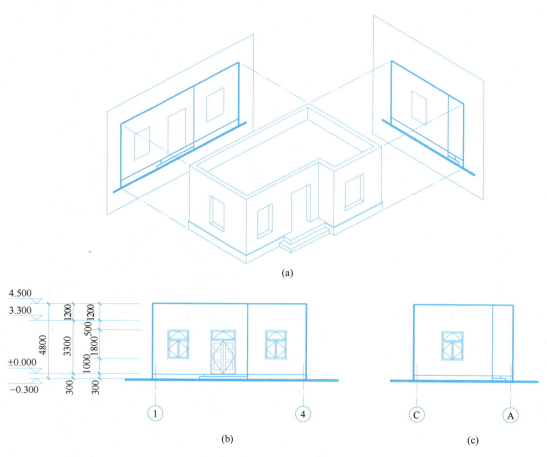

图 9-21 立面图的形成
(a) 立面的形成；(b) ①～④立面图；(c) ⓒ～Ⓐ立面图

9.4.3 建筑立面图的比例及图名

建筑立面图的比例与平面图一致，常用1∶50、1∶100、1∶200的比例绘制。

建筑立面图的图名，常用以下三种方式命名：

（1）以建筑墙面的特征命名：常把建筑主要出入口所在墙面的立面图称为正立面图，其余几个立面相应的称为背立面图、侧立面图。

（2）以建筑各墙面的朝向来命名，如东立面图、西立面图、南立面图、北立面图。

（3）以建筑两端定位轴线编号命名，如①～㉑立面图、Ⓖ～Ⓐ立面图等。《建筑制图标准》规定：有定位轴线的建筑物，宜根据两端轴线号编注立面图的名称（图9-20）。

9.4.4 建筑立面图的图示内容

立面图应根据正投影原理绘出建筑物外墙面上所有门窗、雨篷、檐口、壁柱、窗台、窗楣及底层入口处的台阶、花池等的投影。由于比例较小，立面图上的门、窗等构件也可用图例表示（表 9-2）。相同的门窗、阳台、外檐装修、构造做法等可在局部重点表示，绘出其完整图形，其余部分可只画轮廓线。如立面图中不能表达清楚，则可另用详图表达。

9.4.5 建筑立面图的线型

为使立面图外形更清晰，通常用粗实线表示立面图的最外轮廓线，而凸出墙面的雨篷、阳台、柱子、窗台、窗楣、台阶、花池等投影线用中粗线画出，地坪线用加粗线（粗于标准粗度的 1.5～2 倍）画出，其余如门、窗及墙面分格线、落水管以及材料符号引出线、说明引出线等用细实线画出（图 9-20）。

9.4.6 建筑立面图的尺寸标注

（1）竖直方向：应标注建筑物的室内外地坪、门窗洞口上下口、台阶顶面、雨篷、房檐下口、屋面、墙顶等处的标高，并应在竖直方向标注三道尺寸。里边一道尺寸标注房屋的室内外高差、门窗洞口高度、垂直方向窗间墙、窗下墙高、檐口高度尺寸；中间一道尺寸标注层高尺寸；外边一道尺寸为总高尺寸。

（2）水平方向：立面图水平方向一般不注尺寸，但需要标出立面图最外两端墙的轴线及编号，并在图的下方注写图名、比例。

（3）其他标注：立面图上可在适当位置用文字标出其装修，也可以不注写在立面图中，以保证立面图的完整美观，而在建筑设计总说明中列出外墙面的装修。

图 9-20 为某县质量技术监督局职工住宅的正立面图，图 9-22 和图 9-23 为它的背立面图和侧立面图。从图中可看出，该住宅共 7 层。由于一层为车库，故层高为 2200mm，室内外高差为 150mm，并做成坡道以方便汽车的出入。二～七层为跃层式住宅，即每户都拥有两层空间；二～七层各层层高均为 3000mm。建筑总高为 23650mm。整个立面明快、大方。排列整齐的窗户反映了住宅建筑的主题；楼梯间与各层错开的窗洞高度，反映了楼梯间中间平台的高度位置和特征。入口处的 5 级台阶引导着进入住宅单元的方向。上下贯通的百叶装饰，既是各户室外空调机的统一位置，又与明快的突出墙面的阳光窗对应，使整个建筑立面充满现代建筑的气息。立面装修中，下面五层主要墙体用棕色面砖，配上白色外墙涂料的网格线条与顶部两层的白色外墙涂料墙面形成对比，使整个建筑色彩协调、明快，更加生动。

9.4.7 立面图的画图步骤（图 9-24）

立面图的主要画图步骤为：

（1）画室外地坪线、门窗洞口、檐口、屋脊等高度线，并由平面图定出门窗洞口的位置，画墙（柱）身的轮廓线（图 9-24a）；

（2）画勒脚线、台阶、窗台、屋面等各细部（图 9-24b）；

（3）画门窗分隔、材料符号，并标注尺寸和轴线编号（图 9-24c）；

（4）加深图线，并标注尺寸数字、书写文字说明（图 9-24c）。

注：侧立面图的画图步骤同正立面图，画图时可同时进行，本图的侧立面图只画了第一步。

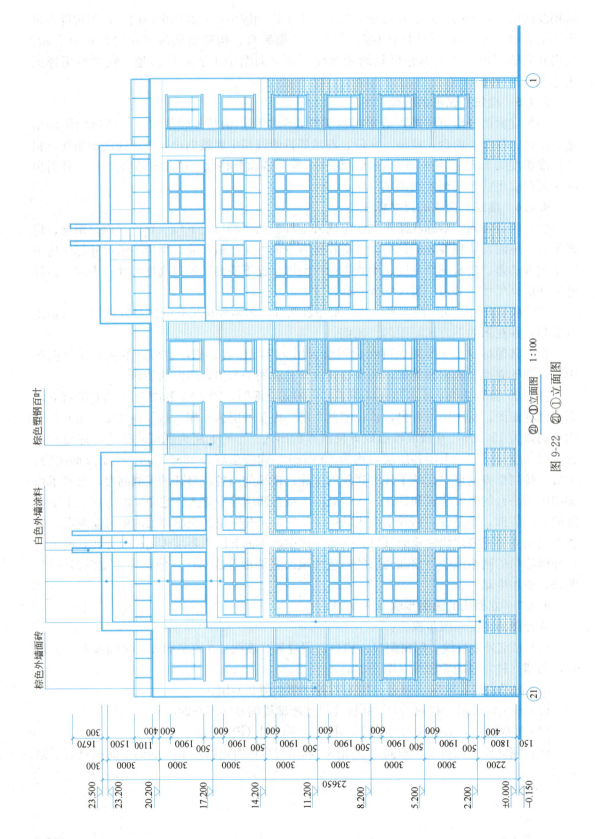

图 9-22 ㉑～①立面图 ㉑-①立面图

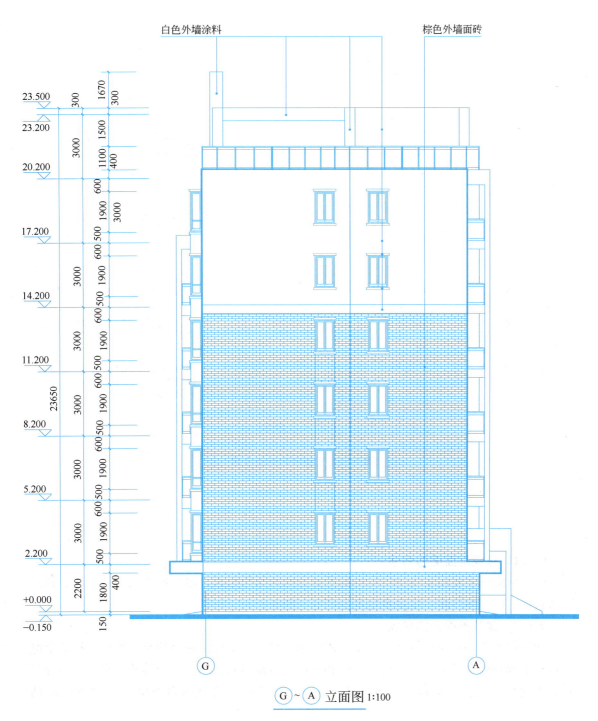

图 9-23 Ⓖ～Ⓐ立面图

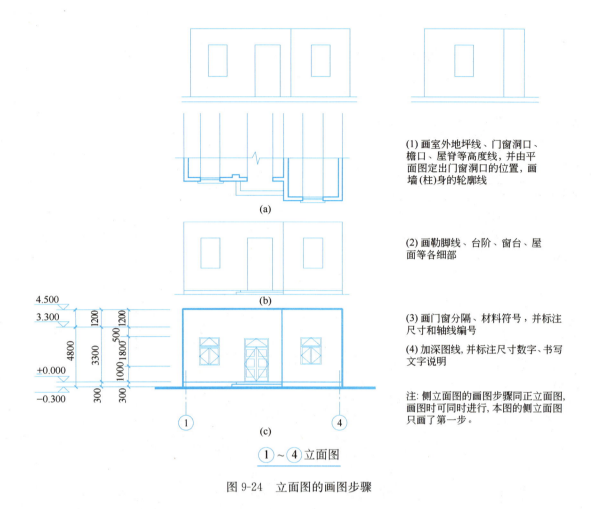

图 9-24 立面图的画图步骤

9.5 建筑剖面图

9.5.1 建筑剖面图的用途

建筑剖面图主要用来表达房屋内部垂直方向的结构形式、沿高度方向分层情况、各层构造做法、门窗洞口高、层高及建筑总高等（图 9-25）。

9.5.2 建筑剖面图的形成

建筑剖面图（后简称剖面图）是一假想剖切平面，平行于房屋的某一墙面，将整个房屋从屋顶到基础全部剖切开，把剖切面和剖切面与观察人之间的部分移开，将剩下部分按垂直于剖切平面的方向投影而画成的图样（图 9-26）。建筑剖面图就是一个垂直的剖视图。

9.5.3 建筑剖面图的剖切位置及剖视方向

（1）剖切位置

剖面图的剖切位置标注在同一建筑物的底层平面图上。剖面图的剖切位置应根据图纸的用途或设计深度，在平面图上选择能反映建筑物全貌、构造特征以及有代表性的部位剖

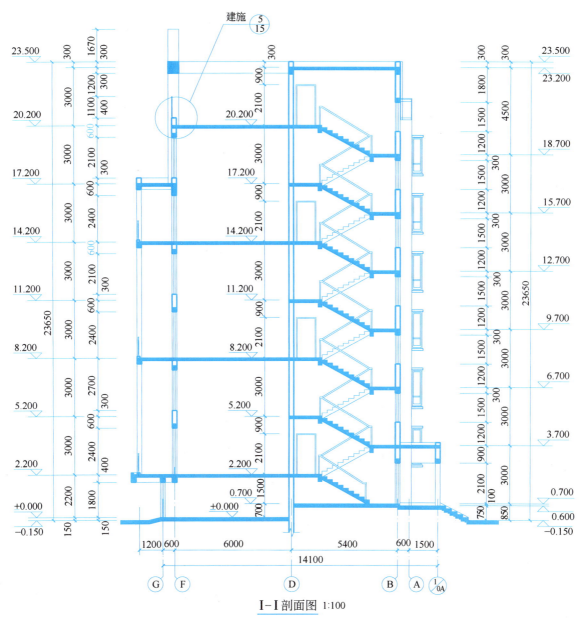

图 9-25　1-1 剖面图

切,实际工程中剖切位置常选择在楼梯间并通过需要剖切的门、窗洞口位置(图 9-25)。

(2)剖面图的剖视方向

平面图上剖切符号的剖视方向宜向后、向右(与我们习惯的 V、W 投影方向一致),看剖面图应与平面图相结合并对照立面图一起看。

9.5.4　建筑剖面图的比例

剖面图的比例常与同一建筑物的平面图、立面图的比例一致,即采用 1∶50、1∶100 和 1∶200 绘制(图 9-25),由于比例较小,剖面图中的门窗等构件也是采用《建筑制图标准》规定的图例来表示,见表 9-2。

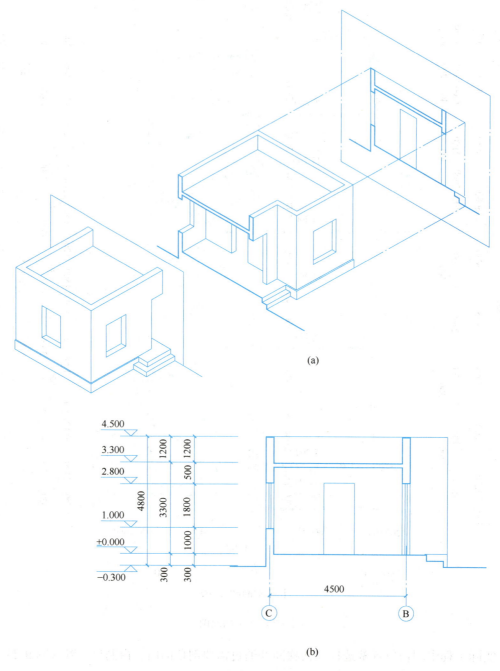

图 9-26 建筑剖面图的形成
(a) 剖面图的形成；(b) 剖面图

为了清楚地表达建筑各部分的材料及构造层次，当剖面图比例大于 1∶50 时，应在剖到的构件断面画出其材料图例（材料图例见表 7-1）。当剖面图比例小于 1∶50 时，则不画具体材料图例，而用简化的材料图例表示其构件断面的材料，如钢筋混凝土构件可在断面涂黑以区别砖墙和其他材料。

9.5.5 建筑剖面图的线型

剖面图的线型按《房屋建筑制图统一标准》GB/T 50001—2017 规定，凡是剖到的墙、板、梁等构件的剖切线用粗实线表示；而没剖到的其他构件的投影，则常用细实线表示（图9-25）。

9.5.6 建筑剖面图的尺寸标注

（1）剖面图的尺寸标注在竖直方向上图形外部标注三道尺寸及建筑物的室内外地坪、各层楼面、门窗的上下口及墙顶等部位的标高。图形内部的梁等构件的下口标高，也应标注，且楼地面的标高应尽量标注在图形内。外部的三道尺寸，最外一道为总高尺寸，从室外地平面起标到墙顶止，标注建筑物的总高度；中间一道尺寸为层高尺寸，标注各层层高（两层之间楼地面的垂直距离称为层高）；最里边一道尺寸称为细部尺寸，标注墙段及洞口尺寸。

（2）水平方向：常标注剖到的墙、柱及剖面图两端的轴线编号及轴线间距，并在图的下方注写图名和比例。

（3）其他标注：由于剖面图比例较小，某些部位如墙脚、窗台、过梁、墙顶等节点，不能详细表达，可在剖面图上的该部位处，画上详图索引标志，另用详图来表示其细部构造尺寸。此外楼地面及墙体的内外装修，可用文字分层标注。

图9-25为某县质量技术监督局职工住宅的剖面图。从图中可看出此建筑物共7层，整个建筑一层为车库，层高2200mm，室内外高差为150mm，以便做成坡道方便汽车出入；二层以上各层层高均为3000mm；从图中还可看出Ⓕ～Ⓓ轴线范围是跃层式住宅的客厅，Ⓔ轴线以左是客厅外的阳台，故此处的空间都是贯穿两层的；该建筑总高23650mm。从图9-25中右边竖直方向的外部尺寸还可以看出，楼梯间入口处室内外高差为850mm，从室外上5级台阶后通过标高为0.600m的平台再进入到标高为0.700m的楼梯间室内。楼梯间各层窗台至楼地面高度均为1200mm，窗洞口高1500mm。图9-25还表达了从底楼上到四楼的楼梯及屋顶的形式。由于本剖面图比例为1∶100，故构件断面除钢筋混凝土梁、板涂黑表示外，墙及其他构件不再加画材料图例。

以上我们讲述了建筑的总平面图及平面图、立面图和剖面图，这些都是建筑物全局性的图样。在这些图中，图示的准确性是很重要的，我们应力求贯彻国家制图标准，严格按制图标准规定绘制图样；其次尺寸标注也是非常重要的，应力求准确、完整、清楚，并弄清各种尺寸的含义。

建筑平面图中总长、总宽尺寸，立面图和剖面图中的总高尺寸为建筑的总尺寸。

建筑平面图中的轴线尺寸，立面图、剖面图及下节要介绍的建筑详图中的细部尺寸为建筑的定量尺寸，也称定形尺寸，某些细部尺寸同时也是定位尺寸。

另外根据中华人民共和国国家标准《建筑模数协调标准》GB/T 50002—2013规定，每一种建筑构配件，都有三种尺寸，即：标志尺寸、制作尺寸和实际尺寸。

标志尺寸符合模数数列的规定，用以标注建筑物定位线或基准面之间的垂直距离以及建筑部件、建筑分部件、有关设备安装基准面之间的尺寸。

制作尺寸是制作部件或分部件所依据的设计尺寸。由于建筑构配件表面较粗糙，考虑到施工时各个构件之间的安装搭接方便，构件在制作时要考虑两构件搭接时的施工缝隙，故制作尺寸=标志尺寸－缝宽。

实际尺寸是部件、分部件等生产制作后实际测得的尺寸。

由于制作时的误差,故实际尺寸=制作尺寸±允许误差。

9.5.7 剖面图的画图步骤（图9-27）

（1）画室内外地坪线、最外墙（柱）身的轴线和各部高度（图9-27a）；

（2）画墙厚、门窗洞口及可见的主要轮廓线（图9-27b）；

（3）画屋面及踢脚板等的厚度（图9-27c）；

（4）加深图线，并标注尺寸数字、书写文字说明（图9-27c）。

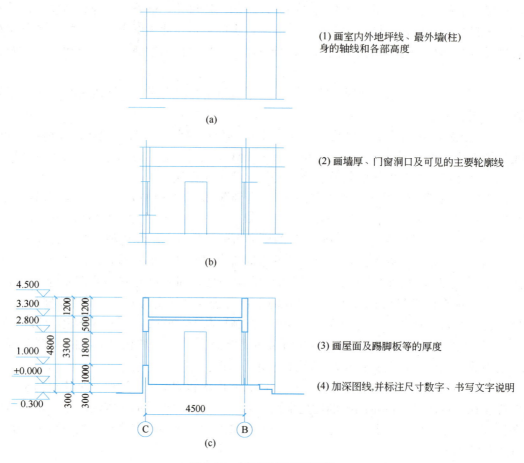

图9-27 剖面图的画图步骤

9.6 建 筑 详 图

9.6.1 建筑详图的用途

房屋建筑平、立、剖面图都是用较小的比例绘制的，主要表达建筑全局性的内容，但对于房屋细部或构（配）件的形状、构造关系等无法表达清楚，因此，在实际工作中，为详细表达建筑节点及建筑构（配）件的形状、材料、尺寸及做法，而用较大的比例画出的图形，称为建筑详图或大样图。

9.6.2 建筑详图的比例

《房屋建筑制图统一标准》GB/T 50001—2017 规定：详图的比例宜用 1∶1、1∶2、1∶5、1∶10、1∶20、1∶50 绘制，必要时，也可选用 1∶3、1∶4、1∶25、1∶30、1∶40 等。

9.6.3 建筑详图标志及详图索引标志

为了便于看图，常采用详图标志和详图索引标志。详图标志（又称详图符号）画在详图的下方，相当于详图的图名；详图索引标志（又称索引符号）则表示建筑平、立、剖面图中某个部位需另画详图表示，故详图索引标志是标注在需要画出详图的位置附近，并用引出线引出。

图 9-28 为详图索引标志，其水平直径线及符号圆圈均以细实线绘制，圆的直径为 10mm，水平直径线将圆分为上下两半（图 9-28a），上方注写详图编号，下方注写详图所在图纸编号（图 9-28b），如详图绘在本张图纸上，则仅用细实线在索引标志的下半圆内画一段水平细实线即可（图 9-28c），如索引的详图采用标准图，应在索引标志的水平直径的延长线上加注标准图集的编号（图 9-28d）。索引标志的引出线宜采用水平方向的直线或与水平方向呈 30°、45°、60°、90°的直线，以及经上述角度再折为水平方向的折线。文字说明宜注写在引出线横线的上方，引出线应对准索引符号的圆心。

图 9-28 详图索引标志

图 9-29 为用于索引剖面详图的索引标志。应在被剖切的部位绘制剖切位置线，并以引出线引出索引标志，引出线所在的一侧应视为剖视方向，见图 9-29(a)、图 9-29(b)、图 9-29(c)、图 9-29(d)。图中的粗实线为剖切位置线，表示该图为剖面图。

详图的位置和编号，应以详图符号（详图标志）表示。详图标志应以粗实线绘制，直径为 14mm。详图与被索引的图样，同在一张图纸内时，应在详图标志内用阿拉伯数字注明详图的编号（图 9-30a）。如不在同一张图纸内时，也可以用细实线在详图标志内画一水平直径，上半圆中注明详图编号，下半圆内注明被索引图纸的图纸编号（图 9-30b）。

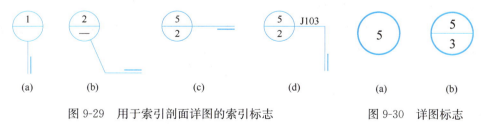

图 9-29 用于索引剖面详图的索引标志　　图 9-30 详图标志

屋面、楼面、地面为多层次构造。多层次构造用分层说明的方法标注其构造做法。多层次构造的引出线，应通过被引出的各层。文字说明宜用 5 号或 7 号字注写在横线的上方或横线的端部，说明的顺序由上至下，并应与被说明的层次相互一致。如层次为横向排列，则由上至下的说明顺序应与由左至右的层次相互一致，如图 9-31 所示。

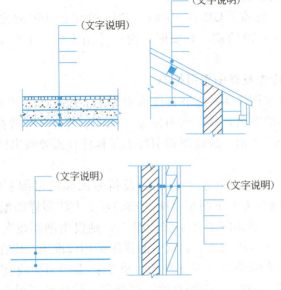

图 9-31 多层次构造的引出线

一套施工图中，建筑详图的数量视建筑工程的体量大小及难易程度来决定，常用的详图有：外墙身详图、楼梯间详图、卫生间详图、厨房详图、门窗详图、阳台详图、雨篷详图等。由于各地区都编有标准图集，故在实际工程中，有的详图可直接查阅标准图集。

9.6.4 楼梯详图

楼梯是楼层垂直交通的必要设施。

楼梯由梯段、平台和栏杆（或栏板）扶手组成（图 9-32）。

常见的楼梯平面形式有：单跑楼梯（上下两层之间只有一个梯段）、双跑楼梯（上下两层之间有两个梯段、一个中间平台）、三跑楼梯（上下两层之间有三个梯段、两个中间平台）等，如图 9-33 所示。

楼梯间详图包括楼梯间平面图、剖面图、踏步栏杆等详图，主要表示楼梯的类型、结构形式、构造和装修等。楼梯间详图应尽量安排在同一张图纸上，以便阅读。

（1）楼梯平面图

楼梯平面图常用 1：50 的比例画出。

楼梯平面图的水平剖切位置，除顶层在安全栏板（或栏杆）之上外，其余各层均在上行第一跑中间（见图 9-34）。各层被剖切到的上行第一跑梯段，都在楼梯平面图中画一条与踢面线呈 30°的折断线（构成梯段的踏步中与楼地面平行的面称为踏面，与楼地面垂直的面称为踢面）。各层下行梯段不予剖切。而楼梯间平面图则为房屋各层水平剖切后的直接正投影，如同建筑平面图，如中间几层构造一致，也可只画一个标准层平面图。故楼梯平面详图常常只画出底层、中间层和顶层三个平面图。

各层楼梯平面图宜上下对齐（或左右对齐），这样既便于阅读又便于尺寸标注和省略重复尺寸。平面图上应标注该楼梯间的轴线编号、开间和进深尺寸，楼地面和中间平台的标高以及梯段长、平台宽等细部尺寸。梯段长度尺寸标为：踏面数×踏面宽＝梯段长。

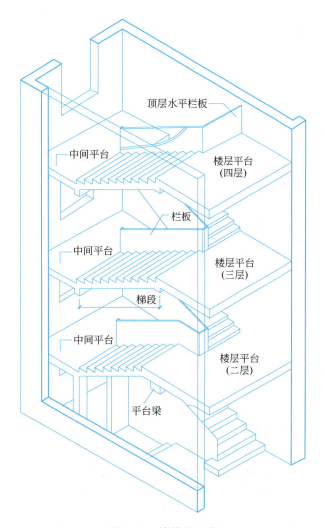

图 9-32 楼梯的组成

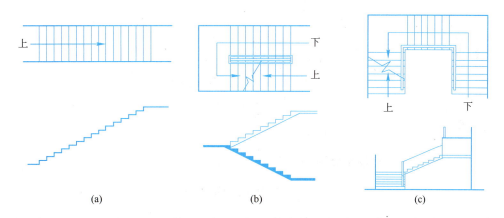

图 9-33 楼梯平面图的形成
(a) 单跑楼梯；(b) 双跑楼梯；(c) 三跑楼梯

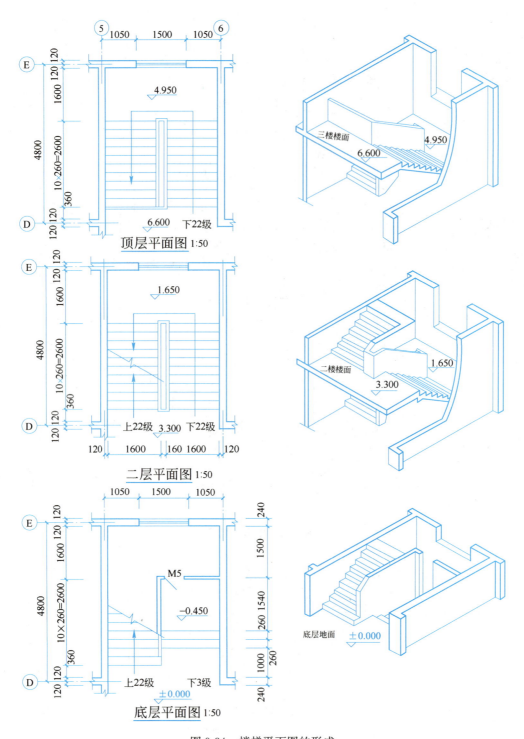

图 9-34 楼梯平面图的形成

图 9-35 为某县质量技术监督局职工住宅的楼梯平面图。底层平面图中只有一个被剖到的梯段。从Ⓑ轴线墙上的出入口出到标高为 0.600m 的连接室内外的门斗平台处，再通过 5 级室外台阶下到室外。二层平面图中的踏面，上行梯段在中间被一与踢面线呈 30°的

折断线折断，下行梯段下 10 级下到标高为 0.700m 楼梯间入口处。从二层平面图中还可以看到一层门斗上方的雨篷的投影。三、五、七层平面图和四、六层平面图上梯段的表达方式是一致的，上下两个梯段都是画成完整的；上行梯段的中间画有一与踢面线呈 30°的折断线。折断线两侧的上下指引线箭头是相对的，在箭尾处分别写有"上 20 级"和"下 20 级"，是指从二层上到二层以上的各层的踏步级数均为 20 级。说明各层的层高是一致的。不同的是三、五、七层是跃层式住宅的上层，故图中没有入户门；而四、六层是跃层式住宅的下层，所以有入户门。

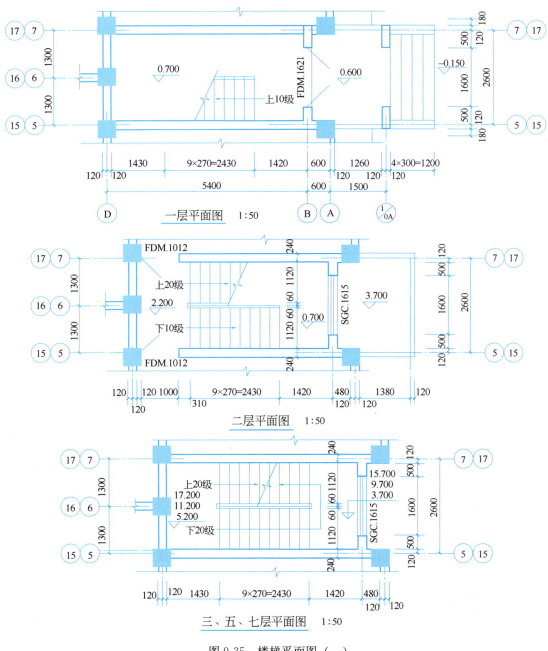

图 9-35 楼梯平面图（一）

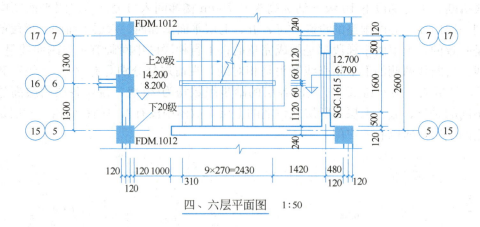

四、六层平面图 1:50

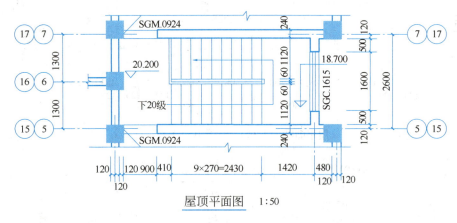

屋顶平面图 1:50

图 9-35 楼梯平面图（二）

顶层平面图的踏面是完整的，只有下行，故梯段上没有折断线。楼面临空的一侧装有水平栏杆。

(2) 楼梯剖面图

楼梯剖面图常用 1:50 的比例画出。其剖切位置应选择在通过第一跑梯段及门窗洞口，并向未剖切到的第二跑梯段方向投影（如图 9-35 中的剖切位置）。图 9-36 为按图 9-35 剖切位置绘制的剖面图。

剖到梯段的步级数可直接看到，未剖到梯段的步级数因栏板遮挡或因梯段为暗步梁板式等原因而不可见时，可用虚线表示，也可直接从其高度尺寸上看出该梯段的步级数。

多层或高层建筑的楼梯间剖面图，如中间若干层构造一样，可用一层表示这相同的若干层剖面（如图 9-36 中的两段折断线中间的部分），此层的楼面和平台面的标高可看出所代表的若干层情况。楼梯间的顶层楼梯栏杆以上部分，由于与楼梯无关，故可用折断线折断不画。

楼梯间剖面图的标注：

① 水平方向应标注被剖切墙的轴线编号、轴线尺寸及中间平台宽、梯段长等细部尺寸。

② 竖直方向应标注剖到墙的墙段、门窗洞口尺寸及梯段高度、层高尺寸。梯段高度

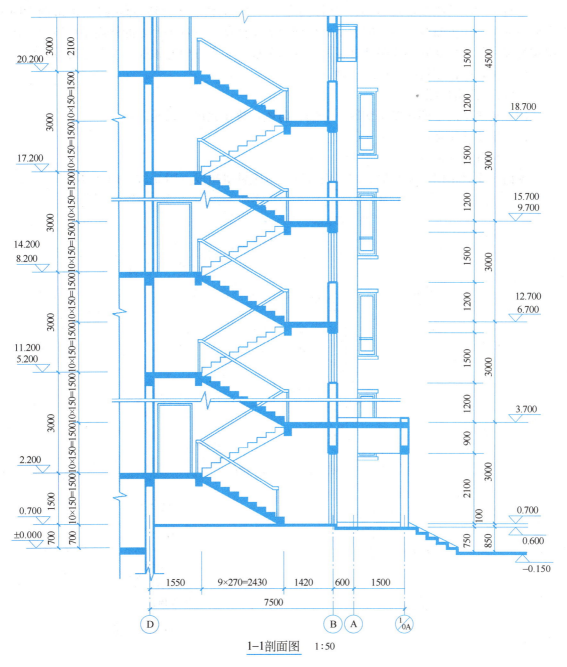

图 9-36 楼梯剖面图

应标成：步级数×踢面高＝梯段高。

③ 标高及详图索引：楼梯间剖面图上应标出各层楼面、地面、平台面及平台梁下口的标高。如需画出踢步、扶手等的详图，则应标出其详图索引符号和其他尺寸，如栏杆（或栏板）高度。

从图 9-36 中可以看到：从图的右方室外通过 5 级室外台阶上到标高为 0.600m 的连接室内外的门斗平台处，再进到标高为 0.700m 楼梯间室内。除一层外，每层都有两个梯段，且每个梯段的级数都是10级。从标高为5.200m的楼层平台到标高为9.700m的中间平台段的两端用折断线折断，以表示此段同时表示四层，故各平台处的标高是由下向上逐层重复标注的。楼梯间的顶层楼梯栏杆以上部分以及竖直方向①轴线以左客厅部分，由于与楼梯无关，故都用折断线折断不画。

9.6.5 门窗详图

门在建筑中的主要功能是交通、分隔、防盗，兼作通风、采光。

窗的主要作用是通风、采光。

(1) 木门、窗详图

木门、窗是由门（窗）框、门（窗）扇及五金件等组成（图9-37、图9-38）。

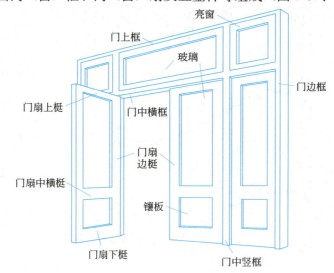

图9-37 木门的组成

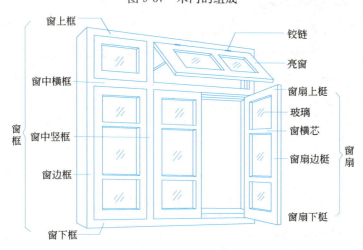

图9-38 木窗的组成

门、窗洞口的基本尺寸，1000mm以下时按100mm为增值单位增加尺寸，1000mm以上时，按300mm为增值单位增加尺寸。

门、窗详图，一般都有分别由各地区建筑主管部门批准发行的各种不同规格的标准图

（通用图、利用图）供设计者选用。若采用标准详图，则在施工图中只需说明该详图所在标准图集中的编号即可。如果未采用标准图集时，则必须画出门、窗详图。

门、窗详图由立面图、节点图、断面图和门窗扇立面图等组成。

① 门、窗立面图，常用 1∶20 的比例绘制。它主要表达门、窗的外形、开启方式和分扇情况，同时还标出门窗的尺寸及需要画出节点图的详图索引符号（图 9-39）。

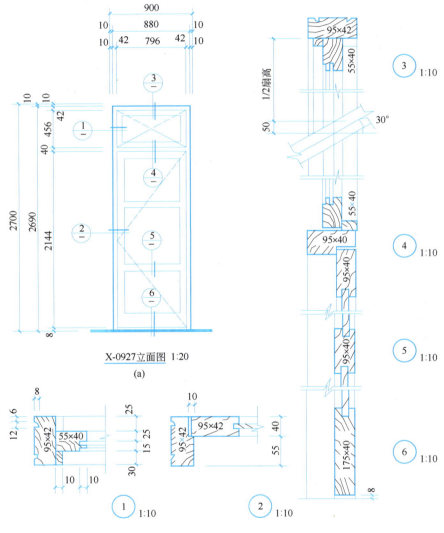

图 9-39　木门详图

一般以门、窗向着室外的面作为正立面。门、窗扇向室外开者称外开，反之为内开。《房屋建筑制图统一标准》GB/T 50001—2017 规定：门、窗立面图上开启方向外开用两条细斜实线表示，如用细斜虚线表示，则为内开。斜线开口端为门、窗扇开启端，斜线相交端为安装铰链端。如图 9-39 中门扇为外开平开门，铰链装在左端，门上亮窗为中悬窗，窗的上半部分转向室内，下半部分转向室外。

门、窗立面图的尺寸一般在竖直和水平方向各标注三道；最外一道为洞口尺寸，中间一道为门窗框外包尺寸，里边一道为门窗扇尺寸。

② 节点详图：节点详图常用1：10的比例绘制。节点详图主要表达各门窗框、门窗扇的断面形状、构造关系以及门、窗扇与门窗框的连接关系等内容。

习惯上将水平（或竖直）方向上的门、窗节点详图依次排列在一起，分别注明详图编号，并相应地布置在门、窗立面图的附近（图9-39）。

门、窗节点详图的尺寸主要为门、窗料断面的总长、总宽尺寸。如95×42、55×40、95×40等为"X-0927"代号门的门框、亮窗窗扇上下梃、门扇上梃、中横梃及边梃的断面尺寸。除此之外，还应标出门、窗扇在门、窗框内的位置尺寸。如图9-39②号节点图中，门扇进门框10mm。

③ 门、窗料断面图：常用1：5的比例绘制，主要用以详细说明各种不同门、窗料的断面形状和尺寸。断面内所注尺寸为净料的总长、总宽尺寸（通常每边要留2.5mm厚的加工裕量），断面图四周的虚线即为毛料的轮廓线，断面外标注的尺寸为决定其断面形状的细部尺寸（图9-40）。

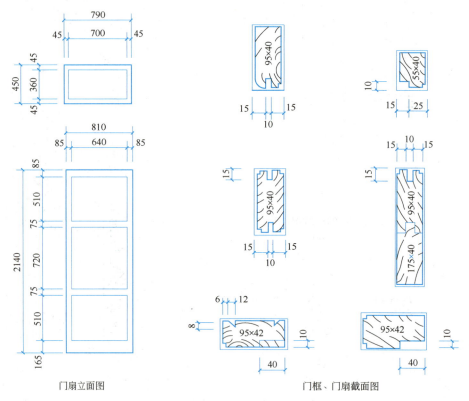

图9-40 木门门扇详图

④ 门、窗扇立面图：常用1：20比例绘制，主要表达门、窗扇形状及边梃、上下梃、中横梃、镶板、纱芯或玻璃板的位置关系（图9-40）。

门、窗扇立面图在水平和竖直方向各标注两道尺寸，外边一道为门、窗扇的外包尺寸，里边一道为扣除裁口的边梃或各冒头的尺寸，以及镶板、芯板、纱芯或玻璃的尺寸（也是边梃或上下梃、中横梃的定位尺寸）。

(2) 铝合金门、窗及塑钢门、窗详图

铝合金门窗及塑钢门、窗和木制门、窗相比，在坚固、耐久、耐火和密闭等性能上都较优越，而且节约木材，透光面积较大，各种开启方式如平开、翻转、立转、推拉等都可适应，因此已大量用于各种建筑上。铝合金门、窗及塑钢门、窗的立面图表达方式及尺寸标注与木门、窗的立面图表达方式及尺寸标注一致，其门、窗料断面形状与木门、窗料断面形状不同。但图示方法及尺寸标注要求与木门、窗相同。各地区及国家已有相应的标准图集。如图家建筑标准设计图集有《铝合金门窗》22J603-1。

铝合金门、窗的代号与木制门、窗代号稍有不同，如"HPLC"为"滑轴平开铝合金窗"，"TLC"为"推拉铝合金窗"，"PLM"为"平开铝合金门"，"TLM"为"推拉铝合金门"等。

塑钢门、窗的代号与木制门、窗代号也有所不同，如图 9-14 中的"SGC.0515"为"塑钢单框双玻中空窗"，"SGTM.2121"为"塑钢单框双玻中空推拉门"，"SGMC.2424"为"塑钢单框双玻中空带窗门"等。

9.6.6 卫生间、厨房详图

卫生间、厨房详图主要表达卫生间和厨房内各种设备的位置、形状及安装做法等。

卫生间、厨房详图有平面详图、全剖面详图、局部剖面详图、设备详图、断面图等。其中，平面详图是必要的，其他详图根据具体情况选取采用，只要能将所有情况表达清楚即可。

卫生间、厨房平面详图是将建筑平面图中的卫生间、厨房用较大比例，如 1∶50、1∶40、1∶30 等，把卫生设备及厨房的必要设备一并详细地画出的平面图。它表达出各种卫生设备及厨房的设备在卫生间及厨房内的布置、形状和大小。图 9-41 为某县质量技术监督局职工住宅的卫生间平面详图，图 9-42 为某县质量技术监督局职工住宅的厨房平面详图。卫生间、厨房的平面详图的线型与建筑平面图相同，各种设备可见的投影线用细实线表示，必要的不可见线用细虚线表示。当比例小于或等于 1∶50 时，其设备按图例表

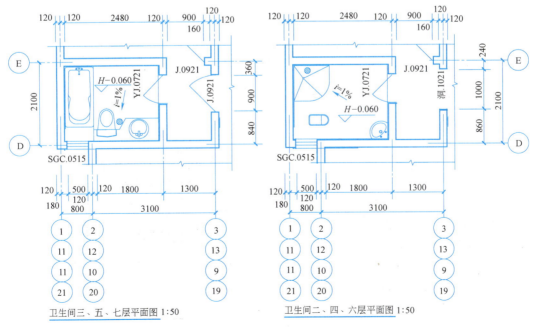

图 9-41　卫生间平面详图

示。当比例大于1:50时，其设备应按实际情况绘制。如各层的卫生间、厨房布置完全相同，则只画其中一层的卫生间、厨房即可。

平面详图除标注墙身轴线编号、轴线间距和卫生间、厨房的开间、进深尺寸外，还要注出各卫生设备及厨房的必要设备的定量、定位尺寸和其他必要的尺寸，以及各地面的标高等，平面图上还应标注剖切线位置、投影方向及各设备详图的详图索引标志等。

9.6.7 其他详图

根据工程不同需要，还可以加画其他如墙体、凸窗、阳台、阳台栏板、线脚、女儿墙及雨篷等详图，以表达这些部分的材料、位置、形状及安装做法等，图9-43为某县质量技术监督局职工住宅的凸窗及阳台栏板的剖

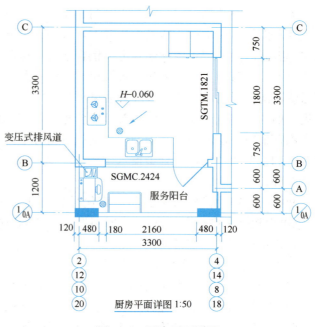

图 9-42 厨房平面详图

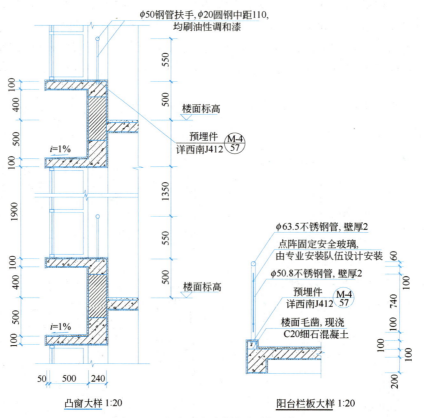

图 9-43 凸窗及阳台栏板的剖面详图

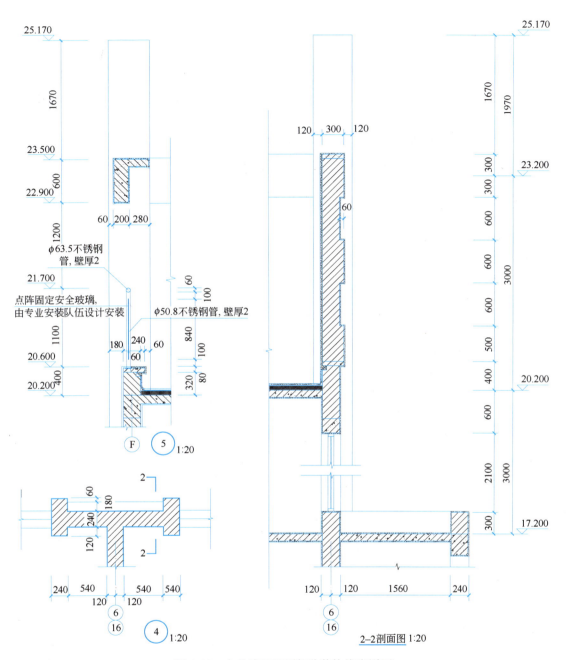

图 9-44 女儿墙及屋顶部分装饰线脚详图

面详图，具体表达了凸窗及阳台栏板各部分构造的剖面尺寸及材料和做法。图 9-44 为某县质量技术监督局职工住宅的女儿墙及屋顶部分装饰线脚的详图，其中⑤号详图是从图 9-25 中引出的女儿墙的详图，具体表达了女儿墙的尺寸及材料和做法；而④号详图则是从图 9-18 中引出的，具体表达了屋顶部分装饰线脚的平面及剖面位置、尺寸、材料和做法。其他详图的表达方式、尺寸标注等，都与前面所述详图大致相同，故不再重复。

小 结

(1) 了解房屋建筑的基本组成部分。
(2) 了解建筑施工图的组成及各部分图纸的名称。
(3) 熟悉总平面图、各层平面图、立面图、剖面图及详图的形成、用途、比例、线型、图例、尺寸标注等要求。
(4) 掌握识读和绘制总平面图、各层平面图、立面图、剖面图及详图的方法和技巧。

复习思考题

9.1 施工图根据其内容和各工程不同分为哪几种?
9.2 建筑施工图的用途是什么?
9.3 建筑施工图包括哪几种图纸?
9.4 建筑平面图的用途是什么?
9.5 建筑立面图的用途是什么?
9.6 建筑剖面图的用途是什么?
9.7 什么叫定位轴线?定位轴线怎样进行编号?
9.8 什么叫开间?什么叫进深?
9.9 总平面图、各层平面图、立面图、剖面图及详图的常用比例是多少?
9.10 总平面图、各层平面图、立面图、剖面图及详图的尺寸单位是什么?
9.11 总平面图、各层平面图、立面图、剖面图及详图的标高单位是什么?标到小数点后几位?
9.12 各层平面图的外部尺寸一般标注几道?各道尺寸分别标注什么内容?分别称为什么尺寸?

第10章 结构施工图

本章知识点

本章主要介绍建筑结构施工图的内容，包括组成建筑结构施工图的基础平面图、基础详图及说明各层结构布置平面图、梁平法施工图、柱配筋图、砌体结构圈梁及构件详图的形成、用途、比例、线型等要求和绘图方法。重点应掌握识读和绘制建筑结构施工图的方法和技巧。

10.1 概　　述

建筑物是由结构构件（如梁、板、墙、柱、基础等）和建筑配件（如门、窗、栏杆等）所组成。其中一些主要承重构件互相支承，连成整体，构成建筑物的承重结构体系，该体系就称为建筑结构。

结构设计是根据建筑各方面的要求，进行结构选型和构件布置，经过结构计算，确定建筑物各承重构件的形状、尺寸、材料以及内部构造和施工要求等。将结构设计的结果绘制成图即为结构施工图。结构施工图是构件制作、安装和指导施工的重要依据。

建筑结构的分类：按其主要承重构件所采用材料的不同，可分为钢结构、木结构、砖石结构、钢筋混凝土结构等；按其受力特征的不同，可分为墙体承重结构体系、骨架结构体系、空间结构体系等；按照施工工艺的不同，可分为现浇钢筋混凝土结构、装配式钢筋混凝土结构等。如本章例图的某住宅楼的结构就为骨架结构体系中的框架结构。

结构构件种类繁多，为便于绘图、读图，在结构施工图中常用代号来表示构件的名称。构件代号采用该构件名称的汉语拼音的第一个字母表示。常用构件代号如表10-1所示。

常用构件代号　　　　　　　表10-1

序号	名称	代号	序号	名称	代号	序号	名称	代号
1	板	B	13	叠合梁	DHL	25	屋架	WJ
2	屋面板	WB	14	屋面梁	WL	26	托架	TJ
3	空心板	KB	15	框架梁	KL	27	天窗架	CJ
4	槽形板	CB	16	屋面框架梁	WKL	28	框架	KJ
5	叠合板	DHB	17	框支梁	KZL	29	刚架	GJ
6	密肋板	MB	18	吊车梁	DL	30	支架	ZJ
7	楼梯板	TB	19	圈梁	QL	31	柱	Z
8	挡雨板或檐口板	YB	20	过梁	GL	32	框架柱	KZ
9	墙板	QB	21	剪力墙连梁	LL	33	框支柱	KZZ
10	天沟板	TGB	22	基础梁	JL	34	预制柱	YZZ
11	梁	L	23	楼梯梁	TL	35	基础	J
12	预制梁	YZL	24	檩条	LT	36	桩	ZH

续表

序号	名称	代号	序号	名称	代号	序号	名称	代号
37	柱间支撑	ZC	41	雨篷	YP	45	预制外墙	YZWQ
38	垂直支撑	CC	42	阳台	YT	46	预埋件	M
39	水平支撑	SC	43	剪力墙	Q	47	钢筋网	W
40	梯	T	44	预制剪力墙	YZQ	48	钢筋骨架	G

注：预应力钢筋混凝土构件代号，应在构件代号前加注"Y—"，如Y—KB表示预应力空心板。

结构施工图一般包括基础图、结构布置图、构件详图等。

10.2 基 础 图

基础是建筑物地面以下承受建筑物全部荷载的构件。基础下面承受基础传来荷载的地层叫地基。基础的组成如图10-1所示。地基不属于建筑物的组成部分，但与基础形式密切相关。

基础可采用不同的构造形式，选用不同的材料。按其构造形式可分为墙下条形基础（图10-2a）、柱下独立基础（图10-2b）等；按其材料的不同一般可分为砖（石）基础、混凝土基础和钢筋混凝土基础。

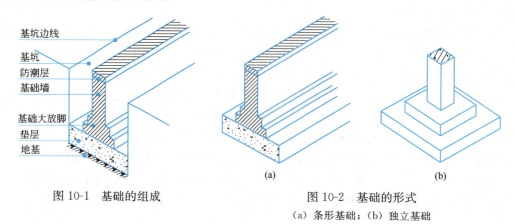

图10-1 基础的组成　　图10-2 基础的形式
(a) 条形基础；(b) 独立基础

基础图一般包括基础平面图、基础详图和文字说明三部分。现以前述住宅楼的柱下独立基础为例，说明基础图的内容和特点。

1. **基础平面图（图10-3）**

假想用一水平剖切平面，沿房屋的底层地面将房屋剖开，移去剖切平面以上的房屋和基础回填土后所作的水平投影即为基础平面图。

图的比例通常与建筑平面图相同，采用1:50、1:100、1:150、1:200等。

从图10-3及图10-4可以看出，整幢房屋采用钢筋混凝土柱下独立基础，填充墙由基础梁承担。以①轴线的基础为例，轴线两侧的细实线为基础梁的边线，基础梁编号为JL2，梁宽为300mm；独立基础编号为DJ1和DJ3，其轮廓线为中实线，其尺寸均为2400mm×2400mm，还标注出了独立基础与轴线的定位关系（若轴线居中可以不标注）。

在框架结构的基础平面图中应画出钢筋混凝土柱，钢筋混凝土柱需要用图例填充，绘图比例较小时可以直接涂黑。在基础平面图中还标明了框架柱的编号如KZ1、KZ2等，并标注出了柱的断面尺寸（500mm×500mm）及与轴线的定位关系。

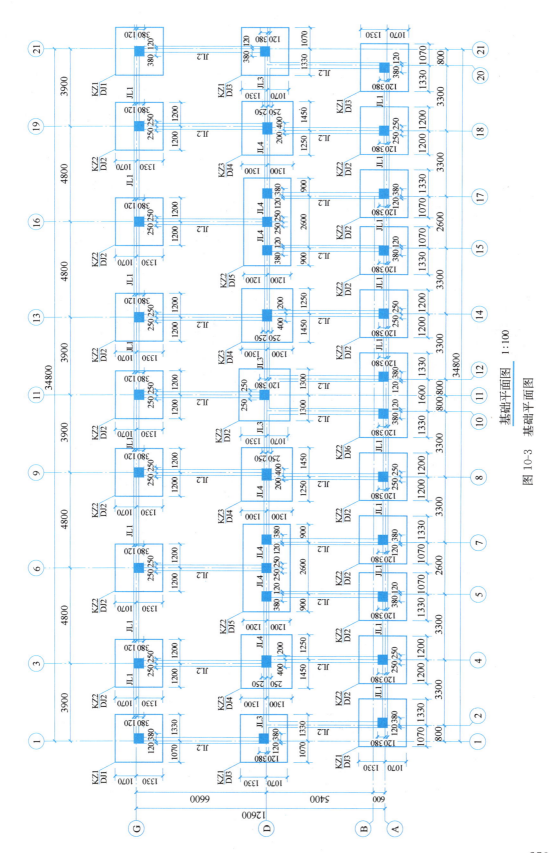

图 10-3 基础平面图

基础平面图中应标注轴线编号和轴线间距尺寸。

2. 基础详图

基础详图主要表示基础的截面形状、尺寸、材料和做法等，可将其与基础平面图放在一起，以便对照施工；也可将其与相关构件的详图放在一起。如柱下独立基础详图、基础梁详图等，如图10-4所示。在基础详图中，构件轮廓线为细实线，主筋为粗实线，箍筋为中粗实线。

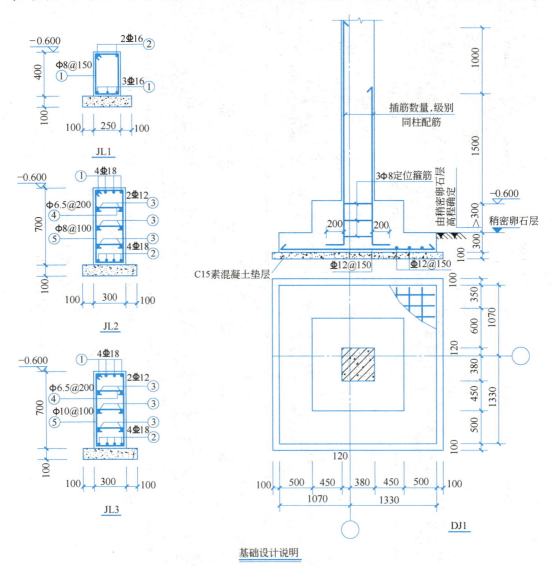

基础设计说明

1. 本工程柱下采用钢筋混凝土独立基础，±0.000=588.5。
2. 要求独立基础持力层为稍密卵石，持力层承载力特征值 $f_a \geq 250$kPa。
3. 基坑开挖至持力层后，必须做地基载荷试验，应由设计、质监、地勘人员现场验槽后方可浇筑基础。
4. 除标注外基础均对柱、墙中心布置。
5. 材料强度等级和保护层厚度：混凝土：独立基础采用C25，基础梁采用C30，垫层采用C15。
   钢筋：Φ为HPB300钢筋，Φ 为HRB400钢筋。保护层厚度：独立基础采用50mm，基础梁采用40mm。
6. 室内地面标高处墙顶做1:2水泥砂浆(掺防水粉)防潮层。室内地面标高以下覆盖土的墙面抹1:2防水水泥砂浆。
7. 设备基础、预埋件参见相应设备工种施工图。

图 10-4　基础详图

3. 基础说明

基础说明可以放在基础图中，也可以放在结构总说明中，要说明基础形式、±0.000绝对高程、持力层的选择、基础构造要求、基础材料及强度等级、防潮层的做法、设备基础的做法等，如图10-4所示。

10.3 楼层（屋面）结构布置图

房屋的不同结构形式，其楼层结构布置图的表达方式有所不同，在预制装配式的混合结构中，要表示楼面板的设置、楼面下层的门窗过梁、大梁、圈梁的布置，以及现浇板的构造与配筋等情况。在现浇钢筋混凝土框架结构中，楼层结构布置图主要表示每层楼面的梁、板、柱等的布置，以及它们的构造与配筋等情况。它是制作各层楼面的梁、现浇板等结构构件的施工依据。在装配式钢筋混凝土框架结构中，楼层结构布置图主要表示每层楼面的预制梁、柱、叠合梁、叠合板等的布置，以及它们的构造与配筋等情况。它是制作各层楼面的预制梁、柱、叠合板等结构构件的施工依据。现浇框架结构的楼层结构布置图的内容一般包括：楼层（屋面）梁平法施工图、楼层（屋面）结构布置平面图、局部剖面详图、构件详图和文字说明等。

10.3.1 楼层（屋面）梁平法施工图

梁平法施工图是目前广泛采用的画法，它是根据国家建筑标准设计图集《混凝土结构施工图平面整体表示方法制图规则和构造详图（现浇混凝土框架、剪力墙、梁、板）》22G101-1中的制图规则绘制的，系在梁平面布置图上采用平面注写方式或截面注写方式表达，钢筋构造要求按图集要求执行。

图10-5所示为前述住宅楼的一层顶梁平法施工图。图中表示出二层楼面以下框架柱、梁、楼梯间的投影。图中看不见的梁轮廓线用细虚线表示，可见的梁或梁边线用细实线表示。楼层框架柱按实际尺寸绘制，需要用图例填充，绘图比例较小时可以直接涂黑。屋顶框架柱用中实线绘制，不用涂黑。

梁平法施工图，应分别按梁的不同结构标准层，将梁和与其相关的柱、墙、板一起采用适当的比例绘制。在图中，除应注明梁编号、截面尺寸及配筋外，尚应注明各结构楼层的顶面标高及相应的结构层号。梁的平面位置要与轴线定位，宽度按比例绘制，对轴线未居中的梁，应标注其偏心定位尺寸，贴柱边的梁可不注。

1. 平面注写方式

平面注写方式，系在梁平面布置图上，分别在不同编号的梁中各选一根梁，在其上注写截面尺寸、配筋和标高的方式来表达梁平法施工图。

平面注写包括集中标注与原位标注，集中标注表达梁的通用数值，原位标注表达梁的特殊数值。当集中标注的某项数值不适用于梁的某部位时，则将该数值原位标注，施工时，原位标注取值优先。

梁编号由梁类型代号、序号、跨数及有无悬挑代号组成，应符合表10-2的规定。

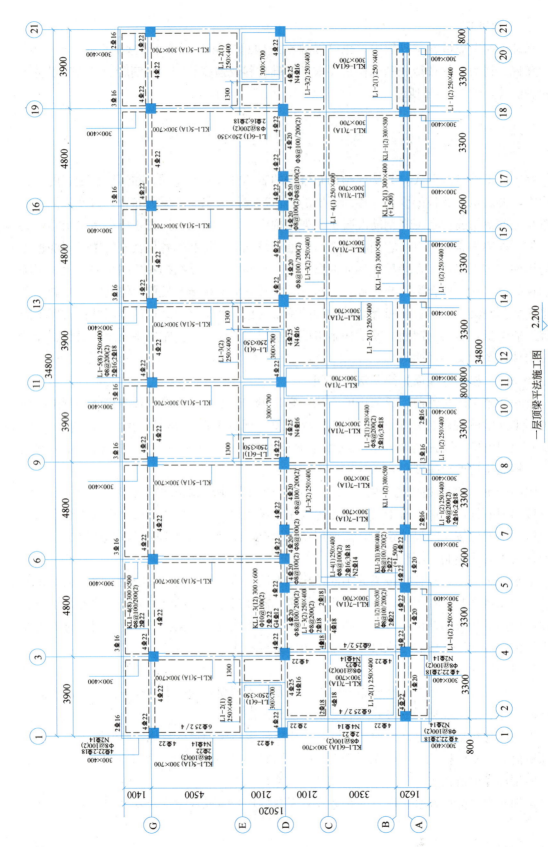

图 10-5 楼层梁平法施工图

梁 编 号　　　　　　　　　　　　　　　　　　　　　　　　　　　　　表 10-2

梁类型	代号	序号	跨数及是否带悬挑
楼面框架梁	KL	××	(××)、(××A) 或 (××B)
屋面框架梁	WKL	××	(××)、(××A) 或 (××B)
框支梁	KZL	××	(××)、(××A) 或 (××B)
非框架梁	L	××	(××)、(××A) 或 (××B)
悬挑梁	XL	××	
井字梁	JZL	××	(××)、(××A) 或 (××B)

注：(××A) 为一端悬挑，(××B) 为两端悬挑，悬挑不计入跨数。

例如：KL1-5 (1A) 表示第 5 号框架梁，1 跨，一端悬挑；

L9 (7B) 表示第 9 号非框架梁，7 跨，两端悬挑。

(1) 梁集中标注的内容有五项必注值及一项选注值（集中标注可以从梁的任意一跨中引出），规则如下：

1) 梁编号，按表 10-2 的规定执行，该项为必注值。

2) 梁截面尺寸，该项为必注值。

3) 梁箍筋，包括钢筋级别、直径、加密区与非加密区间距及肢数，该项为必注值。箍筋的加密区与非加密区的间距及肢数不同时需用斜线"/"分隔；当梁箍筋为同一间距及肢数时，则不需要斜线；当加密区与非加密区的箍筋肢数相同时，则将肢数注写一次；箍筋肢数应写在括号内。加密区范围按图集 22G101-1 中相应抗震等级的构造执行。

例如：$\phi 10@100/200$ (4) 表示箍筋为 HPB300 钢筋，直径为 $\phi 10$，加密区间距为 100mm，非加密区间距 200mm，均为四肢箍筋。

$\phi 8@100$ (4) /150 (2)，表示箍筋为 HPB300 钢筋，直径为 $\phi 8$，加密区间距为 100mm，四肢箍；非加密区间距为 150mm，两肢箍。

4) 梁上部通长钢筋或架立钢筋，该项为必注值。

当梁上部纵向钢筋和下部纵向钢筋均为通长钢筋，且多数跨相同时，此项可加注下部纵向钢筋，用分号"；"将上部与下部纵向钢筋分隔开来，少数跨不同者，采用原位标注处理。

例如：$3\Phi 22；3\Phi 20$，则表示梁上部配置 3 根直径为 22mm 的 HRB400 通长钢筋，梁下部配置 3 根直径为 20mm 的 HRB400 通长钢筋。

5) 梁侧面纵向构造钢筋或受扭钢筋配置，该项为必注值。

当梁腹板高度 $h_w \geqslant 450$mm 时，必须配置纵向构造钢筋，所注规格与根数应符合《混凝土结构设计规范》GB 50010—2010（2015 年版）规定。此项注写值以大写字母 G 打头，注写设置在梁两侧的总配筋值，且对称配置。

例如：$G4\phi 10$，表示梁的两侧共配置 $4\phi 10$ 的纵向构造钢筋，每侧各配置 $2\phi 10$。

当梁侧面需配置受扭纵向钢筋时，此项注写值以大写字母 N 打头，注写配置在梁两个侧面的总配筋值，且对称配置。

例如：N6Φ16，表示梁的两侧共配置6Φ16的纵向构造钢筋。每侧各配置3Φ16。

6）梁顶面标高与楼面标高的高差，该项为选注值。

例如：图10-5中KL1-2（1），在梁下部标注（+1.500），表示梁顶标高比相对应的楼面标高高出1500mm。

（2）梁原位标注的内容规定如下：

1）梁支座上部钢筋，该部位含通长钢筋在内的所有纵筋。

① 当上部钢筋多于一排时，用斜线"/"将各排纵筋自上而下分开。

例如：梁上部纵向钢筋注写为6Φ22 4/2，则表示梁上部纵向钢筋的第一排纵向钢筋为4Φ22，第二排纵向钢筋为2Φ22。

② 当同排纵筋有两种直径时，用加号"+"将两种直径的纵筋相连，注写时将角部纵向钢筋写在前面。

例如：梁上部纵向钢筋注写为2Φ22+2Φ20，则表示梁支座上部钢筋为四根，2Φ22放在角部，2Φ20放在中部。

③ 当梁中支座两边的上部钢筋不同时，须在支座两边分别标注；当梁中支座两边的上部钢筋相同时，仅需在支座的一边标注钢筋值，另一边省去不注。

2）梁下部钢筋。

① 当梁下部钢筋多于一排时，用斜线"/"将各排纵筋自上而下分开。

例如：梁下部纵向钢筋注写为6Φ22 2/4，则表示梁下部纵向钢筋的第一排纵向钢筋为2Φ22，第二排纵向钢筋为4Φ22，全部伸入支座。

② 当同排纵筋有两种直径时，用加号"+"将两种直径的纵筋相连，注写时将角部纵向钢筋写在前面。

③ 当梁的集中标注中已标注梁上部和下部钢筋均为通长值，且此处的梁下部钢筋与集中标注相同时，则不需要在梁下部重复做原位标注。

（3）附加箍筋或吊筋，将其直接画在平面图中的主梁上，用引线引注总配筋值（附加箍筋的肢数注在括号内），多数附加箍筋或吊筋相同时，可在梁平法施工图中统一注明，少数与统一注明值不同时，再原位引注。

（4）当在梁上集中标注的内容（即梁截面尺寸、箍筋、上部通长筋或架立筋，两侧向构造筋或受扭筋，以及梁顶面标高差的某一项或几项值）不适用于某跨或某悬挑部分时，则将其不同数值原位标注在该跨或某悬挑梁部位，施工时应按原位标注数值取用。

2. 截面注写方式

截面注写方式，系在标准层绘制的梁平面布置图上，分别在不同编号的梁中各选择一根梁用剖面号引出配筋图，并在其上注写配筋尺寸和配筋具体数值的方式来表达梁平法施工图。

10.3.2 楼层结构布置平面图

楼层（屋面）结构布置图是假想沿楼面（屋面）将建筑物水平剖切后所得的楼面（屋面）的水平投影。它反映出每层楼面（屋面）上板、梁及楼面（屋面）下层的门窗过梁布置以及现浇楼面（屋面）板的构造及配筋情况。

图10-7所示为前述住宅楼的一层顶板结构布置平面图。图中表示出该层楼面现浇板的配筋及梁、柱、雨篷、楼梯洞口的投影。图中用细实线画出梁、板可见轮廓线，用细虚

线画出被现浇板遮盖住的梁不可见轮廓线，并以粗实线画出受力筋。

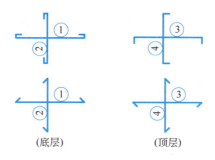

图 10-6　钢筋画法

从图 10-7 可看出：本层为现浇钢筋混凝土楼盖，钢筋采用 HPB300 钢筋，现浇板厚为 100mm。图中应标注轴线编号和轴线间距尺寸以及各梁与轴线的关系尺寸，还应标注该层顶板的平面标高，如第一层梁板的标高为 2.200m。对于卫生间、阳台等需要降低楼板标高的房间应在该房间注明板面标高，如①～③轴间的卫生间板面标高为 1.800m。某个房间的板厚与注明的板厚不同时应单独注明。

在结构平面图中配置双层钢筋时，底层的钢筋应向上或向左，如图 10-6 中①、②号钢筋；顶层的钢筋应向下或向右，如图 10-6 中③、④号钢筋。

现浇楼板中的钢筋应进行编号。对于型号、形状、长度及间距相同的钢筋采用相同编号，底层钢筋与顶层钢筋应分开编号。相同编号的钢筋可以仅对其中一根钢筋的长度、型号及间距进行标注。对于较小的房间，如图 10-7 中的卫生间，钢筋在平面图中不容易表达，可以对房间编号单独出大样图或直接用文字说明配筋和板厚。现浇板底层钢筋若是采用相同间距及直径的，也可以直接用文字说明其配筋，如图 10-7 中Ⓒ～Ⓓ轴交②～⑤轴房间的底层钢筋是在说明中统一说明的。

每一组相同的钢筋可以用一根粗实线表示。在一个梁区格或由墙围成房间范围内相同的钢筋仅画一次。对于多房间相同的钢筋，也可以用简化标注方法。如图 10-7 中⑤号钢筋仅画出一根，同时用一根带斜短画线的横穿细线表示其余钢筋的起始位置是①轴，终止位置是㉑轴。

10.3.3　柱平法施工图

柱平法施工图是目前比较常用的画法，它是根据国家建筑标准设计图集《混凝土结构施工图平面整体表示方法制图规则和构造详图（现浇混凝土框架、剪力墙、梁、板）》22G101-1 中的制图规则绘制的，该规则分为列表注写方式和截面注写方式。

列表注写方式，系在柱平面布置图上（或在基础平面图上），分别在同一编号的柱中选择一个（有时需选择几个）截面标注几何参数代号；在柱表中注写柱号、柱段起止标高、几何尺寸与配筋的具体参数，并配以各种柱截面形状及箍筋类型图的方式，来表达柱平法施工图。柱钢筋的构造详图按《混凝土结构施工图平面整体表示方法制图规则和构造详图（现浇混凝土框架、剪力墙、梁、板）》22G101-1 中的标准构造详图执行。图 10-8 所示为上述住宅楼的框架柱列表注写方式配筋图。

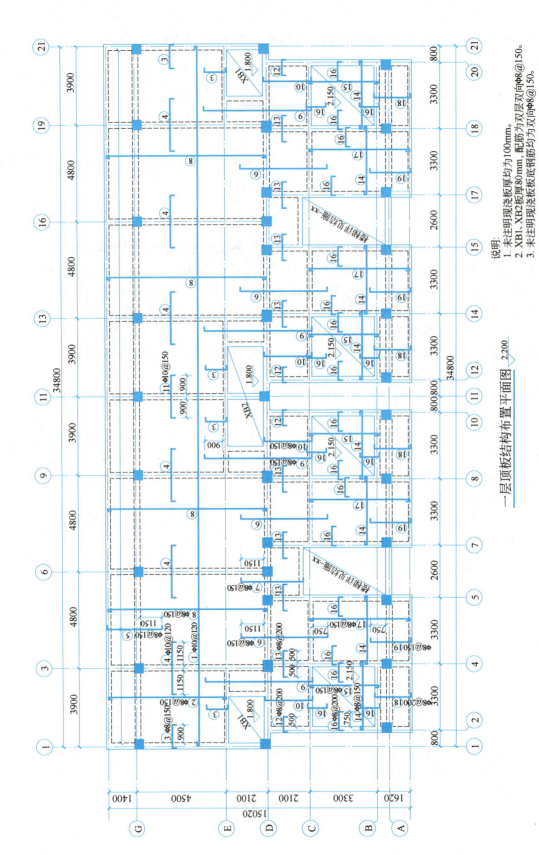

图 10-7 楼层结构布置平面图

框架柱配筋表

截面	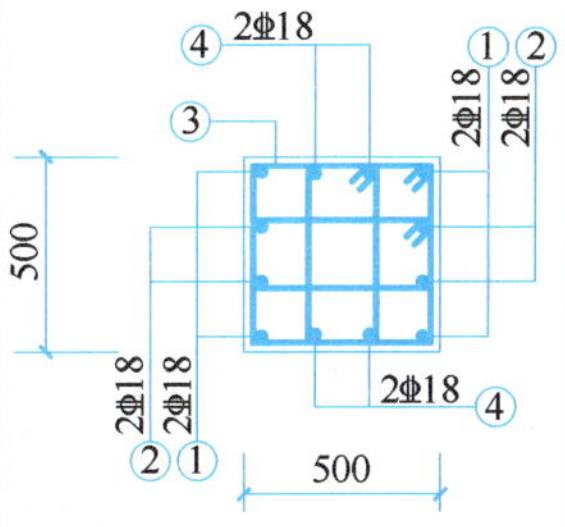 KZ1		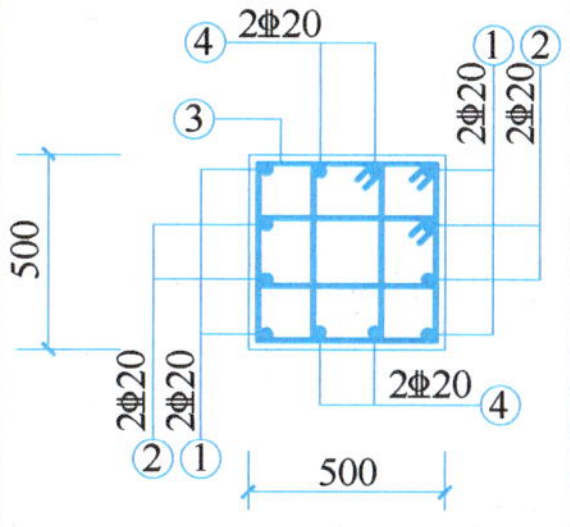 KZ2		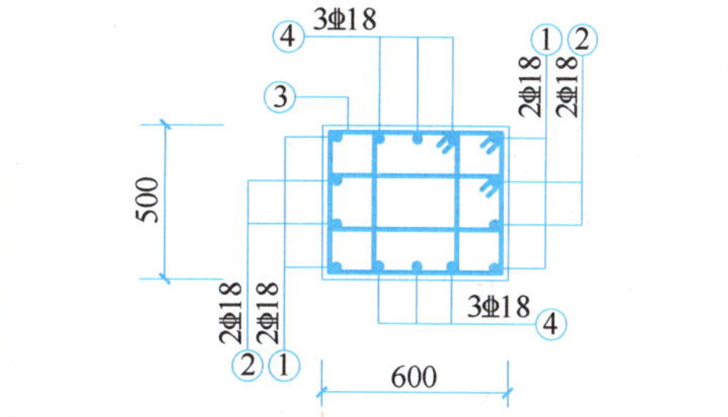 KZ3	
编号	KZ1		KZ2		KZ3	
标高	−0.600～2.200		−0.600～2.200		−0.600～2.200	
箍筋	φ8@100	φ8@100	φ8@100	φ8@200	φ8@100	φ8@200
	加密区	非加密区	加密区	非加密区	加密区	非加密区

图 10-8 柱配筋图

10.3.4 圈梁布置图

在预制装配式混合结构的房屋中，为了加强房屋的整体性，提高房屋的抗震性能，防止由于地基的不均匀沉降对房屋产生不利影响，应按规定设置圈梁。圈梁常沿墙体通长布置成闭合形。圈梁布置图可在楼层（屋面）结构布置平面图中表示，也可单独画出。

图 10-9 为单独画出的圈梁布置图。图中以粗实线表示圈梁的平面布置。要标注圈梁所在墙体的轴线及其编号、轴线间距尺寸和圈梁的梁底标高，表明圈梁不同断面的剖切位置。为表明圈梁 1-1 断面的配筋、圈梁垂直接头、圈梁转角的配筋以及钢筋的规格、数量等，图 10-9 中还画出了局部详图。

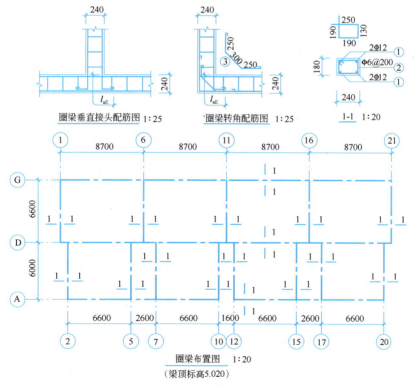

图 10-9 圈梁布置图

261

10.4 构 件 详 图

(1) 钢筋混凝土构件简介

混凝土是由水泥、砂子、石子和水按一定比例拌合而成的一种人工石材,其凝固后坚硬如石,抗压能力强,但抗拉能力较弱。一简支(素)混凝土梁在荷载作用下将发生弯曲,其中性层以上部分受压,中性层以下部分受拉。由于混凝土抗拉能力较弱,在较小荷载作用下,梁的下部就会因拉裂而折断。若在该梁下部受拉区布置适量的钢筋,用钢筋代替混凝土受拉,由混凝土承担受压区的压力(有时也可在受压区布置适量钢筋,以帮助混凝土受压),这样就能极大地提高梁的承载能力(图10-10)。

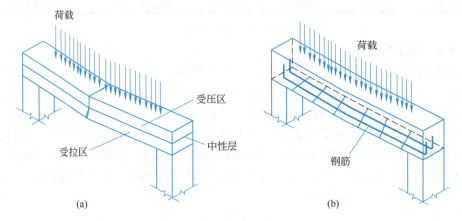

图 10-10 素混凝土梁及钢筋混凝土梁受力示意图
(a) 素混凝土梁;(b) 钢筋混凝土梁

配有钢筋的混凝土构件称为钢筋混凝土构件,如钢筋混凝土梁、板、柱等。在制作钢筋混凝土构件时,通过张拉钢筋,对混凝土施加预应力,以提高构件的变形能力和抗裂性能,这样的构件称为预应力钢筋混凝土构件。

钢筋混凝土构件的钢筋按其作用可分为以下几种(图10-11):

1) 受力筋:在构件中起主要受力作用(受拉或受压),分为直筋和弯筋两种。

2) 箍筋:主要承受一部分剪力和扭矩,并固定受力筋的位置,多用于梁、柱等构件。

3) 架立筋:用于固定箍筋位置,将纵向受力筋与箍筋连成钢筋骨架。

4) 分布筋:用于板内,与板内受力筋垂直布置,其作用是将板承受的荷载均匀地传递给受力筋,并固定受力筋的位置。此外还能抵抗因混凝土的收缩和外界温度变化在垂直于板跨方向的变形。

5) 构造筋:由于构件的构造要求和施工安装需要而设置的钢筋,如吊筋、拉结筋、预埋锚固筋等。

(2) 钢筋混凝土构件详图

钢筋混凝土构件详图是加工钢筋、制作、安装模板、浇灌构件的依据。其图示内容包括:模板图、配筋图、钢筋明细表及文字说明。

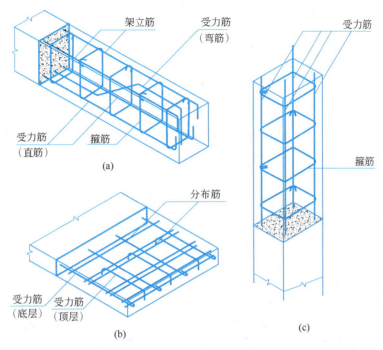

图 10-11 钢筋混凝土构件配筋示意图
(a) 梁；(b) 板；(c) 柱

1) 模板图：模板图是为浇筑构件、安装模板而绘制的图样。主要表示构件的形状、尺寸、孔洞及预埋件的位置，并详细标注其定量及定位尺寸。对于外形较简单的构件，一般不必单独画模板图，只需在配筋立面图中将构件的外形尺寸表示清楚即可。

2) 配筋图：主要表示构件内部各种钢筋的布置情况，以及各种钢筋的形状、尺寸、数量、规格等。其内容包括配筋立面图、断面图和钢筋详图。

① 比例：配筋立面图常用比例为 1∶50，断面图应比立面图放大一倍。

② 梁的可见、不可见轮廓线以细实线、细虚线表示。

③ 图中钢筋一律以粗实线绘制，钢筋断面以小黑圆点表示。箍筋若沿梁全长等距离布置，则在立面图中部画出三四个即可，但应注明其间距。钢筋与构件轮廓线应有适当距离，以表示混凝土保护层厚度，按照《混凝土结构设计规范》GB 50010—2010（2015 年版）规定，梁的保护层厚度从箍筋外侧计算为 20～25mm，板为 15～20mm。

④ 断面图的数量应视钢筋布置的情况而定，以将各种钢筋布置表示清楚为宜。

⑤ 所有钢筋均应以阿拉伯数字顺序进行编号。编号圆圈直径为 6mm。采用引出线标注钢筋的数量及规格。形状、规格完全相同的钢筋用同一编号表示。编号圆圈宜整齐排列。

⑥ 尺寸标注：在钢筋立面图中应标注梁的长度、高度尺寸；在断面图中应标注梁的宽度、高度尺寸。

⑦ 对于配筋较复杂的构件，应将各种编号的钢筋从构件中分离出来，用与立面图相同的比例画成钢筋详图，画在立面图的下方，分别标注各种钢筋的编号、根数、直径以及各段的长度（不包括弯钩长度）和总长。

下面以图 10-12 为例，说明一根现浇梁的图示内容。

该梁为一矩形截面梁。梁长 2400mm、宽 150mm、高 200mm。

立面图中表示出梁内钢筋的上下和左右排列情况；断面图则表示钢筋的上下、前后排列情况。该梁有 1-1、2-2 两个断面图。

①号钢筋的标注为 2φ14，即两根直径为 14mm 的 HRB400 钢筋。从 1-1、2-2 两个断面图中可以看出，①号钢筋位于梁下部的前、后转角处，是通长的直筋。

②号钢筋标注为 1φ14，即 1 根直径为 14mm 的 HRB400 钢筋。该钢筋在 1-1 断面位于梁的上部，在 2-2 断面位于梁的下部，说明此钢筋为弯起钢筋，其形状从钢筋详图中清楚可见。

③号钢筋的标注为 2φ12，即两根直径为 12mm 的 HRB400 钢筋。该钢筋位于梁上部的前、后转角处，是通长的直筋。

④号钢筋标注为 φ6.5@200，表示沿梁通长布置直径为 6.5mm 的 HPB300 箍筋，其间距为 200mm。

钢筋详图可详细地表示出各种编号的钢筋形状、根数、规格及分段尺寸。

3）钢筋明细表

为了编制施工预算，统计钢筋用料，便于下料、加工，应将每一构件列出钢筋明细表，注明构件中各种钢筋的编号、简图、规格、长度、数量及总长等。图 10-12 中现浇梁的钢筋明细表见表 10-3。

钢筋明细表　　　　　　　　　　　　　　　　表 10-3

构件名称	钢筋编号	钢筋简图	钢筋规格	长度(mm)	数量	总长(m)	备注
L-1	①	 2350	φ14	2350	2	4.700	
	②	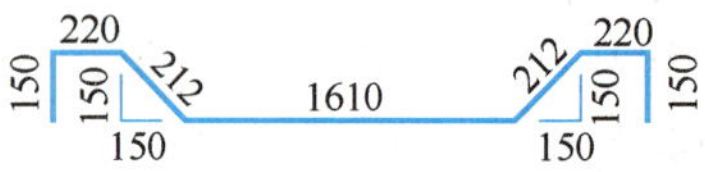 220 212 1610 212 220（150、150、150、150）	φ14	2924	1	2.924	
	③	 2350	φ12	2350	2	4.700	
	④	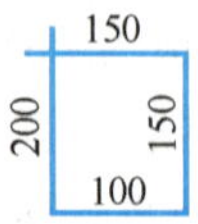 150 / 200 / 150 / 100	φ6.5	600	13	7.800	

文字说明是指以文字形式说明该构件的材料、规格、施工要求、注意事项等。

（3）构件统计表和文字说明

对于采用预制构件修建的装配式建筑应绘制构件统计表，以表格形式分层统计出各层平面布置图中各类构件的名称、代号、数量、详图所在图纸（图集）的图号、构件信息二维码、备注等。构件统计表是编制预算、工厂构件加工、运输、施工准备、构件安装的重要依据之一。

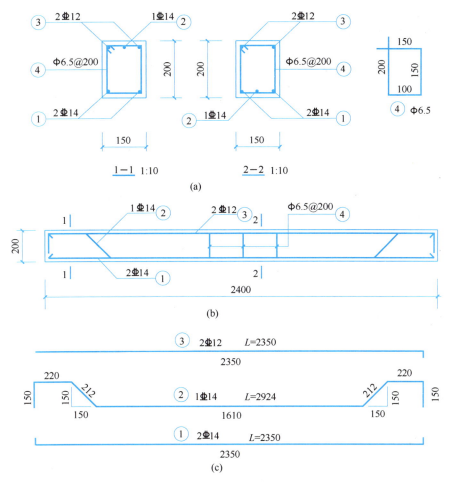

图 10-12　钢筋混凝土梁的配筋图
(a) 断面图；(b) 立面图；(c) 钢筋详图

文字说明中应注写构件加工、堆码、运输、施工、检验、验收要求和注意事项等。

小　　结

(1) 了解房屋建筑结构的基本组成部分。
(2) 了解建筑结构施工图的组成及各部分图纸的名称。
(3) 熟悉基础平面图、基础详图及说明、各层结构布置平面图、梁平法施工图、柱配筋图、砌体结构圈梁及构件详图的形成、用途、比例、线型、图例等要求和绘图方法。
(4) 掌握识读和绘制基础平面图、各层结构布置平面图、梁平法施工图、柱配筋图、砌体结构圈梁及构件详图的方法和技巧。

复习思考题

10.1　什么是建筑结构？
10.2　建筑结构施工图的用途是什么？

10.3 建筑结构施工图包括哪几种图纸?
10.4 基础平面图的用途是什么?
10.5 梁平法施工图的用途是什么?
10.6 结构布置平面图的用途是什么?

第 11 章 设备施工图

本章知识点

本章主要介绍室内给水排水施工图的形成、用途、比例、线型、图例、尺寸标注等要求和绘图方法。重点应掌握识读和绘制室内给水排水施工图的方法和技巧。

11.1 概　　述

设备施工图的内容主要包括安装在建筑物内的给水、排水管道、电气线路、燃气管道、采暖通风空调等管道，以及相应的设施、装置都属于建筑设备工程，不属于土木建筑部分，它们都是服务于建筑物。因此，建筑的设备施工图是根据已有的相应建筑施工图来绘制的。

建筑设备施工图，无论是水、电、气中的任意一种专业图，一般由平面图、系统图、详图及统计表、文字说明组成。建筑设备施工图在图示上有两个主要特点：

① 建筑设备的管道或线路是设备施工图的重点，通常用单粗线绘制；

② 建筑设备施工图中的建筑图部分不是为土建施工而绘制的，而是作为建筑设备的定位基准而画出的，一般用细线绘制，不画建筑细部。

建筑设备施工图简称"设施图"，而室内给水排水施工图一起统称为建筑给水排水施工图，简称"水施图"。给水排水施工图一般由给水排水平面图、给水系统图、排水系统图及必要的详图和设计说明组成。本章将介绍建筑给水排水系统的组成、建筑给水、排水图例、阅读及绘制方法。

11.2 室内给水排水施工图

11.2.1 建筑给水排水系统组成

（1）建筑给水

民用建筑给水通常分生活给水系统和消防给水系统。生活给水系统一般含冷热水系统；消防给水系统一般含消火栓给水系统与自动喷水灭火系统。现以生活、消防给水为例说明建筑给水系统的主要组成，见图 11-1。

1）引入管

引入管又称进户管，是从室外供水管网引入建筑物内的给水系统的一段水平连接管段。引入管一般穿过建筑物基础或外墙，每条引入管应坡向外供水管网且有不小于 3‰ 的坡度，必须安装阀门，必要时还要设泄水装置，以便管网检修时放水用。

2）配水管网

配水管网即将引入管送来的给水输送给建筑物内各用水点的管道，包括水平干管、给

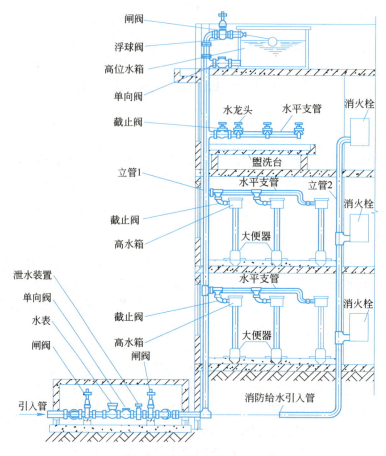

图 11-1 建筑给水系统的组成

水立管和支管。

3）配水器具

配水器具包括与配水管网相接的各种阀门、给水配件（放水龙头、皮带龙头、管接头、分户水表等）。

4）水池、水箱及加压设备

当水流量大而水压不足时，需设贮水池或高位水箱及水泵等加压设备。

5）水表

水表用来记录用水量。根据具体情况可在每个用户、每个单元、每幢建筑物或一个居住区内设置水表。需单独计算用水量的建筑物，水表应安装在引入管上，前后安装阀门，并装设检修阀门、旁通管、泄水装置等。通常把水表及这些装置通称为水表节点。室外水表节点应设置在水表井内。

(2) 建筑排水

民用建筑排水主要是排出生活废水、生活污水、屋面雨（雪）水及空调冷凝水。一般民用建筑物如住宅、办公楼等可将生活污（废）水合流排出，雨水管单独设置。现以排出生活污水为例，说明建筑室内排水系统的主要组成，如图 11-2 所示。

1）卫生器具及地漏等排水泄水口

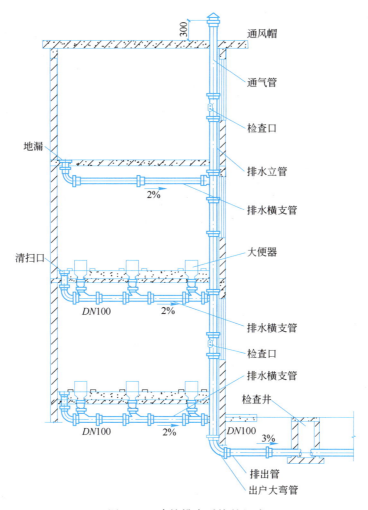

图 11-2 建筑排水系统的组成

2) 排水管道及附件

① 存水弯（水封段）。存水弯的水封将隔绝和防止有异味、有害、易燃气体及虫类通过卫生器具泄水口侵入室内。常用的管式存水弯有 S 形和 P 形。

② 连接管。连接管即连接卫生器具及地漏等泄水口与排水横支管的短管（除坐式大便器、钟罩式地漏外，均包括存水弯），亦称卫生器具排水管。

③ 排水横支管。排水横支管接纳连接管的排水并将排水转送到排水立管，且坡向排水立管。若与大便器连接管相接，排水横支管管径应不小于 100mm，坡向排水立管的标准坡度为 0.02。

④ 排水立管。排水立管即接纳排水横支管的排水并转送到排水排出管（有时送到排水横干管）的竖直管段。其管径不能小于 DN50 或所连横支管管径。

⑤ 排出管。排出管是将排水立管或排水横干管送来的建筑排水排入室外检查井（窨井）并坡向检查井的水平管道。其管径应大于或等于排水立管（或排水横干管）的管径，坡度为 1%～3%，最大坡度不宜大于 15%，在条件允许的情况下，尽可能取高限，以利

尽快排水。

⑥ 检查井。建筑排水检查井在室内排水排出管与室外排水管的连接处设置，将室内排水安全地输至室外排水管道中。

⑦ 通气管。通气管为顶层检查口以上的一段立管。它排除有害气体，平衡气压，并向排水管网补充新鲜空气，利于水流畅通，保护存水弯水封。其管径一般与排水立管相同。通气管口高出屋面的高度不得小于0.3m，且应大于屋面最大积雪厚度，在上人平屋面上，通气管口应高出屋面2.0m。

⑧ 管道检查、清堵装置。管道检查、清堵装置如清扫口、检查口。清扫口可单向清通，常用于排水横管上。检查口则为双向清通的管道维修口。立管上的检查口之间距离不大于10m，通常每隔一层设一个检查口，但底层和顶层必须设置检查口。检查口设在距楼（地）面1.00m处，并应高出该层卫生器具上边缘0.15m。

11.2.2 建筑给水排水图例

按照中华人民共和国国家标准《建筑给水排水制图标准》GB/T 50106—2010，建筑给水排水常见图例见表11-1。

建筑给水排水图例（摘自GB/T 50106—2010）　　表11-1

序号	名称	图例	序号	名称	图例
1	给水管	—— J ——	11	清扫口	平面　系统
2	热水给水管	—— RJ ——	12	P形存水弯	
3	消火栓给水管	—— XH ——	13	S形存水弯	
4	通气管	—— T ——	14	通气帽	蘑菇型　成品
5	污水管	—— W ——	15	水表	
6	雨水管	—— Y ——	16	浮球阀	
7	排水明沟	坡向	17	闸阀	
8	排水暗沟	坡向	18	截止阀	
9	立管检查孔		19	放水龙头/感应龙头	
10	圆形地漏	平面　系统	20	淋浴器	

续表

序号	名称	图例	序号	名称	图例
21	脚踏/感应冲洗阀		27	台式洗脸盆	
22	消防给水管	 —— XH ——	28	厨房洗涤盆	
23	室内单栓消火栓		29	壁挂式小便器	
24	室内双栓消火栓		30	座式大便器	
25	室外消火栓		31	蹲式大便器	
26	挂式洗脸盆		32	浴盆	
			33	矩形化粪池	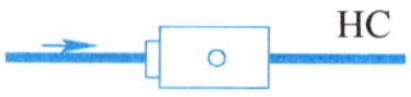 HC

11.2.3 建筑给水排水平面图

（1）建筑给水排水平面图的图示特点

为方便读图和画图，把同一建筑相应的给水平面图和排水平面图画在同一张图纸上，称其为建筑给水排水平面图，如图 11-3～图 11-5 为某县质量技术监督局职工住宅的给水排水平面图。

建筑给水排水平面图应按直接正投影法绘制，它与相应的建筑平面图、卫生器具以及管道布置等密切相关，具有如下特点。

1）比例

常用比例有：1：200、1：150、1：100。宜与其建筑平面图比例相同。有时可将有些公共建筑中，如集体宿舍、教学楼的集中用水房间，单独抽出，用比其建筑平面图大的比例绘制。

2）布图方向

按照中华人民共和国国家标准《房屋建筑制图统一标准》GB/T 50001—2017 的规定"不同专业的单体建（构）筑物的平面图，在图纸上的布图方向均应一致"。因此，建筑给水排水平面图在图纸上的布图方向应与相应的建筑平面图一致。

3）平面图的数量

建筑给水排水平面图原则上应分层绘制，并在图下方注写其图名。若各楼层建筑平面、卫生器具和管道布置、数量、规格均相同，可只绘标准层和底层给水排水平面图。

底层给水排水平面图一般应画出整幢建筑的底层平面图，其余各层则可以只画出装有给水排水管道及其设备的局部平面图，以便更好地与整幢建筑及其室外给水排水平面图对照阅读。标准层给水排水平面图通常也画标准层全部。

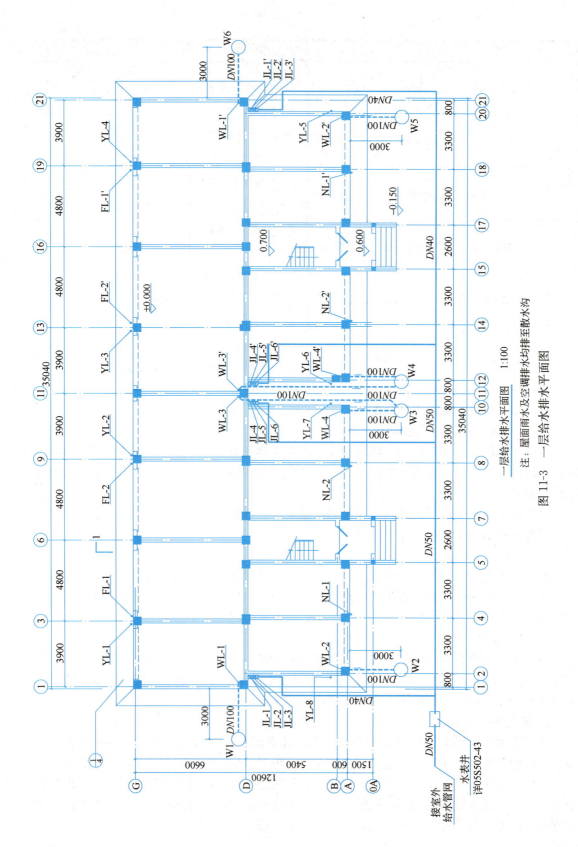

图 11-3 一层给水排水平面图

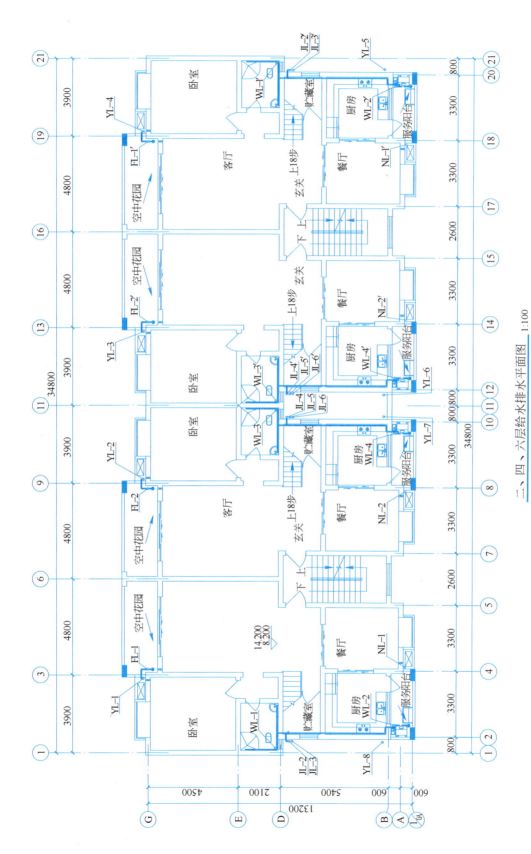

图 11-4 二、四、六层给水排水平面图

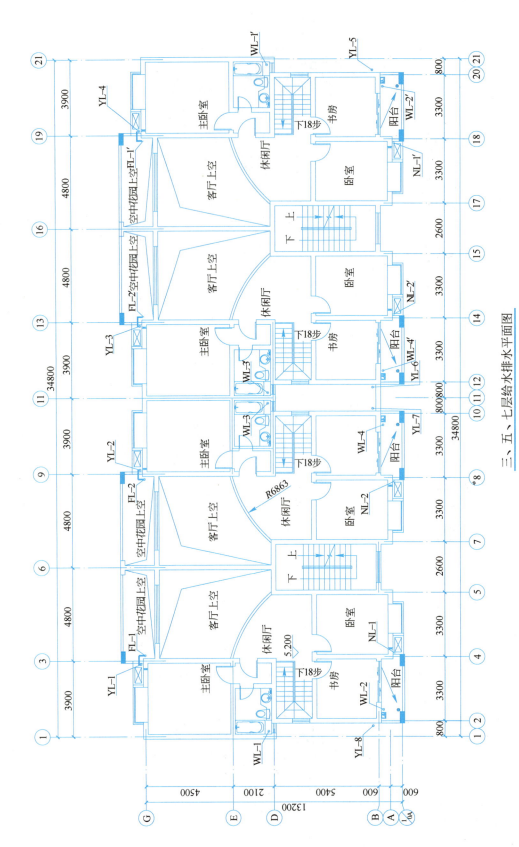

图 11-5 三、五、七层给水排水平面图

4) 建筑的平面图

用细实线（0.25b）抄绘墙身、柱、门窗洞、楼梯及台阶等主要构配件，不必画建筑细部，不标注门窗代号、编号等，但要画出相应轴线，楼层平面图可只画相应的边界轴线。底层平面图一般要画出指北针。

5) 卫生器具平面图

卫生器具如大便器、小便器、洗脸盆等皆为定型生产产品，而大便槽、小便槽、污水池等虽非工业产品，却是现场砌筑，其详图由建筑设计提供，所以卫生器具均不必详细绘制，定型工业产品的卫生器具用细线画其图例（表11-1），需现场砌制的卫生设施依其尺寸，按比例画出其图例，若无标准图例，一般只绘其主要轮廓。

6) 给水排水管道平面图

给水排水管道及其附件无论在地面上或地面下，均可视为可见，按其图例绘制（表11-1）位于同一平面位置的两根或两根以上的不同高度的管道，为图示清楚，习惯画成平行排列的管道。管道无论明装或暗装，平面图中的管道线仅表示其示意安装位置，并不表示其具体平面定位尺寸。但若管道暗装，图上除应有说明外，管道线应画在墙身断面内。

当给水管与排水管交叉时，应该连续画出给水管，断开排水管。

7) 标注

① 尺寸标注。标注建筑平面图的轴线和编号以及轴线间尺寸，若图示清楚，可仅在底层给水排水平面图中标注轴线间尺寸。标注与用水设施有关的建筑尺寸，如隔墙尺寸等。标注引水管、排出管的定位尺寸，通常标注其与相邻轴线的距离尺寸。沿墙敷设的卫生器具和管道一般不必标注定位尺寸，若必须标注时，应以轴线和墙（柱）面为基准标注。卫生器具的规格可用文字标注在引出线上，或在施工说明中和材料表中注写。管道的长度一般不标注，因为在设计、施工的概算和预算以及施工备料时，一般只需用比例尺从图中近似量取，在施工安装时则以实测尺寸为依据。平面图中，一般只注立管、引入管、排出管的管径，管径标注的要求见表11-2。除此以外，一般管道的管径、坡度等习惯标注在其系统图中，常不在平面图中标注。

管径标注（单位：mm） 表11-2

管径标准	①公称直径 DN	管道内径 d	外径 D×壁厚	公称外径 dn
适用范围	1. 低压流体输送用镀锌焊接钢管 2. 不镀锌焊接钢管 3. 铸铁管 4. 硬聚氯乙烯管、聚丙烯管	1. 耐酸陶瓷管 2. 混凝土管 3. 钢筋混凝土管 4. 陶土管（缸瓦管）	1. 无缝钢管 2.②螺旋焊接钢管	建筑给水排水塑料管材
标注举例	DN32	d300	D108×4	dn50

注：① 公称直径是工程界对各种管道及附件大小的公认称呼，对各类管子的准确含义是不同的。如对普通压力铸铁管等 DN 等于内径的真值；普通压力钢管的 DN 比其内径略小。
② 来源于《建筑给水排水制图标准》GB/T 50106—2010。

② 标高标注。底层给水排水平面图中须标注室内地面标高及室外地面整平标高。标

准层、楼层给水排水平面图应标注适用楼层的标高，有时还要标注用水房间附近的楼面标高。所注标高均为相对标高，并应取至小数点后三位。

③ 符号标注。对于建筑物的给水排水进口、出口，宜标注管道类别代号，其代号通常采用管道类别的第一个汉语拼音字母，如"J"即给水，"W"即排水。当建筑物的给水排水进、出口数量多于 1 个时，宜用阿拉伯数字编号，以便查找和绘制系统图。编号宜按图 11-6 的方式表示（该图表示 1 号排出管或 1 号排出口）。

对于建筑物内穿过一层及多于一层楼层的竖管，用小圆圈表示，直径约为 2mm，称之为立管，并在旁边标注立管代号，如"JL""WL"分别表示给水立管、排水立管。当立管数量多于一个时，宜用阿拉伯数字编号。编号宜按图 11-7 的方式表示（该图即表示 1 号给水立管）。

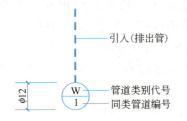 

图 11-6　给水排水进出口编号表示法　　图 11-7　平面图上立管编号表示法

④ 文字注写。注写相应平面的功能及必要的文字说明。

（2）建筑给水排水平面图的绘制

绘制建筑给水排水施工图，通常首先绘制给水排水平面图，其次绘其系统图。绘制建筑给水排水平面图时，一般先绘底层给水排水平面图，再画标准层或其余楼层给水排水平面图。绘制一层给水排水平面图底稿的画图步骤如下：

1）画建筑平面图。

建筑给水排水平面图的建筑轮廓应与建筑专业一致，其画图步骤也与建筑图中绘制建筑平面图一样，先画定位轴线，再画墙身和门窗洞，最后画必要的构配件。

2）画卫生器具平面图。

3）画给水排水管道平面图。

简单地说，画建筑给水平面图就是用沿墙的直线连接各用水点，画建筑排水平面图就是用沿墙的直线将卫生器具连接起来。

画建筑给水排水平面图时，一般先画立管，然后画给水引入管和排水排出管，最后按照水流方向画出各干管、支管及管道附件。

4）画必要的图例。

采用《建筑给水排水制图标准》GB/T 50106—2010 中的图例时，一般可不另画图例，否则必须列出图例。

5）布置应标注的尺寸、标高、编号和必要的文字。

所谓"布置"即用轻淡细线安排上述须标注内容的位置。

11.2.4　建筑给水排水系统图

给水排水系统图反映给水排水管道系统的上下层以及前、后、左、右之间的空间关系，各管段的管径、坡度标高以及管道附件位置等。它与建筑给水排水平面图一起表达建筑给水排水工程空间布置情况，给水系统图与排水系统图分别画出。

（1）给水排水系统图的图示特点

给水排水系统图是按正面斜等轴测或侧面斜等轴测投影法绘制的，如图 11-8 和图 11-9所示。具有下列主要特点：

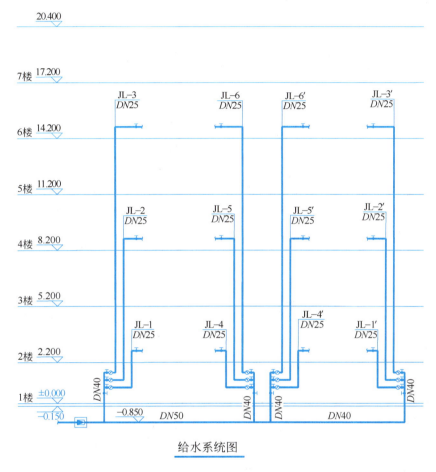

给水系统图

图 11-8　给水系统图

1）比例。

通常采用与之对应的给水排水平面图相同的比例，常用的有 1∶200、1∶150、1∶100、1∶50。当局部管道按比例不易表示清楚时，例如在管道和管道附件被遮挡，或者转弯管道变成直线等情况下，这些局部管道可不按比例绘制。

2）布图方向。

给水排水系统图的布图方向应该与相应的给水排水平面图一致。

3）给水排水管道。

给水管道系统图一般按各条给水引入管分组，排水管道系统图一般按各条排水排出管分组。引入管和排出管以及立管的编号均应与其平面图的引入管、排出管及立管对应一致，编号表示法同前。

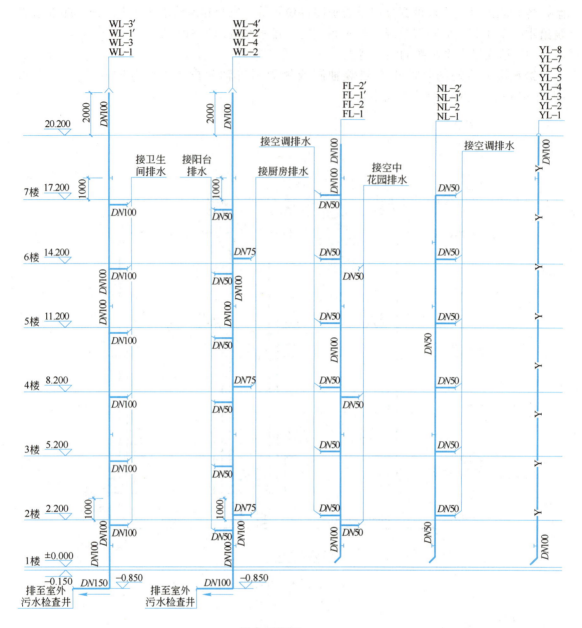

排水系统图

图11-9 排水系统图

系统图中给水排水管道沿 x_1、y_1 向的长度直接从平面图上量取，管道高度一般根据建筑层高、门窗高度、梁的位置以及卫生器具、配水龙头、阀门的安装高度等来决定。例如，洗涤池（盆）、盥洗槽、洗脸盆、污水池的放水龙头一般离地（楼）面0.80m，淋浴器喷头的安装高度一般离地（楼）面2.10m。设计安装高度一般由安装详图查得，亦可根据具体情况自行设计。有坡向的管道按水平管绘制出。管道附件、阀门及附属构筑物等按图例表示，见表11-1。

当空间交叉的管道在图中相交时，应判别其可见性，在交叉处，可见管道连续画出，不可见管道线应断开画出。

当管道相对集中，即使局部不按比例也不能清楚地反映管道的空间走向时，可将某部分管道断开，移到图面合适的地方绘制，在两者需连接的断开部位，应标注相同的大写拉丁字母表示连接编号，如图11-10所示。

图 11-10 管道连接符号

4）与建筑物位置的关系的表示。

为反映给水排水管道与相应建筑物的位置关系，系统图中要用细实线（0.25b）画出管道所穿过的地面、楼面、屋面及墙身等建筑构件的示意位置，所用图例见表11-1。

5）标注。

① 管径标注。管径标注的要求见表11-2。可将管道直径注写在管道旁边，如图11-8中"$DN25$""$DN40$"等；或注在引出线上，如图11-9中"$\frac{WL-1}{DN100}$"等。有时连续多段相同管径时，可只注出始、末段管径，中间管段管径可省略不标注。

② 标高标注。系统图仍然标注相对标高，并应与建筑图一致。对于建筑物，应标注室内地面、各层楼面及建筑屋面等部位的标高。对于给水管道，标注管道中心标高，通常要标注横管、阀门和放水龙头等部位的标高。对于排水管道，一般要标注立管或通气管的顶部、排出管的起点及检查口等的标高；其他排水横管标高通常由相关的卫生器具和管件尺寸来决定，一般可不标注其标高。必要时，一般标注横管起点的管内底标高。系统图中标高符号画法与建筑图的标高画法相同，但应注意横线要平行于所标注的管线，如图11-9中排水排出管$DN100$的标高－0.850的标注。

6）简化图示。

当楼层管道布置、规格等完全相同时，给水系统图和排水系统图上的中间楼层管道可以不画，仅在折断的支管上注写同某层即可。习惯上将底层和顶层系统图完整画出。

（2）给水排水系统图底稿图的绘制

一般先画好给水排水平面图后，再按照平面图画其系统图。布置图面时，习惯上把各管道系统图中的立管所穿过的地面、楼面相应地画在同一水平线上，以利图面整齐，便于画图和读图。系统图底稿图画图步骤如下：

1）确定轴测轴。

根据相应的给水排水平面图来确定系统图的轴测轴。如图11-8、图11-9所示给水系统图和排水系统图的轴测轴就是根据图11-3、图11-4及图11-5的给水排水平面图来确定的，以Ⓐ轴作为水平的O_1X_1轴方向，以①轴作为O_1Y_1轴方向。

2）画立管或者引入管、排出管。

一般地说，若一条引入管或排出管只服务于一根立管，通常先画立管或排出管。如图11-9所示，倘若一条引入管或排出管服务于几根立管时，就宜先画引入管或排出管，再画水平干管，然后才画立管，图11-9即属于这种情况。

3）画立管上的地面、楼面屋面图例。

立管上的地面、楼面、屋面根据建筑设计标高来确定。若屋面无给水设施，给水系图可不画屋面。

4）画各层平面上的横管。

根据放水龙头、阀门和卫生器具、管道附件（如地漏、存水弯、清扫口等）的安装高度以及管道坡度确定横管的位置，一般先画平行于轴向的横管，再画不平行于轴向的横管。

5）画管道系统上相应的附件、器具等的图例。

画出如给水系统图上的阀门、放水龙头及水表等，排水系统图上的卫生器具、管道附件、检查井、通气帽等的图例符号。

6）画各管道所穿墙、梁的断面图例。

7）在适宜的位置布置应标注的管径、坡度、标高、编号以及必要的文字说明等。

小 结

（1）了解设备施工图的组成及各部分图纸的内容。

（2）了解室内给水、排水施工图的组成及各部分图纸的名称。

（3）熟悉给水排水平面图、给水系统图、排水系统图及必要的详图的形成、用途、比例、线型、图例、尺寸标注等要求。

（4）掌握识读和绘制给水排水平面图、给水系统图、排水系统图及必要的详图的方法和技巧。

复习思考题

11.1 建筑设备施工图的内容有哪些？
11.2 "水施图"的用途是什么？
11.3 "水施图"包括哪几种图纸？
11.4 建筑室内给水系统由哪几部分组成？
11.5 建筑室内排水系统由哪几部分组成？
11.6 建筑给水排水平面图的用途是什么？
11.7 建筑给水排水平面图的比例为多少？
11.8 "J"表示什么含义？"W"表示什么含义？
11.9 "JL""WL"分别表示什么？

第 12 章　附属设施施工图

本章知识点

本章主要介绍道路路线工程图、桥梁、涵洞和隧道工程图的内容。道路路线工程图包括公路和城市道路的平面图、横断面图和纵断面图。桥梁工程图包括桥位平面图、桥位地质断面图、桥梁总体布置图、构件结构图和大样图。涵洞和隧道工程图包括平面图及立面图。重点应掌握识读和绘制道路路线工程图、桥梁、涵洞和隧道工程图的方法和技巧。

12.1　道路路线工程图

12.1.1　概述

（1）道路路线工程图的组成

道路是带状工程结构物，供车辆行驶和行人步行，承受移动荷载的反复作用。按道路所处地区可分为公路、城市道路、农村道路、工业区道路等。道路的基本组成包括路线、路基及防护、路面及排水、桥梁、涵洞、隧道、平面及立体交叉、交通工程及沿线设施等。道路工程图包括上述各部分内容。

道路修筑在大地上，地形复杂多变，道路路线工程图用来表达道路路线的平面位置和线型状况、沿线地形和地物、标高和坡度、路基宽度和边坡坡度、路面结构和地质状况等。道路路线工程图分为道路路线平面图、纵断面图和横断面图。道路沿长度方向的行车中心线称为道路路线，也称道路中心线。由于地形、地物和地质条件的限制，当我们分别从两个方向上观察道路路线的线型时，可得到下述结果：俯瞰是由直线和曲线段组成；纵看是由平坡和上、下坡段及竖曲线组成。所以，道路路线是一条空间曲线。

（2）道路路线工程图的表达特点

由于道路修筑在大地表面上，道路的平面弯曲和竖向起伏变化都与地面形状紧密相关，所以道路工程图的图示特点为：以地面作为平面图，以纵向展开断面图作为立面图，以横断面作为侧面图，并分别画在单独的图纸上。平面图、立面图、侧面图综合起来表达道路的空间位置，如图 12-1 所示。

12.1.2　路线平面图

路线平面图用以表达路线的方向和平面线型（直线和左、右弯道曲线），沿线路两侧一定范围的地形、地物情况。由于公路是修筑在大地表面上，其竖向坡度和平面弯曲情况都与地形紧密联系，因此，路线平面图是在地形图上进行设计和绘制的。现以图 12-2 为例说明公路路线平面图的读图要点和绘制方法。

（1）地形部分

① 比例。为了使图样表达清晰合理，不同的地形采用不同的比例。一般在山岭地区采用 1∶2000，平原地区采用 1∶5000。图 12-2 采用 1∶2000。

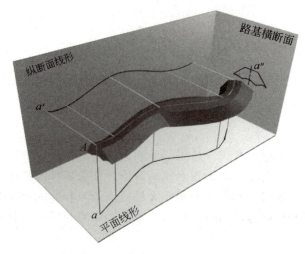

图 12-1 道路路线工程图的图示特点

② 坐标网。为了表示公路所在地区的方位和路线走向,地形图上需要画出坐标网或指北针。图中符号"⊕"表示指北针,符号"$\frac{X34700}{Y37700}$"表示两垂直线的交点坐标为距坐标网原点之北 34700m,之东 37700m。由于公路路线太长,不可能在一张图纸上完成整条路线的全图,总是分段画在若干张图纸上,所以指北针和坐标网是拼接图纸的主要依据。

③ 地形图。从图 12-2 中看出,等高线的高度差为 2m,按道路里程增加的方向,东北方路段右侧有一座小山丘,左侧地势较平坦;西南方路段左侧有一座小山丘,右侧地势较平坦。有一条花溪河从西南流向东北。

④ 地物。地物用图例表示,常见的图例见表 12-1。图 12-2 中,两座小山丘上种有果树,靠山脚处有旱地。东北路段左侧有大片稻田,西南路段右侧有一条小路和小桥连接茶村和桃花乡,河边有些菜地。

路线平面图中的常用图例(一)　　　　表 12-1

名称	符号	名称	符号	名称	符号	名称	符号
路线中心线		房屋		涵洞		水稻田	
水准点	BM编号 高程	大车路		桥梁		草地	
导线点	编号 高程	小路		菜地		经济林	
转角点	JD编号	堤坝		旱田		用材林	松
通信线		河流		沙滩		人工开挖	

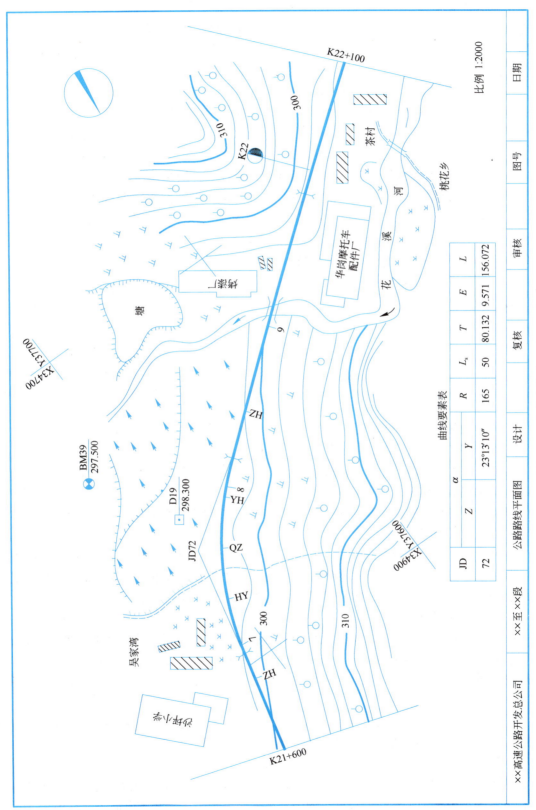

图 12-2　公路路线平面图

(2) 路线部分

① 路线。在图 12-2 中，用 2 倍于计曲线（地面上的等高线，每隔 4 条画 1 条粗实线，该线称为计曲线。计曲线上必须注写标高数字，且字头朝上坡方向）线宽的粗实线沿路线中心绘制了 21km600m～22km100m 路段的公路路线平面图。

② 公里桩。图 12-2 中，右端 22km 处用符号"⌽"表示公里桩。

③ 百米桩。公里桩之间用符号"|"表示百米桩，数字写在短线端部，字头朝上。

④ 平曲线。路线转弯处的平面曲线称为平曲线，用交角点编号表示第几处转弯。如图 12-3 中 JD1 表示第 1 号交角点。α 为偏角（$α_Z$ 为左偏角，$α_Y$ 为右偏角），它是沿路线前进方向，向左或向右偏转的角度。还有圆曲线设计半径 R、切线长 T、曲线长 L、外矢距 E 以及设有缓和曲线段路线的缓和曲线长 L_S 都可在路线平面图中的曲线要素表中查得，如图 12-2 中曲线要素表所示。路线平面图中对无缓和曲线的平曲线还需标出曲线起点 ZY（直圆）、中点 QZ（曲中）和曲线终点 YZ（圆直）的位置，对带有缓和曲线的路线则如图 12-2 所示需标注 ZH（直缓）、HY（缓圆）和 YH（圆缓）、HZ（缓直）的位置。

⑤ 水准点。用以控制标高的水准点用符号"⊗$\frac{BM39}{297.500}$"表示第 39 号水准点，标高为 297.500m。

⑥ 导线点。用以导线测量的导线点用符号"⊡$\frac{D19}{298.300}$"表示第 19 号导线点，其标高为 298.300m。

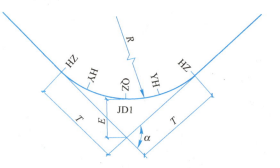

图 12-3 平曲线要素

12.1.3 公路平面总体设计图

在一级公路和高速公路的总体设计文件中，应绘制公路平面总体设计图。公路平面总体设计图除包括公路路线平面图的所有内容外，还应绘制路基边线、坡脚线或坡顶线、示坡线、排水系统水流方向。在公路平面总体设计图中路线中心线用细点画线绘制。

图 12-4 所示为某山岭地区的一级公路平面总体设计图，图中用细中心线绘制了路线中心线，还表示了公路的宽度，路基边线和示坡线（靠龙潭水库这边为填方，靠山一侧为挖方），涵洞和排水系统以及排水方向（箭头所示为水流方向），另外还表示了地形和地物。

12.1.4 路线纵断面图

路线纵断面图是通过公路中心线用假想的铅垂面进行剖切展平后获得的，见图 12-5。由于公路中心线是由直线和曲线所组成，因此用于剖切的铅垂面既有平面又有柱面。为了清晰地表达路线纵断面情况，采用展开的方法将断面展开成一平面，然后进行投射，便得到了路线纵断面图。

路线纵断面图的作用是表达路线中心纵向线型以及地面起伏、地质和沿线设置构造物的概况。下面以图 12-6 为例说明公路路线纵断面图的读图要点。

(1) 图样部分

① 路线纵向曲线。路线纵断面图是采用沿路线中心线垂直剖切并展开后投影所得到的，故它的长度就表示了路线的长度。图中水平方向表示长度，竖直方向表示高程。

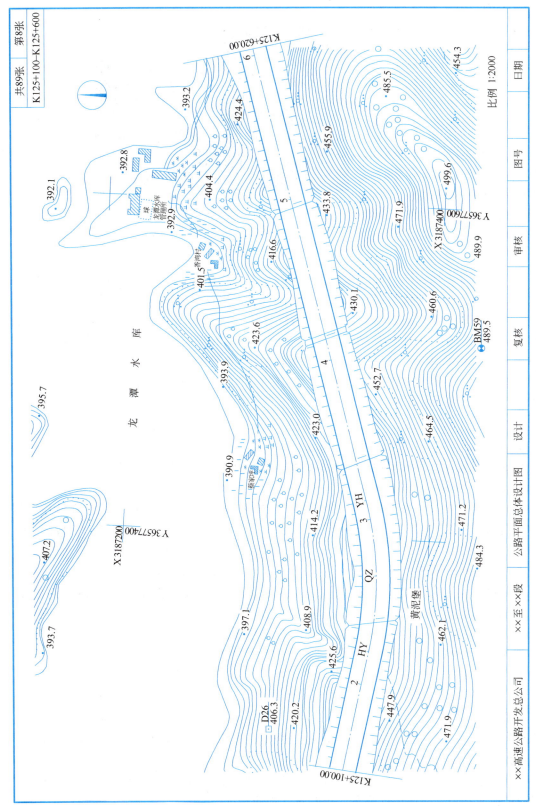

图 12-4 公路平面总体设计图

② 比例。由于路线和地面的高差比路线的长度小得多，为了清晰表达路线与地面垂直方向的高差，图中水平方向的比例为 1∶2000，垂直方向的比例为 1∶200。

③ 纵向地面线。图中不规则的细折线表示设计中心线处的地面线，是由一系列中心桩的地面高程顺次连接而成。

④ 纵向设计线。图中用粗实线绘制，它表示路基边缘的设计高程。

图 12-5 路线纵断面图的形成示意图

⑤ 填挖高度。比较纵向地面线和设计线的相对高程，可定出填挖地段和填挖高度。

⑥ 竖曲线。在设计线纵坡变更处，应按《公路工程技术标准》JTJ B01—2014 的规定设置竖曲线，以便汽车行驶。竖曲线分为凸形（⊤）和凹形（⊥）两种，并标注竖曲线的半径 R、切线长 T 和外矢距 E，如图 12-6 所示，在 K22+12.00 处设有凸形曲线，其 $R=3000m$，$T=40.34m$，$E=0.27m$。竖曲线在变坡点处的切线应采用细虚线绘制。

⑦ 涵洞。为了方便道路两侧的排水，在 K21+680.74、K21+820.00、K21+960.48 处设置了钢筋混凝土盖板涵。

⑧ 桥梁。在 K21+915.28 处设置了宽为 25m 的钢筋混凝土 T 形梁桥。

（2）资料部分

① 布置位置。资料表布置在路线纵断面图下方对正布置，以便对照阅读。

② 里程桩号。表示里程位置。

③ 直线与平曲线。表示路段的平面线形，道路工程制图国家标准规定，在测设数据表中的平曲线栏中，道路左、右转弯应分别用凹、凸折线表示。当为直线段时，按图 12-7 (a) 标注，当不设缓和曲线段时，按图 12-7(b) 标注；当设缓和曲线段时，按图 12-7(c) 标注。

从图 12-6 中的资料表中可知，该路段为右转弯，且设有缓和曲线。

④ 超高。超高为在转弯路段横断面上设置外侧高于内侧的单向横坡，其意义为抵消车辆在弯道上行驶时产生的离心力。横坡向右，坡度表示为正值，横坡向左，坡度表示为负值。在超高栏中用三条线表达：道路中心线（用居中并贯穿全栏的直线表示），左路缘线、右路缘线（在标准路段因左右路缘线高程相同，因此重合为一条）。

从图 12-6 超高一栏中可看到，道路左幅路缘线从 21km660m 处开始变坡，从 −1.5% 变到 0%，再从 0% 变到 +1.5%，此时路面保持 +1.5% 的向右横坡，直到 21km800m 处左幅路缘线再次开始变坡，从 +1.5% 变到 0%，再从 0% 变到 −1.5%。从 21km840m 处开始道路恢复到标准路段。图中虚线表示道路中心线以下的左幅路缘线，沿线路前进方向，站在公路右侧看过去是看不到的。

⑤ 其他内容。地面高程、设计高程、填挖高度、地质概况各栏分别表示了与里程桩号对应的地面高程、路面设计高程、填挖量、地质情况。

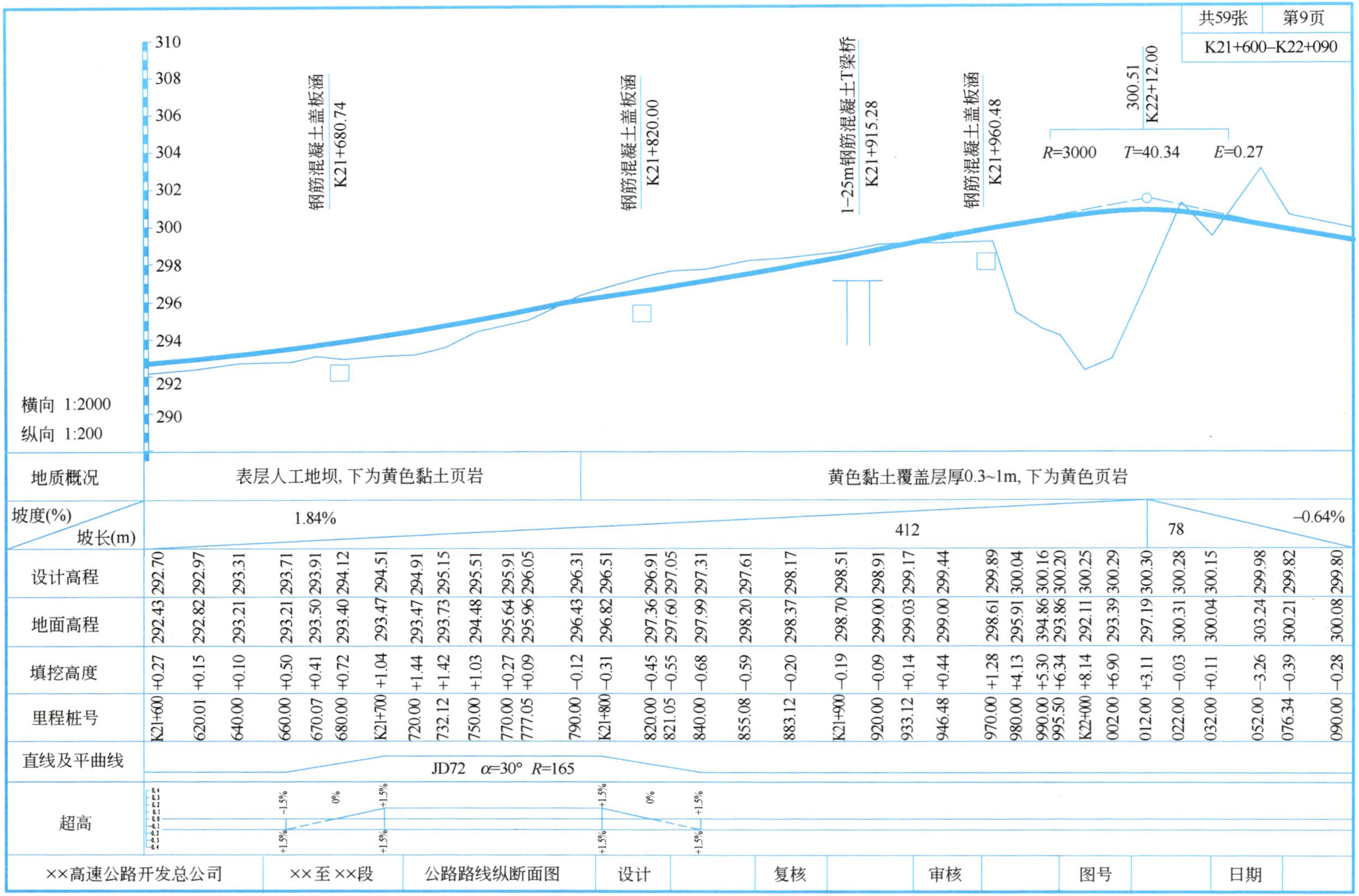

图 12-6 公路路线纵断面图

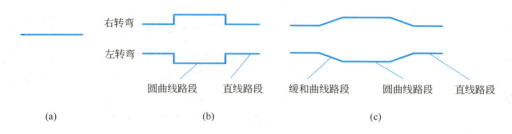

图 12-7 平曲线的标注图
(a) 直线路段;(b) 未设缓和曲线路段;(c) 设置缓和曲线路段

12.1.5 路基横断面图

用一铅垂面在路线中心桩处垂直路线中心线剖切道路,则得到路基横断面图。路基横断面图的作用是表达各中心桩横向地面情况以及设计路基横断面形状。工程上要求在每一中心桩处,根据测量资料和设计要求依次画出每一个路基横断面图,用来计算公路的土石方量和作为路基施工的依据。

(1) 路基横断面形式

路基横断面形式有三种:挖方路基(路堑)、填方路基(路堤)、半填半挖方路基。这三种路基的典型断面图形如图 12-8 所示。

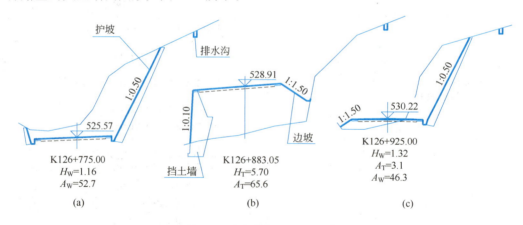

图 12-8 路基横断面的基本形式
(a) 挖方路基;(b) 填方路基;(c) 半填半挖方路基

(2) 里程桩号

在断面下方标注里程桩号。

(3) 填挖高度与面积

在路线中心处,其填、挖方高度分别用 H_T(填方高度)、H_W(挖方高度)表示;填挖方面积分别用 A_T(填方面积)、A_W(挖方面积)表示。高度单位为米,面积单位为平方米。半填半挖方路基是上述两种路基的综合。

路基横断面图的绘制方法和步骤为:

(1) 路基横断面图的布置顺序:按桩号从下到上、从左到右布置(图 12-9)。

(2) 地面线用细实线绘制,路面线(包括路肩线)、边坡线、护坡线、排水沟等用粗线绘制。

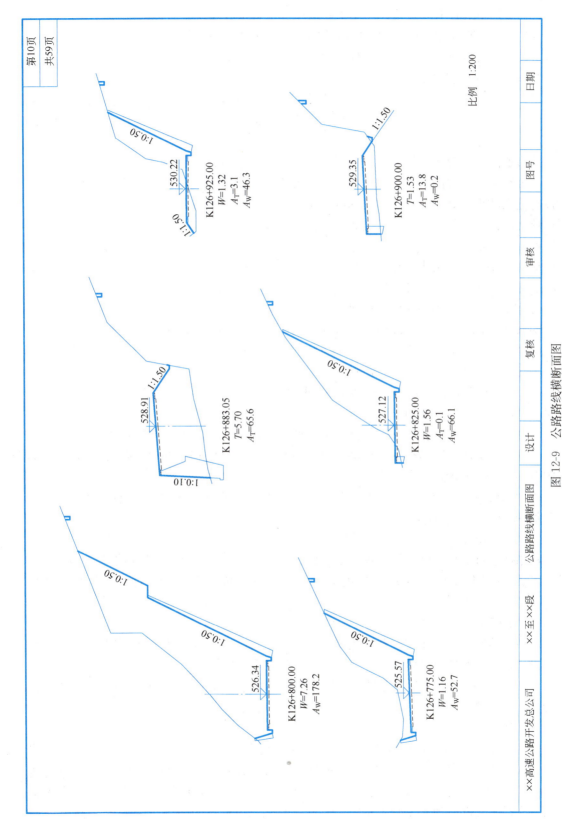

图 12-9　公路路线横断面图

(3) 每张图纸右上应有角标，注明图纸序号、总张数及线路名称或桩号。

(4) 路基横断面图常用透明方格纸绘制，既利于计算断面的填挖面积，又给施工放样带来方便。若用计算机绘制则很方便，可不用方格纸。

12.1.6 城市道路路线工程图

城市道路主要包括：机动车道、非机动车道、人行道、分隔带（在高速公路上也设有分隔带）、绿化带、交叉口和交通广场以及各种设施等。在交通高度发达的现代化城市，还建有架空高速道路、地下道路等。

城市道路的线形设计结果也是通过横断面图、平面图和纵断面图表达的。它们的图示方法与公路路线工程图完全相同。但是城市道路所处的地形一般比较平坦，并且城市道路的设计是在城市规划与交通规划的基础上实施的，交通性质和组成部分比公路复杂得多，因此体现在横断面图上，城市道路比公路复杂得多。

(1) 横断面图

城市道路横断面图是道路中心线法线方向的断面图。城市道路横断面图由车行道、人行道、绿化带和分离带等部分组成。

1) 城市道路横断面布置的基本形式

根据机动车道和非机动车道不同的布置形式，道路横断面的布置有以下四种基本形式：

① "一块板"断面。把所有车辆都组织在同一车道上行驶，但规定机动车在中间，非机动车在两侧，如图 12-10 (a) 所示。

② "两块板"断面。用一条分隔带或分隔墩从中央分开，使往返交通分离，但同向交通仍在一起混合行驶，如图 12-10 (b) 所示。

③ "三块板"断面。用两条分隔带或分隔墩把机动车与非机动车交通分离，把车行道分隔为三块：中间为双向行驶的机动车道，两侧为方向彼此相反的单向行驶非机动车道，如图 12-10 (c) 所示。

④ "四块板"断面。在"三块板"的基础上增设一条中央分离带，使机动车分向行驶，如图 12-10 (d) 所示。

2) 横断面的内容

横断面设计的最后结果用标准横断面设计图表示。图中要表示出横断面各组成部分及其相互关系。图 12-11 为某段道路的设计横断面图，从图中可知，这是一块板形式的断面。

(2) 平面图

城市道路路线平面图与公路路线平面图基本相同，主要用来表示城市道路的方向、平面线形、车行道布置以及沿路两侧一定范围内的地形和地物情况。

现以图 12-12 为例，按道路情况和地形地物两部分，分别说明城市道路路线平面图的读图要点和画法。

1) 道路部分

① 城市道路路线平面图的绘图比例较公路路线平面图大，本图采用 1∶500，所以车行道、人行道、隔离带的分布和宽度均按比例画出。从图中可看出：主干道由西至东，为"两块板"断面形式。车行道宽 8m，人行道宽 5m。往东南方向的支道为"一块板"断面形式，车行道宽 8m，其东南侧的人行道宽 5m，但西南侧的人行道是从 5m 到 3m 的渐变形式。

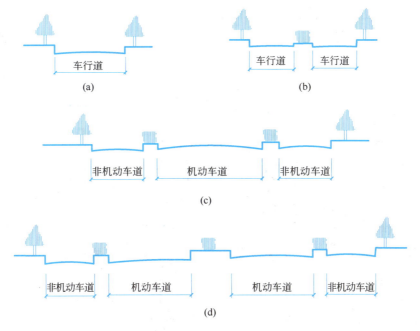

图 12-10 城市道路横断面的基本形式

② 城市道路中心线用点画线绘制,在道路中心线标有里程。从图中看出东西主干道中心线与支道中心线的交点是里程起点。

③ 道路的走向用坐标网符号"+"和指北针来确定。

④ 图中标出了水准点的位置,以控制道路标高。

2)地形地物部分

① 因城市道路所在的地势一般较平坦,所以用了大量的地形点表示高程。

② 地物等图例可参见表 12-2。由于是新建道路,所以占用了沿路两侧工厂、汽车站、居民住房、幼儿园用地。

路线平面图中的常用图例(二)　　　　　　　　　　　表 12-2

名称	符号	名称	符号
只有房盖的简易房		下水道检查井	
砖瓦房		围墙	
贮水池	水	非明确路边线	

(3)纵断面图

城市道路路线纵断面图与公路路线纵断面图一样,也是沿道路中心线剖切展开后得到的,其作用也相同,内容也分为图样和资料表两部分。

1)图样部分

城市道路路线纵断面图与公路路线纵断面图的表达方法完全相同。在图 12-13 所示的城市道路路线纵断面图中,水平方向的比例采用 1:500,竖直方向采用 1:50,即竖直方向比水平方向放大了 10 倍。该段道路有四段竖向变坡段,在 K0+244.070 处有一跨线桥。

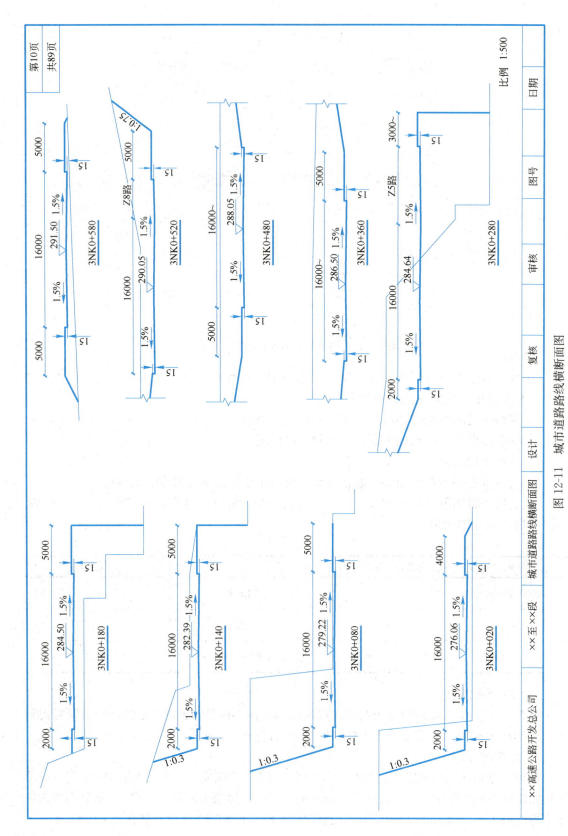

图 12-11 城市道路路线横断面图

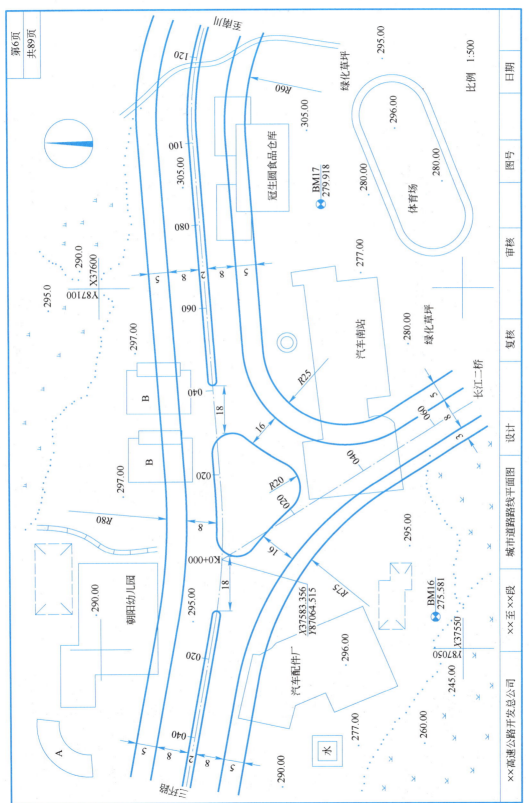

图 12-12 城市道路路线平面图

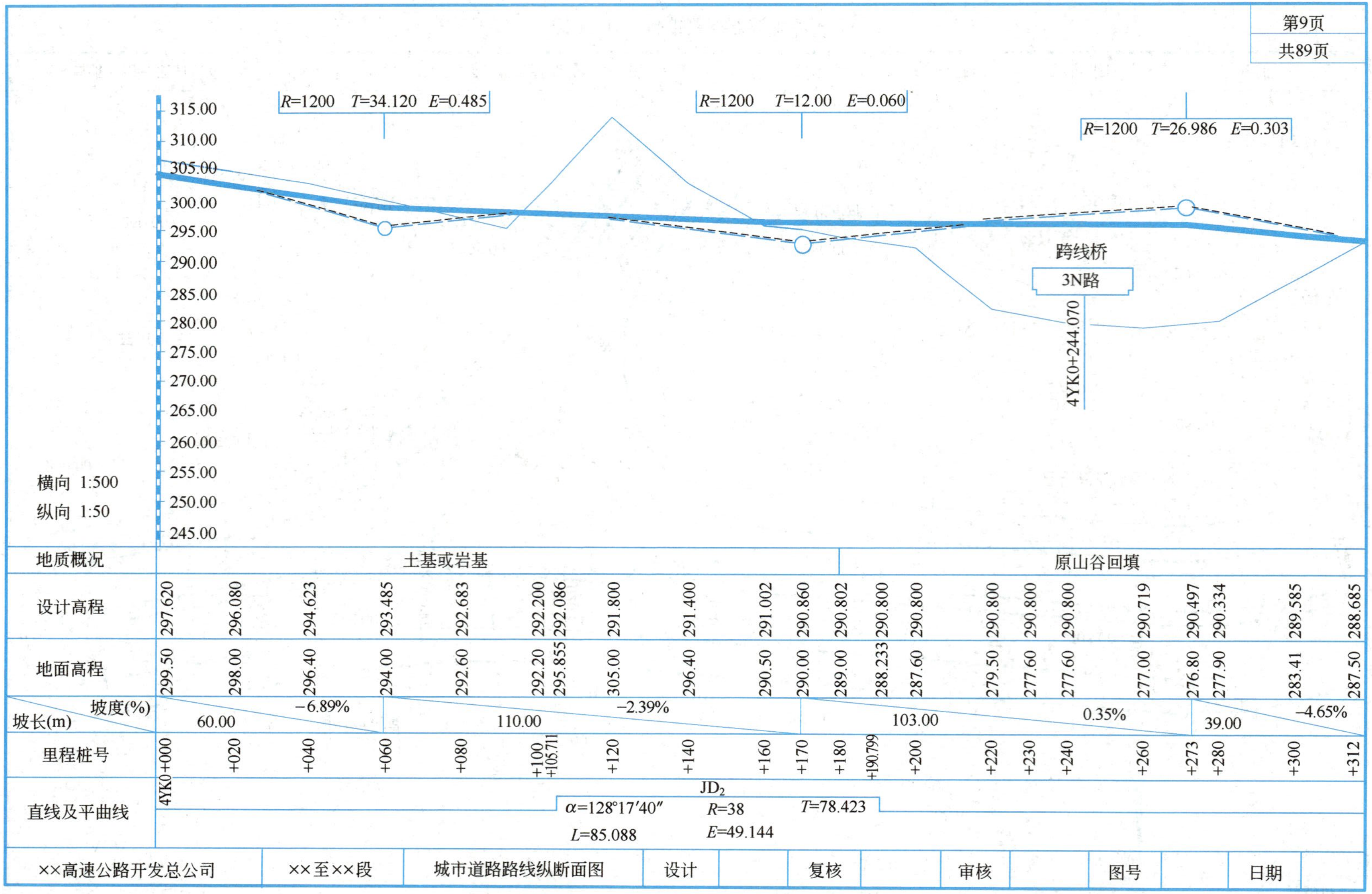

图 12-13 城市道路路线纵断面图

2）资料部分

城市道路路线纵断面图资料部分的内容与公路路线纵断面图基本相同。

12.1.7 道路交叉口

人们把道路与道路或道路与铁路相交时所形成的公共空间部分称作交叉口。根据通过交叉口的道路所处的空间位置，可分为平面交叉和立体交叉。

(1) 平面交叉口

常见平面交叉口的形式有十字形、Y 字形、T 字形（图 12-14）等，具体形式是根据道路系统的规划、交通量和交通组织以及交叉口周边道路和建筑的分布情况来确定的。

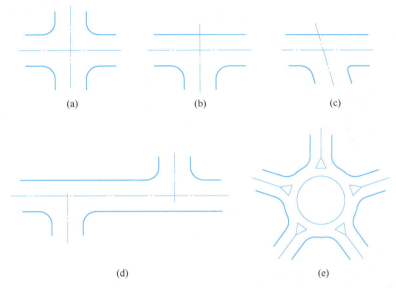

图 12-14　平面交叉口的基本形式
(a) 十字形；(b) T 字形；(c) Y 字形；(d) 交错 T 形；(e) 多路环形

平面交叉口除绘制平面设计图外，还需绘制竖向设计图，我国道路工程制图标准规定：简单的交叉口可仅标注控制点的高程、排水方向及坡度；用等高线表示的平交叉口，等高线宜用细实线绘制，每隔四条绘制一条中粗实线；用网格高程表示的平交叉口，其高程数值标注在网格交点的右上方，并加括号。若高程相同，可省略标注。小数点前的零也可省略。网格采用平行于设计道路中线的细实线绘制。

图 12-15 和图 12-16 分别为平面交叉口的平面设计图和竖向设计图，该竖向设计图是用等高线绘制的，图中单箭头表示排水方向。

(2) 立体交叉口

平面交叉口的通过能力有限，当无法解决交通要求时，则需要采用立体交叉，以提高交叉口的通过能力和车速。立体交叉在结构形式上按有无匝道将立体交叉分为分离式和互通式两种，图 12-17（a）为分离式立体交叉口，即上、下方道路不能互通。图 12-17（b）为互通式立体交叉口，互通式立体交叉可利用匝道连接上、下方道路，所以在城市道路中大都采用互通式立体交叉。

图 12-18 为四路相交二层苜蓿叶形互通式立体交叉，由两条主干道、四条匝道、跨路桥、绿化带和分离带组成。

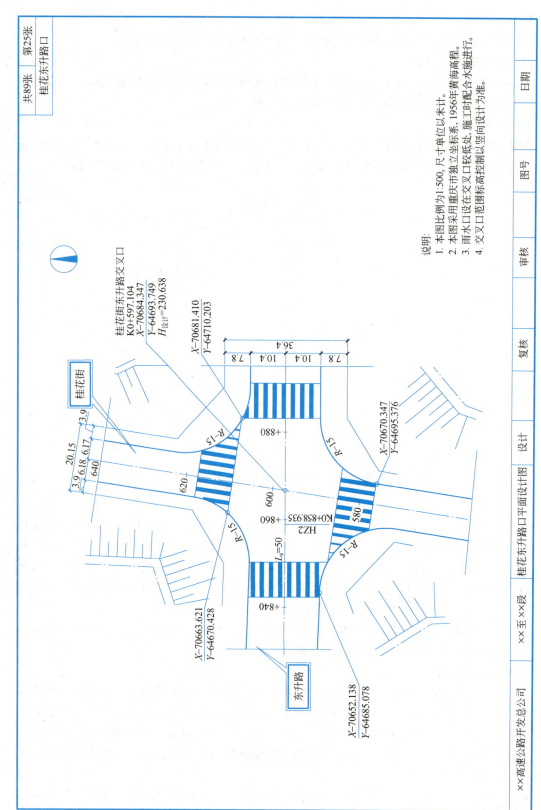

图 12-15 道路平面交叉口平面设计图

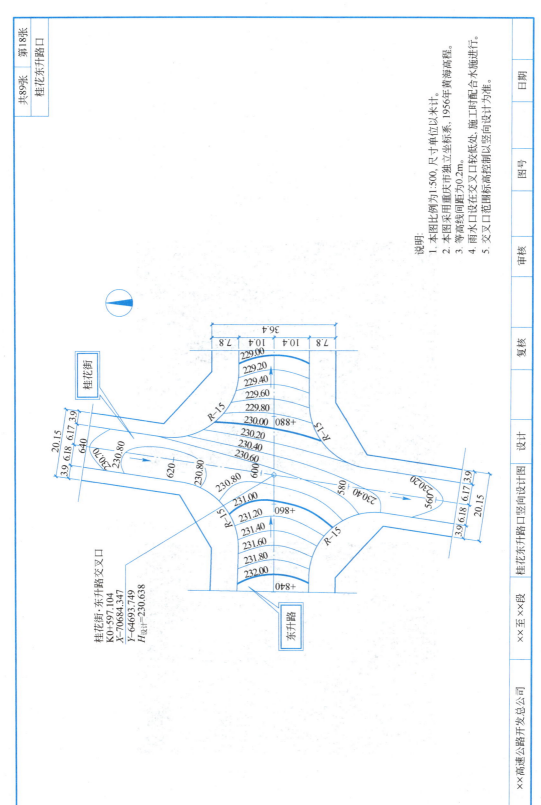

图12-16 道路平面交叉口竖向设计图

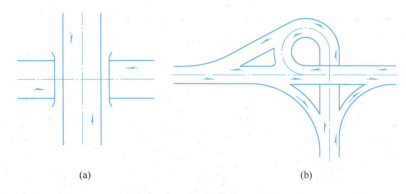

(a) (b)

图 12-17 立体交叉口形式
(a) 分离式立体交叉；(b) 互通式立体交叉

图 12-18 苜蓿叶形互通式立体交叉

图 12-19 为螺旋形互通式立体交叉，有四条干道均可螺旋上升通过桥面。

图 12-19 螺旋形互通式立体交叉

(3) 立体交叉工程图

图 12-20～图 12-22 为某道路互通式立体交叉工程图，主要有：

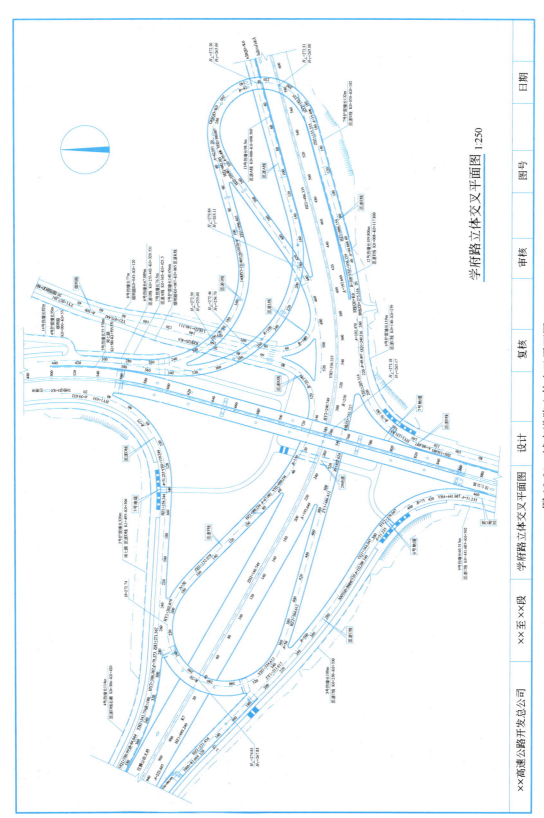

图 12-20 城市道路立体交叉平面图

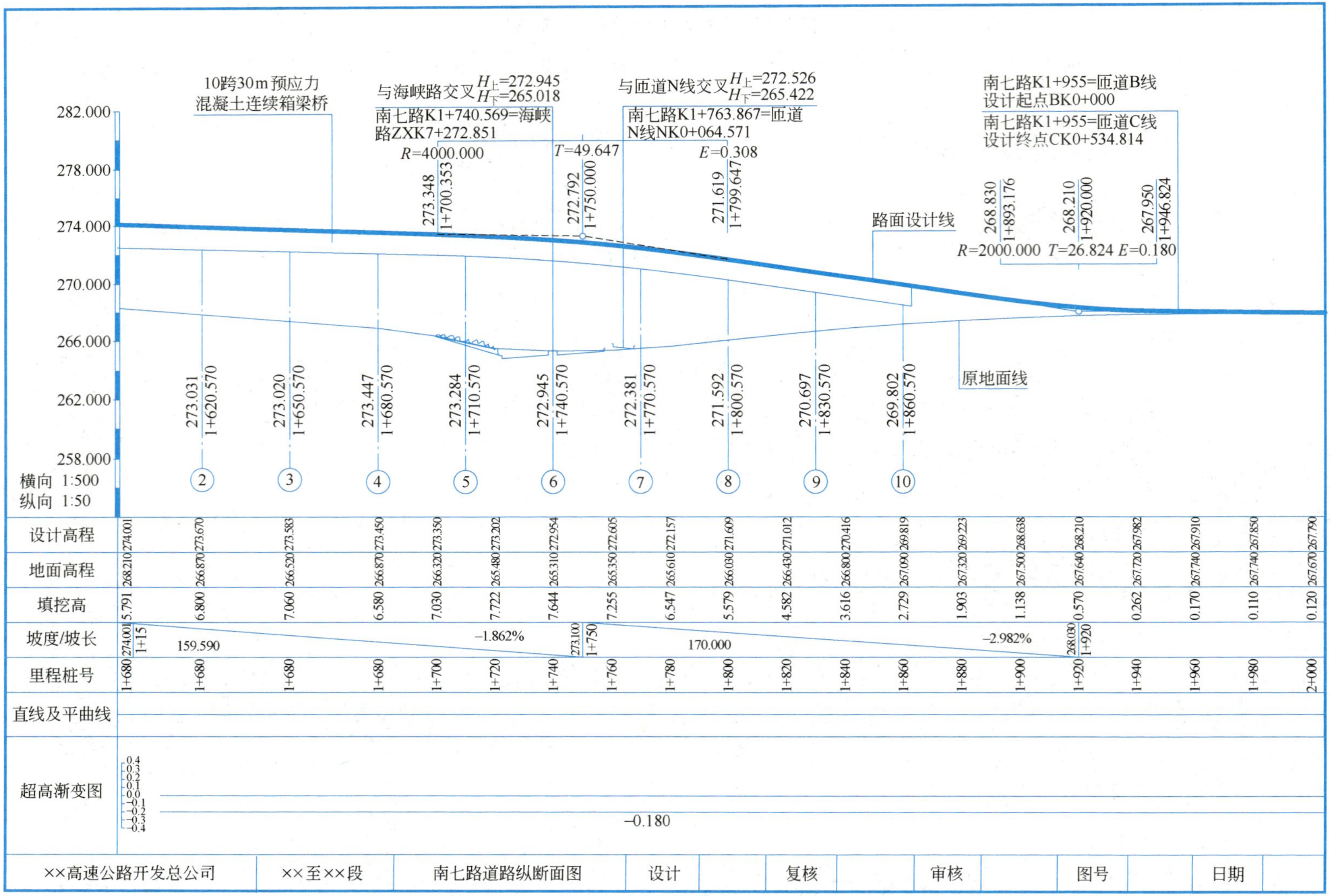

图 12-21 城市道路立体交叉纵断面图

图 12-22 立体交叉工程鸟瞰图

1) 立体交叉平面图

图 12-20 为立体交叉平面图。图中表明了南北干道和东西干道的走向（从图中可以看出，南北干道为上跨路线）以及连接这两条主干道的各条匝道，同时也表示了人行地道的位置。

2) 立体交叉纵断面图

图 12-21 为该立体交叉纵断面图，这是南北走向的干道。图中粗实线为路面设计线，②～⑩轴线为 10 跨 30m 预应力混凝土连续箱梁桥的桥墩位置轴线。在 1km750m 处有竖向凸曲线，在 1km920m 处有竖向凹曲线。从资料表直线及平曲线栏中，可知该桥梁的平面线形为直线。

3) 鸟瞰图

图 12-22 为该立体交叉工程的鸟瞰图，供审查设计方案和方案比较用。

12.1.8 交通工程及沿线设施

（1）交通标线

道路交通标线是由标画于路面的各种图线、箭头文字、立面标记、突起路标和路边线轮廓线等所构成的交通安全设施，其作用是管制和引导交通。

车行道中心线的绘制应符合下列规定，其中 l 值可按制图比例取用。中心虚线应采用粗虚线绘制。中心单实线应采用粗实线绘制，中心双实线应采用两条平行的粗实线绘制，两线间净距为 1.5～2mm。中心虚、实线应采用一条粗实线和一条粗虚线绘制，两线间净距为 1.5～2mm。车行道分界线应采用粗虚线表示，车行道边缘线应采用粗实线表示。人行横道线应采用数条间隔 1～2mm 的平行细实线表示。减速让行线应采用两条粗虚线表示，粗虚线间净距宜采用 1.5～2mm。导流线应采用斑马线绘制，斑马线的线宽及间距宜采用 2～4mm，斑马线的图案，可采用平行式或折线式。停车位标线应由中线与边线组成，中线采用一条粗虚线表示，边线采用两条粗虚线表示。出口标线应采用指向匝道的黑粗双边箭头表示，入口标线应采用指向主干道的黑粗双边箭头表示，斑马线拐角尖的方向应与双边箭头的方向相反。港式停靠站标线应由数条斑马线组成。车流向标线应采用黑粗双边箭头表示。所有线形见图 12-23。

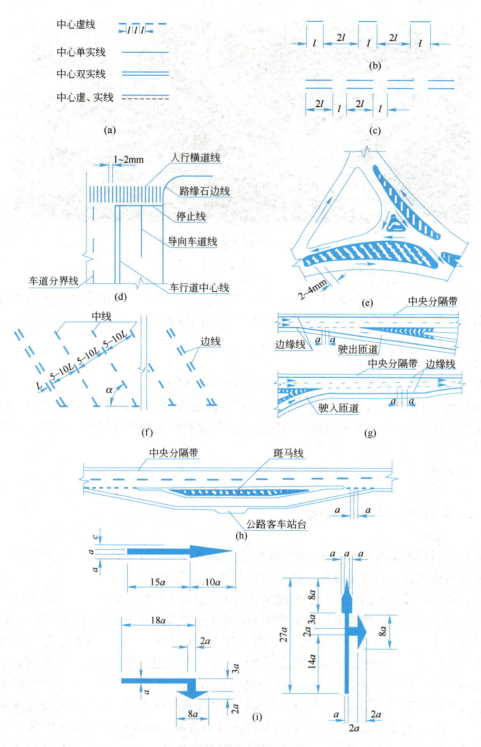

图 12-23 各种标线的绘制

(a) 车行道中心线；(b) 车行道分界线；(c) 减速让行线；(d) 停止线位置；(e) 导流线的斑马线；(f) 停车位标线；(g) 匝道出口、入口标线；(h) 港式停靠站；(i) 车流向标线

(2) 交通标志

1) 交通岛

交通岛应采用实线绘制，转角处应采用斑马线表示，见图12-24。

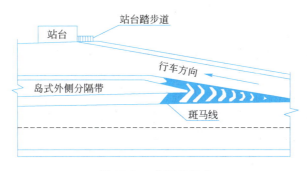

图 12-24 交通岛标志

2) 标志示意图

在路线或交叉口平面图中应示出交通标志的位置。标志宜采用细实线绘制。标志的图号、图名，应采用中华人民共和国国家标准《道路交通标志和标线　第2部分：道路交通标志》GB 5768.2—2022 规定的图号、图名。标志的尺寸及画法应符合表12-3的规定。

标志示意图的形式及尺寸　　　　表 12-3

规格种类	形式与尺寸（mm）	画法
警告标志	等边三角形，(图号)(图名)，15~20	等边三角形采用细实线绘制，顶角向上
禁止标志	圆形，(图号)(图名)，45°，15~20	圆采用细实线绘制，圆内斜线采用粗实线绘制
指示标志	圆形，(图号)(图名)，15~20	圆采用细实线绘制
指路标志	矩形，(图号)(图名)，9，9，25~50	矩形框采用细实线绘制
高速公路指路标志	××高速，(图号)，(图名)，a/3 a/3 a/3，a	正方形外框采用细实线绘制，边长为30~50mm，方形内的粗、细实线间距为1mm
辅助标志	(图号)(图名)，9，9，30~50	长边采用粗实线绘制，短边采用细实线绘制

12.2 桥梁工程图

12.2.1 概述

(1) 桥梁的作用及组成

当修筑的道路通过江河、山谷和低洼地带时，需要修筑桥梁，保证车辆的正常行驶和宣泄水流，并考虑船只通航。桥梁由上部结构（主梁或主拱圈和桥面系）、下部结构（基础、桥墩和桥台）、附属结构（栏杆、灯柱、护岸、导流结构物等）三部分组成，桥梁的结构形式主要有梁桥、拱桥、桁架桥、斜拉桥、悬索桥等。

(2) 桥梁工程图的表达特点

桥梁工程图是桥梁施工的主要依据，它主要包括：桥位平面图、桥位地质断面图、桥梁总体布置图、构件结构图和大样图等。

桥位平面图主要表示桥梁和路线连接的平面位置，以及地形、地物、河流、水准点、地质钻探孔等情况，为桥梁设计、施工定位等提供依据，这种图一般采用较小的比例，如1∶500、1∶1000、1∶2000等。

桥位地质断面图是根据水文调查和钻探所得的水文资料绘制的桥位处的地质断面图，包括河底断面线、最高水位线、常水位线和最低水位线，为设计桥梁、墩台和计算土石方工程数量提供依据。

12.2.2 桥梁总体布置图

桥梁总体布置图主要表明桥梁的形式、跨径、净空高度、孔数、桥墩和桥台的形式、桥梁总体尺寸、各种主要构件的相互位置关系以及各部分的标高等情况，作为施工时确定墩台位置、安装构件和控制标高的依据。

图12-25是一座总长为12100cm的预应力混凝土简支T形梁桥的总体布置图，它由立面图和横剖面图来表示。立面图比例采用1∶300，横剖面图采用1∶100。

(1) 立面图

立面图主要反映桥梁的特征和桥型。全桥共四孔，每孔跨径2700cm，桥台长650cm，桥全长12100cm，中心里程桩号为K0+441.260，设有防撞护栏。桥面纵向设有1.20%的单向纵坡，上部结构为预应力混凝土等截面连续T形梁。下部结构中两岸桥台均为重力式U形桥台，河中间采用3排每排4个八边形桥墩及挖孔灌注桩。

立面图中还表明了河床水文地质状况，墩台地质钻探结果在图上可用地质柱状图表示地层的土质和深度，立面图中设有高度标尺，供阅读和绘图时参照，由标高尺寸可知墩台的埋深。

(2) 横剖面图

横剖面图主要表明桥梁上部结构和墩台形式，及其上部结构与墩台的连接。从图中可看出上部结构由14片T梁组成，梁高170cm，桥面铺设沥青玛蹄脂碎石，桥面净宽2450cm，人行道包括护栏在内宽250cm，桥面总宽29.0m。桥墩立柱为八边形，桩的直径分别为180cm。

(3) 资料表与附注

在资料表中，表达了设计高程和地面高程，同时也表示了坡度和坡长。

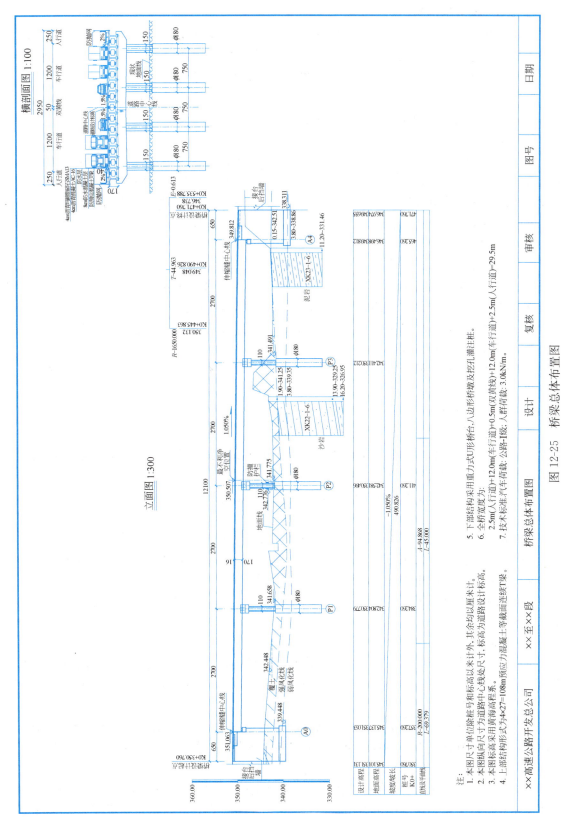

图 12-25 桥梁总体布置图

12.2.3 构件结构图

在总体布置图中，无法将桥梁各构件详细完整地表达出来，不能进行制作和施工，所以必须采用比总体布置图更大的比例，绘出能表达各构件的形状、构造及详细尺寸的图样，这种图样称为构件结构图，简称结构图，如桥墩图、桥台图等。

构件图的常用比例是 1∶50～1∶10，如构件的某一局部在图中不能清晰完整地表达时，则应采用更大的比例如 1∶10～1∶3 绘出详图。

(1) 桥墩一般构造图

图 12-26 为桥墩构造图，采用八边形立柱，挖孔灌注桩。由盖梁、立柱和混凝土灌注桩组成。盖梁长 2900cm，宽 180cm，高 160cm。立柱画出了全长，桩采用折断画法，但高度应标注全高。为确保桥墩安装定位，还应标注盖梁顶面、桩顶及桩底的标高。

图中还给出了 P1～P3 号桥墩参数表以及全桥、墩工程数量表。

(2) 桥台图

桥台通常分为重力式桥台和轻型式桥台两大类。如图 12-27 所示为常见的重力式 U 形桥台，它由台帽、台身和基础三部分组成，台身由前墙和两个侧墙构成 U 字形结构。

立面图是从桥台侧面与线路垂直方向所得到的投影，能较好地表达桥台的外形特征，并能反映路肩、桥台基础标高。从 A 大样图中可知桥台基础、墙身均采用 M7.5 砂浆浆砌块石，台帽下方有板式橡胶支座。

平面图是采用掀掉桥台背后回填土而得到的投影图。侧面图主要表示桥台正向和背面的尺寸。

12.2.4 斜拉桥

斜拉桥是我国近年来修建大跨径桥梁采用较多的一种桥型，它是由主梁、索塔和扇状拉索的三种基本构件组成的桥梁结构体系，梁塔是主要承重的构件，借助斜拉索组合成整体结构。斜拉桥外形轻巧，跨度大，造型美观。

图 12-28 为一座双塔单索面钢筋混凝土斜拉桥的总体布置图。

(1) 立面图

斜拉桥主跨 34000cm，左边跨为 10000cm，右边跨为 15000cm，桥总长 59000cm，由于采用 1∶2000 的较小比例，故仅画桥梁的外形而不画剖面，梁高用两条粗实线表示，上加细实线表示桥面（图中缩尺未画出），横隔梁、人行道、护栏等均省略不画。

立面图中还反映了河床断面轮廓、主跨中心梁底、基础、墩台和桥塔的标高尺寸，通航水位及里程桩号。

(2) 平面图

平面图表达了人行道和桥面的宽度，塔身与基础的位置关系以及桥台的平面布置，从平面图中虚线可知左塔基础为 1900mm×1900mm，右塔基础为 2400mm×2400mm。

(3) 横剖面图

从横剖面图中可看出桥墩由承台和钻孔灌注桩组成，它与上面的塔柱固结成一整体，将荷载稳妥地传到地基上。左右两个主塔的结构形式相同，但各部分尺寸不同。左塔总高 16840cm，右塔总高 20840cm。

主梁截面图采用 1∶100 的比例绘出，为箱梁结构，表达了整个桥跨结构的断面细部尺寸及相互位置关系。从图中可看出桥面总宽 25500cm，两边人行道包括栏杆为 2000cm，

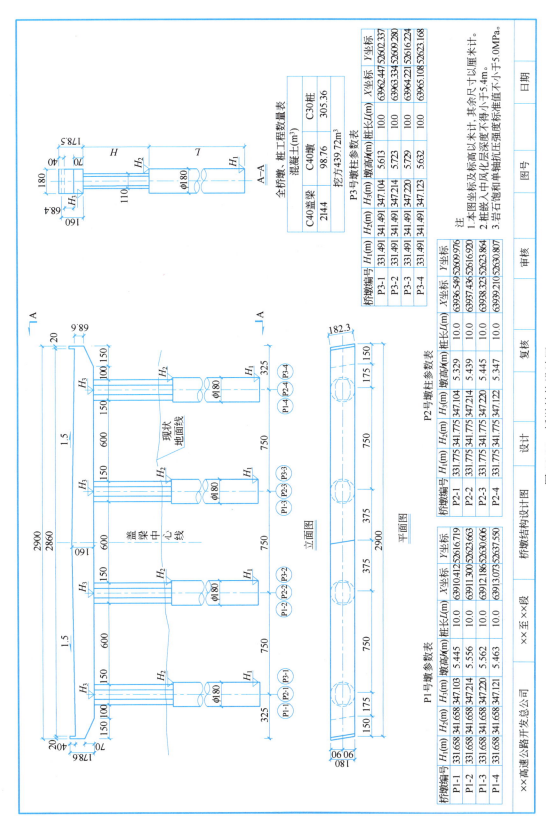

图 12-26 桥墩结构设计图

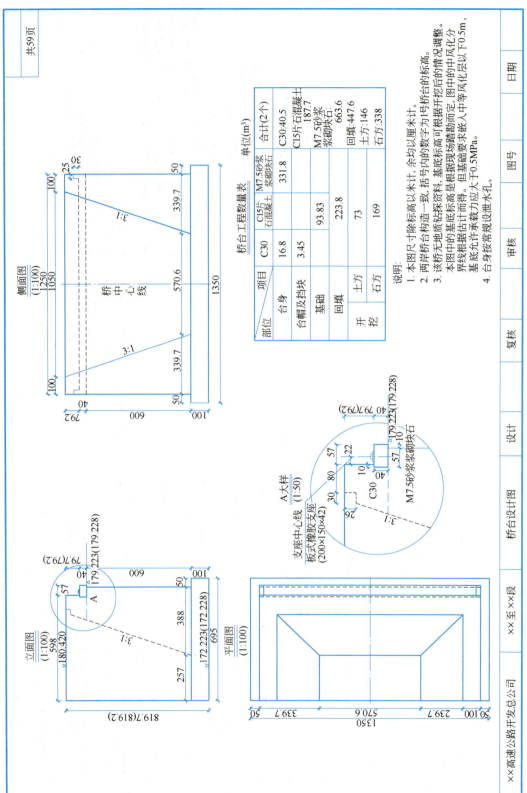

图 12-27 桥台结构设计图

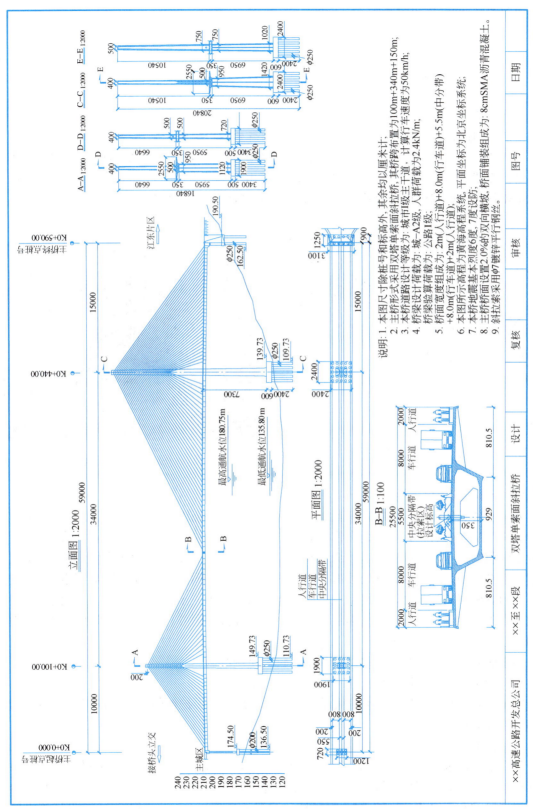

图 12-28 双塔斜拉桥总体布置图

车行道为8000cm，中央分隔带5500cm。

12.3 涵洞工程图

12.3.1 概述

(1) 涵洞的作用及组成

涵洞是道路排水的主要构造物，由基础、洞身和洞口组成。洞口包括端墙、翼墙或护坡、截水墙和缘石等部分（图12-29）。洞口是保护涵洞基础和两侧路基免受冲刷、使水流顺畅的构造，进出水口常采用相同的形式，常用形式有端墙式、翼墙式、锥形护坡等。涵洞根据其自身的结构可分成盖板涵（图12-29）和圆管涵（图12-30）。

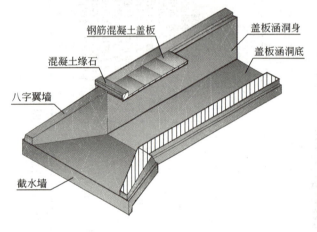

图12-29 盖板涵

图12-30 圆管涵

(2) 涵洞工程图的图示特点

涵洞是狭长的工程构造物，埋置在路基土层中，从路面下方横穿过道路，故以水流方向为纵向，从左向右，以纵剖面图代替立面图。平面图与立面图对应布置，为表达清晰，不考虑洞顶的覆土，只画出路基边缘线及相应的示坡线。平面图和立面图也可用半剖形式表达，水平剖切面通常设在基础顶面。侧面图就是洞口立面图，当洞口形状不同时，则进出水口的侧面图都要画出，也可用点画线分开，采用各画一半合成进出水口立面图。需要时也垂直于纵向剖切，画出横剖面图。除了上述三种投影图外，还应按需要画出翼墙断面图和钢筋布置图。

由于涵洞体积比桥梁小得多，故可采用较大比例绘制。

12.3.2 涵洞工程图示例

图12-31所示为钢筋混凝土盖板涵，其进水端是带锥形护坡的一字式洞口，出水端为八字翼墙式洞口。

(1) 立面图

从左至右以水流方向为纵向，用纵剖面图表达，表示了洞身、洞口、基础、路基的纵断面形状以及它们之间的连接关系。洞顶以上路基填土厚要求不小于96cm，进出水口分别采用端墙式和翼墙式，均按1∶1.5放坡。涵洞净高150cm，盖板厚20cm，设计流水坡

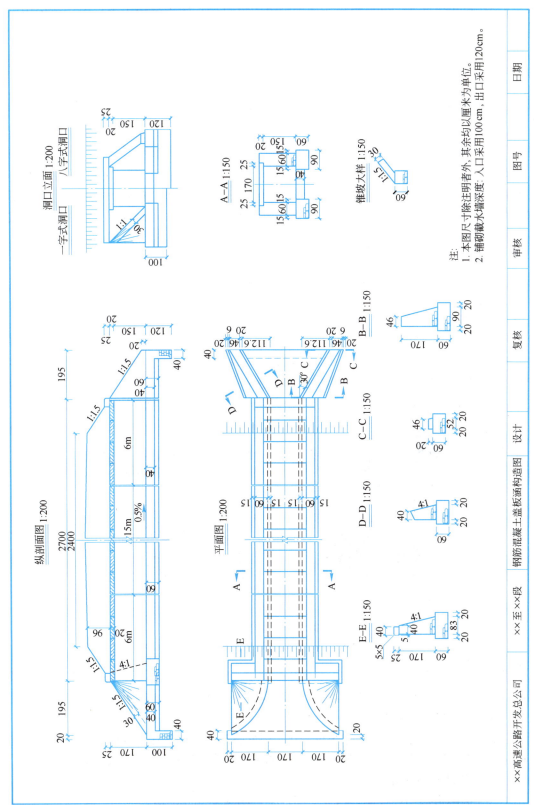

图 12-31 钢筋混凝土盖板涵构造图

度为 0.5%，截水墙高 120cm。盖板涵及基础所用材料也在图中表示出来，图中未示出沉降缝位置。

(2) 平面图

平面图表达了进出水口的形式和平面形状、大小，缘石的位置，翼墙角度等。如图 12-31 所示，涵洞轴线与路中心线正交。涵顶覆土虽未考虑，但路基边缘线应予画出，并以示坡线表示路基边坡。为了便于施工，翼墙和洞身位置作 A-A、B-B、C-C、D-D 和 E-E 剖切，用放大比例画出断面图，以表示墙身和基础的详细尺寸、墙背坡度以及材料等，洞身横断面图 A-A 表明了涵洞洞身的细部构造及其盖板尺寸。

(3) 侧面图

侧面图是涵洞洞口的正面投影图，反映了缘石、盖板、洞口、护坡、截水墙、基础等的侧面形状和相互位置关系。由于进出水洞口形式不同，所以用点画线分开，采用一字式洞口和八字式洞口正面图各绘一半组合而成。

12.4 隧道工程图

12.4.1 概述

(1) 隧道的作用及组成

隧道是道路穿越山岭或通过水底的狭长构筑物，包括主体建筑和附属建筑物两部分。主体建筑由洞门、洞身和基础三部分组成，如图 12-32 所示。在隧道进口或出口处要修筑洞门，两洞门之间的部分就是洞身，地基坚固用无仰拱的洞身，如果地基松软则采用有仰拱的洞身。

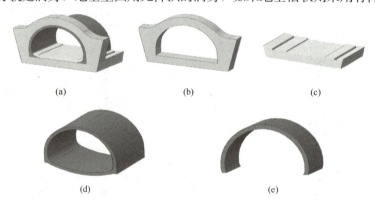

图 12-32 隧道的组成
(a) 隧道组成；(b) 洞门；(c) 路基；(d) 有仰拱洞身；(e) 无仰拱洞身

公路隧道的附属建筑物包括：人行道（或避车洞）和防排水设施，长、特长隧道还有通风道、通风机房、供电、照明、信号、消防、通信、救援及其他量测、监控等附属设施。

(2) 隧道工程图的图示特点

隧道虽然很长，但洞身断面形状很少变化，因此隧道工程图除用平面图表示其地理位置外，还有隧道进口洞门图、隧道横断面图、避车洞图以及其他有关交通工程设施的图样。

12.4.2 隧道洞门设计图

图 12-33 为隧道洞门设计图，由立面图、平面图和左侧立面图构成。

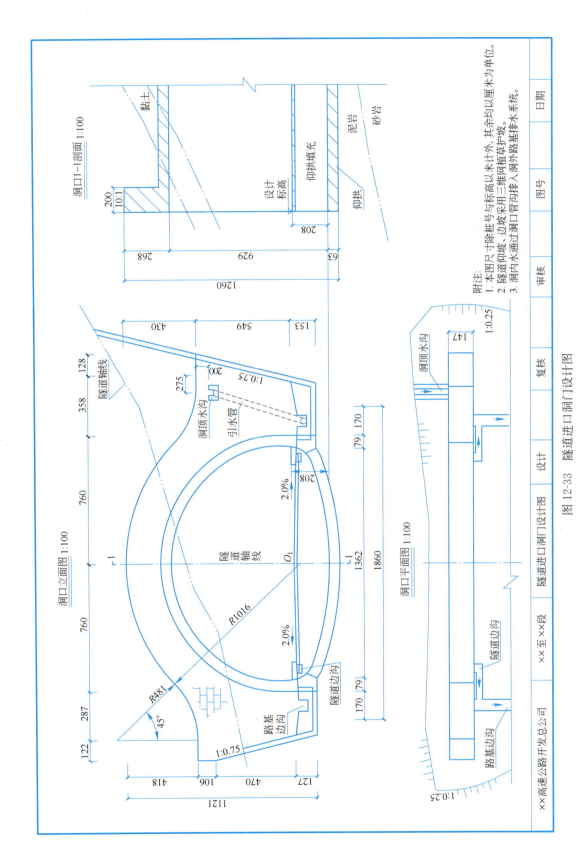

图 12-33 隧道进口洞门设计图

(1) 立面图

立面图是隧道进口洞门的正立面投影图，表示了洞门形式、洞门墙、洞口衬砌曲面的形状和排水沟等结构。无论洞门左右是否对称，洞口两边均应画全。

(2) 平面图

平面图是隧道进口洞门的水平投影图，只画出洞门暴露在山体外面的部分，表示出了洞门墙顶端的宽度、洞门处各排水沟的走向及洞顶排水沟等结构，还表示了开挖线（洞顶坡面与地面的交线）、填挖方坡度和洞门桩号。

(3) 左侧立面图

左侧立面图是用沿隧道轴线的侧平面剖切后，向左投影而获得的剖面图。图中 1-1 剖面图表达了洞口端墙顶部的坡度、厚度和路面坡度等内容。

(4) 附注

附注中对该隧道有关事项进行了说明。

12.4.3　隧道横断面图

如图 12-34 所示，隧道横断面图是用垂直于隧道轴线的平面剖切后得到的断面图，通常也称建筑限界及净空设计图，包括了建筑限界和隧道净空断面两部分。

隧道净空断面表示隧道衬砌形式，图 12-34 中，其衬砌断面轮廓由一段半径为 800cm 和两段半径为 600cm 的圆弧组合构成，隧道两侧设有宽为 80cm 的人行道，车行道宽 1154cm。

建筑限界用虚线表示，在建筑限界内不能设置任何设备，交通工程设施如消防设施、照明及供电线路等都必须安装在建筑限界外。

12.4.4　避车洞图

设置避车洞是为了行人和隧道维修人员及维修小车避让来往车辆。避车洞分大小两种，分别沿路线两侧的边墙交错布置，通常小避车洞间隔为 30m，大避车洞间隔为 150m，采用平面布置图和详图表达。

图 12-35 为避车洞布置图，纵向采用 1∶2000 的比例，横向采用 1∶200 的比例。

图 12-36、图 12-37 分别为大避车洞和小避车洞详图，为了排水，洞内底面都有 1% 的坡度用以排水。1.5% 为人行道的排水坡度。

小　　结

(1) 了解道路、桥梁、涵洞和隧道的基本组成。

(2) 了解道路路线工程图、桥梁工程图、涵洞工程图和隧道工程图的组成及各部分图样的名称。

(3) 熟悉道路、桥梁、涵洞和隧道平面图、立面图、剖面图及详图的形成、用途、比例、线型、图例、尺寸标注等要求。

(4) 掌握识读和绘制道路、桥梁、涵洞和隧道平面图、立面图、剖面图及详图的方法和技巧。

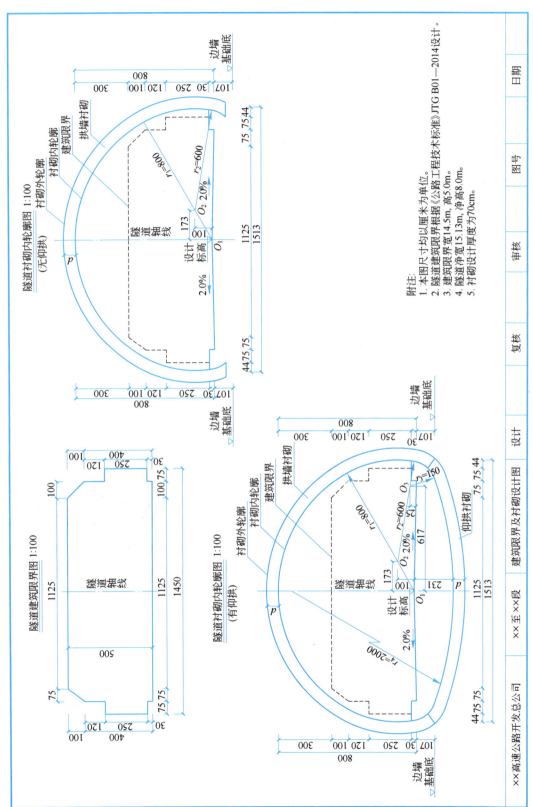

图 12-34 隧道建筑限界及衬砌设计图

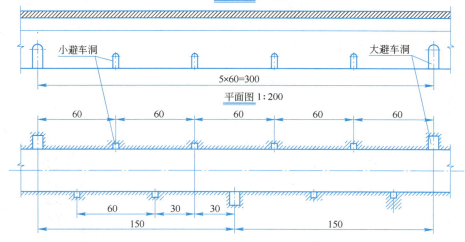

图 12-35 避车洞布置图（单位：m）

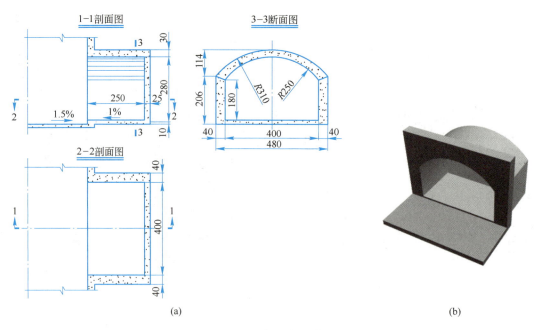

图 12-36 大避车洞详图
（a）大避车洞详图；（b）大避车洞三维实体图

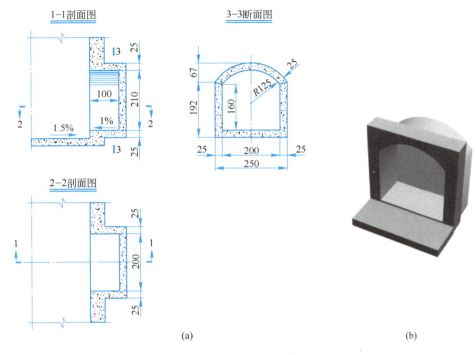

图 12-37 小避车洞详图
(a) 小避车洞详图；(b) 小避车洞三维实体图

复 习 思 考 题

12.1 道路工程图包含哪些内容？
12.2 道路路线工程图包含哪些图样？其作用是什么？
12.3 什么是道路路基横断面图？道路路基横断面图有几种形式？
12.4 道路路线纵断面图是怎样形成的？
12.5 城市道路排水系统有哪些图样？其作用是什么？
12.6 道路交叉口工程包括哪些图样？其作用是什么？
12.7 交通标线及交通标示有哪些内容？
12.8 桥梁的主要结构由哪几部分组成？
12.9 桥梁工程图包括的主要图样有哪些？各有何图示特点？
12.10 涵洞的作用是什么？
12.11 涵洞工程图包括的主要图样有哪些？各有何图示特点？
12.12 隧道的作用是什么？
12.13 隧道工程图包括的主要图样有哪些？各有何图示特点？

第 13 章　计算机绘制建筑施工图

本章知识点

主要介绍运用 AutoCAD 软件绘制施工图的内容，包括 AutoCAD 软件的工作界面、图形文件管理、常用绘图命令及编辑修改命令、文字输入及尺寸标注的方法、图层管理、查询命令、图案填充、块操作以及软件的常规设置。重点应掌握利用 AutoCAD 软件绘制施工图的方法和技巧。

13.1　基　本　操　作

13.1.1　AutoCAD 的工作界面简介

启动 AutoCAD 后进入图 13-1 所示的工作界面。

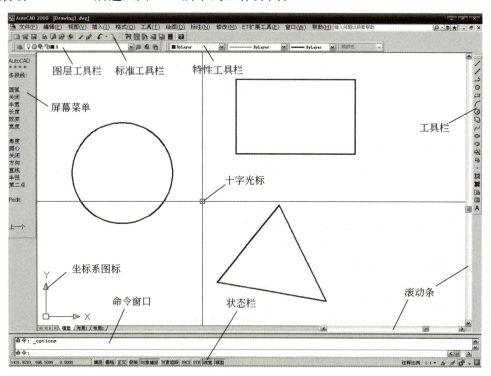

图 13-1　AutoCAD 工作界面

1. 十字光标

在绘图区域标识拾取点和绘图点。十字光标由定点设备控制。可以使用十字光标定位点，选择和绘制对象。

2. 下拉菜单

利用下拉菜单可以执行 AutoCAD 的大多数常用命令。菜单由菜单文件定义。用户可以修改或设计自己的菜单文件。此外，安装第三方应用程序可能会使菜单或菜单命令增加，缺省菜单文件为 acad.mnu。AutoCAD 下拉菜单有如下特点：

（1）下拉菜单中，右面有小三角的菜单项，表示它还有子菜单。

（2）下拉菜单中，右面有省略号的菜单项，表示选择它后将显示出一个对话框。

（3）下拉菜单选择右边没有内容的菜单项，即表示执行相应的 AutoCAD 命令。

3. 标准工具栏

包括常用的 AutoCAD 工具（例如"重画""放弃"和"缩放"），还有一些 Microsoft Office 标准工具（例如"打开""保存""打印"和"拼写检查"）。右下角带有小黑三角的工具按钮是弹出图标。弹出图标包含了若干工具，这些工具可以调用与第一个按钮有关的命令。单击第一个按钮并按住拾取键，可以显示弹出图标。

4. 对象特性工具栏

设置对象特性，例如：颜色、线型、线宽、管理图层。

5. 绘制和修改工具栏

常用的绘制和修改命令。绘图和修改工具栏在启动 AutoCAD 时就显示出来。这些工具栏位于窗口右边，可以方便地移动、打开和关闭它们。

6. 绘图区域

显示图形。根据窗口大小和显示的其他组件（例如工具栏和对话框）数目，绘图区域的大小将有所不同。

7. 用户坐标系（UCS）图标

显示图形方向。AutoCAD 图形是在不可见的栅格或坐标系中绘制的。坐标系以 X、Y 和 Z 坐标（对于三维图形）为基础，AutoCAD 有一个固定的世界坐标系（WCS）和一个活动的用户坐标系（UCS），查看显示在绘图区域左下角的 UCS 图标，可以了解 UCS 的位置和方向及目前所使用的坐标系。

8. 命令窗口

显示命令提示和信息。在 AutoCAD 中，可以按下列三种方式启动命令：

（1）从菜单或快捷菜单中选择菜单项。

（2）单击工具栏上的按钮。

（3）命令行输入命令。

即使是从菜单和工具栏中选择命令，AutoCAD 也会在命令窗口显示命令提示和命令记录。

9. 状态栏

在左下角显示光标坐标。状态栏还包含一些按钮，使用这些按钮可以打开常用的绘图辅助工具。这些工具包括"捕捉"（捕捉模式）、"栅格"（图形栅格）、"正交"（正交模式）、"对象捕捉"（对象捕捉）、"对象追踪"（对象捕捉追踪）、"极轴"（极坐标轴捕捉）。

至此，我们对 AutoCAD 绘图窗口的基本组件进行了介绍。值得说明的是，这里只是简单介绍，对其中各组件的详细使用，有待于后面结合具体的绘图任务进行介绍。

10. 屏幕菜单

利用下拉菜单可以执行 AutoCAD 的大多数常用命令，用法与下拉菜单类似。如果是 AutoCAD 的增值产品，往往利用屏幕菜单。

13.1.2 图形文件管理

打开现有图形：

工具栏：标准工具栏→打开

下拉菜单：文件→打开

命令行：OPEN

(1) 功能

打开现有的 AutoCAD 图形。

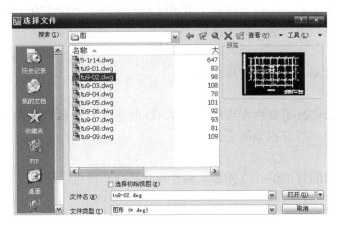

图 13-2 打开的图形文件对话框

(2) 操作格式

① 在资源管理器中选择一个文件双击鼠标左键，AutoCAD 会自动打开图形，或选择多个文件按鼠标右键选择"AutoCAD DWG Launcher"选项打开多个图形文件。

② 单击标准工具栏按钮"打开"或单击下拉菜单项"文件→打开"或输入命令"OPEN"后回车，AutoCAD 会弹出图 13-2 所示对话框，通过该对话框选取要打开的图形文件。在"选择文件"对话框中，选择一个或多个文件并选择"打开"。可以在"文件名"中输入图形文件名并选择"打开"，或在文件列表中双击文件名。

③ 通过 AutoCAD 中"我的图形→打开图形"打开最近编辑过的图形或按浏览按钮，AutoCAD 会弹出图 13-2 所示对话框，方法同上一条。

13.1.3 保存文件

1. 快速存盘

工具栏：标准工具栏→保存

下拉菜单：文件→保存

命令行：QSAVE

(1) 功能

将现有的 AutoCAD 图形存盘。

(2) 操作格式

单击标准工具栏按钮"保存"，或单击下拉菜单项"文件→保存"，或输入"QSAVE"命令后回车。如果图形已命名，AutoCAD 保存图形时将不再要求文件名。如果文件没有命名，AutoCAD 将显示"图形另存为"对话框，利用该对话框，用户可以选择图形文件的存储文件夹。

2. 换名存盘

下拉菜单：文件→另存为

命令行：SAVEAS

（1）功能

将现有的 AutoCAD 图形以新的名字存盘。

（2）操作格式

单击下拉菜单项"文件→另存为"或输入"SAVEAS"命令后回车。AutoCAD 将显示"图形另存为"对话框，利用该对话框，用户可以选择图形文件的存储文件夹，并以不同的名称存储。

13.2 基本绘图命令

绘制直线、圆、圆环

1. 直线

工具栏：绘图工具栏→直线

下拉菜单：绘图→直线

命令行：LINE（L）

（1）功能

绘制二维或三维线段。

（2）操作格式

单击相应的菜单项、工具栏按钮或输入"LINE"命令后回车，提示：

LINE 指定第一点：

下一点：

下一点：……

↵（按回车键）

2. 绘圆

工具栏：绘图工具栏→绘圆

下拉菜单：绘图→绘圆

命令行：CIRCLE（CR）

（1）功能

在指定的位置画圆。

（2）操作格式

AutoCAD 提供了多种绘圆的方法，下面对常用方法进行介绍。

① 根据圆心点与圆的半径绘圆

下拉菜单：绘图→绘圆→圆心、半径

命令行：CIRCLE ↵

命令：_ circle 指定圆的圆心或[三点(3P)/两点(2P)/相切、相切、半径(T)]：（用鼠标左键拾取圆心点）

指定圆的半径或［直径(D)］：4000 ↵

则绘出以给定点为圆心，半径为 4000 的圆。

② 根据圆心点与圆的直径绘圆

下拉菜单：绘图→绘圆→圆心、直径

命令行：CIRCLE ↵

命令：_ circle 指定圆的圆心或 [三点（3P）/两点（2P）/相切、相切、半径（T）]：（用鼠标左键拾取圆心点）

指定圆的半径或 [直径(D)] <4000>：d ↵

指定圆的直径 <8000>：（输入直径） ↵

则绘出以给定点为圆心，直径为 8000 的圆。

3. 绘圆环或填充圆

工具栏：绘图工具栏→绘圆环

下拉菜单：绘图→绘圆环

命令行：DONUT

(1) 功能

在指定的位置画指定内外径的圆环或填充圆。

(2) 操作格式

① 绘圆环

点击相应的菜单项或从键盘上输入 DONUT 命令后回车，提示：

命令：_ DONUT ↵

指定圆环的内径<1>：2000 ↵

指定圆环的外径<1>：2200 ↵

指定圆环的中心点或 <退出>：（输入圆环圆心的坐标点或直接用鼠标左键点取）

此时会在指定的中心绘制出指定内外径的圆环，同时 AutoCAD 会继续提示：

指定圆环的中心点或 <退出>：（继续输入中心点，会得到一系列相同的圆环）。结束命令按回车键，得到如图 13-3 的圆环。

② 绘填充圆

单击相应的菜单项或从键盘上输入 DONUT 命令后回车，提示：

命令：_ DONUT ↵

指定圆环的内径<1>：（内直径输入 0） ↵

指定圆环的内径<1>：（外直径输入指定值）1000 ↵

则可绘出填充圆，如图 13-4 所示。

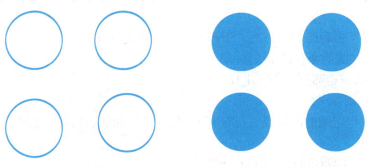

图 13-3　绘圆环　　　　　图 13-4　绘填充圆

4. 绘圆弧

工具栏：绘图工具栏→绘圆弧

下拉菜单：绘图→绘圆弧

命令行：ARC

（1）功能

绘制给定参数的圆弧。

（2）操作格式

AutoCAD提供了多种绘圆弧的方法，下面以三点绘弧为例进行介绍：

根据三点绘圆弧，是指定圆弧的起点位置、圆弧上的任意一点位置以及圆弧的端点位置，AutoCAD即可绘出过这三点的圆弧。

下拉菜单：绘图→绘圆弧→三点

命令：_ARC ↵

指定圆弧的起点或[圆心（C）]：（输入圆弧的起始点）（默认项）

指定圆弧的第二个点或[圆心（C）/端点（E）]：（输入圆弧的第二个点）

指定圆弧的端点：（输入圆弧的第三个点）

绘制多段线

则可绘出由已知三点确定的圆弧，如图13-5所示。

5. 绘多段线

工具栏：绘图工具栏→多段线

下拉菜单：绘图→多段线

命令行：PLINE

（1）功能

二维多段线可以由等宽或不等宽的直线以及圆弧组成，如图13-6所示。AutoCAD多段线被看成是一个单独的对象，可以用多段线编辑命令对其进行各种修改操作。

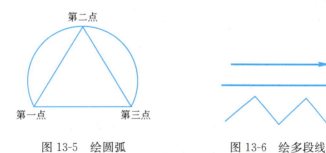

图13-5 绘圆弧　　　　图13-6 绘多段线

（2）操作格式

单击相应的菜单项、按钮或输入"PLINE"命令后回车，提示：

命令：PLINE ↵

指定起点：

当前线宽为0

指定下一个点或[圆弧（A）/半宽（H）/长度（L）/放弃（U）/宽度（W）]：

323

下面分别介绍各项的含义：
① 宽度（W）
该选项是用来确定多段线的宽度。
指定起点宽度＜当前值＞：（输入多段线的起始点宽度数值或按回车键执行当前值）
指定端点宽度＜起点宽度＞：（输入终止点宽度数值或按回车键执行起点宽度）
起点宽度将成为缺省的端点宽度。端点宽度在再次修改宽度之前将作为所有后续线段的统一宽度。宽线段的起点和端点位于直线的中心点。
② 闭合（C）
选择该选项，AutoCAD 从当前点到多段线起始点以当前宽度绘一条直线，即绘制一条封闭的多段线，然后结束 PLINE 命令。
③ 放弃（U）
删除最近一次添加到多段线上的直线段。
④ 半宽（H）
指定多段线线段的中心到其一边的宽度。
指定起点半宽＜当前值＞：（输入一个值或按回车键执行当前值）
指定端点半宽＜起点宽度＞：（输入一个值或按回车键执行起点宽度）
通常，相邻多段线线段的交点将被修整，但在弧线段互不相切、有非常尖锐的角或者使用点画线线型的情况下将不执行修整。

（3）多段线编辑命令
工具栏：修改工具栏→多段线
下拉菜单：修改→对象→多段线
命令行：PEDIT
功能：编辑和修改多段线。
单击相应的菜单项、按钮或输入"PEDIT"命令后回车，提示：
命令：_ PEDIT ↵
选择多段线或［多条（M）］：（如果选择二维多段线，则 AutoCAD 提示如下）
［闭合（C）/合并（J）/宽度（W）/编辑顶点（E）/拟合（F）/样条曲线（S）/非曲线化（D）/线型生成（L）/放弃（U）］：
下面分别介绍各项的含义：
① 闭合（C）
连接第一条与最后一条线段从而创建闭合的多段线。除非使用选项"闭合"来闭合多段线，否则 AutoCAD 将会认为它是打开的。
② 合并（J）
合并连续的直线、圆弧或多段线。对于合并到多段线的对象，除非第一次 PEDIT 提示出现时使用"多选"选项，否则它们的端点必须重合。在这种情况下，如果模糊距离设置得足以包括端点，则可以将不相接的多段线合并。
③ 宽度（W）
指定整条多段线新的统一宽度。
④ 放弃（U）

放弃操作，可一直返回到 PEDIT 的开始状态。

注：如果选定的对象是直线或圆弧，则 AutoCAD 提示："选定的对象不是多段线，是否将其转换为多段线？<Y>："输入 y 或 n，或按 Enter 键。如果输入 y，则对象被转换为可编辑的单段二维多段线。

6. 绘矩形

工具栏：绘图工具栏→绘矩形

下拉菜单：绘图→绘矩形

命令行：RECTANG

（1）功能

绘制指定大小及位置的矩形。

（2）操作格式

单击相应的菜单项、按钮或输入命令"RECTANG"后回车，提示：

命令： _ RECTANG ↵

指定第一个角点或［倒角（C）/标高（E）/圆角（F）/厚度（T）/宽度（W）］：

指定另一个角点或［面积（A）/尺寸（D）/旋转（R）］：（指定点或输入 d，使用长和宽创建矩形。第二个指定点将矩形定位在与第一角点相关的四个位置之一内）

指定矩形的长度 <0>：（输入矩形的长度）↵

指定矩形的宽度 <0>：（输入矩形的宽度）↵

指定另一角点或［尺寸（D）］指定一个点：（移动光标以显示矩形可能的四个位置之一并单击需要的一个位置）

执行结果详见图 13-7（a）。

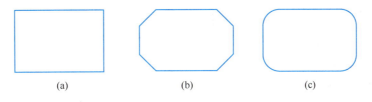

图 13-7 矩形

① 倒角（C）设置矩形的倒角距离

指定矩形的第一个倒角距离 <当前值>：（指定距离或按 ↵ 键）

指定矩形的第二个倒角距离 <当前值>：（指定距离或按 ↵ 键）

以后执行"RECTANG"命令时此值将成为当前倒角距离，执行结果详见图 13-7（b）。

② 圆角（F）指定矩形的圆角半径

指定矩形的圆角半径 <当前值>：（指定半径或按 ↵ 键）

以后执行"RECTANG"命令时将使用此值作为当前圆角半径，执行结果详见图 13-7（c）。

③ 宽度（W）为要绘制的矩形指定多段线的宽度

指定矩形的线宽 <当前值>：（指定线宽或按 ↵ 键）

以后执行"RECTANG"命令时将使用此值作为当前多段线宽度绘制矩形。

7. 多边形

工具栏：绘图工具栏→绘多边形

绘制多边形

下拉菜单：绘图→绘多边形

命令行：POLYGON

（1）功能

绘等边多边形。

（2）操作格式

AutoCAD 的"POLYGON"命令，可以用三种方法绘等边多边形，下面分别介绍。

① 根据多边形的边数及多边形上一条边的两个端点绘多边形。

命令：POLYGON ↵

输入边的数目＜4＞：6 ↵

指定正多边形的中心点或［边（E）］：e ↵

指定边的第一个端点：（用鼠标在屏幕上拾 P1 点）

指定边的第二个端点：（用鼠标在屏幕上拾 P2 点）

执行结果详见图 13-8（a）。

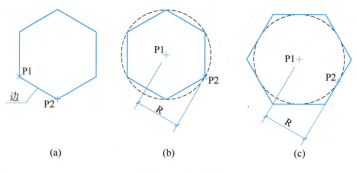

图 13-8　多边形

② 定义正多边形中心点（P1）。

命令：POLYGON ↵

输入边的数目＜6＞：↵

指定正多边形的中心点或［边（E）］：↵

输入选项［内接于圆（I）/外切于圆（C）]＜当前值＞：（输入 I 或 C 或按 ↵ 键）

a. 内接于圆（I）

指定外接圆的半径，正多边形的所有顶点都在此圆周上。

指定圆的半径：［指定点（P2）或输入值］

用定点设备指定半径将决定正多边形的旋转角度和尺寸。指定半径值将以当前捕捉旋转角度绘制正多边形的底边。执行结果详见图 13-8（b）。

b. 外切于圆（C）

指定从正多边形中心点到各边中点的距离。

指定圆的半径：（指定圆的半径）

用定点设备指定半径将决定正多边形的旋转角度和尺寸。指定半径值将以当前捕捉旋转角度绘制正多边形的底边。执行结果详见图 13-8（c）。

8. 域内填充

命令：SOLID

（1）功能

对指定的四点所形成的区域进行填充。

（2）操作格式

命令：SOLID

指定第一点：（指定点 P1）

指定第二点：（指定点 P2）

前两点定义多边形的一边。

指定第三点：（在第二点的对角方向指定点 P3）

指定第四点或＜退出＞：（指定点 P4 或按 ↵ 键退出）。

执行结果详见图 13-9。

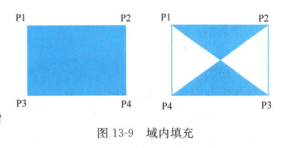

图 13-9　域内填充

13.3　图形修改

13.3.1　选择对象

在修改一个对象时，必须将对象包括在一个选择集中，选择集中的对象将被修改，可以使用下列任一种方式创建相关的选择集：

（1）执行命令，然后选择要修改的对象。AutoCAD 会提示：选择对象。

（2）选择对象，然后选择一个修改对象的命令。AutoCAD 将对象存储在上一个选择集中，然后用选择到的修改命令对这些选择到的对象进行修改。

（3）通过拾取对象选择该对象，然后使用夹点修改这些对象。

13.3.2　图形对象的编辑

1. 删除

命令：ERASE（E）

下拉菜单：修改→删除

工具栏：修改→删除对象

（1）功能

AutoCAD 将从图形中删除对象。

（2）操作格式

点取相应的菜单项、工具栏按钮或输入"ERASE"命令后回车，提示：

命令：ERASE ↵

选择对象：使用对象选择方式并在结束选择对象时按"Enter"键，AutoCAD将从图形中删除对象。

2. 恢复删除的对象 OOPS

（1）功能

用"OOPS"命令可以恢复最后一次用"ERASE"命令删除的对象。

(2) 操作格式

键盘上输入"OOPS"命令后回车，即可恢复图中最后一次用"ERASE"命令删除的对象。"OOPS"命令仅能够恢复一次"ERASE"命令删除的对象。

3. 复制

命令：COPY

下拉菜单：修改→复制

工具栏：修改→复制

复制、镜像命令

(1) 功能

将指定的对象复制到指定的位置。

(2) 操作格式

点取相应的菜单项、工具栏按钮或输入"COPY"命令后回车。

命令：COPY ↵

选择对象：（选取要复制的对象）

选择对象：（↵，也可继续选取对象）

当前设置：复制模式＝多个

指定基点或［位移（D）/模式（O）］＜位移＞：指定第二个点或＜使用第一个点作为位移＞：

指定第二个点或［退出（E）/放弃（U）］＜退出＞：

上述各选项的含义如下：

① 给定一点为基点

如果在"指定基点或［位移（D）/模式（O）］＜位移＞："提示下直接输入一点的位置，即执行缺省项，AutoCAD 提示：

指定第二个点或［退出（E）/放弃（U）］＜退出＞：

在此提示下再输入一点，AutoCAD 将所选取的对象按给定两点确定的位移矢量进行复制。

② 按位移量复制

如果在"指定第二个点或［退出（E）/放弃（U）］＜退出＞："提示下输入相对于当前点的位移量 delta-X、delta-Y、delta-Z（二维绘图时可忽略 delta-Z），AutoCAD 提示：

指定第二个点或［退出（E）/放弃（U）］＜退出＞：↵

在此提示下直接回车，AutoCAD 将选定的对象按指定的位移量复制。

③ 模式（O）

如果在"基点或［位移（D）/模式（O）］＜位移＞："输入"o"并回车，AutoCAD 提示：

输入复制模式选项［单个（S）/多个（M）］＜多个＞：（选择 M 参数表示复制模式为多重复制，S 参数表示复制模式为单个复制）

4. 移动

命令：MOVE

下拉菜单：修改→移动

工具栏：修改→移动

（1）功能

将指定的对象移到指定的位置。

（2）操作格式

点取相应的菜单项、工具栏按钮或输入"MOVE"命令后回车，提示：

命令：MOVE ↵

选取对象：（选取要移动的对象）

指定基点或［位移（D）］＜位移＞：指定第二个点或＜使用第一个点作为位移＞：

在"指定基点或［位移（D）］＜位移＞："提示下直接输入一点的位置，即执行缺省项，AutoCAD 提示：

指定第二个点或＜使用第一个点作为位移＞：

在此提示下再输入一点，将所选取的对象按给定两点确定的位移矢量进行移动。

5．旋转

命令：ROTATE

下拉菜单：修改→旋转

工具栏：修改→旋转

（1）功能

将所选对象绕指定点（称为旋转基点）旋转指定的角度。

（2）操作格式

点取相应的菜单项、工具栏按钮或输入"ROTATE"命令后回车，提示：

命令：ROTATE ↵

选择对象：（选取要转动的对象）

选择对象：（↵，也可以继续选取对象）

指定基点：（确定转动基点）

指定旋转角度，或［复制（C）/参照（R）］＜0.0000＞：

上面三项的含义如下：

① 旋转角度

若直接输入一个角度值，即执行缺省项，AutoCAD 则将所选对象绕指定的基点按该角度转动，且角度为正时逆时针旋转，反之顺时针旋转。

② 复制（C）

该选项可以创建要旋转的选定对象的副本。

③ 参照（R）

该选项表示将所选对象以参考方式旋转。执行该选项，AutoCAD 提示：

参照角＜0＞：（输入参考方向的角度值，↵）

新角度：（输入相对于参考方向的角度，↵）

6．缩放

命令：SCALE

下拉菜单：修改→缩放

工具栏：修改→缩放

（1）功能

将对象按指定的比例因子相对于指定的基点放大或缩小。

（2）操作格式

点取相应的菜单项、工具栏按钮或输入"SCALE"命令后回车。

命令：SCALE↵

选择对象：（选取要缩放的对象，↵）

选择对象：↵

指定基点：（用鼠标选取基点）

指定比例因子或［复制（C）/参照（R）］＜1.0＞：

① 比例因子

该项为缺省项。若直接输入比例因子，即执行缺省项，将把所选对象按该比例因子相对于基点进行缩放，且大于0。比例因子小于1时缩小，比例因子大于1时放大。

② 复制（C）

该选项表示创建要缩放的选定对象的副本。

③ 参照（R）

该选项表示将所选对象按参考的方式缩放。执行该选项，AutoCAD 提示：

参照长度＜1＞：（输入参考长度的值）↵

新长度：（输入新的长度值）↵

根据参考长度的值与新的长度值自动计算缩放系数，然后进行相应的缩放。

7. 修剪

命令：TRIM

下拉菜单：修改→修剪

工具栏：修改→修剪

（1）功能

用修剪边修剪指定的对象（被剪边）。

（2）操作格式

点取相应的菜单项、工具栏按钮或输入"TRIM"命令后回车，提示：

命令：TRIM↵

当前设置：投影＝UCS，边＝无

选择剪切边…

选择对象或＜全部选择＞：（选择修剪边）

选择对象：（继续选择修剪边）↵

选择要修剪的对象或按住 Shift 键选择要延伸的对象，或［栏选（F）/窗交（C）/投影（P）/边（E）/删除（R）/放弃（U）］：

上面各选项含义如下：

① 选择要修剪的对象

点取被修剪对象（称为被剪边）的被修剪部分，为缺省项。如果直接选取对象，即执行该缺省项，那么 AutoCAD 会用修剪边把所选对象上的点取部分修剪掉。

② 按住 Shift 键选择要延伸的对象

延伸选定对象而不是修剪它们。此选项提供了一种在修剪和延伸之间切换的简便

修剪命令

方法。

③ 投影（P）

该选项用确定执行修剪的空间。执行该选项，AutoCAD 提示：

无（N）/Ucs（U）/视图（V）〈当前空间〉：

无：表示按三维（不是投影）的方式修剪。显然该选项对只有在空间相交的对象有效。

Ucs：在当前 UCS（用户坐标系）的 XOY 平面上修剪（为缺省项），此时可在 XOY 平面上按投影关系修剪在三维空间中没有相交的对象。

视图：在当前视图平面上修剪。

④ 边（E）

该选项用来确定修剪方式。执行该选项，AutoCAD 提示：

延伸（E）/不延伸（N）〈不延伸〉

a. 延伸

按延伸的方式修剪。如果修剪边太短，没有与被剪边相交，那么 AutoCAD 会假想将修剪边延长，然后再进行修剪。

b. 不延伸

按非延伸的方式修剪。如果修剪边太短，没有与被剪边相交，那么 AutoCAD 不会进行修剪。

⑤ 删除（R）

删除选定的对象。此选项提供了一种用来删除不需要的对象的简便方式，而无需退出 TRIM 命令。

⑥ 放弃（U）

撤销由 TRIM 命令所做的最近一次修改。

8. 延伸

命令：EXTEND

下拉菜单：修改→延伸

工具栏：修改→延伸

拉伸命令

（1）功能

延长指定的对象，使其到达图中选定的边界（又称为边界边）上。

（2）操作格式

点取相应的菜单项、工具栏按钮或输入"EXTEND"命令后回车，提示：

命令：EXTEDN ↵

选择对象：（选取延伸边界）

选择对象：（↵，也可以继续选取延伸边界）

选择要延伸的对象或按住 Shift 键选择要修剪的对象，或［栏选（F）/窗交（C）/投影（P）/边（E）/放弃（U）］：

（EXTEND 命令和 TRIM 命令互逆，上面各项选项含义同 TRIM 指令）

9. 拉伸

命令：STRETCH

下拉菜单：修改→拉伸

延伸命令

工具栏：修改→拉伸

(1) 功能

"STRETCH"命令与"MOVE"命令类似，可以移动指定的一部分图形。但用"STRETCH"命令移动图形时，这部分图形与其他图形的连接元素，如线（LINE）、圆弧（ARC）、多段线（PLINE）等，将受到拉伸或压缩。

(2) 操作格式

点取相应的菜单项、工具栏按钮或输入"STRETCH"命令后回车。

命令：STRETCH ↵

以"交叉窗口"或"交叉多边形"选择要拉伸的对象…

选择对象：（用 C 或 CP 方式选择对象）

指定基点或 [位移（D）] <位移>：

指定第二个点或 <使用第一个点作为位移>：

10. 镜像

命令：MIRROR

下拉菜单：修改→镜像

工具栏：修改→镜像

(1) 功能

将指定的对象按给定的镜像线作镜像（即反射）。

(2) 操作格式

点取相应的菜单项、工具栏按钮或输入"MIRROR"命令后回车，提示：

命令：MIRROR ↵

选择对象：（选取欲镜像的对象）

选择对象：（↵，也可继续选取）

指定镜像线的第一点：（输入镜像线上的一点或用鼠标在屏幕上拾取）

指定镜像线的第二点：（输入镜像线上的另一点或用鼠标在屏幕上拾取）

要删除源对象吗？[是（Y）/否（N）] <N>：

若直接回车，绘出所选对象的镜像，并保留原来的对象；若输入"Y"后再回车，AutoCAD 一方面绘出所选对象的镜像，另外还要把源对象删除掉。

(3) 说明

当文字属于镜像的范围时，如将图 13-10（a）作镜像复制，可以有两种结果：一种为文字完全镜像（图 13-10b），显然这一般不是我们所希望的结果。另一种是文字可读镜像，即文字的外框作镜像，文字在框中的书写格式仍然是可读的（图 13-10c）。这两种状

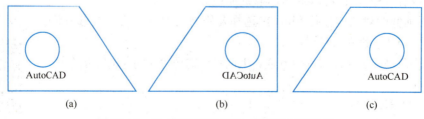

图 13-10　用"MIRRTEXT"来控制文字镜像

态由系统变量"MIRRTEXT"来控制。

若系统变量"MIRRTEXT"的值为1,文字则作完全镜像。若系统变量"MIRRTEXT"的值为0,文字则按可读方式镜像。

系统变量"MIRRTEXT"的初始值为1,因此要对文字作可读方式的镜像,必须将该变量设置为0。

偏移命令

11. 偏移

命令:OFFSET

下拉菜单:修改→偏移

工具栏:修改→偏移

(1) 功能

对指定的线、弧以及圆等对象作同心复制。对于直线而言,其圆心为无穷远,因此是平行复制。

(2) 操作格式

点取相应的菜单项、工具栏按钮或输入"OFFSET"命令后回车,提示:

命令:OFFSET ↵

指定偏移距离或 [通过(T)/删除(E)/图层(L)] <通过>:

① 指定偏移距离

如果在上面提示下输入一数值,表示用该值以偏移距离进行复制。此时 AutoCAD 提示:

选择要偏移的对象,或 [退出(E)/放弃(U)] <退出>:

指定要偏移的那一侧上的点,或 [退出(E)/多个(M)/放弃(U)] <退出>:

选择要偏移的对象,或 [退出(E)/放弃(U)] <退出>:(↵ 结束命令,也可以继续重复执行上面的过程)

② 通过(T)

如果在执行"OFFSET"命令后输入"T",则表示使复制的对象通过一点,这时 AutoCAD 提示:

选择要偏移的对象,或 [退出(E)/放弃(U)] <退出>:(选取对象)

指定通过点或 [退出(E)/多个(M)/放弃(U)] <退出>:(点取要通过的点)

选择要偏移的对象,或 [退出(E)/放弃(U)] <退出>:(↵ 结束命令,也可以继续重复执行上面的过程)

以上两种方式在软件提示:"[退出(E)/多个(M)/放弃(U)] <退出>:"时输入"M"参数,则可以进行多重偏移操作。

③ 图层(L)

如果在执行"OFFSET"命令后输入"L"参数,可以选择偏移对象创建在当前图层上还是源对象所在的图层上。

④ 删除(E)

如果在执行"OFFSET"命令后输入"E",程序提示:"要在偏移后删除源对象吗?[是(Y)/否(N)]",用户根据需要选择是(Y)/否(N)。

(3) 说明

不同的图形对象，对其执行"OFFSET"命令后有不同的结果。

对圆弧作同心复制后，新圆弧与旧圆弧有同样的中心角，但新圆弧的长度要发生改变（图13-11a）。

对圆或椭圆作同心复制后，新圆、新椭圆与旧圆、旧椭圆有同样的圆心，但新圆的半径或新椭圆的轴长要发生变化（图13-11b）。

对线段（LINE）、构造线（XLINE）、射线（RAY）作同心复制，实际上是它们的平行复制（图13-11c）。

对多段线作同心复制，新多段线各线段、各圆弧段的长度要作调整。新多段线的两个端点位于旧多段线两端点处的法线方向，新多段线其他各端点位于旧多段线相应端点两段线段（圆弧为该点的切线方向）的角平分线上（图13-11d）。

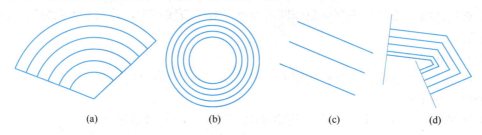

图13-11 不同的图形对象，对其执行"OFFSET"命令后有不同的结果
(a) 圆弧；(b) 圆；(c) 直线；(d) 多段线

对样条曲线作同心复制，其长度和形状要作调整，使新样条曲线的各个端点均位于旧样条曲线相应端点处的法线方向上。

12. 阵列复制

命令：ARRAY

下拉菜单：修改→阵列

工具栏：修改→阵列

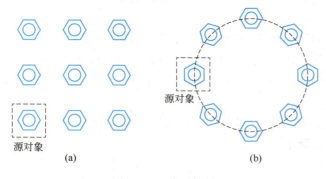

图13-12 阵列复制
(a) 矩形阵列；(b) 环形阵列

(1) 功能

按矩形或环形阵列的方式复制指定的对象，即把源对象按指定的格式作多重复制，如图13-12所示。

(2) 操作格式

点取相应的菜单项、工具栏按钮或输入"ARRAY"命令后回车：

系统会打开阵列对话框，其中有矩形阵列和环形阵列两个选项组和"选择对象"按钮，系统允许用户以矩形或环形的方式阵列。下面分别进行介绍。

① 矩形阵列

若选择"矩形阵列（R）"选项复选框，系统切换为矩形方式阵列选项组，在此组选项各项的意义如下：

行（W）[4]：在文本框内输入矩形阵列的行数（包括被复制的对象）。

列（O）[4]：在文本框内输入矩形阵列的列数（包括被复制的对象）。

行偏移（F）[1]：该选项要求用户输入矩形阵列的行间距。

列偏移（M）[1]：该选项要求用户输入矩形阵列的列间距。

阵列角度（A）[0]：该选项要求用户输入矩形阵列的旋转角度。

选择矩形按钮：该选项要求用户在屏幕上选择一个矩形单元，系统将自动以矩形单元的水平边作为行偏移量，垂直边作为列偏移量进行阵列复制。

拾取行偏移按钮：该选项要求用户在屏幕上选择一个水平距离作为行偏移量。

拾取列偏移按钮：该选项要求用户在屏幕上选择一个垂直距离作为列偏移量。

矩形阵列的使用方法：用户首先输入行数、行偏移，列数、列偏移以及阵列角度，然后按下选择对象按钮，选择要阵列的对象，按确定键。此时 AutoCAD 会将所选对象按指定的行数、列数以及指定的行间距与列间距进行阵列复制。

注：当按给定的间距值阵列时，如果行间距为正数，则由原图向上排列；如果行间距为负数，则由原图向下排列。如果列间距为正数，由原图向右排列，反之向左排列。

当按矩形单元阵列时，矩形单元上的两个点的位置以及点取的先后顺序确定了阵列的方式。比如先点取矩形单元上的左上角点、后点取右下角点，则所选对象按向下、向右的方式阵列。

② 环形阵列

若在"环形阵列（P）"选项处选择，系统切换为环形方式阵列选项组，在此组选项各项的意义如下：

中心点：该选项要求用户输入旋转中心点的坐标。

项目数：该选项要求用户输入阵列的个数（包括被复制的对象）。

填充角度<360>：该选项要求用户输入环形阵列的圆心角。正值表示沿逆时针方向阵列，负值表示沿顺时针方向阵列，缺省为沿 360°的方向阵列。

复制时旋转项目：选择该选项环形阵列时项目自身旋转，否则不旋转。

注：在进行环形阵列时，每个对象都取其自身的一个参考点为基点，绕阵列中心旋转一定的角度。对于不同类型的对象，其参考点的取法亦不同，如下所示：

直线、样条曲线、等宽线：取某一端点。

圆、椭圆、圆弧：取圆心。

块、形：取插入基点。

文字：取文字定位基点。

多段线、样条曲线：取第一个端点。

13. 倒圆角

命令：FILLET

下拉菜单：修改→圆角

工具栏：修改→圆角

（1）功能

对指定的两个对象按指定的半径倒圆角。

（2）操作格式

点取相应的菜单项、工具栏按钮或输入"FILLET"命令后回车，提示：

命令：FILLET ↵

当前设置：模式＝修剪，半径＝0.0

选择第一个对象或［放弃（U）/多段线（P）/半径（R）/修剪（T）/多个（M）］：

各项含义如下：

① 半径（R）

该选项用来确定倒圆角的圆角半径。执行该选项，AutoCAD 提示：

输入圆角半径〈缺省值〉：

即要求用户输入倒圆角的圆角半径值，回车后就可以进行倒圆角操作。

② 多段线（P）

执行该选项，AutoCAD 将对二维多段线倒圆角，此时 AutoCAD 会提示：

选择二维多段线：

在此提示下选取多段线，AutoCAD 则按指定的圆角半径在该多段线各转折处倒圆角。对于封闭多段线，对其倒圆角后会出现图 13-13 所示的两种结果，这是因为"FILLET"命令将图 13-13（b）各转折处均看成是连续的，故每一转折处均进行倒角。如果不用"闭合"项来封闭多段线的起始点和终止点，虽然外表看起来都一样，但"FILLET"命令却把终结处看成是断点而不予修改，如图 13-13（a）所示。

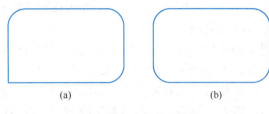

图 13-13　多段线倒圆角

③ 修剪（T）

该选项用来确定倒圆角的方式。若选取该项，AutoCAD 提示：

输入修剪模式选项［修剪（T）/不修剪（N）］＜修剪＞："修剪"表示在倒圆角的同时对相应的两条线作修剪，"不修剪"则表示不进行修剪，如图13-14所示。其中图 13-14（a）表示要倒角的两条边，图 13-14（b）表示倒角时修剪，图 13-14（c）表示倒角后不修剪。

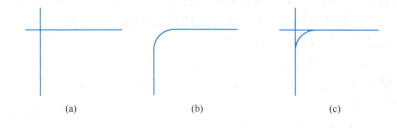

图 13-14　直线倒圆角

④ 多个（M）

对多个对象倒圆角。FILLET 将重复显示第一个提示和"选择第二个对象"提示，直到用户按 ENTER 键结束该命令。

14．分解

命令：EXPLODE
下拉菜单：修改→分解
工具栏：修改→分解

（1）功能

把多段线分解成一系列组成该多段线的直线段与圆弧；把多线分解成组成该多线的直线段；把块分解成组成该块的各对象；把一个尺寸标注分解成线段、箭头和尺寸文字。

（2）操作格式

命令：EXPLODE ↵
选择对象：（选取要分解的对象）
选择对象：（↵，也可继续选取）
执行结果是将所选的对象分解。

13.4 文 字 标 注

13.4.1 用 DTEXT 命令标注文字

命令：DTEXT
下拉菜单：绘图→文字→单行文字

1. 功能

在图中标注一行文字。

2. 操作格式

命令：DTEXT ↵
对正（J）/样式（S）/〈起点〉：
各选项含义如下：

（1）对正（J）

此选项用来确定所标注文字的排列方式。执行该选项，AutoCAD 提示：

对齐（A）/调整（F）/中心（C）/中央（M）/右（R）/左上（TL）/中上（TC）右上（TR）/左中（ML）/正中（MC）/右中（MR）/左下（BL）/中下（BC）/右下（BR）：

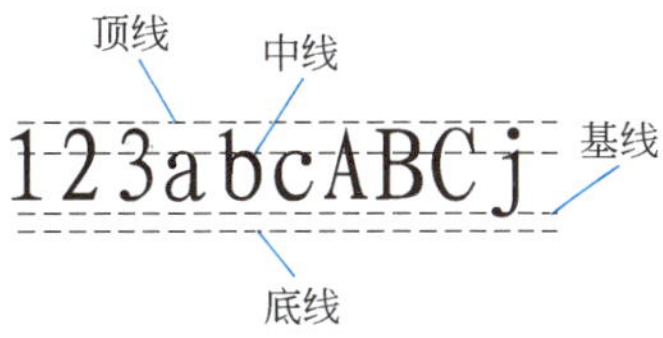

图 13-15 以文字串"123abcABCj"为例，为所标注的文字串定义顶线（Top line）、中线（Middle line）、基线（Base line）和底线（Bottom line）四条线。

图 13-15 文字位置

上面提示行各选项含义如下：

① 对齐（A）

此选项要求用户确定所标注文字行基线的始点位置与终点位置。执行该选项，AutoCAD 提示：

文字行第一点：（确定文字行基线的始点位置）
文字行第二点：（确定文字行基线的终点位置）
输入文字后，回车。

执行结果：所输入的文字串字符均匀分布于指定的两点之间，且文字行的倾斜角度由两点间的连线确定；字高与字符串宽度会根据两点间的距离、字符的多少以及文字的宽度因子自动确定。

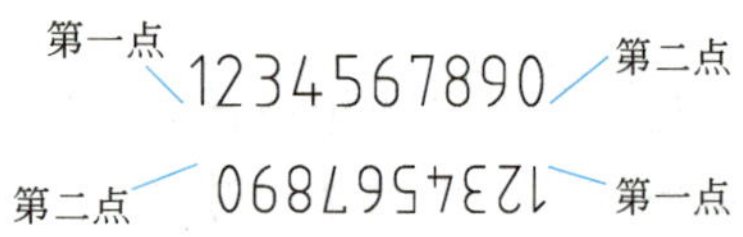

注：执行"对齐"选项后，根据提示依次从左向右和从右向左确定文字行基线上的两点，会得到不同的标注效果，如图 13-16 所示。

图 13-16 对齐方式输入文字

② 调整（F）

此选项要求用户确定文字行基线的始点位置和终点位置以及所标注文字的字高。执行该选项，AutoCAD 提示：

文字行第一点：（确定文字行基线的始点位置）

文字行第二点：（确定文字行基线的终点位置）

高度：（确定文字的高度）

输入文字串后，回车。

执行结果：所标注出的文字行字符均匀分布于指定的两点之间，且字符高度为用户指定的高度，字符宽度则由所确定两点间的距离与字符的多少自动确定，如图 13-17 所示。

图 13-17 调整方式输入文字

③ 中心（C）/中央（M）/右（R）/左上（TL）/中上（TC）右上（TR）/左中（ML）/正中（MC）/右中（MR）/左下（BL）/中下（BC）/右下（BR）

此段以斜线分离的各选项用法相同，均要求用户确定一个点，AutoCAD 把该点作为所标注文字行的基点。执行该选项，提示：

中心点：（确定一点作为文字行＊＊＊）

高度：（确定文字的高度）

旋转角度：（确定文字行的倾斜角度）

输入文字串后，回车。

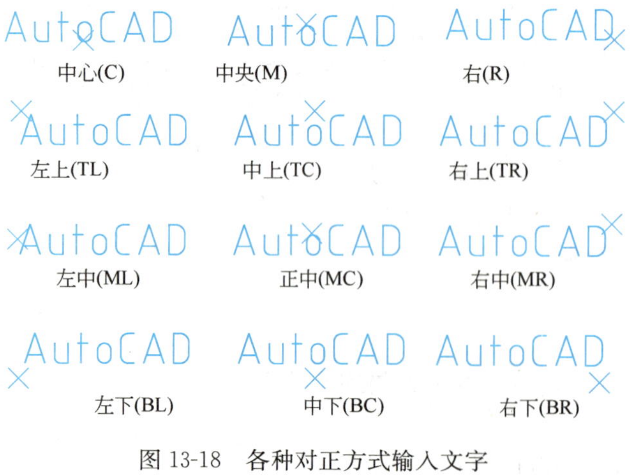

执行结果：把该点作为所标注文字行的基点，文字按指定的高度及宽度因子输入。

图 13-18 以文字串"Auto-CAD"为例说明了除"对齐"与"调整"两种文字排列形式以外的其余各种排列形式。

（2）样式（S）

确定标注文字时所使用的文字样式。执行该选项，AutoCAD 提示：

样式名（或？）＜缺省值＞：

在此提示下，用户可键入标注文字时所使用的文字样式名字，也可键入"？"，显示当前已有的文字样式。

图 13-18 各种对正方式输入文字

〈起点〉

此选项用来确定文字行基线的始点位置，为缺省项。响应后，AutoCAD 提示：

高度：（输入文字的字高）↵

旋转角度：（输入文字行的倾斜角度）↵

输入文字串后，回车。

3. 控制码与特殊字符

实际绘图时，有时需要标注一些特殊字符（如希望在一段文字的上方或下方加划线、标注"°"（度）、"±"、"ϕ"等），以满足特殊需要。由于这些特殊字符不能从键盘上直接输入，为此，AutoCAD 提供了各种控制码，用来实现这些要求。AutoCAD 的控制码由两个百分号（英文输入法％％）以及在后面紧接一个字符构成，用这种方法可以表示特殊字符。表 13-1 是常用的控制码。

常用的控制码　　　　　　　　　　　　　　　表 13-1

符号	含义
％％O	打开或关闭文字上划线
％％U	打开或关闭文字下划线
％％D	标注"度"符号（°）
％％P	标注"正负公差"符号（±）
％％C	标注"直径"符号（ϕ）

注：％％O 或％％U 分别是上划线与下划线的开关，即当第一次出现此符号时，表明打开上划线或下划线，而当第二次出现该符号时，则会关掉上划线或下划线。

13.4.2 利用对话框定义文字样式

命令：STYLE

下拉菜单：格式→文字样式

操作格式：

命令：STYLE

AutoCAD 弹出文字样式对话框（图 13-19），利用该对话框可定义文字样式。对话框各主要项的功能如下：

1. 样式

建立新样式名字，为已有的样式更名或删除样式。

AutoCAD 提供一个名为 Standard 缺省样式名。

（1）新建

增加新的文字样式。单击"新建"按钮，AutoCAD 显示图 13-20 所示的对话框，用户可通过"样式名"文本框输入新的文字样式名。

图 13-19　文字样式对话框

（2）重命名

给已有的文字样式更名。从"样式名"列表中选择要更名的文字样式，单击右键，选

图 13-20 新建文字样式对话框

择右键菜单中的"重命名"进行更名。

（3）删除

删除无用的样式名。从"样式名"列表中选择要删除的文字样式，单击右键，选择右键菜单中的"删除"即可删除该文字样式。如果该文字样式为当前文字样式或已经使用过的文字样式，那么该文字样式将不能被删除。

2. 字体

选择字形文件。AutoCAD 的字形文件选择有两种方式。

（1）用户调用 AutoCAD 字库。在图 13-19 中，首先选择"使用大字体"复选框，然后选择"字体"下拉列表，选择所需要的 AutoCAD 英文"＊.shx"字形文件名，再选择"大字体"下拉列表，选择所需要的 AutoCAD 中文"＊.shx"字形文件名，例如选择"hztxtw.shx"。中文 AutoCAD 字形文件在安装文件中不提供，需要用户单独安装。

（2）用户调用 Windows 的 TureType 字体。在图 13-19 中，首先清除"使用大字体"复选框，然后选择"字体"下拉列表，选择所需要的 TureType 字体文件名，如选择"宋体"。TureType 字体文件是 Windows 系统文件，不用单独安装。

3. 高度

根据输入的值设置文字高度。输入大于"0"的高度值则为该样式设置固定的文字高度。如果输入"500"，则每次用该样式输入文字时，文字默认值为 500 高度。在相同的高度设置下，TrueType 中文字体显示的高度要大于 SHX 中文字体。如果选择"注释性"选项，则将设置要在图纸空间中显示的文字的高度。

4. 效果

确定字符的特征。"颠倒"确定是否将文字倒置标注；"反向"确定是否将文字以镜像方式标注；"垂直"用来确定文字是水平标注还是垂直标注；"宽度因子"用来设置字的宽度因子；"倾斜角度"确定字的倾斜角度。

5. 预览

在图 13-19 左下角有一预览窗口，显示随着字体的改变和效果的修改而动态更改的样例文字。

6. 应用

确认用户对文字样式的设置。

绘制建筑工程施工图常用的文字样式和文字高度可以参照表 13-2、表 13-3 定义。

中文字体参考表（按出图比例 1∶100）　　　　　　　　　　表 13-2

文字类型	字体	字高	参考字型文件
说明文字	细线汉字	500～600	HZTXT.SHX，HZTXTW.SHX
平面图名	粗线汉字	800～1000	STI64S.SHX，宋体，黑体
大样图名	粗线汉字	500～700	STI64S.SHX，宋体，黑体
图签文字	自选	自选	HZTXTW.SHX，宋体，黑体

数字、英文字体参考表（按出图比例 1∶100）   表 13-3

文字类型	字体	字高	参考字型文件
说明文字	细线英文	400～500	SI-FS.SHX，SIMPLEX.SHX
平面图名	粗线汉字	800～1000	COMPLEX.SHX，宋体，黑体
大样图名	粗线汉字	500～700	COMPLEX.SHX，宋体，黑体
图签文字	自选	自选	COMPLEX.SHX，宋体，黑体
尺寸文字	细线英文	300	SIMPLEX.SHX
钢筋文字	细线英文	350	TSSDENG.SHX

13.4.3 编辑文字

1. 用 DDEDIT 命令编辑文字

命令：DDEDIT

下拉菜单：修改→对象→文字

双击：双击需要编辑的字符串

（1）功能

修改或编辑文字。

（2）操作格式

命令：DDEDIT ↵ （或用鼠标双点文字）

选择注释对象或［放弃（U）］：（选取欲编辑的文字）

如果用户所选取的文字是用"TEXT"或"DTEXT"命令标注的，被选到的字符串显示在蓝底小方框内，利用该框即可对所选取的文字进行修改。

2. 用特性修改命令编辑文字

命令：Properties

下拉菜单：修改→特性

标准工具栏：特性

（1）功能

修改文字的内容以及文字标注方式的各种设置。

（2）操作格式

点取相应的工具栏图标或输入命令"Properties"后回车，则弹出特性修改对话框。用鼠标选择一个要修改的对象。

点取文字，对话框内容如图 13-21 所示。点取各栏目按钮，可以更改对话框中各项属性内容。

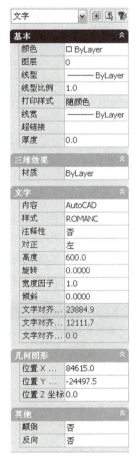

图 13-21　特性修改对话框

13.5　绘图技巧与绘图设置

13.5.1　对象捕捉

使用 AutoCAD 绘图时可能有这样的感觉，当希望用拾取的方法找到某些特殊点时（如圆心、切点、线或圆弧的端点、中点等），无论怎样小心，要准确地找到这些点都十分困难，甚至根本不可能。例如当绘一条线，该线以某圆的圆心为起始点，如果要用拾取的方式找到此圆心就很困难。为解决这样的问题，AutoCAD 提供了对象捕捉功能，利用该功能，用户可以迅速、准确地捕捉到某些特殊点，从而能够迅速、准确地绘出图形。

1. 使用对象捕捉

（1）对象捕捉的模式

表13-4列出了AutoCAD常用的对象捕捉模式。

对象捕捉模式　　　　　　　　　　　　　　　　　表13-4

模式	关键词	功　能
圆心点	CEN	圆或圆弧的圆心
端点	END	线段或圆弧的端点
延长线	EXT	捕捉到圆弧或直线的延长线
插入点	INS	块或文字的插入点
交点	INT	线段、圆弧、圆等对象之间的交点
中点	MID	线段或圆弧上的中点
最近点	NEA	离拾取点最近的线段、圆弧、圆等对象上的点
节点	NOD	用POINT命令生成的点
垂直点	PER	与一个点的连线垂直的点
象限点	QUA	四分圆点
切点	TAN	与圆或圆弧相切的点
追踪	TK	相对于指定点，沿水平或垂直方向确定另外一点

（2）如何使用对象捕捉功能

绘图时，当命令窗口提示输入一点时，可利用对象捕捉功能准确地捕捉到上述特殊点。方法是：在命令窗口提示输入一点时输入相应捕捉方式的关键词（见表13-4）后回车，然后根据提示操作即可。

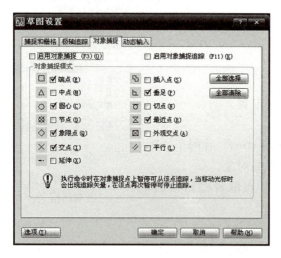

图13-22　对象捕捉设置对话框

2. 设置对象捕捉

命令：OSNAP

下拉菜单：工具→草图设置→对象捕捉设置

（1）功能

用户可以根据需要事先设置一些对象捕捉模式，在绘图时AutoCAD能自动捕捉到已设捕捉模式的特殊点。

（2）设置方法

单击下拉菜单项"工具→草图设置→对象捕捉设置"或输入"OSNAP"命令后回车，AutoCAD弹出对象捕捉设置对话框（图13-22），用户可以通过此对话框确定隐含对象捕捉，同时还能够设置对象捕捉时拾取框的大小。

13.5.2　绘图辅助工具

1. 正交

命令：ORTHO

(1) 功能

确定绘图时正交与否。

(2) 操作格式

输入"ORTHO"命令，打开开关，则正交，否则非正交。热键 F8 或单击状态栏上的正交按钮也可以在正交与非正交之间切换。

2. 填充设置

命令：FILL

(1) 功能

决定用 PLINE、SOLID、DONUT、BHCTAH 等命令绘制对象时，是对所绘图全部填充，还是只绘轮廓，以便节省一些操作时间。

(2) 操作格式

命令：FILL ↵

开（ON）/关（OFF）〈当前值〉：

13.5.3 图形显示的缩放

1. 图形显示缩放命令

命令：ZOOM

下拉菜单：视图→缩放

(1) 功能

将屏幕上的对象放大或缩小它们的视觉尺寸，但对象的实际尺寸保持不变。

(2) 操作格式

命令：ZOOM ↵

全部：（A）/中心（C）动态（D）/范围（E）前一个（P）/比例（S）（X/XP）/窗口（W）/〈实时〉：

各选项含义如下：

① 全部（A）

此选项将图上的全部图形显示在屏幕上。如果各对象均没有超出所设置的绘图范围（用"LIMITS"命令设置范围），则按图纸边界显示；如果有的对象画到图纸边界之外，显示的范围则扩大，以便将超出边界的部分也显示在屏幕上。执行该选项时，AutoCAD要对全部图形重新生成。

② 中心（C）

该选项允许用户重设图形的显示中心和放大倍数。执行该选项，AutoCAD 提示：

中心点：（给定新的显示中心）

缩放比例和高度〈缺省值〉：（给定缩放比例或高度） ↵

③ 范围（E）

执行该选项，AutoCAD 将尽可能大地显示整个图形，此时与图形的边界无关。

④ 前一个（P）

该选项用来恢复上一次显示的图形。

⑤ 窗口（W）

该选项允许用户以输入一个矩形窗口的两个对角点的方式来确定要观察的区域。

⑥ 动态（D）

该选项允许用户采用动态窗口缩放图形。

⑦ 比例（S）

允许用户以输入一数值作为缩放系数的方式缩放图形。

⑧〈实时〉

实时缩放。该项为缺省项，AutoCAD 会在屏幕上出现一个类似于放大镜的小标记，按住拾取键并垂直拖动进行缩放。向加号方向拖动屏幕图形放大，向减号方向拖动屏幕图形缩小。

若按 Esc 键或回车键，AutoCAD 结束 ZOOM 命令，如果单击鼠标右键，则会弹出快捷菜单，用户可利用其进行操作。

2. 通过鼠标滚轮实时缩放图形

（1）功能

将屏幕上的对象放大或缩小它们的视觉尺寸，但对象的实际尺寸保持不变。

（2）操作格式

通过滚动鼠标滚轮可以对视图进行放缩，十字光标的中点将成为缩放的中点，按下中间滚轮拖动鼠标相当于实时平移。

3. 图形的重新生成

命令：REGEN

下拉菜单：视图→重生成

（1）功能

重新生成全部图形并在屏幕上显示出来，执行该命令时生成图形的速度较慢，因此除非有必要，一般较少使用。

（2）操作格式

命令：REGEN ↵

重新生成图形。

13.6　图层管理及线型

13.6.1　图层的基本要领及其特性

1. 图层的特征

图层具有以下特征：

（1）用户可以在一幅图中指定任意数量的图层。系统对图层数没有限制，对每一图层上的实体数也没有任何限制。

（2）每一个图层都应有一个名字加以区别。当开始绘一幅新图时，AutoCAD 自动生成层名为"0"的图层，这是 AutoCAD 的缺省图层，其余图层需要由用户来定义名字。

（3）一般情况下，一图层上的实体只能是一种线型，一种颜色，一种线宽。用户可以改变各图层的线型、颜色、线宽和状态。

（4）虽然 AutoCAD 允许用户建立多个图层，但只能在当前图层上绘图。可以通过图层操作命令改变当前的图层，AutoCAD 在"对象特性"工具栏上会显示出当前图层的层名。

（5）各图层具有相同的坐标系、绘图界限、显示时的缩放倍数。用户可以对位于不同图层上的实体同时进行编辑操作。

（6）用户可以对各图层进行开（ON）、关（OFF）、冻结（Freeze）、解冻（Thaw）、锁定（Lock）与解锁（Unlock）等操作，决定各层的可见性与可操作性。上述各种操作的含义如下：

① 开（ON）与关（OFF）图层

如果图层被打开，则该图层上的图形可以在图形显示器上显示或在绘图仪上绘出。被关闭的图层仍然是图的一部分，它们不被显示或绘制出来。用户可根据需要，随意打开或关闭图层。

② 冻结（Freeze）与解冻（Fhaw）

如果图层被冻结，该层上的图形实体不能被显示出来或绘制出来，而且也不参加图形之间的运算。被解冻的图层则正好相反。从可见性来说，冻结的层与关闭的层是相同的，冻结的层不参加处理过程中的运算，关闭的图层则要参加运算。所以在复杂的图形中冻结不需要的层可以大大加快系统重新生成图形时的速度。需注意的是，用户不能冻结当前层。

③ 锁定（Lock）与解锁（Unlock）

锁定并不影响图层上图形实体的显示，即处在锁定层上的图形仍然可以显示出来，但用户不能改变锁定层上的实体，不能对其进行编辑操作。用户可以在锁定层上使用查询命令和对象捕捉功能。如果锁定层是当前层，用户可以在该层上作图。

2. 图层的线型

图层的线型是指在图层上绘图时所用的线型，每一层都应有一个相应线型。不同的图层可以设置成不同的线型，也可以设置成相同的线型。AutoCAD 为用户提供了标准的线型库，用户可以根据需要从中选择线型，也可以定义自己专用的线型。

当在某一图层上绘制实体时，该实体可采用图层应具有的线型，用户也可以为每一个实体单独规定线型。

受线型影响的绘图实体直线、构造线、射线、复合线、圆、圆弧、样条曲线以及多段线等，如果一条线太短，以至于不能够画出线型所具有的点线，AutoCAD 就在两点之间画一条实线。在所有新建立的图层上，如果用户不指明线型，系统均按缺省方式把该层的线型定义为"CONTINUOUS"，即实线线型表 13-5 列出了绘制建筑工程图中常用的实线、虚线及单点长画线的线型名称及图例。

常用线型　　　　　　　　　　　　　　　　　　表 13-5

线型名称	图　　例
CONTINUOUS	————————
CENTER	—·—·—·—
DASHED	— — — —

3. 图层的颜色

每一个图层也应具有一定的颜色。所谓图层的颜色，是指该图层上面的实体颜色。图层的颜色用颜色号表示，颜色号为从 1 至 255 的整数。不同的图层可以设置相同的颜色，也可以设置成不同的颜色。

AutoCAD 将前 7 个颜色号赋予标准颜色，它们是：

1 红（Red）、2 黄（Yellow）、3 绿（Green）、4 青（Cyan）、5 蓝（Blue）、6 洋红（Magenta）、7 白（White），如果绘图区域的背景颜色是白色，在显示 7 号颜色时，实际为黑色。

8～255 之间的颜色号在一定程度上也是标准的，对于颜色号为 1～249 之间的颜色，其色调由前两位数字决定，颜色的浓度和值由最后一位数字决定。主要色调如图 13-24 所示。

颜色号 250～255 用于 6 种灰度，250 最暗，255 最亮。

4. 图层的线宽

命令：LWEIGHT

下拉菜单：格式→线宽设置

（1）功能

给线宽赋值。

（2）操作格式

下拉菜单"格式→线宽设置"或在状态栏的"线宽"按钮上单击右键，并选择"设置"。

命令：LWEIGHT ↵

13.6.2 利用对话框对图层进行操作

命令：LAYER

下拉菜单：格式→图层

工具栏：图层样式管理器

建立了 JC、JG 和 DOTE 等图层以及相应的颜色、线型与线宽后，点取相应的下拉菜单或输入"LAYER"命令回车后，弹出对话框（图 13-23）。对话框中各项功能如下。

图 13-23　图层特性管理器

1. 大矩形区域

该区域显示已有的图层及其设置，如果用户利用此对话框建立图层，新建图层也会列在上面。大矩形区域的上方有一标题行，该标题行各项含义如下。

（1）名称

此项对应列显示各图层的名字，所示对话框说明当前已有名为 0（缺省）、JC、JG 和 DOTE 等图层。如果要对某层进行设置，一般首先应单击该层的层名，使该项反向显示。

（2）开

设置图层打开与否。"开"所对应的列是小灯泡图标，如果灯泡颜色是黄颜色，表示其对应图层是打开的，若将该层关闭，单击对应的小灯泡，使其变成蓝颜色；灯泡颜色是蓝颜色表示其对应图层是关闭的，若将该层打开，单击对应小灯泡，使其变成黄颜色。

如果将当前层关闭，会显示出对话框，它警告用户正在关闭当前层，但用户可以确认关闭当前层。

（3）冻结

"冻结"项对应列控制所有视图中各图层冻结与否。如果某层对应图标是太阳，表示该层是非冻结，若将该图层冻结，单击对应图标，使其变成雪花状即可；如果某个图层对应的图标是雪花状，则表示该层是冻结，若使该层解冻，单击对应图标，使其变成太阳状。

用户不能将当前层冻结，也不能将冻结层设为当前层。如果要将当前层冻结，会显示出对话框，系统会提示"不能冻结当前图层"。如果要将冻结的图层设为当前层，系统同样也会提示"不能将冻结的图层设为当前层"。

（4）锁定

该项控制对应图层锁定与否。

该项对应列中，如果某层对应图标是打开的锁，则表示该层是非锁定的，若将该层锁定，单击对应图标，使其变成非打开状即可；如果某层对应图标是关闭的锁，表示该层是锁定的，若使该层解锁，单击对应图标，使其变成打开状。

（5）颜色

该项对应列显示各图层之颜色。如果要改变某一层的颜色，单击对应图标，则会弹出"选择颜色"对话框（图 13-24），用户可从中选取。

（6）线型

该项对应列显示各图层之线型。如果要改变某一层的线型，单击对应线型名，则会弹出"选择线型"对话框（图 13-25），用户可在表中选择一个线型作为当前层的线型。

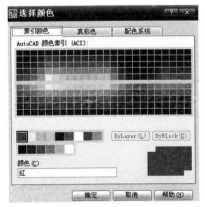

图 13-24　图层特性管理器中
选择颜色对话框

图 13-25　图层特性管理器中
选择线型对话框

图 13-26　图层特性管理器
线宽对话框

(7) 线宽

在"线宽"栏中列出了图层的线宽。该属性用于设置图层的线宽。该属性下面对应分列用于显示各图层的线宽。要改变某一图层的线宽，可单击对应的线型名，系统打开"线宽"对话框，利用该对话框可以对该图层的线宽进行设置（图 13-26）。

(8) 打印样式

在"打印样式"栏中列出了图层的输出样式。该属性用来确定图层的输出样式。

(9) 打印

在"打印"栏中列出了图层的输出状态。该属性用来确定图层是否打印输出。在对应的列表中，单击某个图层中对应的打印机图标，可控制该图层是否要进行打印。

此外，当利用图层控制对话框进行设置时，将光标放在上述任一图层名上，按鼠标右键，会弹出快捷菜单，该菜单中有"全部选择"和"全部清除"两项，前者表示对当前所操作图标对应列的各项都设置，而后者表示取消各设置。

2. 置为当前

使某层变为当前层。方法是：首先选择该层，然后单击"置为当前"按钮。

3. 新建图层

建立新图层。方法为：单击"新建图层"按钮，AutoCAD 会自动建立名为"图层 n"的图层（其中 n 为起始于 1 的数字），用户可以修改此名字。

4. 删除

删除图层。方法是：首先选择该层，然后单击"删除图层"按钮。

注：要删除的图层必须是空图层，即此图层上没有图形对象，否则 AutoCAD 会拒绝删除，并给出对话框。

13.6.3　利用工具栏操作图层

1. 将对象的图层设为当前层按钮

(1) 功能

将指定对象所在图层变成当前层。

(2) 操作格式

单击图层工具栏右侧的"将对象的图层设置为当前图层"按钮，然后点取对象，那么指定对象所在的图层就会变成当前层。

2. 图层特性管理器

(1) 功能

利用对话框对图层进行操作。

(2) 操作格式

单击图层工具栏左侧的"图层特性管理器"按钮，弹出的图层控制对话框，利用其即可进行图层的有关操作。

3. 图层控制

（1）功能

图层设置。

（2）操作格式

单击图层工具栏右侧的"▼"按钮，弹出一下拉列表，该列表中显示出当前图形中所具有的图层及其状态（颜色、打开否、冻结否、锁定否），用户可通过单击列表中的相应图标的方法设置除颜色以外的这些状态。

4. 颜色控制

（1）功能

控制图层颜色。

（2）操作格式

单击对象特性工具栏中颜色栏右侧的"▼"按钮，弹出一下拉列表，用户可通过相应下拉列表设置、修改图层的颜色。

另外，"线型"和"线宽"栏是用来设置、控制图层的线型和线宽。"上一个图层"按钮可以将上一次使用的图层设为当前层。

13.6.4 线型设置

AutoCAD 提供的线型存放在文本文件 ACAD.LIN 中，用户可以从中选择所需要的线型，除此之外还可以根据需要自定义线型，以满足特殊的需要。

1. 设置线型

线型确定了对象在屏幕上显示和打印时的外观。作为默认设置，每个图形至少有下面三个线型：连续、随层和随块。在图形中还可以包括其他不受数量限制的线型。在创建一个对象时，它使用当前线型创建对象，作为默认设置，当前线型是"随层"，它的含义是：该对象的实际线型由所绘制的对象所处图层的指定线型决定。对于"随层"设置，如果修改了指定图层的线型，那么所有在该图层上创建的对象，都将受新线型的影响而改变。可以选择一个指定的线型作为当前线型。AutoCAD 将使用指定的线型创建对象，并且修改图层线型时也不会影响到它们。作为第三个选项，可以使用指定的线型"随块"，如果选择了"随块"，所有对象在最初绘制时，所使用的线型是连续线。一旦将对象编组为一个图块，在将该块插入到图形中时，它们将继承当前层的线型设置。如果要改变某一层的线型，可以利用图层特性管理器，单击图层对应线型名，则会弹出"线型选择"对话框（图 13-25），用户可在表中选择一个线型作为当前层的线型。如果需要列表中没有的线型，按"加载"按钮 AutoCAD 将显示"加载或重载线型"对话框。AutoCAD 通常使用它的默认线型库文件之一（ACAD.LIN 用于英制测量单位和 ACADISO.LIN 用于公制测量单位）。可以单击"文件"，从不同的线型库文件中加载线型定义，然后在"加载或重加线型"对话框"可用线型"列表中，选择一个或多个要加载的线型，然后单击"确定"按钮，AutoCAD 将这些线型加载到"线型管理器"对话框中的线型列表中。新线型也将在"对象特性"工具栏"线型控制"下拉列表中列出。在用各种线型绘图时，除了 CONTINUOUS 线型外，每一种线型都是由实线段、空白段、点或文字、形所组成的序列。在线型定义中已定义了这些小段的长度，显示在屏幕上的每一小段的长度与显示时的缩放倍数和线型比例成正比。当在屏幕上或绘图仪上输出的线型不合适时，可以通过改变线型比例系统变量的方法放大或缩小所有线型的每一小段的长度。

2. 设置线型比例

(1) 设置全局线型比例

系统变量：LTSCALE

① 功能

确定所有线型的比例因子。

② 操作格式

命令：LTSCALE ↵

新比例因子〈默认值〉：

用户在此提示下输入线型的比例值，AutoCAD 会按此比例重新生成图形并提示：

重新生成图形。

(2) 设置新线型的比例

AutoCAD 有控制线型比例的系统变量：CELTSCALE，用该变量设置线型比例后，在此之后所绘图形的线型均为此比例。

13.6.5 特性匹配

命令：MATCHPROP

工具栏：特性匹配

(1) 功能

将某些对象（这些对象称为目的对象）的特性（颜色、图层、线型、线型比例等）改变成另外一些对象（这些对象称为源对象）的特性。

(2) 操作格式

点取工具栏图标"特性匹配"，提示：

选择源对象：

在此提示下选择源对象，提示：

当前活动设置：颜色、图层、线型、线型比例、线宽、厚度、打印样式、标注、文字、填充图案、多段线、视口、表格材质、阴影显示、多重引线。

此行说明目前的有效匹配有：颜色、图层、线型、线型比例、线宽、厚度、打印样式、标注、文字、填充图案、多段线、视口、表格材质、阴影显示、多重引线。

设置（S）/〈选择目标对象〉：

在此提示下执行"设置"项，会弹出特性设置对话框（图13-27），利用它可设置要匹配的项。

如果在"设置（S）/〈选择目标对象〉："提示下选择对象，这些对象即为目的对象，执行的结果是目的对象的特性由源对象的特性替代。

图 13-27　特性设置对话框

13.7 尺 寸 标 注

尺寸设置与标准

利用 AutoCAD 中文版，用户可以通过"标注"下拉菜单、"标注"工具栏、屏幕菜单实现尺寸的标注，也可以直接在命令窗口输入命令来标注尺寸。

13.7.1 利用对话框设置尺寸标注样式

1. 新建标注样式

命令：DDIM

下拉菜单：标注→样式

工具栏：标注→标注样式

在"标注"下拉菜单点取标注样式菜单，打开"标注样式管理器"对话框，如图 13-28 所示。在"标注样式管理器"对话框中，单击"新建"按钮，打开"创建新标注样式"对话框，如图 13-29 所示。在"创建新标注样式"对话框中的"新样式名"文本框内输入新样式的名称"副本 DIMN"，"基础样式名"文本框内选择"DIMN"，"用于"文本框内容保留系统缺省设置。然后单击"继续"按钮，打开"新建标注样式"对话框，如图 13-30 所示。

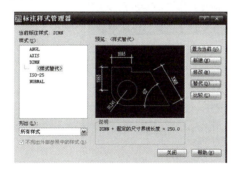

图 13-28 标注样式管理器

图 13-29 创建新标注样式对话框

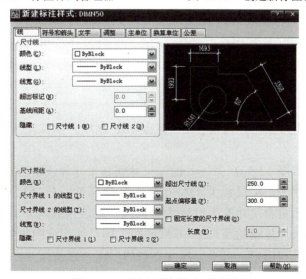

图 13-30 新建标注样式对话框

2. 设置标注样式

在尺寸标注样式中，还有许多其他特性可设置或改变，用户完全可以控制尺寸标注的外观。在"标注样式管理器"对话框中，在"样式"文字窗口中列出了当前的标注样式。从中选中某个标注样式名，然后单击"修改"按钮，可打开与"新建标注样式"对话框内容完全相同的"修改标注样式"对话框。通过"修改标注样式"对话框，可对所选的各项特性进行重新设置。下面对一些常用的标注特性的设置进行简单介绍。

（1）主单位

在"主单位"选项卡（图 13-31）中，在"线性标注"选项组中，可对线性标注的主单位进行设置，其中"单位格式"用来确定单位格式；"精度"用来确定尺寸的精度；"分数格式"用来设置分数的形式；"小数分隔符"用来设置小数的分隔符；"前缀"用于为尺寸文字设置固定前缀；"后缀"用于为尺寸标注设置固定后缀。

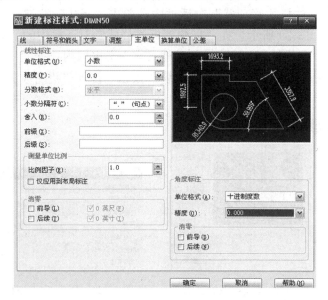

图 13-31 "主单位"选项卡

在"测量单位比例"选项组中，可以对主单位的线性比例进行设置。

在"消零"选项组中，可确定是否省略尺寸标注中的 0。在"角度标注"选项组中，可设置角度标注的单位和精度。

（2）换算单位

在"换算单位"选项卡中，可对换算单位格式、精度、换算比例等选项进行设置。

（3）线

在"线"选项卡（图 13-30）中，可设置尺寸线和尺寸界线的形式。

在"尺寸线"选项中，可设置关于尺寸线的各种属性，包括尺寸线的"颜色""线宽"。"超出标记"表示可将尺寸箭头设置为短斜线、短波浪线等，或尺寸线上无箭头时，用来设置尺寸线超出尺寸界线的距离。"基线间距"即基线标注中相邻两尺寸之间的距离。

在"尺寸界线"选项组中，可确定尺寸界线的形式，包括尺寸界线的"颜色""线宽""超出标记""起点偏移量"。"起点偏移量"表示确定尺寸界线的实际起始点相对于指定尺寸界线起始点的偏移量。"隐藏"特性右侧的两个复选框用于确定是否省略尺寸界线。

（4）符号和箭头

如图 13-32 所示，在"符号和箭头"选项卡中，可设置尺寸箭头的形式。其中包括"第一个"和"第二个"箭头的形式、"引线"的形式、"箭头大小"。

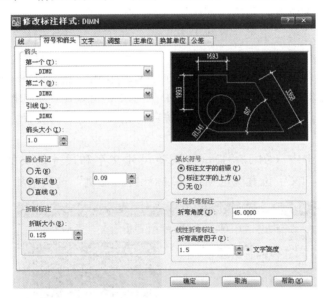

图 13-32　"符号和箭头"选项卡

在"圆心标记"选项组中，可设置圆心标记的形式，包括"无""标记"和"直线"。在圆心标记大小微调框中可设置圆心标记的尺寸。

（5）文字

在"文字"选项卡（图 13-33）中，可设置尺寸文字的外观、位置和对齐等特性。其中在"文字外观"选项组中，可设置尺寸文字的外观；在"文字样式"下拉列表框中，可

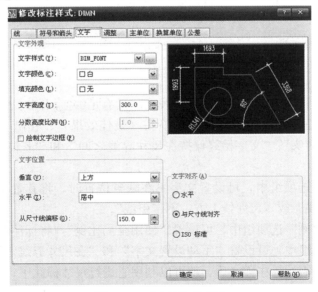

图 13-33　"文字"选项卡

选择尺寸文字的样式；在"文字颜色"下拉列表中，可设置尺寸文字的颜色；在"文字高度"调整框中，可设置尺寸文字的字高；在"分数高度比例"调整框中，可确定分数高度的比例。选中或清除"绘制文字边框"复选框，可确定是否在尺寸文字周围加上边框。

在"文字位置"选项组中，可设置尺寸文字的位置。其中在"水平"下拉列表框中，可确定尺寸文字的水平位置，包括"居中""第一条尺寸界线""第二条尺寸界线""第一条尺寸界线上方"和"第二条尺寸界线上方"等。在"从尺寸线偏移"微调框中，可确定尺寸文字距尺寸线的距离。

在"文字对齐"选项中，可确定尺寸文字的对齐方式。其中包括，选中"水平"单选按钮，则尺寸文字始终沿水平方向放置，选中"与尺寸线对齐"单选按钮，则尺寸文字沿尺寸线的方向放置，选中"IOS标准"单选按钮，则尺寸文字的放置方向符合IOS标准。

（6）调整

在"调整"选项卡中（图13-34），可调整尺寸文字和尺寸箭头的位置，其中包括，"调整选项"选项组、"文字位置"选项组、"标注特性比例"选项组和"优化"选项组。

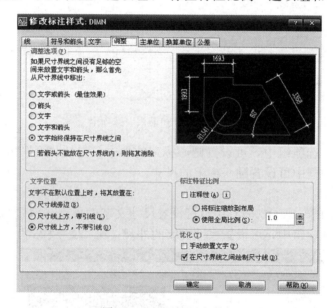

图13-34 "调整"选项卡

在"调整选项"选项组中，如果尺寸界线之间没有足够空间同时放置文字和箭头，那么首先从尺寸界线之间移出，包括"文字或箭头（最佳效果）"、移出"箭头"、移出"文字"、移出"文字和箭头"、"文字始终保持在尺寸界线之间"和"若箭头不能放在尺寸界线内，则将其消除"。

在"文字位置"选项组中，可设置文字不在缺省位置时，将其置于："尺寸线旁边""尺寸线上方，带引线"或"尺寸线上方，不带引线"。

在"标注特征比例"选项组中，可设置"使用全局比例""将标注缩放到布局"。

在"优化"选项组中，可设置"手动设置文字"和"在尺寸界线之间绘制尺寸线"。

创建并设置好所需的标注样式后，就可以利用它进行尺寸标注了。

(7) 公差

在"公差"选项卡中,可设置公差标注的格式。在"公差格式"选项组中,可设置公差的方式、公差文字的位置等特性。

13.7.2 尺寸标注的方法

1. 标注线性尺寸

(1) 标注水平、垂直尺寸

命令:DIMLINEAR

下拉菜单:标注→线性

工具栏:标注→线性尺寸

步骤:

第一种方法:选择两点标注(选择图 13-35 中的 P1 和 P2 点)

命令: _ DIMLINEAR ↵

指定第一条尺寸界线原点或<选择对象>:(选择 P1 点)

指定第二条尺寸界线原点:(选择 P2 点)

指定尺寸线位置或[多行文字(M)/文字(T)/角度(A)/水平(H)/垂直(V)/旋转(R)]:(选择尺寸线的位置)

标注的文字=1766

执行结果如图 13-35 所示。

第二种方法:选择一个边标注(选择图 13-35 中的 AB 边)

命令: _ DIMLINEAR ↵

指定第一条尺寸界线原点或<选择对象>:↵

选择标注对象:(选择 AB 边)

指定尺寸线位置或[多行文字(M)/文字(T)/角度(A)/水平(H)/垂直(V)/旋转(R)]:(选择尺寸线的位置)

标注文字=2687

执行结果如图 13-35 所示。

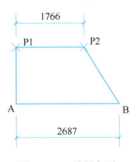

图 13-35 线性标注

(2) 标注对齐尺寸

命令:DIMALIGNED

下拉菜单:标注→对齐

工具栏:标注→对齐标注

步骤:

第一种方法:选择两个点标注(选择图 13-36 中的 A 和 B 点)

命令: _ DIMALIGNED ↵

指定第一条尺寸界线原点或<选择对象>:(选择 A 点)

指定第二条尺寸界线原点:(选择 B 点)

指定尺寸线位置或[多行文字(M)/文字(T)/角度(A)]:(选择尺寸线的位置)

标注文字=1736

执行结果如图 13-36 所示。

第二种方法:选择一个边标注(选择图 13-36 中的 AB 边)

命令：_DIMALIGNED ↵

指定第一条尺寸界线原点或 <选择对象>：↵

选择标注对象：（选择 AB 边）

指定尺寸线位置或［多行文字（M）/文字（T）/角度（A）/水平（H）/垂直（V）/旋转（R）］：（选择尺寸线的位置）

标注文字＝1736

执行结果如图 13-36 所示。

（3）连续标注尺寸

命令：DIMCONTINUE

下拉菜单：标注→连续

工具栏：标注→连续标注

采用连续标注前，一般应有一个已标注过的尺寸。

步骤：

首先用线性标注标注一条已有线段，然后在其后各点执行连续标注命令。

2. 标注角度

命令：DIMANGULAR

下拉菜单：标注→角度

工具栏：标注→角度标注

利用角度标注命令，可以标注出一段圆弧的中心角、圆上某一段弧的中心角、两条不平行的直线间的夹角，或根据已知的三点来标注角度（图 13-37）。

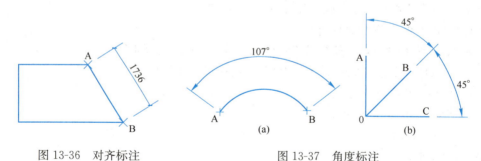

图 13-36　对齐标注　　　　　　图 13-37　角度标注

3. 半径标注

命令：DIMRADIUS

下拉菜单：标注→半径

工具栏：标注→半径标注

命令：_DIMRADIUS ↵

选择圆弧或圆：（选择圆）

标注文字＝2000

指定尺寸线位置或［多行文字（M）/文字（T）/角度（A）］：（选择尺寸线的位置）↵

4. 直径标注

命令：DIMDIAMETER

下拉菜单：标注→直径

工具栏：标注→直径标注

命令：_DIMDIAMETER ↵

选择圆弧或圆：（选择圆）

标注文字＝4000

指定尺寸线位置或［多行文字（M）/文字（T）/角度（A）］：↵

13.7.3 编辑尺寸

如果对尺寸标注不满意，可以对尺寸进行编辑，以便达到满意的效果。

1. 利用特性修改对话框编辑尺寸

特性修改对话框可以对尺寸的特性进行修改或调整。双击尺寸对象，屏幕上会弹出尺寸特性修改对话框（图13-38），其中显示"基本""其他""直线和箭头""文字""调整""主单位""换算单位""公差"等选项。下面介绍对话框使用方法。

在对话框内，左端为选项名称，选项又分为主选项和次选项。单击主选项左边展开按钮，就可以打开子选项，反之关闭。右端是各子选项的调整内容，其中显现的内容用户可以调整或修改，隐现的内容是不能调整或修改的。单击表格，若出现列表按钮，则表示用户可以选择列表中条目；若出现编辑文本框，则表示用户可以对其中的内容进行修改。需要说明的是修改后的内容必须与该项目相关，否则系统认为是无效修改。

各选项的意义以及调整方法已在"设置标注样式"中详细介绍，这里仅作简单介绍。

（1）基本

此选项中可以对尺寸的基本特性进行修改，包括：图层、颜色、线型、线型比例、线宽等基本特性（图13-38）。

（2）其他

此选项中可以对尺寸的标注样式进行调整（图13-38）。

（3）直线和箭头

此选项中可以对尺寸线及尺寸界线的颜色、线宽、开关等进行调整，还可以调整尺寸起止符箭头的样式及大小（图13-38）。

（4）文字

此选项中可以对尺寸文字的样式、高度、颜色、位置等进行调整，可以对尺寸值进行修改（图13-39）。

（5）调整

此选项中可以对尺寸的几何参数进行调整，包括：尺寸标注全局比例、文字移动等（图13-39）。

（6）主单位

此选项中可以对主单位尺寸标注的前缀及后缀进行修改，可以对主单位尺寸的线性比例、标注单位进行调整（图13-40）。

（7）换算单位

此选项中可以对换算单位尺寸标注的前缀及后缀进行修改，可以对换算单位尺寸的换算比例因子、精度、换算格式进行调整（图13-40）。

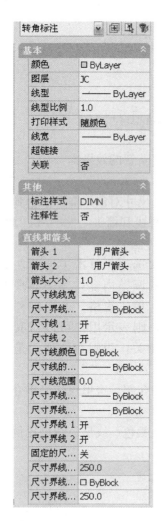  

图 13-38　编辑尺寸（1）　　图 13-39　编辑尺寸（2）　　图 13-40　编辑尺寸（3）

（8）公差

此选项中可以对公差尺寸的相关尺寸进行调整。

2. 用修改命令编辑尺寸

AutoCAD 的部分修改命令可以对尺寸进行修改，下面简单地介绍几种方法。

（1）用"STRETCH"命令（拉伸）编辑尺寸

在绘图过程中，我们经常会改变图形的几何尺寸，在改变几何尺寸的同时又需要改变尺寸，我们可以用"STRETCH"命令来完成这种操作，在"选择对象"的提示下，按图 13-41（a）中虚线窗口所示的范围选择对象，选择基点，打开正交开关向右拉伸 1000。执行结果如图 13-41（b）所示，四边形 ABCD 的 AB 边和 DC 边由 3000 加长到了 4000，尺寸也同时变为 4000。

（2）用"TRIM"命令（修剪）编辑尺寸

AutoCAD 允许我们用"TRIM"命令修剪尺寸。如图 13-42 所示，若将 AC 点之间的尺寸 3000 改为标注 AB 点之间的尺寸 1500，我们可以用"TRIM"命令修剪。执行

TRIM命令，在"选择修剪边"提示下，选择BE边，在"选择要修剪的对象"提示下，选择AC点之间尺寸线的右端，则尺寸被修剪为AB点之间的尺寸。

（3）用"EXTEND"命令（延伸）编辑尺寸

AutoCAD允许我们用"EXTEND"命令延伸尺寸。如图13-42所示，若将AB点之间的尺寸改为标注AC点之间的尺寸3000，我们可以用"EXTEND"命令延伸。执行"EXTEND"命令，在"选择延伸边"提示下，选择CF边，在"选择要延伸的对象"提示下，选择AB点之间的尺寸的右端，则尺寸被延伸为AC点之间的尺寸3000。

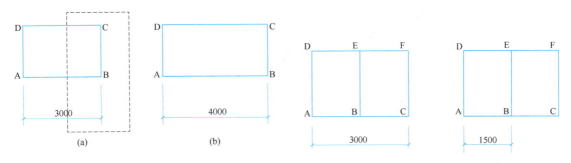

图13-41　用STRETCH编辑尺寸　　　　图13-42　用TRIM、EXTEND编辑尺寸

（4）用"DDEDIT"命令修改尺寸文字

如果我们要对尺寸文字内容进行直接修改，可以执行"DDEDIT"命令，选取尺寸，系统会"打开多行文字编辑器"，如图13-43所示。在编辑栏中可以修改尺寸值，增加前缀或后缀，删除尺寸文字，输入需要修改的尺寸值或文字，按确定键，尺寸值就被修改。在尺寸文字前输入的文字即为前缀，在其后输入的文字即为后缀。

图13-43　用"DDEDIE"编辑尺寸

用"DDEDIT"命令修改过的尺寸不能调整线性比例，也不会随着尺寸的几何尺寸调整而变化。若想恢复真实尺寸，可以采用如下方法：利用特性修改对话框，选取修改过的尺寸，删除话框中"文字"选项卡中的"文字替代"项的内容，尺寸值就可以恢复为真实尺寸。

13.8　查询命令与绘图实用命令

AutoCAD提供了查询功能，利用该功能，用户可以方便地计算图形对象的面积、两点之间的距离、点的坐标值、时间等数据。AutoCAD中文版将查询命令放在了"工具"下拉菜单的"查询"子菜单中。另外，利用"查询"工具栏也可以实现数据查询。

13.8.1　查询命令

1. 求距离命令DIST

命令：DIST

下拉菜单：工具→查询→距离

工具栏：查询→距离

(1) 功能

求指定的两个点之间的距离以及有关的角度，以当前的绘图单位显示。

(2) 操作格式

命令：DIST ↵

指定的第一点：(输入一点，如输入 3，3) ↵

指定的第二点：(输入一点，如输入 5，8) ↵

距离＝5.3852，XY 平面内倾角＝68.1986，距 XY 平面的角度＝0

X 增量＝2.0000，Y 增量＝5.0000，Z 增量＝0.0000

上面的结果说明：点 (3，3) 与点 (5，8) 之间的距离是 5.3852，这两点的连线与 X 轴正方向的夹角为 68.1986°，与 XY 平面的夹角为 0°，这两点的 X、Y、Z 方向的坐标差分别为 2.0000、5.0000、0.0000。

值得注意的是，用"DIST"命令求出来的距离值的精度，要受系统单位的精度控制。

2. 求面积命令 AREA

命令：AREA

下拉菜单：工具→查询→面积

工具栏：查询→面积

(1) 功能

求由若干个点所确定区域或由指定对象所围成区域的面积与周长，还可以进行面积的加、减运算。

(2) 操作格式

命令：AREA ↵

指定第一个角点或 [对象 (O) /加 (A) /减 (S)]：

各选项功能如下：

① 第一点

求由若干个点的连线所围成封闭多边形的面积和周长，该选项为缺省项。当用户给出第一点后，AutoCAD 继续提示：

下一点：(输入点)

下一点：(输入点)

下一点：(输入点)

……

下一点：(输入结束点) ↵

AutoCAD 显示：

面积＝(计算出的面积)，周长＝(周长)

它们分别是由输入的点的连线所形成的多边形的面积与周长。

② 对象 (O)

求指定对象所围成区域的面积。执行该选项，AutoCAD 提示：

选择对象：（选取对象）

AutoCAD 一般显示

面积＝(计算出的面积)，长度（或圆周）＝（周边长度）

注：当提示"选择对象:"时，用户只能选取由圆（CIRCLE）、椭圆（ELLIPSE）、二维多段线（PLINE）、矩形（RECTANG）、等边多边形（POLYGON）、样条曲线（SPLINE）、面域（REGION）等命令绘出的对象，即只能求上述对象所围成的面积，否则 AutoCAD 提示：所选对象没有面积。

对于宽多段线，面积按宽多段线的中心线计算。

对于非封闭的多段线或样条曲线，执行该命令后，AutoCAD 先假设用一条直线将其首尾相连，然后再求所围成封闭区域的面积，但所计算出的长度是该多段线或样条曲线的实际长度。

③ 加（A）

进入加法模式，即把新选取对象的面积加入到总面积中去。执行该选项，AutoCAD 提示：

〈指定第一点〉/对象（O）/减（S）：

此时用户可以通过输入点或选取对象的方式求某区域的面积，也可以转为减法模式。求出相应的面积和周长后 AutoCAD 提示：

面积＝（计算出的面积），长度（或圆周长）＝（周边长度）

总面积＝（相加后的总面积）

AutoCAD 提示：

（"加"的模式）选择对象：（继续选择对象）

此时用户可以继续进行加面积的操作，如果直接按回车键，AutoCAD 提示：

〈指定第一点〉/对象（O）/减（S）：↵

命令终止，AutoCAD 则求出所选区域的总面积。

④ 减（S）

进入减法模式，即把新选取对象的面积从总面积中扣除。执行该选项，AutoCAD 提示：

〈指定第一点〉/对象（O）/加（A）：

此时用户可以通过输入点或选取对象的方式求某区域的面积，AutoCAD 则把有后续操作确定的新区域面积从总面积中扣除。

3. 显示指定对象的数据命令 LIST

命令：LIST

下拉菜单：工具→查询→列表显示

工具栏：查询→列表显示

（1）功能

以列表的形式显示描述指定对象特征的有关数据。

（2）操作格式

命令：LIST ↵

选择对象：（选取对象）

选择对象：（选取对象）

……

选择对象：↵

执行结果：切换到文本窗口，显示所选对象的有关数据信息。

(3) 说明

执行"LIST"命令后所显示的信息，取决于对象的类型，它包括对象的名称，对象在图中的位置，对象所在图层和对象的颜色等。除了对象的基本参数外，由它们导出的扩充数据也被列出。

13.8.2 绘图实用命令

1. 清理命令 PURGE

命令：PURGE

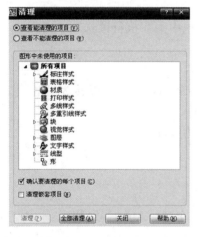

图 13-44 清理对话框

下拉菜单：文件→图形实用工具→清理

(1) 功能

删除用户建立或调用但已没有用的块、标注样式、表格样式、打印样式、图层、线型、形文件、字形、应用文件、多线样式等。

(2) 操作格式

命令：PURGE ↵

AutoCAD 弹出如图 13-44 所示的清理对话框。其中有"查看能清理的项目"和"查看不能清理的项目"两个选项。

① 查看能清理的项目

切换树状图显示当前图形中可以清理的命名对象的概要。

列表显示未用于当前图形的和可被清理的命名对象。可以通过单击三角号或双击对象类型列出任意对象类型的项目，通过选择要清理的项目来清理项目。

② 查看不能清理的项目

切换树状图显示当前图形中不能清理的命名对象的概要。

列出不能从图形中删除的命名对象。这些对象大部分在图形中当前使用或为不能删除的默认项目。当选择单独命名对象时，在树状图下方将显示为什么不能清理该项目的信息。

③ 清理嵌套项目

从图形中删除所有未使用的命名对象，即使这些对象包含在或被参照于其他未使用的命名对象中。显示"确认清理"对话框，可以取消或确认要清理的项目。

④ 确认要清理的每个项目

清理项目时显示"确认清理"对话框。

⑤ 说明

清理命令仅能删除用户建立或调用但已没有用的块、标注样式、表格样式、打印样式、图层、线型、形文件、字形、应用文件、多线样式等，正在使用或已使用的无法删除。

2. 图案填充

图案填充是指在一个封闭的图形中（或区域）填充预定义的图形。AutoCAD 给用户准备了很多这样的图案，图案文件存入在 ACAD.APT 中。

图案填充命令

命令：HATCH

下拉菜单：绘图→图案填充

（1）功能

在一个封闭的图形中（或区域）填充图形。

（2）操作格式

图案填充时，先画一个封闭的图形或者一个封闭的区域。利用"HATCH"命令或者点击相应的下拉菜单，将弹出一个如图 13-45 所示"图案填充和渐变色"对话框，由对话框中特有的功能来对图案进行填充。

图案填充的主要操作如下：

图 13-45　图案填充和渐变色对话框

① 选择图案

在"图案填充和渐变色"对话框中的"图案"框中单击"▼"按钮，将选择图案名称，并把图案式样在小窗口内显示。也可以单击旁边的"…"按钮，弹出如图 13-46 所示图案选择对话框，用上下光条移动来选择图案。图案选定以后，点击"确定"按钮，即确定该图案用于填充并返回"图案填充"对话框。

② 角度和比例

在"角度"框中单击"▼"按钮，可以选择填充图案的旋转角度或直接输入角度。在"比例"框中单击"▼"按钮，可以选择填充图案的缩放比例或直接输入比例。

③ 边界条件

边界的选择方式由"图案填充和渐变色"对话框右下角的展开按钮来完成。在展开右侧的一个对话框中进行，边界设置对话框如图 13-45 所示。

拾取点——选择封闭图形内的任一点。

选择对象——选择作为填充边界的对象。

孤岛检测方式——选择要删除填充区域内独立的图形（孤岛）的方式。

④ 填充预览

点击"图案填充"对话框中"预览"按钮，系统将把填充图案进行预演示，供用户参考，如果不满意，用户可以重新选择图案，直到满意为止。

⑤ 图案填充

图案选定并预览之后，如果满意此填充，点击"确定"按钮，则会把图案填充到相应的图形区域中去并关闭"图案填充和渐变色"对话框，图案填充完成。

图 13-46　图案选择对话框

3. 简化命令

简化命令又称命令别名，是在命令提示下代替整个命令名而输入的缩写。

例如，可以输入"c"代替"circle"来启动"CIRCLE"命令。别名与键盘快捷键不同，快捷键是多个按键的组合，例如 SAVE 的快捷键是 CTRL+S。

可以为任何 AutoCAD 命令、设备驱动程序命令或外部命令定义别名。AutoCAD 已经为用户提供了命令别名，自定义命令别名需要编辑程序参数文件"acad.pgp"，文件的第二部分用于定义命令别名。可以通过在 ASCII 文本编辑器（例如记事本）中编辑"acad.pgp"来更改现有别名或添加新的别名，要编辑"acad.pgp"文件，请依次单击工具（T）→自定义（C）→编辑程序参数（acad.pgp）（P），AutoCAD 将自动调用记事本软件打开"acad.pgp"文件，用户可以根据自己的工作习惯编辑命令别名。

13.8.3　图块的操作

图块是将一组图形集合起来做成一个整体，并赋予名称保存起来，以便在图纸中插入。图块在插入时可以进行放大、缩小、旋转等操作，是进行图形拼装的一个重要操作。

1. 块定义

命令：BLOCK

下拉菜单：绘图→块→创建

（1）功能

将图形集合创建为内部图块。

（2）操作格式

命令：BLOCK ↵

将弹出一个块定义对话框，利用对话框可以定义图块，对话框如图13-47所示。

对话框操作如下：

① 名称：输入定义的图块名称或者点击名称框中的"▼"按钮，下拉出已经定义的图块名，点取之后可以重新定义该图块。

② 基点：输入定义图块的基准点可以修改对话框中基点坐标值 X、Y；也可以点击拾取点按钮，返回图形界面用鼠标点取基点。

③ 对象：选取作为图块的对象。点击"选择对象"，用鼠标在图形中选取对象；点击"保留"，将定义图块以后，把原对象保留；点击"转换为块"，把原来选取的对象转换为块；点取"删除"，定义图块以后，把原选取对象删除。这三种方式只能选取一种。

图 13-47　块定义对话框

④ 块单位：指图块插入的图形单位，点击块单位框的"▼"按钮，将下拉显示各种图形单位，有元、英寸、英尺、英里、毫米、厘米、米、千米……光年、秒差距，从中选取单位，一般为毫米。

⑤ 说明：可以输入必要的说明。

最后点击"确定"按钮，则定义好一个内部图块。

图 13-48　写块对话框

2. 块存盘

命令：WBLOCK

（1）功能

块存盘是指定义图块后，以"DWG"文件方式存盘，作为永久性外部图块文件，该图块文件可以插入到任意图形中。

（2）操作格式

命令：WBLOCK ↵

将弹出一个"写块"的对话框，如图 13-48 所示。

对话框操作如下：

① 源：包括图块选取源对象。点击"块"将选取已经定义的内部图块存盘；点击"整个图形"将把整个图形存盘；点击"对象"将重新选取图块对象。三种方式只能选取一种。

② 基点：可以修改对话框中的 X、Y、Z 坐标，定义基点；可以点击"拾取点"按钮，进入绘图窗口用鼠标选取。

③ 对象：选择图块对象，点取"保留"将对原对象保留；点取"转换为块"将把原对象转换为块；点取"从图形中删除"将把原对象删除。三种方式只能选择一种。

点击"选择对象"按钮，可以用鼠标在原图形中选择图块对象。

④ 目标：对图块存盘的文件名、路径、插入单位进行定义。"文件名和路径"，输入图块文件的文件名和存盘的路径；"插入单位"，与定义内部图块一样，选取插入的单位。

365

以上操作完成以后，点击"确定"按钮，将把指定的图块按指定的文件名".DWG"的图形文件保存。

3. 图块的插入

图块定义之后，图块可以插入到当前图形中，存盘的外部图块可以插入任意图形中。

命令：INSERT

下拉菜单：插入→块插入

（1）功能

图 13-49　图块插入对话框

将图块插入当前图中。

（2）操作格式

命令：INSERT ↵

将弹出图块插入对话框，如图 13-49 所示，插入对话框操作如下：

① 名称：选取插入图块的名称。对于内部图块，点击名称框内的"▼"按钮，将下拉显示全部内部图块的图块名，用鼠标点取名称即可。对外部图块，点击"浏览"按钮，将弹出文件对话框，可以选取路径、文件名，以确定外部图块。值得注明的是：所有图形文件"*.DWG"都可以作为外部图块。

② 路径：指插入时的参数选择。"插入点"，可以修改该插入点 X、Y、Z 的坐标；也可以点取由"在屏幕上指定"，将在屏幕上由鼠标选定插入点。"比例"可以修改图块缩放的 X、Y、Z 的比例，默认值为：1、1、1；也可以点击"在屏幕上指定"，将在屏幕上插入图块时由键盘输入。"旋转"用来修改旋转角度的值，默认值为 0；也可以点取"在屏幕上指定"，将在插入时在屏幕上用鼠标或者从键盘输入角度值。以上操作完成之后，点击"确定"按钮，将进行图块插入或者进行相关操作之后，把图块插入。

13.9　计算机绘制施工图实例

计算机绘制建筑施工图的过程与手工绘图的过程大致相同，也是先平面再立面、剖面，最后详图，先主要轮廓线后次要轮廓线，先绘制图线再标注说明。本节以常用的平面图与立面图、剖面详图的绘制方法为例，介绍使用 CAD 软件绘制施工图的基本思路。

13.9.1　计算机绘制建筑施工图的特点和优势

观察第 9 章中图 9-14，可以发现该建筑平面基本呈左右对称状态，如果我们能够使用计算机软件绘制这个平面图，就可以先画出其中的一半，再通过镜像指令，直接获得对称的另一半，大幅度减少绘图的时间和劳动强度。

同样，在图 9-20 的建筑立面图中，中间若干层的造型完全一致，如果采用计算机绘图的方式，可以只画出其中一层，然后通过阵列的方式，输入正确的参数信息，迅速获得其他各层。

相对于传统手工绘制而言，计算机绘图具有较为明显的特点和优势，目前已在建筑行业中广泛应用。

1. 作图快捷准确

相比手工绘图，计算机绘图在操作层面上优势明显：

（1）不需要长期伏案，改善工作方式，有效减少作图者颈椎、腰椎、肩部不适；

（2）能够精确捕捉关键点，保证图线交接准确；

（3）利用复制、阵列、镜像等独有的功能，能够大幅度减少部分图线的重复绘制，提高作图效率。

2. 交流沟通方便

传统的手绘图纸，即使反复晒制出多套，异地沟通也存在较大的问题，难以及时准确地传递双方信息。使用计算机绘制的图样，可以充分利用发达的互联网技术，不受地域和距离的限制，以电子文件的形式进行整体文件的传输、局部截屏讲解等操作，交流信息适时化，沟通更加直接有效。

3. 有利图样保存

保存和调用方便、快捷、完整，同样是计算机绘制出的图样强大的生命力所在。

传统图纸以纸张作为介质，保存并不容易，不但需要专门的地点存放，时间长了纸张容易受潮或变脆，图样线条也会逐渐模糊不清，导致资料逐步遗失，这也是中国古代建筑典籍难以留存下来的原因。

采用计算机绘制建筑工程图样，可以将图纸信息以多种后缀名的电子文件方式实现方便多样的保存，存放媒介可以为 U 盘、硬盘甚至互联网盘，绘制者可以随身携带，并在需要的时候随时进行打印，保障图纸质量；只要电子文件保存完好，即使存放多年，也不会发生图形信息的丢失。

绘制建筑平面图

13.9.2 绘制建筑平面图

建筑平面图绘制的基本顺序是：轴线→墙线→门窗→楼梯→其他细部→尺寸→文字标注。下面以图 9-14 为例，介绍建筑平面图的常用绘制过程。

1. 图层设定

良好的图层控制习惯可以帮助操作者更方便地对图纸进行修改编辑，结合《房屋建筑制图统一标准》GB/T 50001—2017 的要求，建筑平面图常用图层及规范推荐对照见表 13-6。

建筑平面图常用图层设置　　　　　　　　　　　　表 13-6

图层内容	常用图层名	常用颜色	常用线型	国标推荐图层名
轴线	DOTE	1	ACAD_IS004W100	A-ANNO-DOTE
墙线	WALL	255	CONTINUOUS	A-WALL
门窗	WINDOW	4	CONTINUOUS	A-DOOR
楼梯	STAIR	2	CONTINUOUS	A-FLOR-STRS
尺寸	PUB_DIM	3	CONTINUOUS	*-DIMS
文字	PUB_TEXT	7	CONTINUOUS	A-ANNO-TEXT
填充	HATCH	5	CONTINUOUS	*-HATCH
图框	PUB_TITLE	4	CONTINUOUS	A-ANNO-TTLB

续表

图层内容	常用图层名	常用颜色	常用线型	国标推荐图层名
阳台、雨篷、散水等	OTHER	6	CONTINUOUS	A-FLOR-♯
配景（家具、厨卫用具等）	TOTHER	9	CONTINUOUS	A-FLOR-♯（厨卫用具类） A-FURN-♯（家具类）

注：本表中"＊"代表尺寸填充等根据所标和所填的内容，图层名前段作具体对应；"♯"表示根据阳台配景等具体内容，图层名后段有具体对应变化。

从表13-6可以看出，在国家标准《房屋建筑制图统一标准》GB/T 50001—2017推荐图层中建筑的所有图层以"A-"开头，以显示与其他工种的区别，并将各种不同的构件和符号类别全部单独设层，详细的分层方式将有利于与其他工种的图纸配合。而常用图层则体现出较为方便的图层控制，对于单独绘制建筑图纸能够提高效率。本节为配合初学者的理解和叙述方便，采用常用图层进行讲解。

2. 建立轴网

绘制建筑平面图一般从建立轴网开始，以此作为墙体的定位，常用方式是画线偏移法。

选择DOTE层为当前图层，使用LINE命令绘制一条水平直线和一条铅垂直线，得到红色的单点长画线，线的长度以略长于横竖两个方向总长度为佳。

使用偏移OFFSET命令，依照图9-14中开间和进深数据画出轴网，调整内部的局部短墙轴线，绘制获得轴网，为避免混淆，还可以同时标注出轴线圈及轴线号，如图13-50所示。

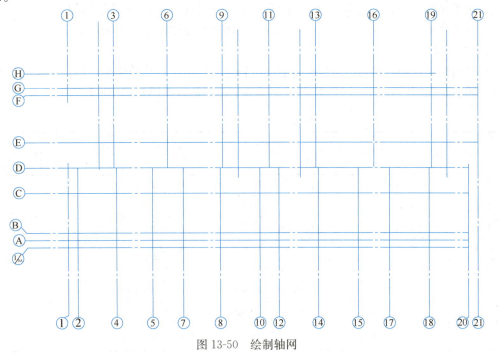

图13-50　绘制轴网

3. 绘制墙体

轴网绘制完成后，就可以在其上进行墙线的绘制，使用 MLINE 指令是比较快速有效的方法。

MLINE 指令有三种对齐方式："上""下"和"无"，应该选取"无"，然后直接沿轴线绘制；平行线的宽度应设置为墙的厚度，设置当前层为 WALL，开始绘制。

如果图中有柱子，也应在这一步骤中同时绘制出来，先墙后柱。

由于剖到的墙体和柱都应画为粗线，所以应加粗线宽，为了让绘图者更清晰地掌握线宽关系，可以进入粗线层（THICK），使用 PLINE 指令设置好宽度以后沿墙线加粗一圈。

为了减少作图工作量，在平面图左右对称的情况下，一般只画出其中的一半，然后使用镜像命令直接生成另外的部分。本图的两单元平面布置大体相同，故在本步骤先画出其中的一个单元，待完成其余部分后再进行镜像和复制，如图 13-51 所示。CAD 操作熟练以后，这个单元本身也可以利用对称性先画一半，再进行镜像获得。

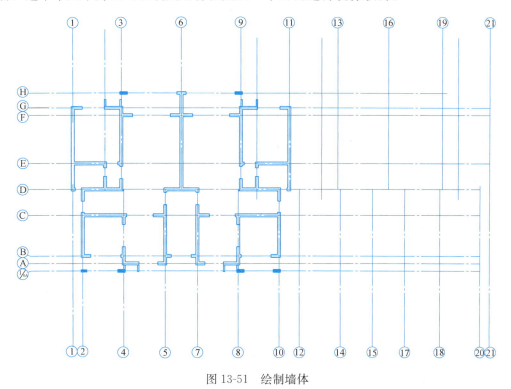

图 13-51 绘制墙体

4. 绘制门窗

在已经画好的墙线上加入门窗，绘制窗户主要使用 LINE 指令，绘制门主要用到 LINE 和 ARC 指令，建议使用 BLOCK 指令将不同的门窗分别制作成图块，然后插入到所需的位置，获得的成果如图 13-52 所示。

5. 楼梯绘制

先按照画墙线的方法补画出楼梯端部所缺墙段，如有需要还应开启门窗，然后开始楼梯梯段的平面绘制。

梯段部分选择 STAIR 层进行绘制，可以使用 ARRAY 和 OFFSET 指令的组合，在

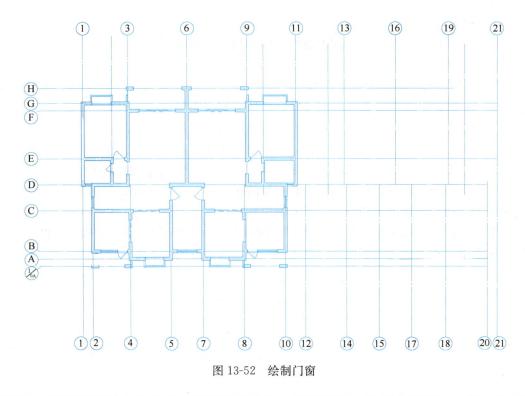

图 13-52 绘制门窗

折断线处使用 TRIM 命令修剪,然后作出箭头,完善图形。为避免遗漏,一般在绘制楼梯的同时就应该在箭头尾部标明上下方向,获得图 13-53。设计中如有坡道、电梯等垂直交通部分通常也在这一步骤完成。

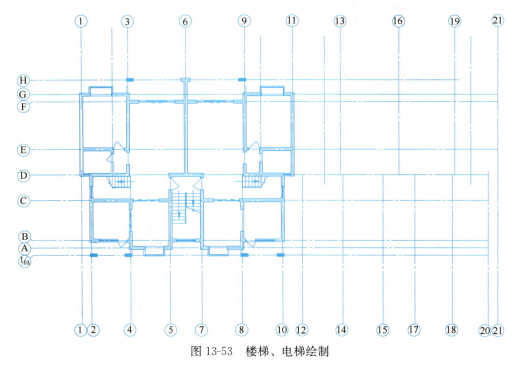

图 13-53 楼梯、电梯绘制

6. 镜像对称

由于建筑图纸中常有对称形态，因此往往只画出其中的一半，要得到完整的图形必须通过镜像指令作出对称部分，并用 TRIM 和 ERASE 指令修整对称结合处轴线的图形，完成对称作图，获得图 13-54。

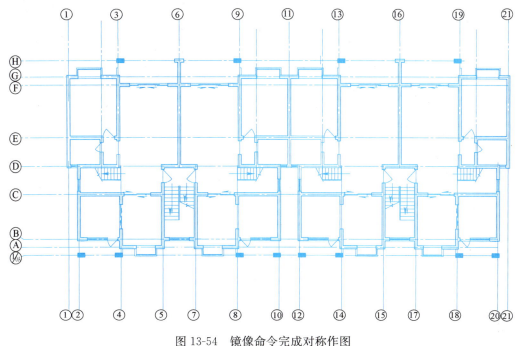

图 13-54　镜像命令完成对称作图

7. 配景及家具绘制

本例需要完善的是空调和落水管等细节，同时根据图纸的深度需要添加洁具和家具。建议在各次绘图中都建立家具与洁具图块存档，完善自己的图库，以便日后在别的图纸中直接调用，减少重复工作，完成后的图样如图 13-55 所示。

8. 尺寸及标高标注

尺寸标注分为轴线标注和墙段标注两个主要部分，应严格按照制图规范的要求绘制轴线圈，注写轴线编号，同时标注三道尺寸，并完成包括详图索引在内的图纸中所需内外直墙段的各种细部标注。

绘制标高符号，注写本层的标高。

以上操作均在 PUB_DIM 层进行，全部调整以后所得结果如图 13-56 所示。

9. 文本填写

图纸中的文本填写主要包括两个部分：门窗标注和房间名称等文字填写。

建筑施工图中的门窗必须进行编号，为了让对应状态更加清楚，可以在使用 WBLOCK 指令自行制作门窗的图块时将门窗标注的字样直接写进该门窗块中，在插入门窗块的时候自带标注；也可以在绘制的最后根据需要逐一填写，后者的好处是可以随时自由移动编号位置，以避免与其他标注相互遮挡，发生冲突。

楼梯的上下行箭头及步数也应在这一步完成标注，图中汉字使用 TEXT 指令，在

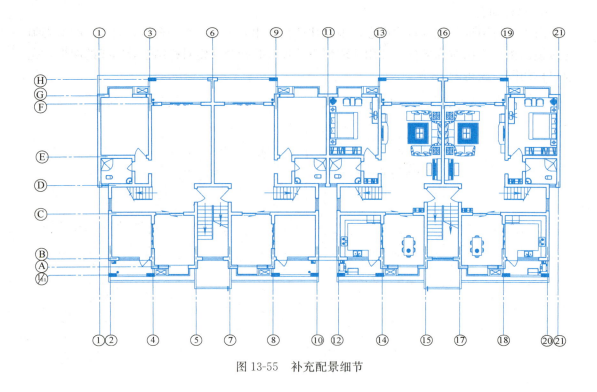

图 13-55 补充配景细节

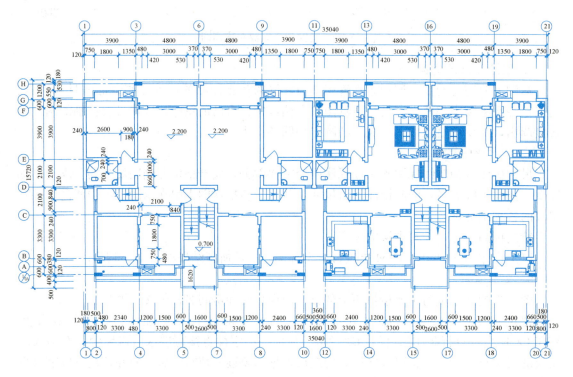

图 13-56 尺寸及标高标注

PUB_TEXT 层注写。完成此项操作后即可获得图 9-14 的建筑平面图。

10. 图框插入及布图调整

图纸绘制基本完成以后就必须插入图框了，由于在 AutoCAD 中的图形是按实际大小绘制的，因此出图比例实际上是由不同大小的图框插入来实现的。而前面所进行的尺寸标注等也都是根据设定的出图比例自动调整了大小以满足出图后尺寸比例正常。

本例中采用的比例是 1∶100，采用图幅是 A2，故应用的图框大小为长 59400mm、宽 42000mm，进入 PUB_TITLE 层，使用 RECTANG 指令画出，然后使用 LINE 和 PLINE 指令绘制图标。实际工程中各设计单位都有自己固定的图框图标格式，可以调整好比例直接插入调用。

接下来需要完成的工作是对整张图纸的完善修整，包括使用文字标注指令填写图标各项，注写图名，根据需要添加详图索引，如果是底层平面图则需要画出剖切符号和指北针等。

所有调整完成检查无误以后整张建筑工程平面图便绘制完成，获得图 13-57（本例只插入了图框边线，会签栏及图标格式根据各设计单位要求的固定格式自行添加）。

绘制建筑立面图

13.9.3 绘制建筑立面图

建筑立面图的绘制最重要的是先要对图形本身的特征有足够的理解。下面以图 9-20 为案例，介绍建筑立面图的常用绘制过程。

1. 图层设定

由于各类软件在立面图的图层设定中并没有较为统一通用的设置方式，立面图的图层可以根据绘制者习惯进行设置，常见的有两种设定方式，一种是根据线型的粗细区分设置，另一种则是根据立面图中不同的构件来设置不同的图层，建议使用第二种。

《房屋建筑制图统一标准》GB/T 50001—2017 对立面的推荐图层见表 13-7。

2. 制作门窗及阳台图块

门窗和阳台的形式常常是建筑设计的亮点，几乎每个建筑的立面图门窗和阳台的形式都有所不同，个性化的门窗和阳台设计应该使用 WBLOCK 指令制作独立的图块存放入指定的目录里。

《房屋建筑制图统一标准》GB/T 50001—2017 建筑立面图推荐图层　　表 13-7

图层含义	英文名称	图层含义	英文名称
同种材料分界线	A-ELEV-LIN1	立面门窗线	A-ELEV-WIN1
不同材料分界线	A-ELEV-LIN2	立面门窗洞口	A-ELEV-WIN2
建筑轮廓	A-ELEV-OUTL	立面-门窗开启示意线	A-ELEV-WIN3
地坪线	A-GRND	立面-灰度填充 80%	A-ELEV-PATT-252
立面体量转折线	A-ELEV-DETL	立面-灰度填充 60%	A-ELEV-PATT-253
立面图案填充	A-ELEV-PATT-9	立面-灰度填充 40%	A-ELEV-PATT-254

3. 绘制基本关系框架

这一步骤需要画地坪特粗线、立面外形轮廓粗线，重要的立面转折轮廓线、层高及窗高等辅助基准线。关键在于绘制出立面的基本关系，同时确定窗块和阳台块的插入位置。这一步骤中有大量的辅助基准线，它们并不在最后的成图结果里，应该单独设置图层，以便在后期进行统一删除或隐藏，为了与成图结果线区分，通常会将该图层线型设为 DOTE，并设置特殊的颜色，避免混淆。

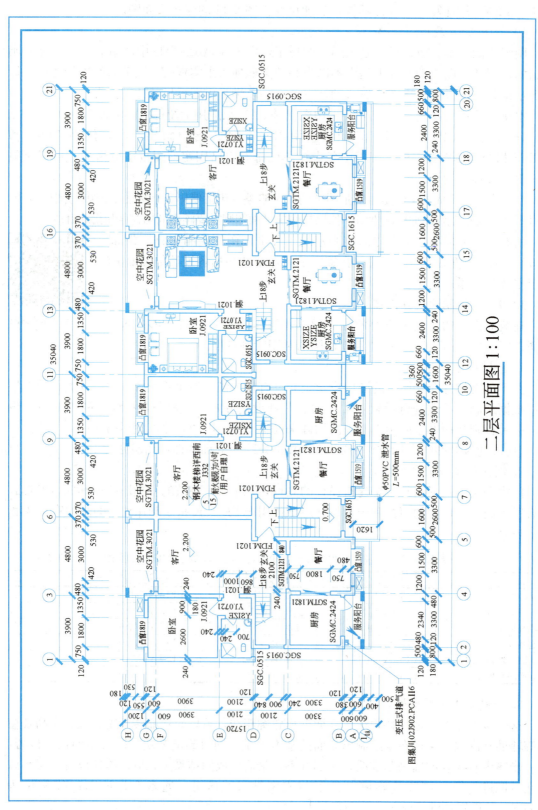

图 13-57 插入图框完成平面图

遇到具备对称关系的立面图，还应该在这一步骤画出对称轴线，然后重点处理其中一半的图形，另一半在合适的时候镜像获得，本例立面图的基本关系框架完成后得到图 13-58。

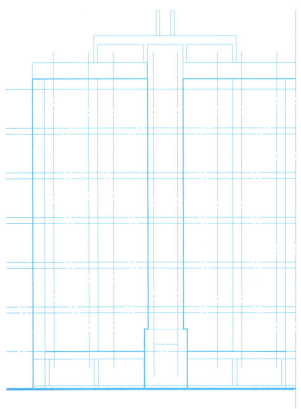

图 13-58　绘制基本关系框架

4. 插入窗块、阳台、画台阶和屋顶构架等建筑细部

设置相应的当前层，使用 LINE 和 ARRAY 等命令完成台阶绘制。

设置门窗层为当前层，根据先前作出的窗插入基准线，用 INSERT 命令依次插入已定义的窗块。补入阳台的图块，然后用 ERASE 命令擦除所有的基准线。接下来使用 LINE 等指令绘制出立面各种细部和其他所缺部分，必要时候采用 TRIM、OFFSET 等指令编辑和修改图形。

对于有多层窗户位置形式都一致的立面，可以先画出其中一层，然后使用 ARRAY 指令完成相同部分，以提高作图效率，完善细部之后基准线可以隐去，获得图 13-59。

5. 作对称图形

使用 MIRROR 指令作出镜像对称图形，使用 ERASE 指令擦除对称轴线，获得如图 13-60 所示效果。

6. 标注尺寸、标高、定位轴线、填写文字

此部分与平面图操作类似，使用菜单提供的按钮或者 AutoCAD 的指令都可以依次完成，如图 13-61 所示。

7. 填充图形、完善图纸

图 13-59 补充完善细部

本例中墙面砖块图案及百页需要使用 HATCH 命令填充完成。由于图案的填充会自动亮出填充范围内的文字和尺寸等内容以使图面清晰，因此填充工作常常放在文字标高等注写完毕之后再进行。同时，为了使填充的图线在出图的时候方便使用更细的线型以体现层次，通常把图形填充单独设置一层，选用和其他各层不同的颜色，填充完成后即可获得图 9-20 所示的建筑立面图。

13.9.4 绘制建筑剖面图

建筑剖面图的作图过程与立面图类似，均以 LINE（直线）、OFFSET（偏移）、TRIM（修剪）、HATCH（填充）等命令为主进行绘图与编辑。

现以第 9 章建筑物的墙身局部剖面图（详图）（图 9-43）为例，简要地说明建筑剖面图的计算机绘图过程。

绘制建筑剖面图

1. 仿照平面图、立面图进行初始化处理，命名、存盘，并根据图 9-43 的特征建立图层及其属性关系，如表 13-8 所示。

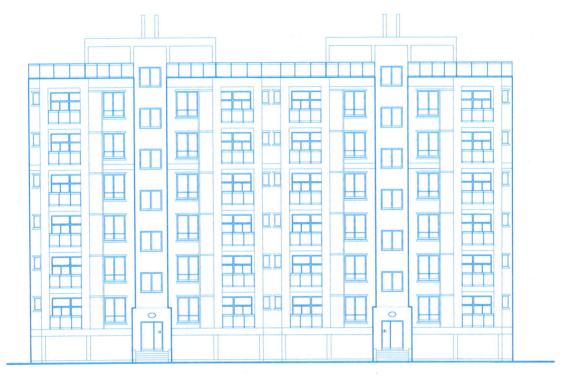

图 13-60　对称作图

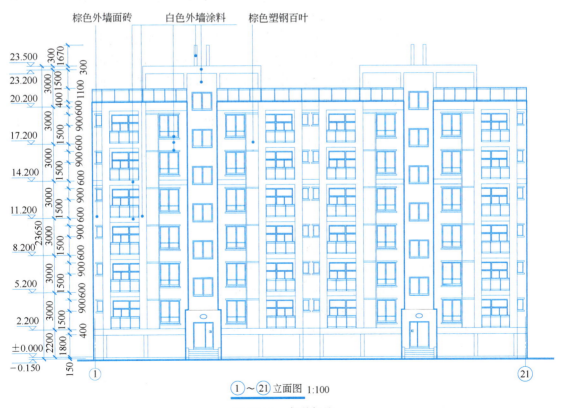

①～㉑ 立面图 1:100

图 13-61　各种标注

墙身局部剖面图的图层及其属性关系　　　　　表 13-8

构件名	图层名	颜色	线型
墙身及其他剖线（粗线）	THICK	255	CONTINUOUS
可视细线	THIN	YELLOW	CONTINUOUS
材料填充	HATCH	GREEN	CONTINUOUS

2. 设置粗线层 THICK 为当前层，用多义线 PLINE 命令按照剖切到的线条位置作出各构件断面图的组合，也可以用 LINE 命令画线，然后用多义线 PEDIT 命令编辑成分别的连续折线，结果如图 13-62 所示。

3. 用 OFFSET 偏移命令取适当间距偏移复制出墙身粉刷的厚度线，并用 CHANGE 指令将其改到细线层上。

将当前层设置成细线层 THIN，使用 LINE 等基本作图指令完成其余可视细线，并完成剖断线作图，如图 13-63 所示。

4. 使用 HATCH 指令填充材料符号，不同的材料符号选择相应的图例来填充。这里需要注意的是，并非所有图例都可以用完全相同的比例进行填充，在每次选择填充的时候都应先调整其比例并进行预演观察效果，在确认比例合适之后再点击确定（图 13-64）。另外，虽然本例没有出现钢筋混凝土的填充，但由于有部分低版本软件系统提供的图库中没有完整的钢筋混凝土图例，特别说明在遇到此种情况时可以先后选择斜向线条图例和普通混凝土图例进行两次填充组合获得。

使用 MIRROR 指令作出镜像对称图形，使用 ERASE 指令擦除对称轴线。

5. 标注尺寸、标高、定位轴线，画出详图符号，填写文字，完成全图（图 9-43）。

为了使绘图更加方便快捷，一般常将平、立、剖及相关详图按照比例相同选择放置进相同的文件，方便对比；而一些相同的图形和文字，完全可以从一个图形复制到另一个图形上，从而提高作图效率。

此外，熟练地掌握绘图、修改、捕捉（SNAP）等基本操作是计算机绘图达到应用水平的基本保证，使用时相应功能图标的点击也可以提高作图效率，键盘输入与图标点击的操作配合可以帮助使用者更快捷地完成绘图工作。

本书插图基本用计算机绘制完成，读者在学习计算机绘图过程中可翻阅、借鉴、参考这些图例。

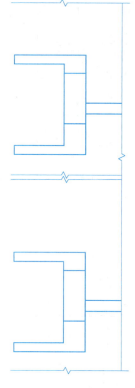

图 13-62　画剖面图中剖切所得粗线

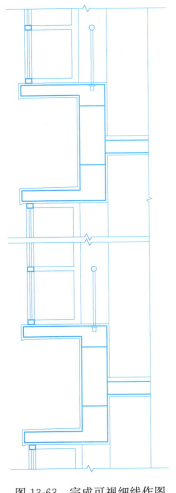
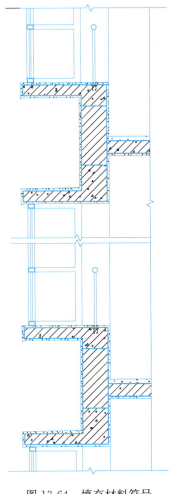

图 13-63　完成可视细线作图　　图 13-64　填充材料符号

小　　结

（1）了解 AutoCAD 软件的使用环境、安装及卸载方法。

（2）熟悉工作界面、图形文件管理、绘图命令、编辑修改命令、文字输入、尺寸标注、图层管理、查询命令、图案填充、块操作以及软件的常规设置。

（3）掌握利用 AutoCAD 软件绘制各种施工图的方法和技巧。

复 习 思 考 题

13.1　AutoCAD 软件可以绘制哪些施工图？

13.2　常用的绘图命令有哪些？

13.3　常用的编辑修改命令有哪些？

13.4　如何定义文字样式及标注文字？

13.5　如何定义尺寸样式及标注尺寸？

13.6　如何建立图层，图层有哪些特性？

13.7 如何定义图层的颜色、线型及线宽?
13.8 绘图比例与出图比例有何区别?
13.9 AutoCAD绘制建筑施工图有哪些特点和优势?
13.10 建筑平面图的绘图过程及操作要点是哪些?
13.11 建筑立面图的绘图过程及操作要点是哪些?

参 考 文 献

[1] 教育部高等学校土木工程专业教学指导分委员会. 高等学校土木工程本科专业指南[M]. 北京：中国建筑工业出版社，2023.
[2] 中华人民共和国住房和城乡建设部. 房屋建筑制图统一标准：GB/T 50001—2017[S]. 北京：中国建筑工业出版社，2018
[3] 中华人民共和国住房和城乡建设部. 建筑模数协调标准：GB/T 50002—2013[S]. 北京：中国建筑工业出版社，2013.
[4] 何培斌. 土木工程制图[M]. 2版. 北京：中国建筑工业出版社，2018.
[5] 何培斌. 工程制图基础[M]. 重庆：重庆大学出版社，2021.
[6] 何培斌. 画法几何与阴影透视[M]. 重庆：重庆大学出版社，2019.

高等学校土木工程学科专业指导委员会规划教材
（按高等学校土木工程本科指导性专业规范编写）

征订号	书名	作者	定价
V40569	高等学校土木工程本科专业指南	教育部高等学校土木工程专业教学指导分委员会	30.00
V39805	土木工程概论（第二版）（赠教师课件）	周新刚 等	48.00
V40950	土木工程制图（第三版）（赠教师课件、数字资源，含习题集）	何培斌 等	128.00
V35996	土木工程测量（第二版）（赠教师课件）	王国辉	75.00
V34199	土木工程材料（第二版）（赠教师课件）	白宪臣	42.00
V20689	土木工程试验（含光盘）	宋彧	32.00
V35121	理论力学（第二版）（赠教师课件）	温建明	58.00
V23007	理论力学学习指导（赠课件素材）	温建明 韦林	22.00
V38861	材料力学（第二版）（赠教师课件）	曲淑英	58.00
V39895	结构力学（第三版）（赠教师课件）	祁皑 等	68.00
V31667	结构力学学习指导	祁皑	44.00
V36995	流体力学（第二版）（赠教师课件）	吴玮 张维佳	48.00
V23002	土力学（赠教师课件）	王成华	39.00
V22611	基础工程（赠教师课件）	张四平	45.00
V41255	工程地质（第二版）（赠教师课件）	王桂林	48.00
V22183	工程荷载与可靠度设计原理（赠教师课件）	白国良	28.00
V23001	混凝土结构基本原理（赠教师课件）	朱彦鹏	45.00
V39655	钢结构基本原理（第三版）（赠教师课件）	何若全	66.00
V36125	土木工程施工技术（赠教师课件）	李慧民	45.00
V39483	土木工程施工组织（第二版）（赠教师课件）	赵平	38.00
V34082	建设工程项目管理（第二版）（赠教师课件）	臧秀平	48.00
V39520	建设工程法规（第三版）（赠教师课件，含题库）	李永福	52.00
V37807	建设工程经济（第二版）（赠教师课件）	刘亚臣	45.00
V26784	混凝土结构设计（建筑工程专业方向适用）	金伟良	25.00
V26758	混凝土结构设计示例	金伟良	18.00
V26977	建筑结构抗震设计（建筑工程专业方向适用）	李宏男	38.00

续表

征订号	书名	作者	定价
V29079	建筑工程施工（建筑工程专业方向适用）（赠教师课件）	李建峰	58.00
V29056	钢结构设计（建筑工程专业方向适用）（赠教师课件）	于安林	33.00
V25577	砌体结构（建筑工程专业方向适用）（赠教师课件）	杨伟军	28.00
V25635	建筑工程造价（建筑工程专业方向适用）（赠教师课件）	徐 蓉	38.00
V30554	高层建筑结构设计（建筑工程专业方向适用）（赠教师课件）	赵 鸣 李国强	32.00
V25734	地下结构设计（地下工程专业方向适用）（赠教师课件）	许 明	39.00
V40926	地下工程施工技术（第二版）（赠教师课件）	许建聪	54.00
V27594	边坡工程（地下工程专业方向适用）（赠教师课件）	沈明荣	28.00
V35994	桥梁工程（赠教师课件）	李传习	128.00
V41238	道路勘测设计（道路与桥梁工程专业方向适用）（第二版）（赠教师课件，含数字资源）	张 蕊	72.00
V25562	路基路面工程（道路与桥梁工程专业方向适用）（赠教师课件）	黄晓明	66.00
V28552	道路桥梁工程概预算（道路与桥梁工程专业方向适用）	刘伟军	20.00
V26097	铁路车站（铁道工程专业方向适用）	魏庆朝	48.00
V27950	线路设计（铁道工程专业方向适用）（赠教师课件）	易思蓉	42.00
V35604	路基工程（铁道工程专业方向适用）（赠教师课件）	刘建坤 岳祖润	48.00
V30798	隧道工程（铁道工程专业方向适用）（赠教师课件）	宋玉香 刘 勇	42.00
V31846	轨道结构（铁道工程专业方向适用）（赠教师课件）	高 亮	44.00

注：本套教材均被评为"住房和城乡建设部'十四五'规划教材"。

住房和城乡建设部"十四五"规划教材
高等学校土木工程学科专业指导委员会规划教材
（按高等学校土木工程本科指导性专业规范编写）

土木工程制图习题集

（第三版）

何培斌　李　珂　主　编
李　江　王宣鼎　副主编
杜廷娜　　　　　主　审

中国建筑工业出版社

目　录

第 1 章　制图基本知识和基本技能 …………………………………………………………… 1

第 2 章　投影法和点、直线、平面的多面正投影 …………………………………………… 6

第 3 章　平面立体的投影及线面投影分析 …………………………………………………… 18

第 4 章　平面立体构型及轴测图画法 ………………………………………………………… 23

第 5 章　规则曲线、曲面及曲面立体 ………………………………………………………… 29

第 6 章　组合体 ………………………………………………………………………………… 36

第 7 章　图样画法 ……………………………………………………………………………… 41

第 8 章　透视投影 ……………………………………………………………………………… 44

第 9 章　建筑施工图 …………………………………………………………………………… 47

第 10 章　结构施工图 ………………………………………………………………………… 62

第 11 章　设备施工图 ………………………………………………………………………… 64

第 12 章　附属设施施工图 …………………………………………………………………… 65

第 13 章　计算机绘制建筑施工图 …………………………………………………………… 69

一、填空题

1. 长仿宋体字宽约为字高的_____，字高系列为_____mm。
2. 写长仿宋体字时，一般遵循的原则是_____。
3. 若粗线宽度为 b，则中粗线宽度为_____，细线宽度为_____；粗线宽度 b 应按图形大小和复杂程度在_____mm 之间选择。
4. 单点长画线中，线段长_____mm，点长_____mm，线段与点的间隔为_____mm。
5. 虚线与虚线、点画线与点画线相交时，应使它们在_____处相交。
6. 比较大小：1∶2 ____ 1∶4。
7. A0 幅面尺寸为 841mm×1189mm，A1 幅面尺寸为_____，A2 幅面尺寸为_____，A3 幅面尺寸为_____。
8. 尺寸标注包括_____、_____、_____、_____四要素。
9. 尺寸数字的方向：在水平尺寸线中，应标注在尺寸线的_____边，朝向_____方；在竖直尺寸线中，应标注在尺寸线的_____边，朝向_____方。
10. 尺寸标注一般应布置在图样轮廓线的_____边，与图线、文字及符号等不得_____。
11. 尺寸标注排列时，小尺寸应离轮廓线较_____，大尺寸应离轮廓线较_____。
12. 标注尺寸时，平行排列的尺寸线的间距宜为_____mm，并保持一致。
13. 尺寸起止符号，一般用斜短线绘制，其倾斜方向应与尺寸界线呈顺时针_____°，长度宜为_____mm。
14. 尺寸数字高度一般为_____mm。
15. 标注角度尺寸数字时，应按_____方向书写。
16. 半径、直径、角度与弧长的尺寸起止符号，宜用_____表示。
17. 标注直径尺寸数字时，其前边应标注符号_____；标注半径尺寸数字时，其前边应标注符号_____。
18. 图样轮廓线外的尺寸线，距图样最外轮廓线之间的距离，不宜小于_____mm。
19. 对称线的线型为_____线，宽度为_____。
20. 手工绘图的步骤分为_____、_____、_____、_____。
21. 铅笔的铅芯软、硬分别用字母_____和_____表示。
22. 加深图线时，其顺序一般为_____、_____；直线加深时，一般先画_____方向，后画_____方向；当有直线又有曲线时，通常应先画_____线，再画_____线。

二、选择题

1. 单点长画线的线段长为_____mm。
(a) 15～20　　　　　(b) 3～6　　　　　(c) 4～7
2. 尺寸标注中，起止符号用_____表示。
(a) 细实线　　　　　(b) 中粗实线　　　　(c) 粗实线
3. 比较两个比例的大小时，是以_____以依据。
(a) 前面一个数的大小　(b) 后面一个数的大小　(c) 它们比值的大小
4. 折断线的线宽为_____。
(a) 细线　　　　　　(b) 中粗线　　　　　(c) 粗线
5. 虚线线段长为_____，两线段间空隙应小于等于1。
(a) 3～6　(b) 6～10　(c) 15～20　(d) 4～6
6. 标高的尺寸单位是_____。
(a) 米　(b) 毫米　(c) 厘米　(d) 分米
7. 图样上的尺寸单位，除标高及总平面图以米为单位外，均必须以_____为单位。
(a) 米　(b) 毫米　(c) 厘米　(d) 分米
8. 单点长画线的点和空隙总共应_____。
(a) ≤1　(b) ≤3　(c) ≤5　(d) ≥1
9. 图幅的装订边应为_____。
(a) 20　(b) 10　(c) 5　(d) 25
10. A2 图幅除装订边外，其余三边幅面线与图框线之间的间距为_____。
(a) 20　(b) 10　(c) 5　(d) 25

第 1 章　制图基本知识和基本技能	专业　　级　　班	姓名	学号	审核	成绩

《基本训练》作业指示

一、目的
1. 熟悉绘图工具和仪器的正确使用方法。
2. 掌握各种线型的正确画法、粗细对比和正确的图线交接。
3. 初步了解尺寸标注的方法。

二、要求
1. 用 A2 图幅抄绘所给图样。
2. 图标采用本习题推荐的作业图标。
3. 绘图比例：线型用 1：1，房屋立面图用 1：20。
4. 房屋立面图要求标注房屋外部尺寸及注写图名和比例。

三、作图步骤
用 H 或 2H 铅笔画底稿线。底稿线应采用轻、细、淡的细实线，以绘图者能看清即可。
1. 绘图幅、图框、图标的底稿线。
2. 布图：即确定各图形的位置，参考图一。
3. 从上到下、从左到右逐一绘制各图底稿线。
4. 检查无误后，再按图中线型要求加深图线。
用 2B 铅笔画粗线；用 B 铅笔画中粗线；用 HB 铅笔画细线。次序是先水平线后垂直线，再倾斜线。
5. 画尺寸线、尺寸界线、尺寸起止符号并书写尺寸数字。
6. 加深图框及图标。
7. 书写图中汉字并填写图标。

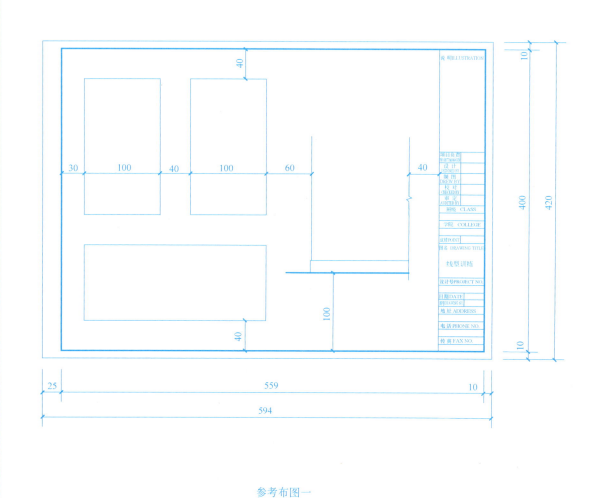

参考布图一

| 第 1 章 制图基本知识和基本技能 | 专业 级 班 | 姓名 | 学号 | 审核 | 成绩 |

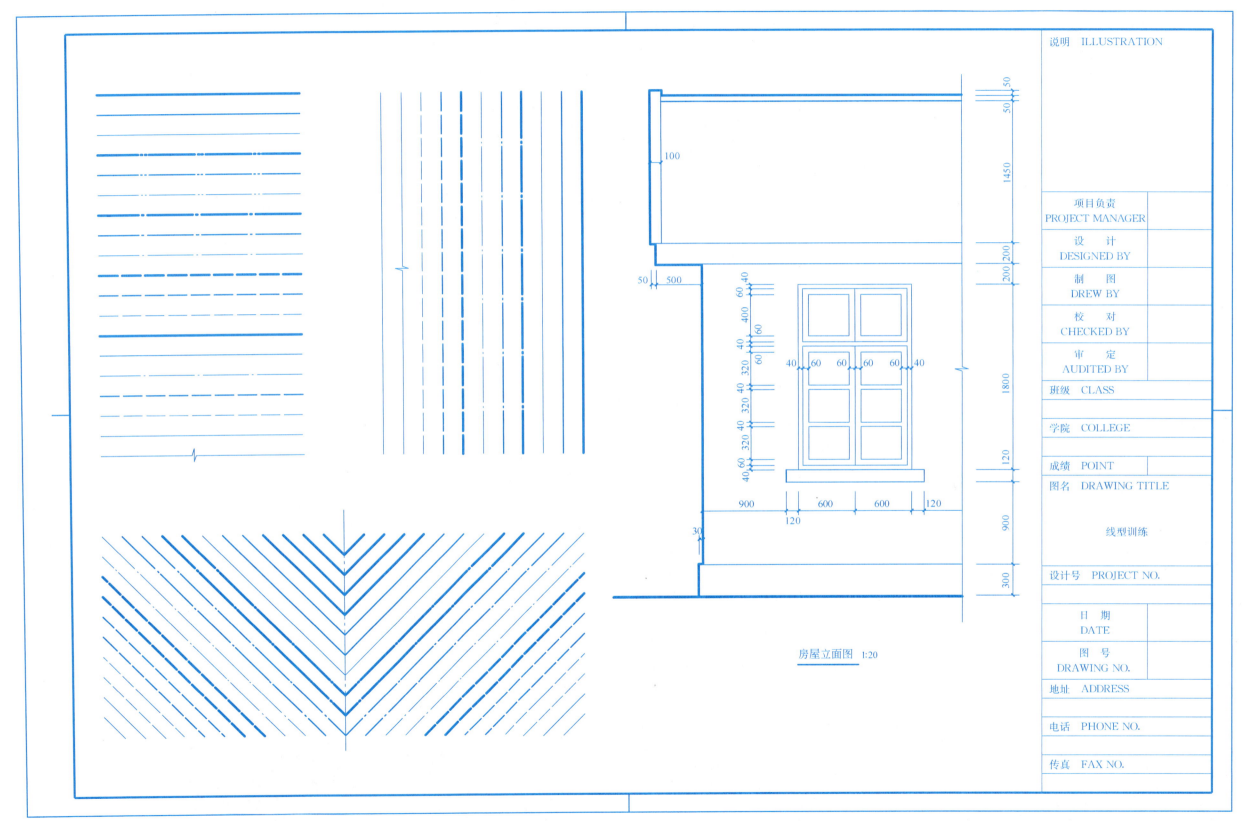

《几何作图》作业指示

一、目的
1. 进一步掌握绘图工具、仪器的正确使用和尺寸标注的基本规定。
2. 熟悉圆弧连接和楼梯踏步分格的作图方法。
3. 了解几何作图在绘制工程图样中的实际应用。
4. 熟悉绘图笔的使用和上墨线的操作技巧。

二、要求
1. 用 A2 图幅抄绘所给全部图样。
2. 图标采用本习题集推荐的作业图标，见前页。
3. 绘图比例：花格用 1：5，立体交叉公路用 1：1000，楼梯踏步用 1：20。
4. 各图均需标注尺寸。

三、作图步骤
1. 绘图幅、图框、图标的底稿线。
2. 布图：如图二所示。
3. 先画四个正方形的框线，再从上到下、从左到右逐一绘制各图的底稿线，底稿线用 H 或 2H 铅笔轻、细、淡地画出。圆弧连接时，必须准确找出连接圆弧的圆心及公切点（连接点），底稿图上应表示清楚。
4. 检查无误后，按图中线型要求上墨线，次序为先粗后细，先圆弧线后直线；圆弧与圆弧、圆弧与直线务必准确地交于公切点，切忌画超越或画不到位，画完圆弧线后，等墨线干透，画粗水平线；待干透后，画垂直粗线。每次一定要耐心等待干透再画，以免污损图面。
5. 画尺寸界线、尺寸线、尺寸起止符号（初学时，尺寸界线和尺寸线亦应先画底稿线）。
6. 用绘图小钢笔书写尺寸数字和书写图中汉字，填写图标中的字。亦可用绘图墨水笔写字，绝对不能用鸭嘴笔写字。
7. 画图框及图标。

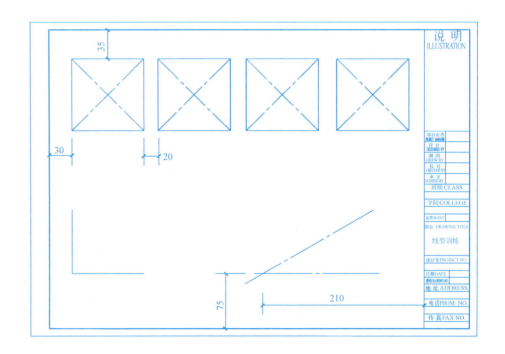

参考布图二

| 第1章 制图基本知识和基本技能 | 专业 级 班 | 姓名 | 学号 | 审核 | 成绩 |

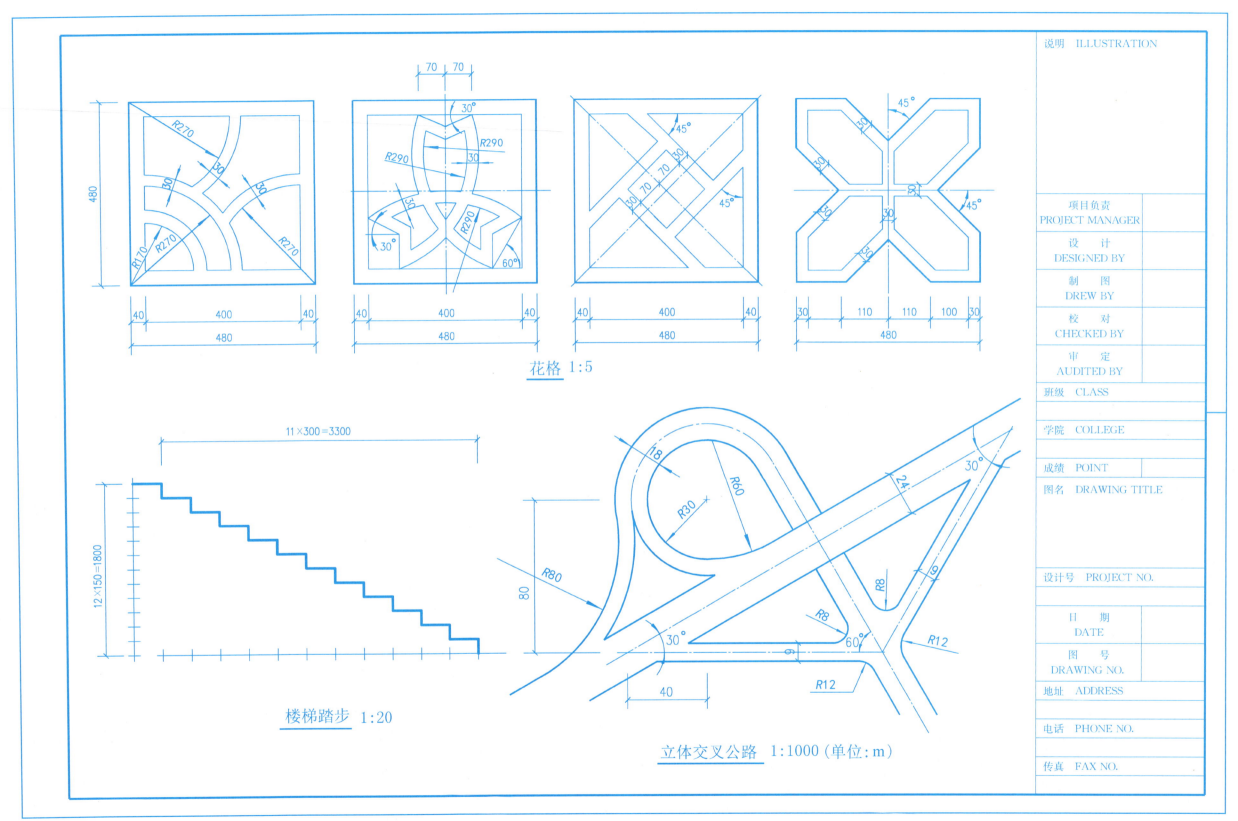

2-1 画出下列各形体的三面正投影图。

第 2 章 投影法和点、直线、平面的多面正投影

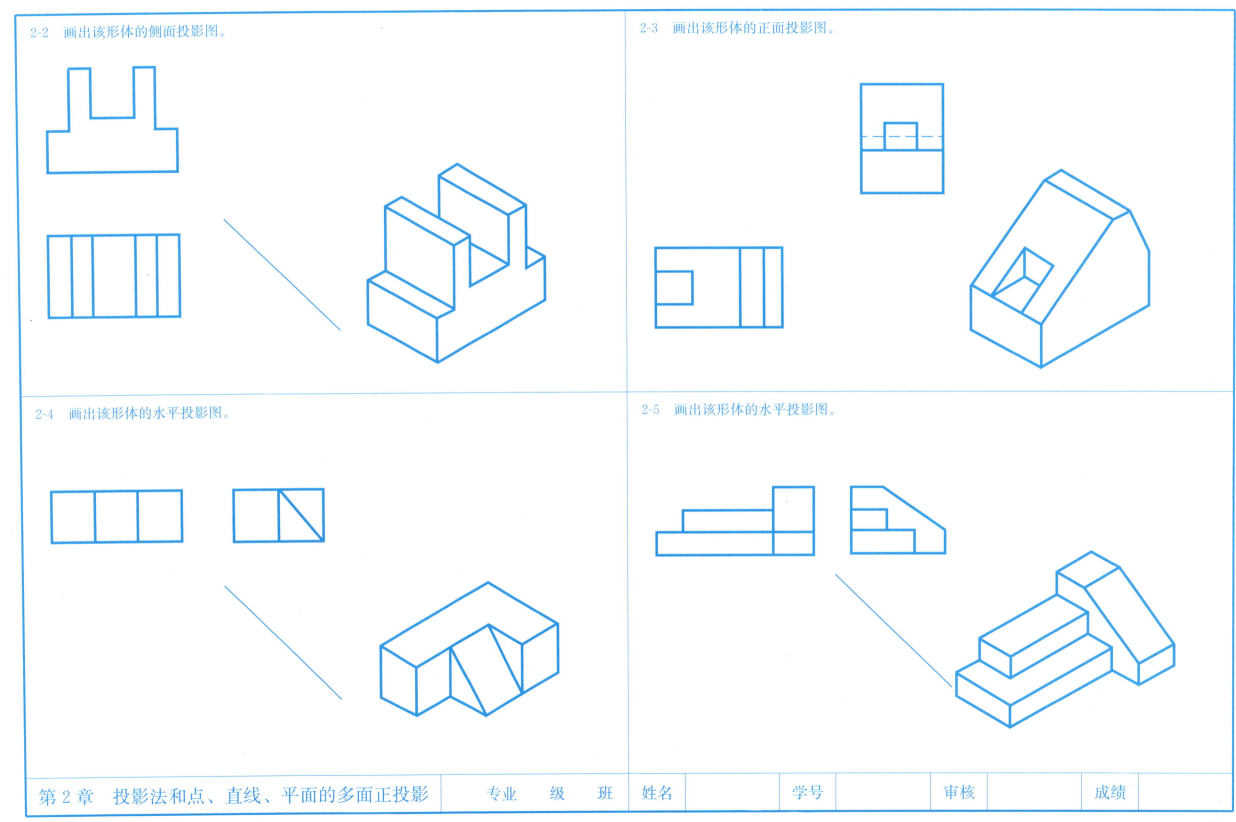

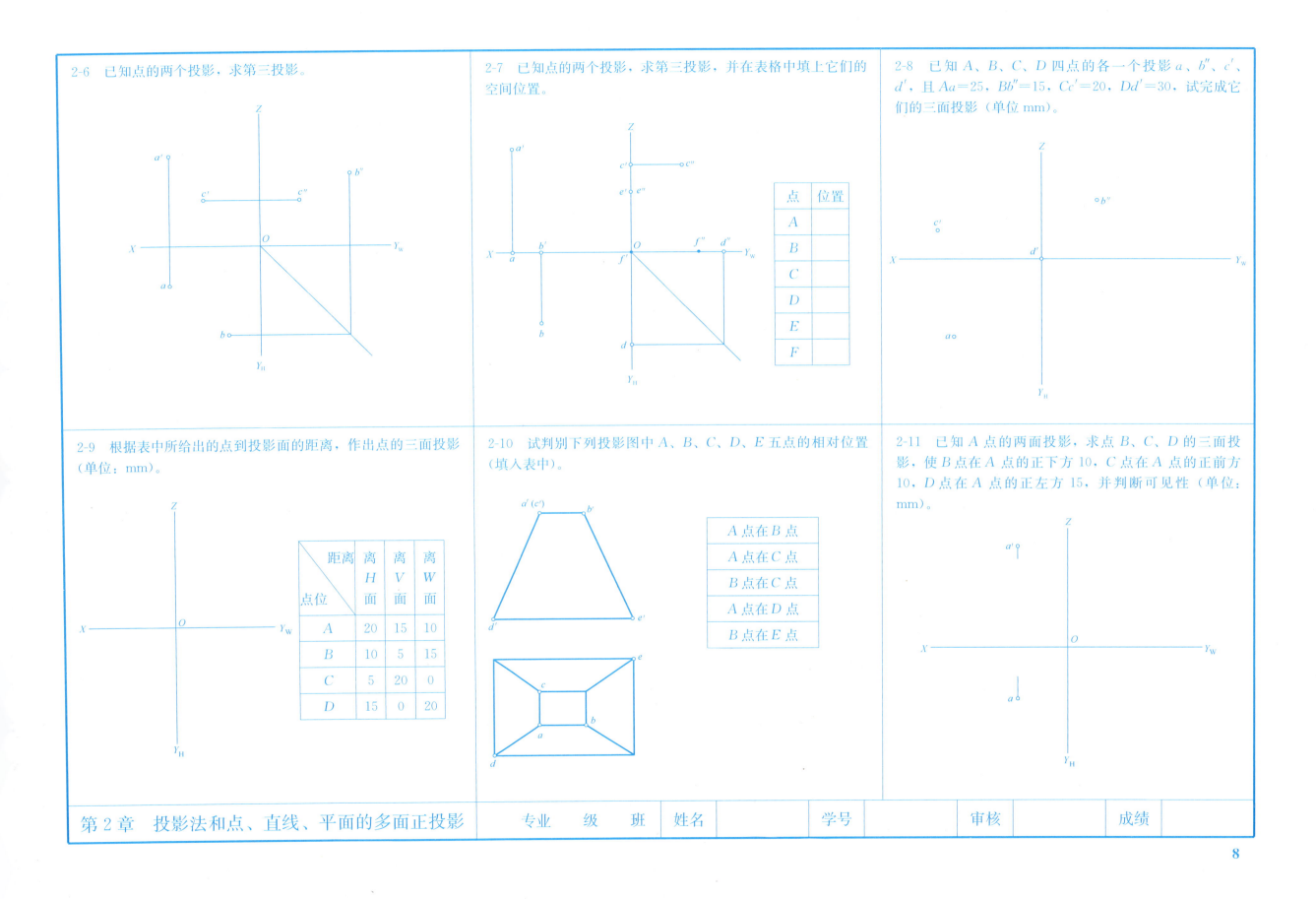

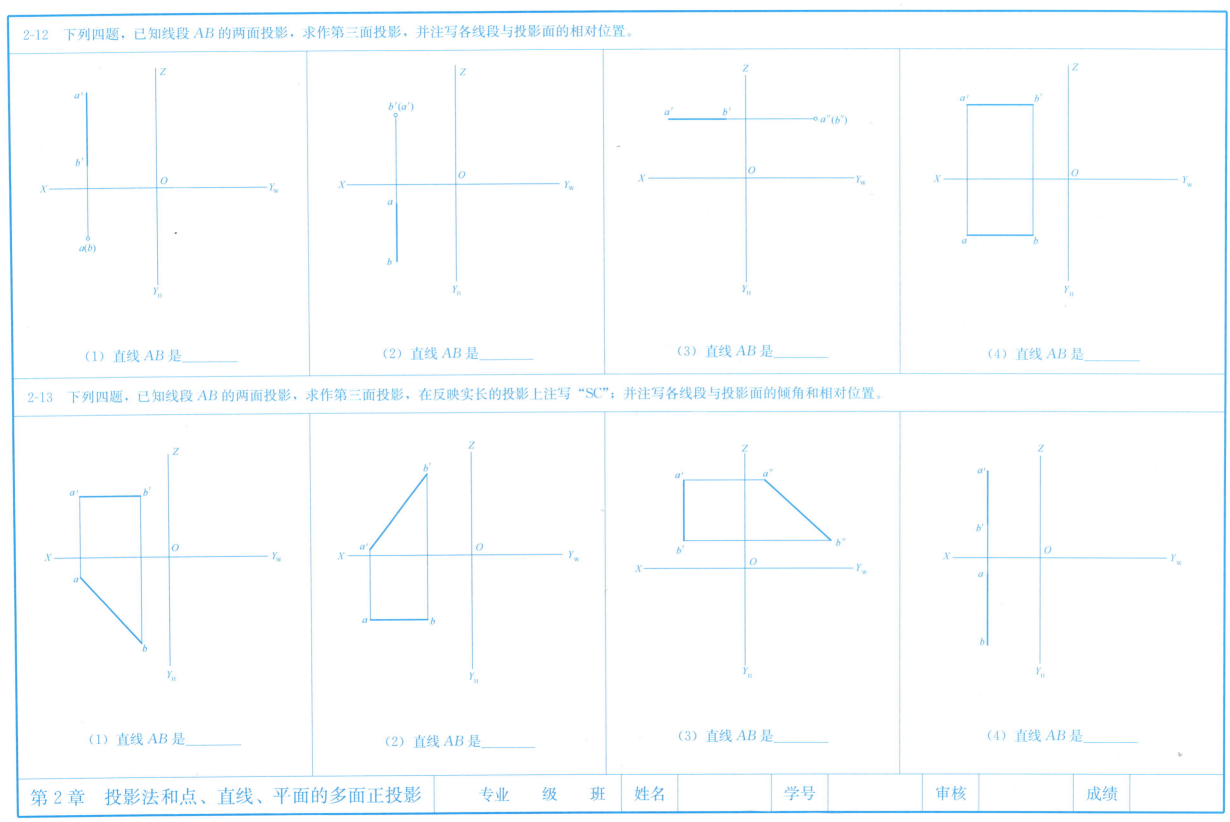

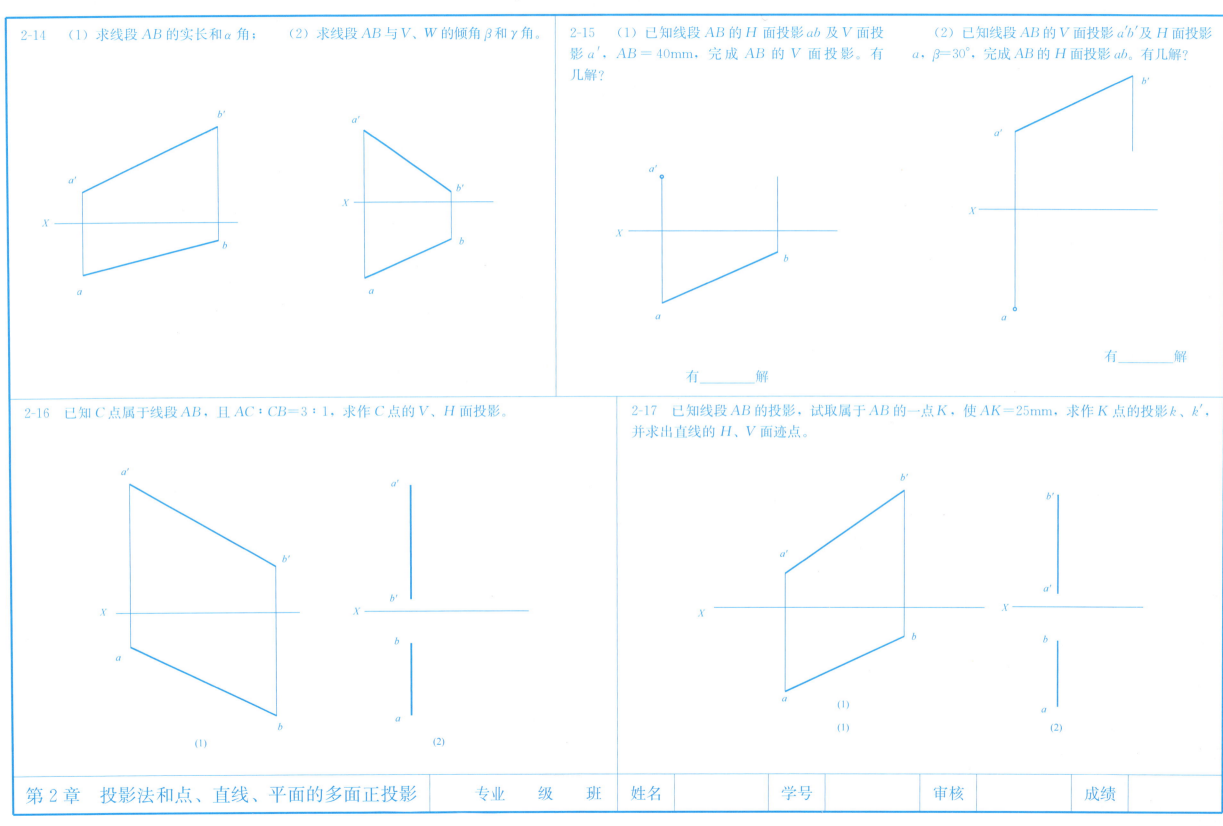

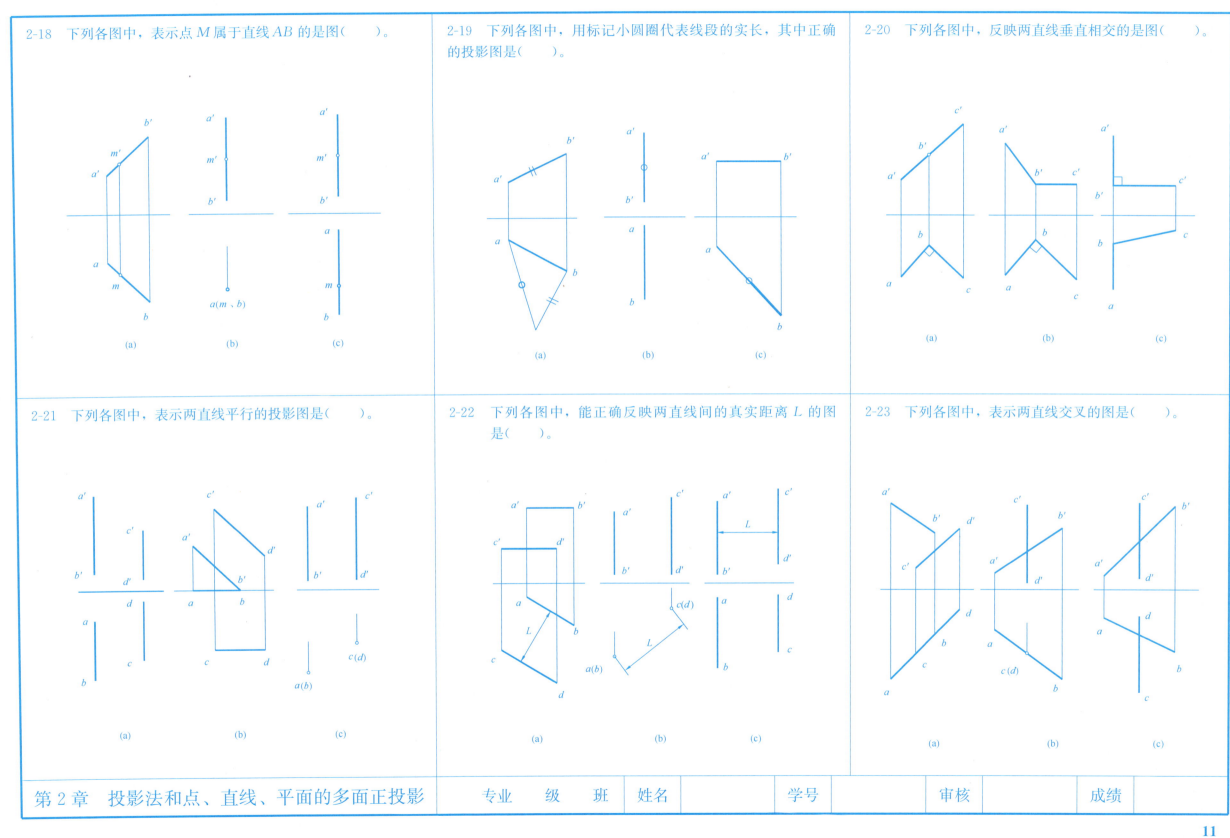

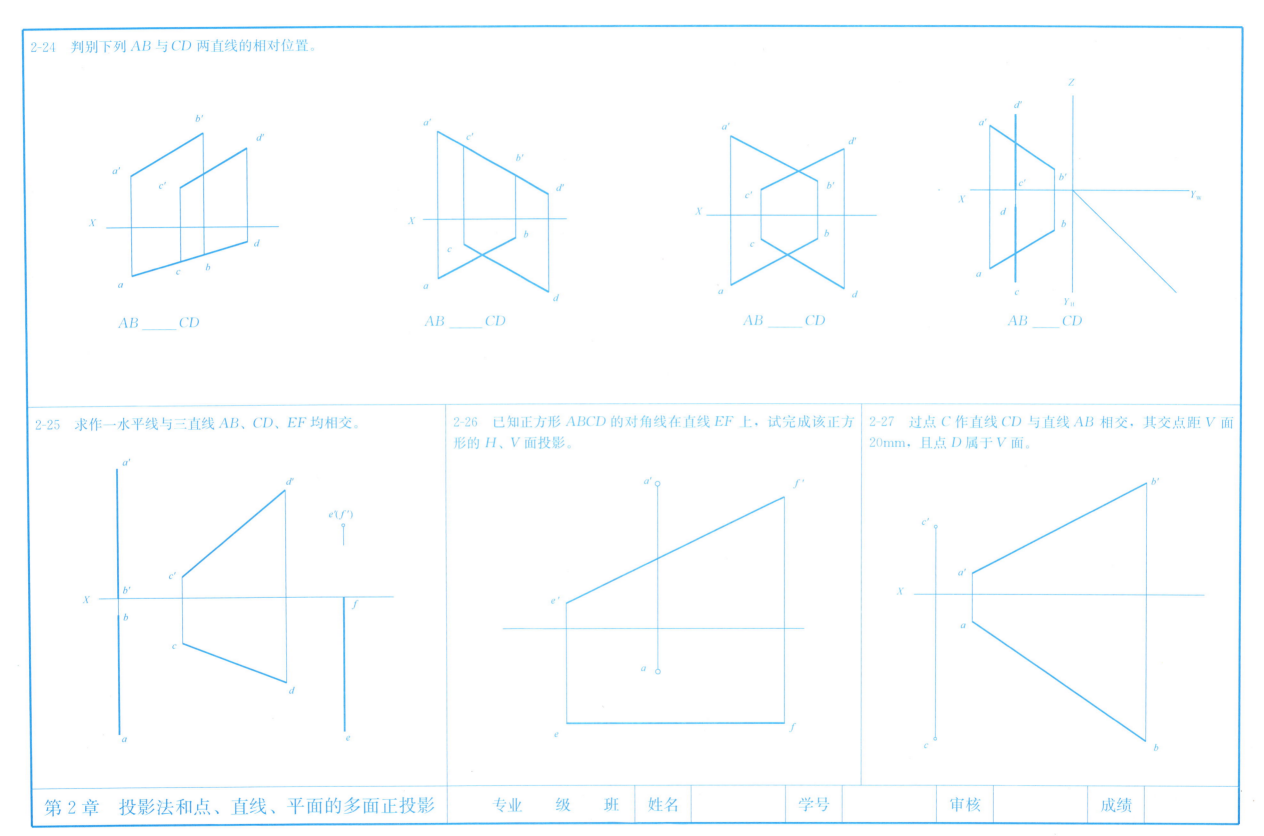

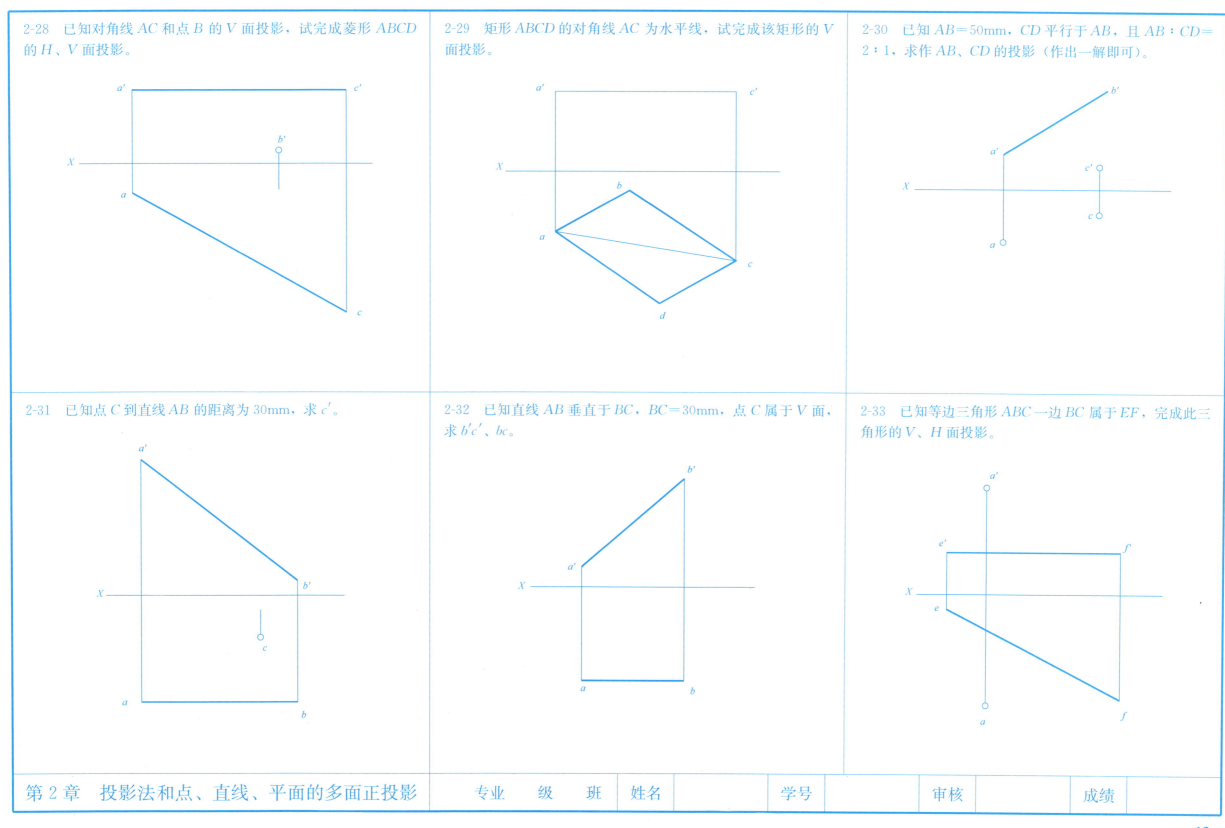

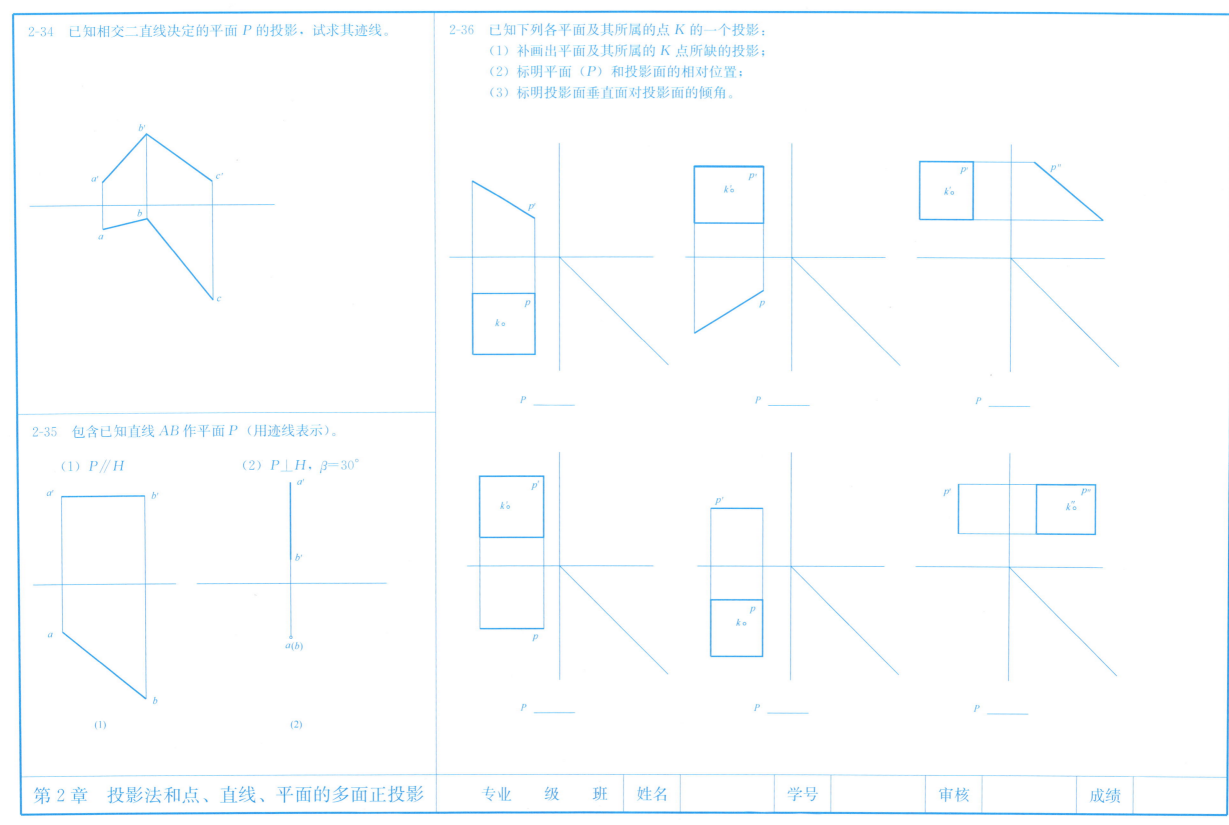

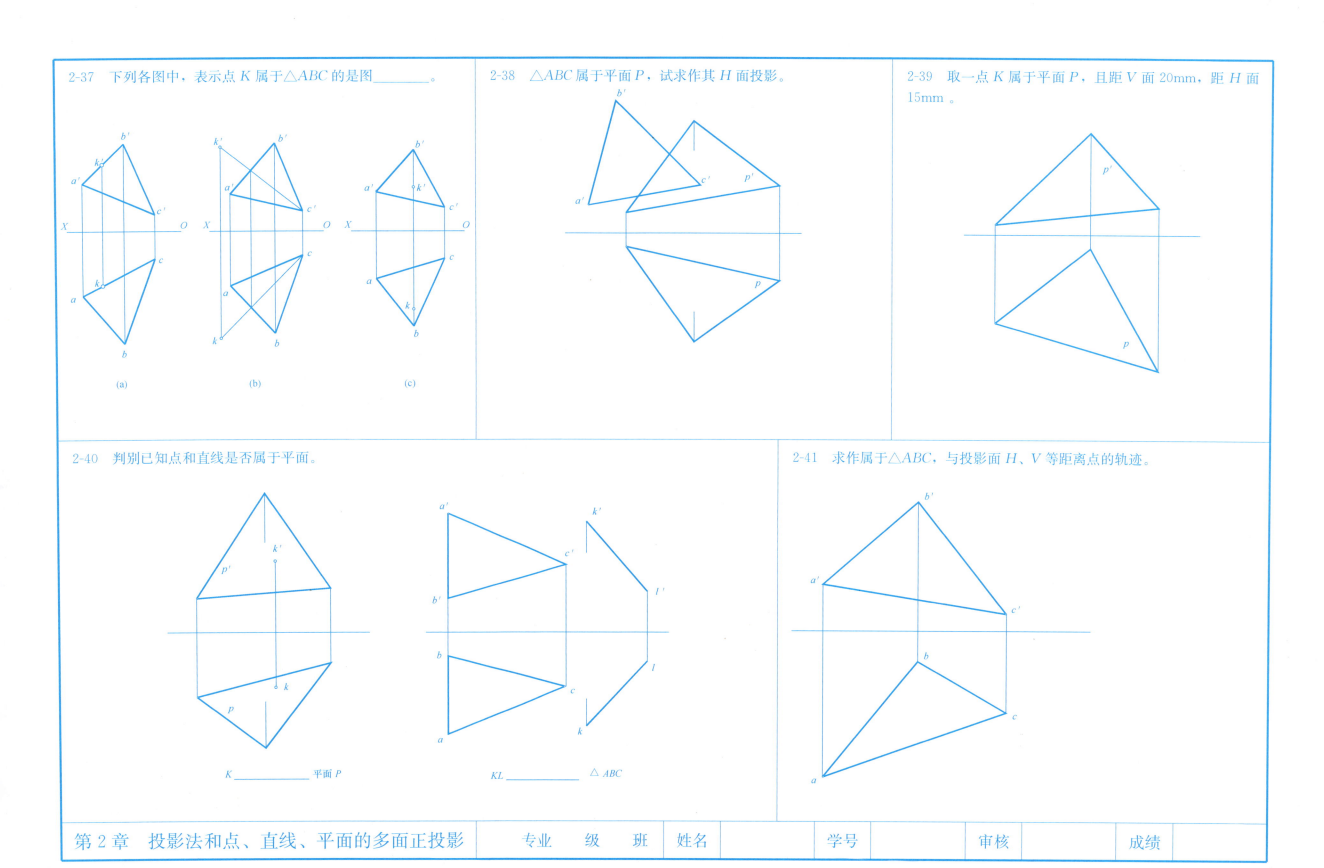

2-42 已知五边形 ABCDE 的 V 面投影及其一边 AB 的 H 面投影，并已知 AC 为正平线，试完成其 H 面投影。

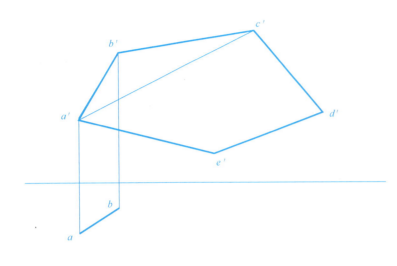

2-43 求平面对投影面的倾角：
(1) 求对 H 面的倾角 α；　　　　(2) 求对 V 面的倾角 β。

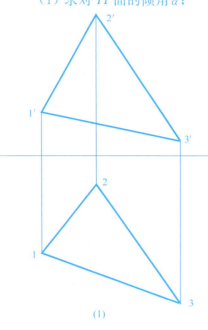
(1)

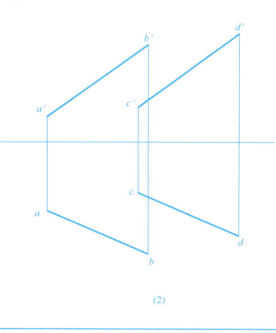
(2)

2-44 已知 AB 为平面 P 对 V 面的最大斜度线，求作该平面的投影和对 H 面的倾角 α。

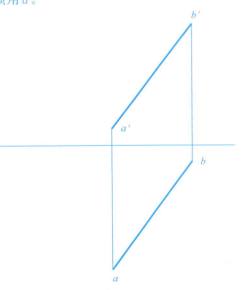

2-45 已知 △ABC 对 H 面的倾角 α＝60°，试完成其 V 面的投影。

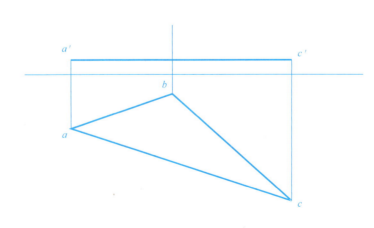

2-46 以 AB 为边长作正三角形，使其与 V 面呈 30°角，本题有几解？

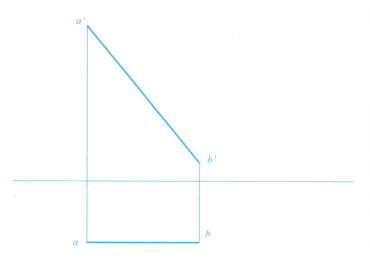

第 2 章　投影法和点、直线、平面的多面正投影

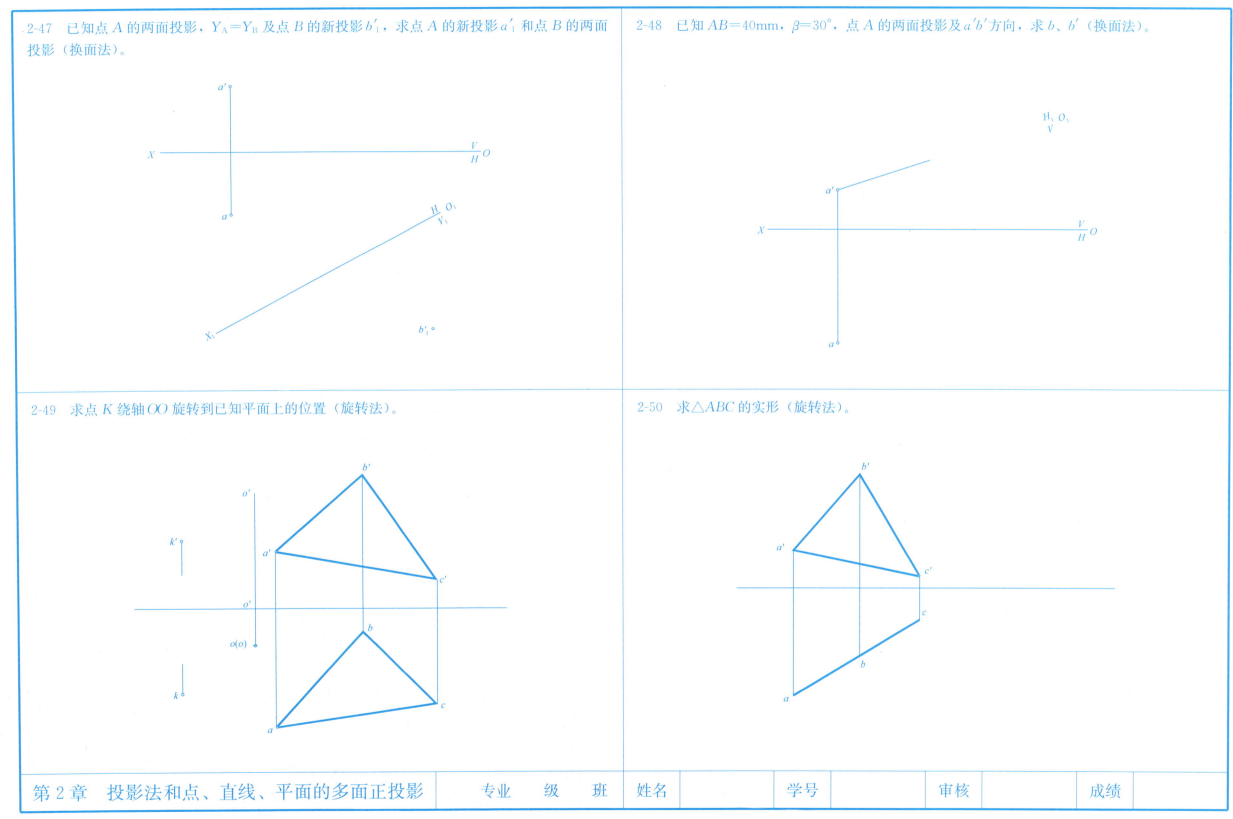

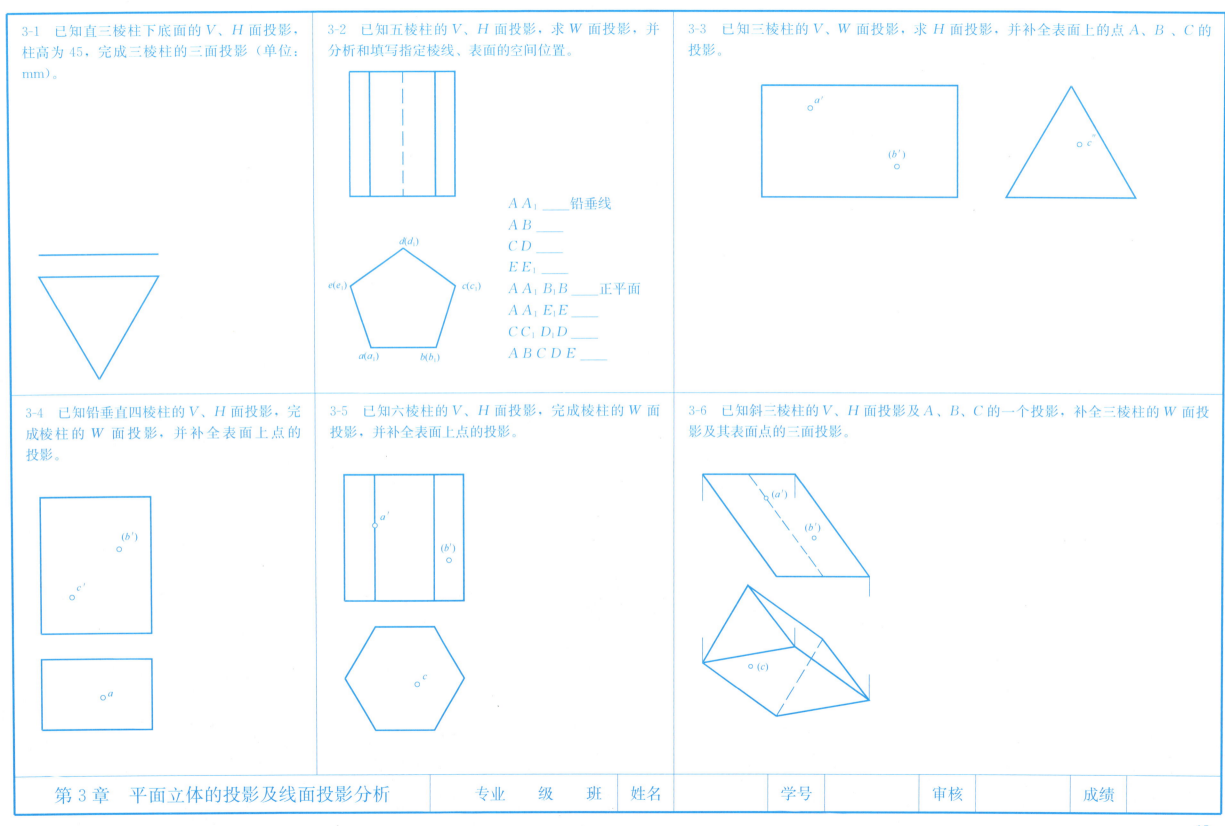

3-7 已知正三棱锥高为 40mm，其余条件如图，补全三棱锥的三面投影。

3-8 已知五棱锥的 V、H 面投影，求 W 面投影并标全另两个投影中的棱线及顶点，分析和填写指定棱线、表面的空间位置。

AB ____ 侧垂线
TD ____
TB ____
TAB ____
TDC ____
ABCDE ____

3-9 已知正四棱锥的 V、H 面投影，完成该棱锥的 W 面投影，并补全表面上点的投影。

3-10 已知正五棱锥的 V、W 面投影，完成该棱锥的 H 面投影，并补全表面上点的投影。

3-11 已知正六棱锥的 H、W 面投影，完成该棱锥的 V 面投影，并补全表面上点的投影。

3-12 已知斜三棱锥的 V、H 面投影，完成该棱锥的 W 面投影，并补全表面上点的投影。

第 3 章　平面立体的投影及线面投影分析

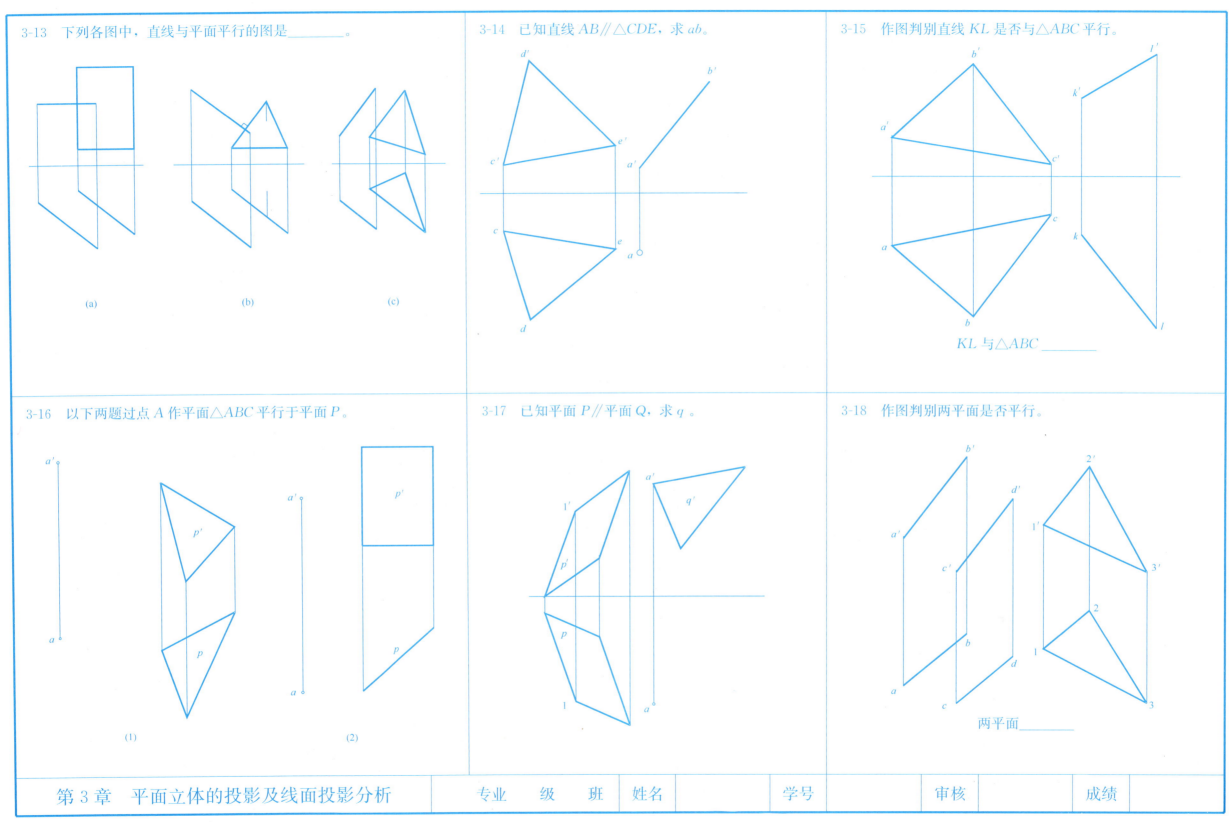

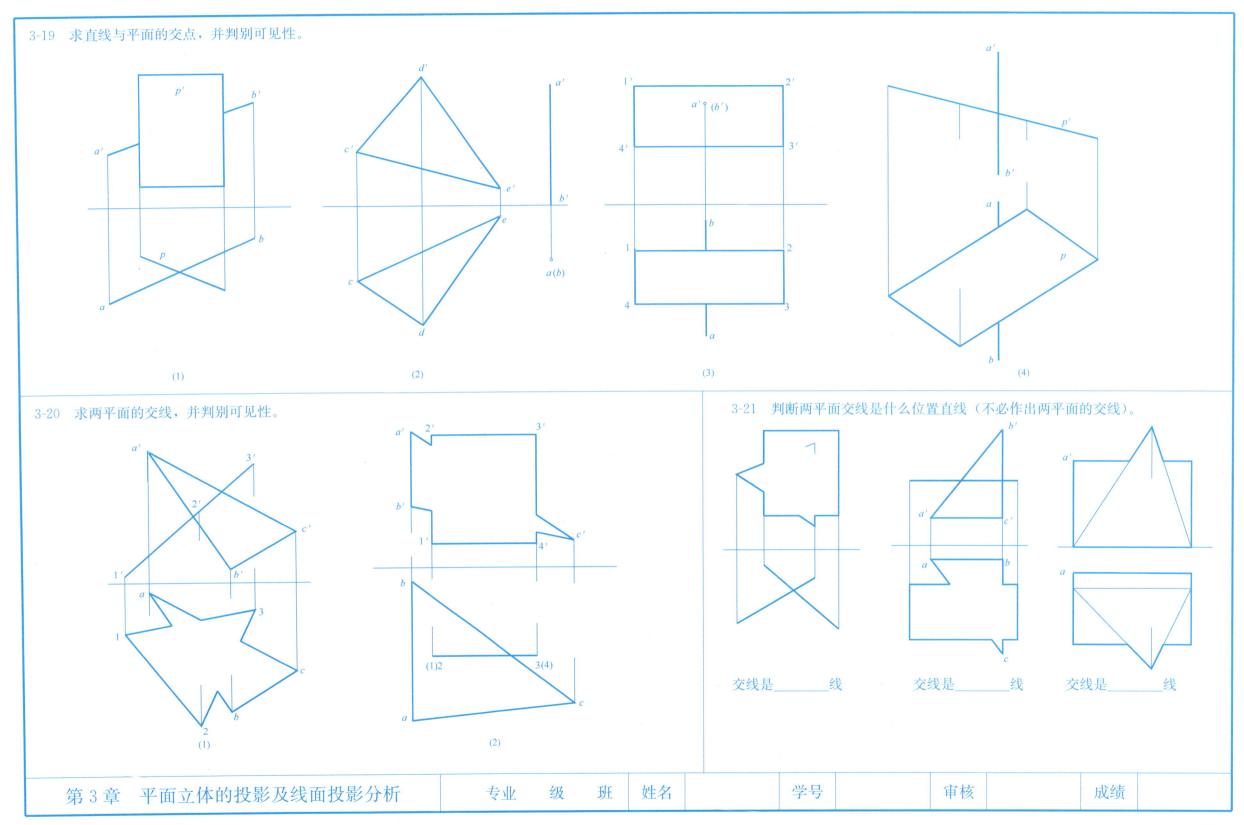

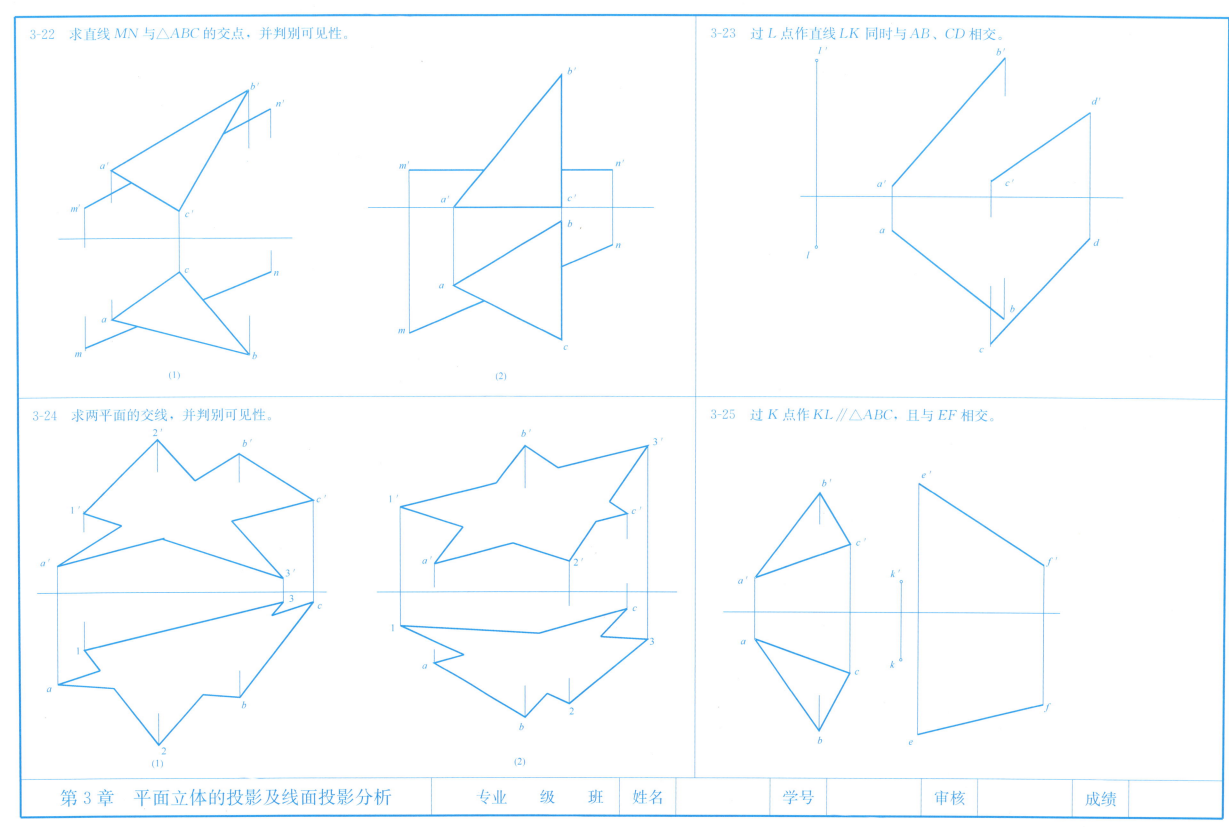

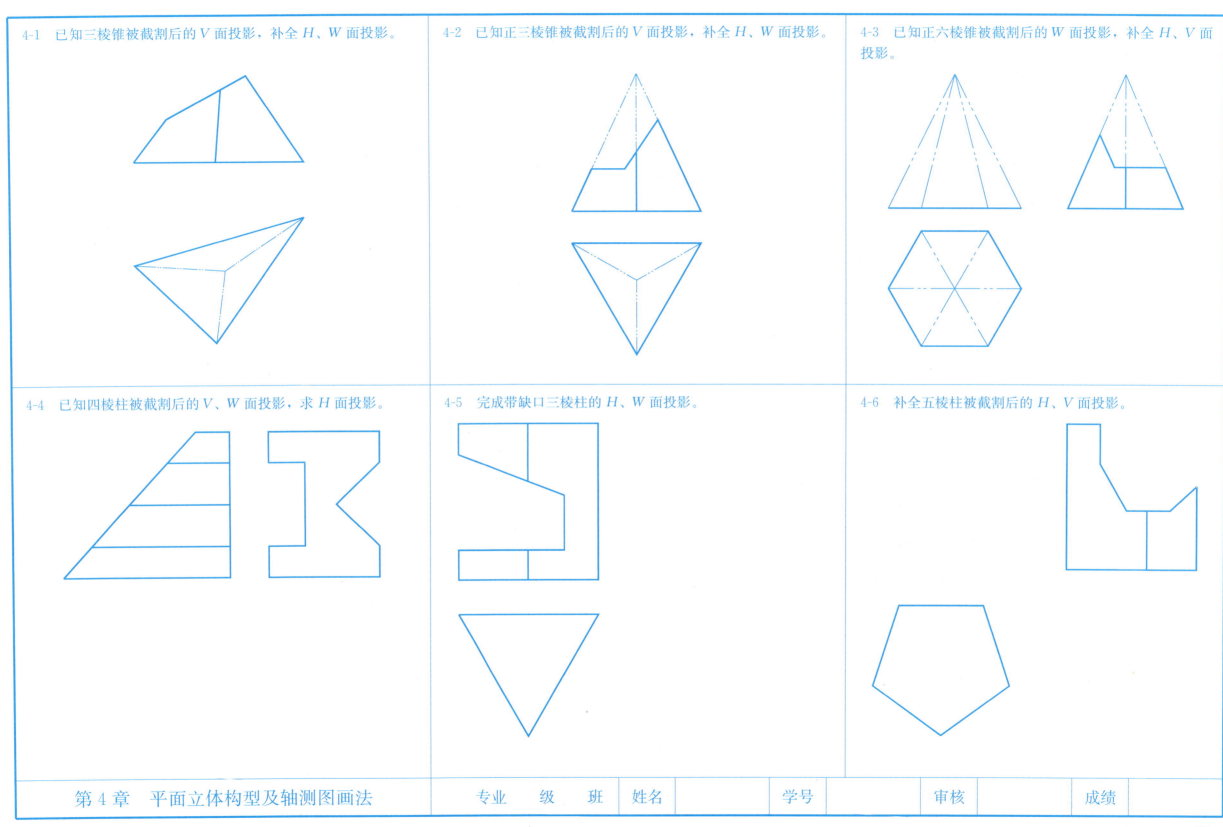

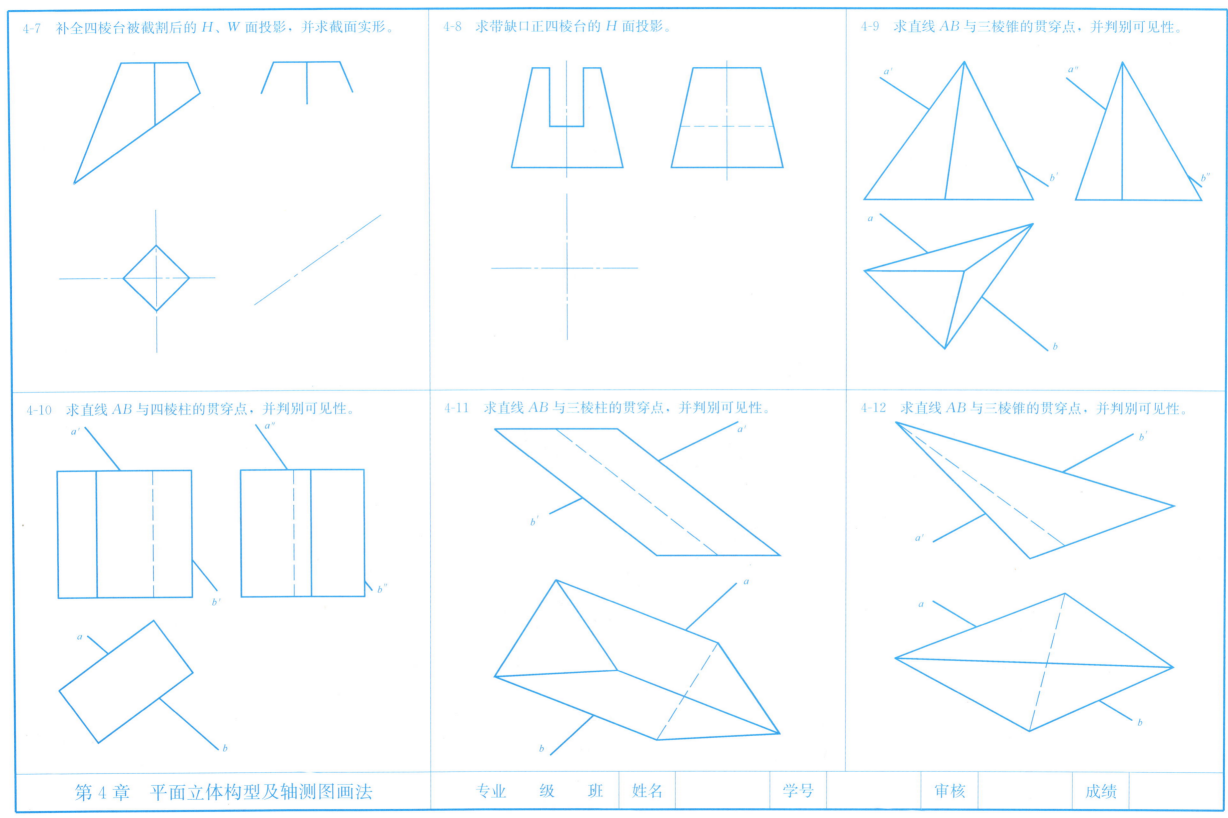

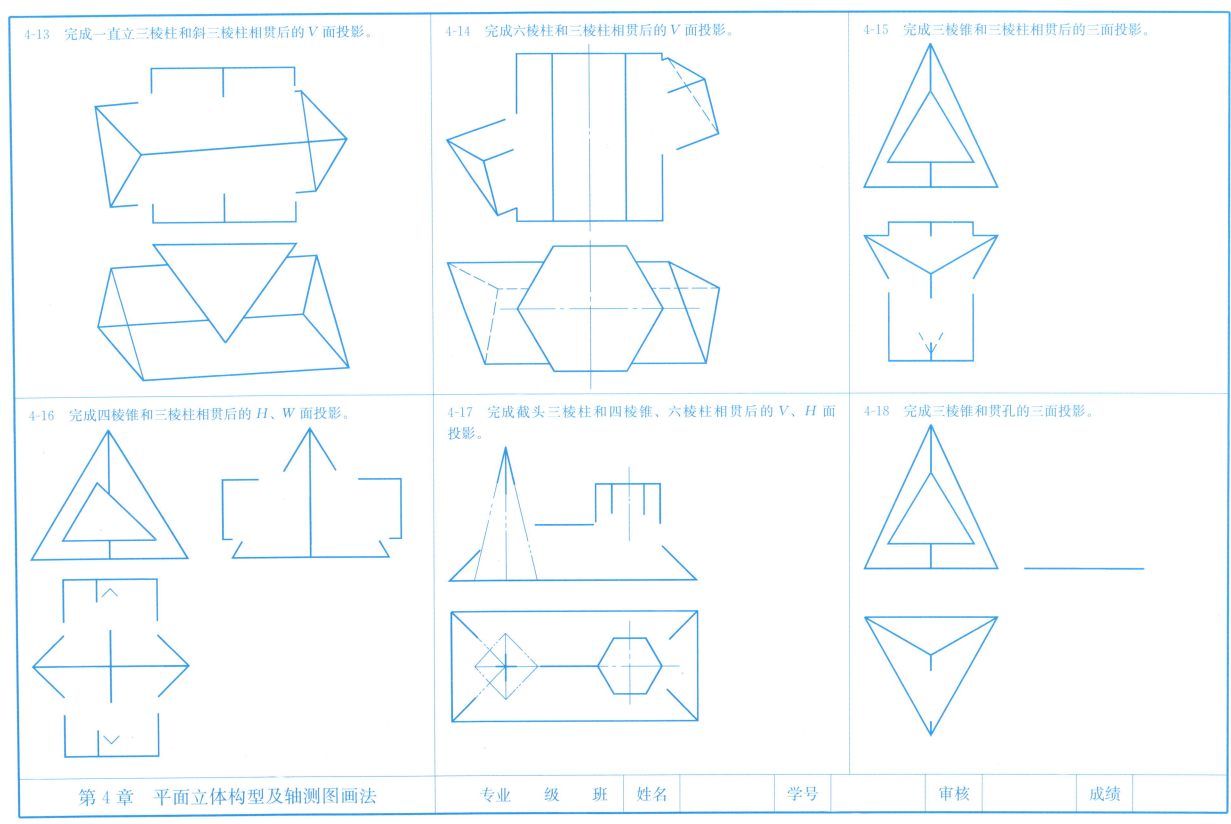

4-19 已知同坡屋面的倾角及其同檐线的平面图，完成屋面的三面投影图。

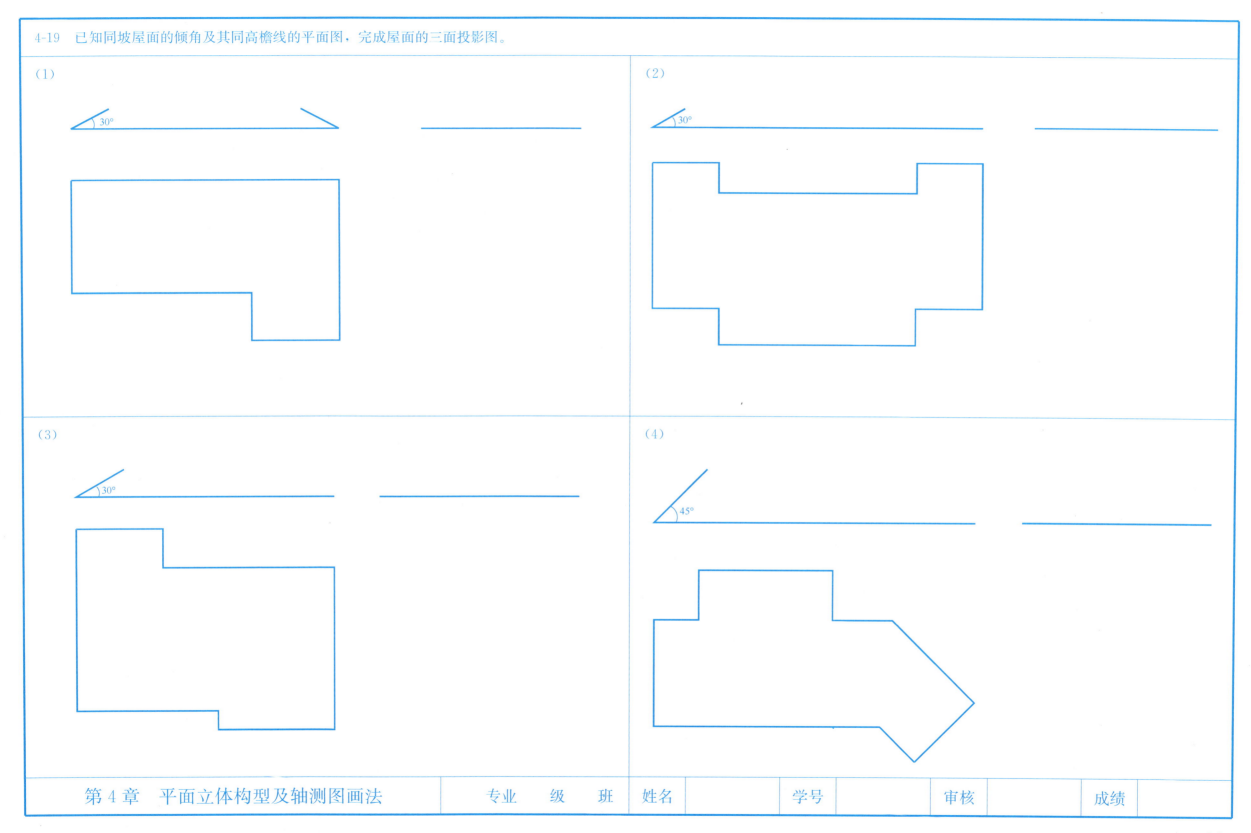

4-20 作下列各形体的正等测图。

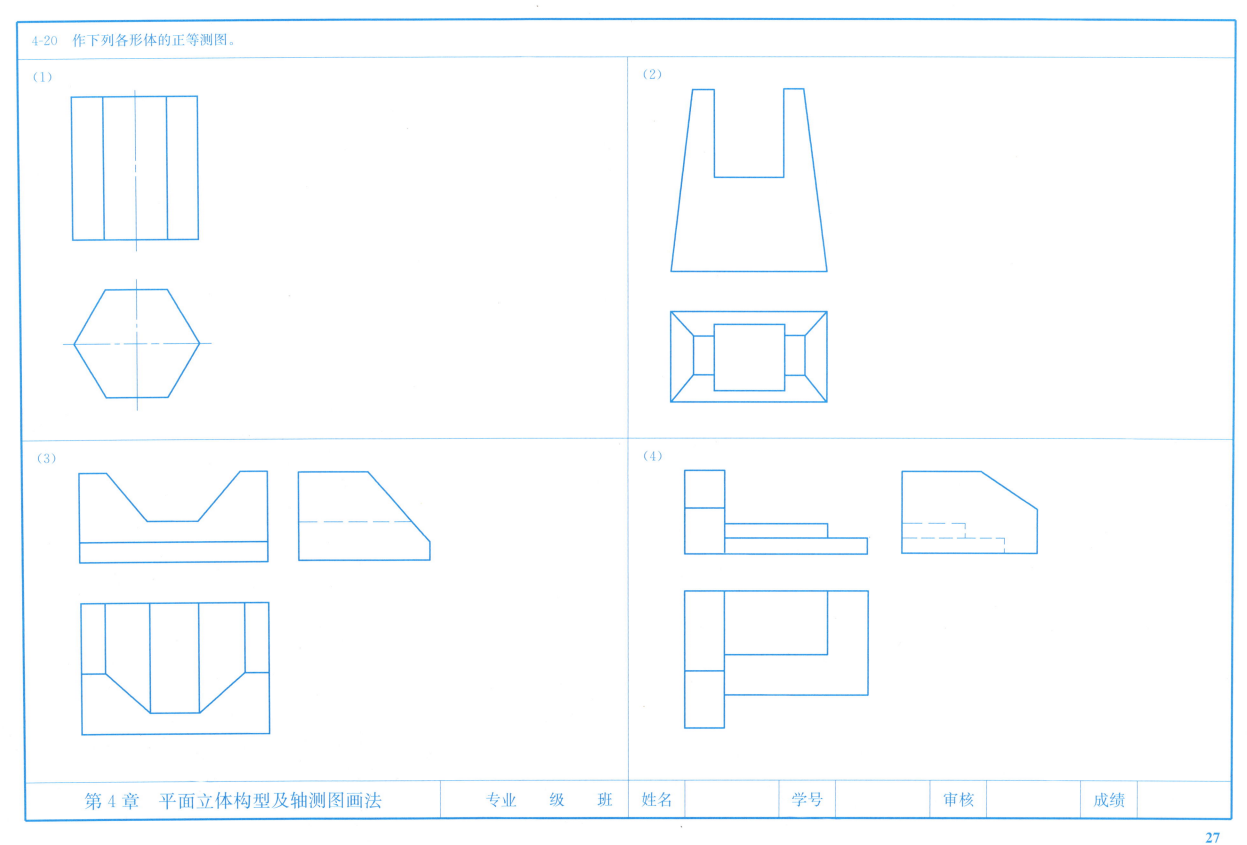

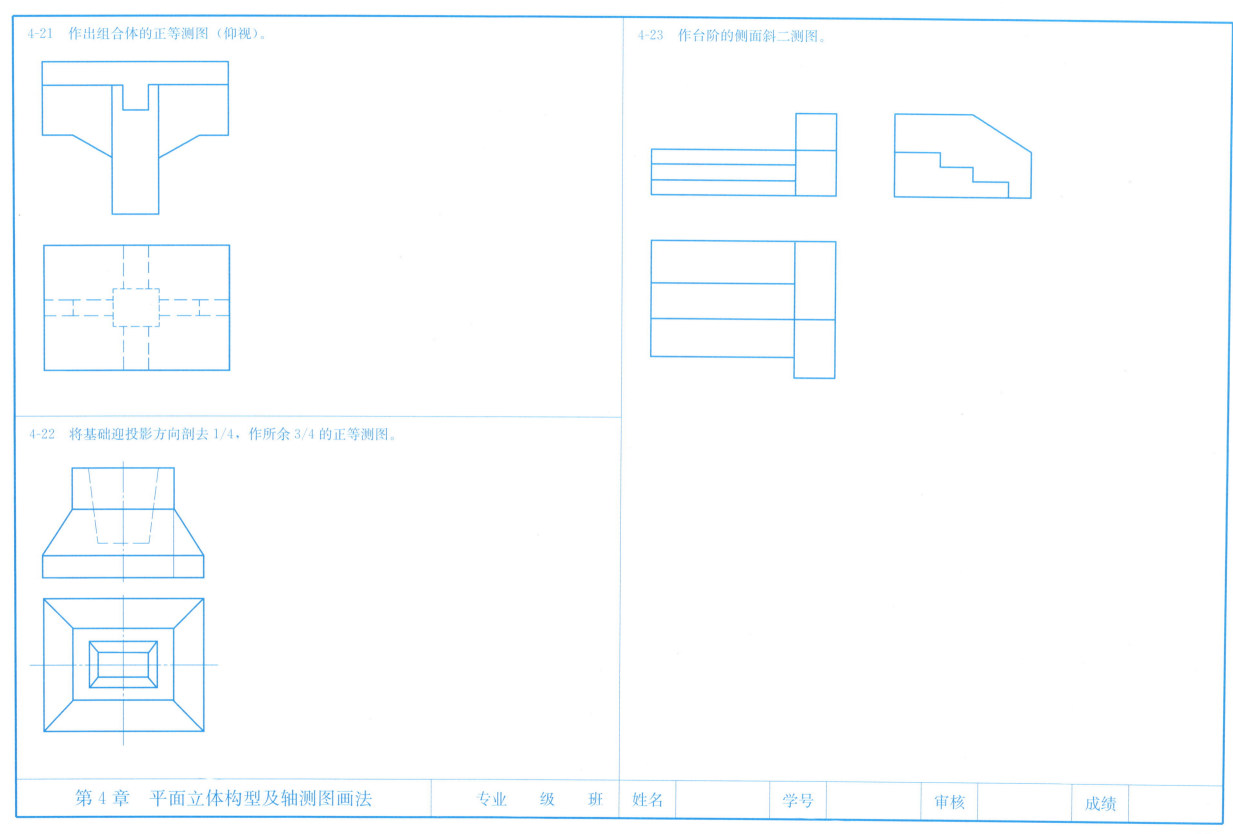

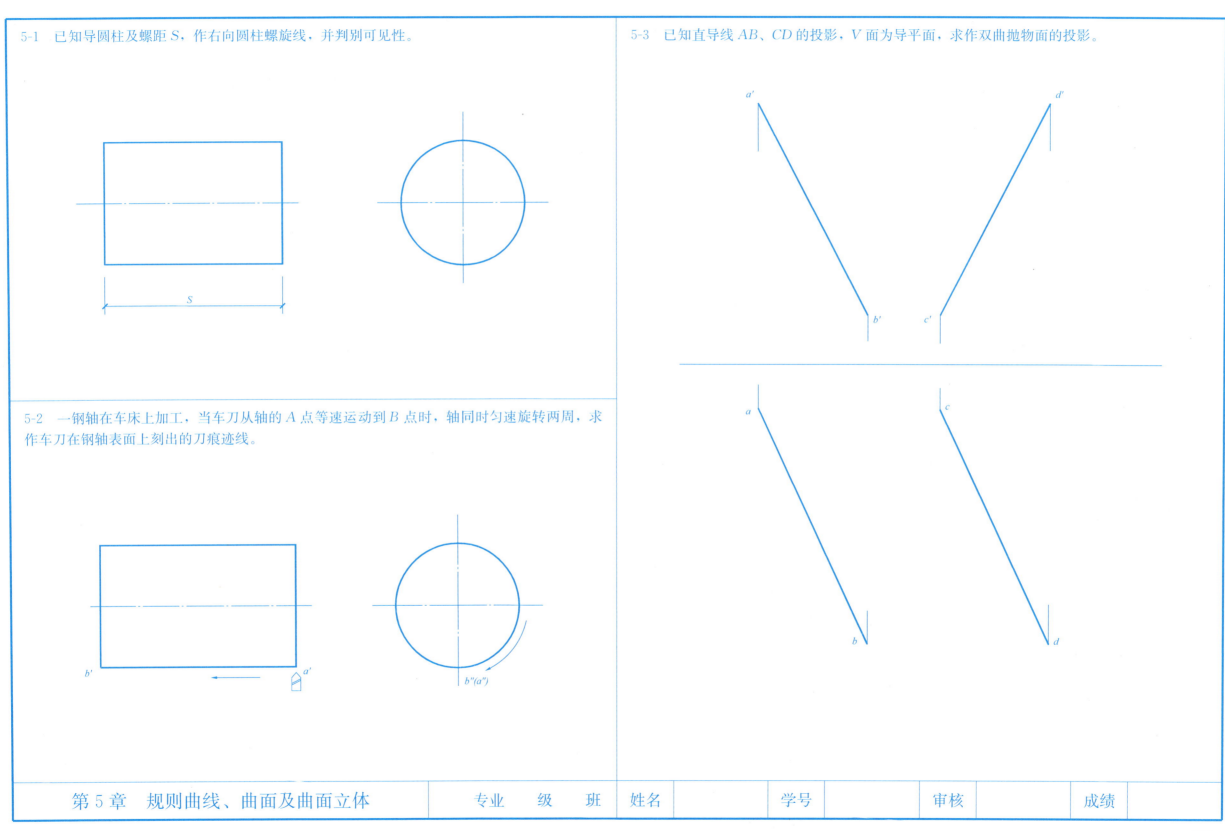

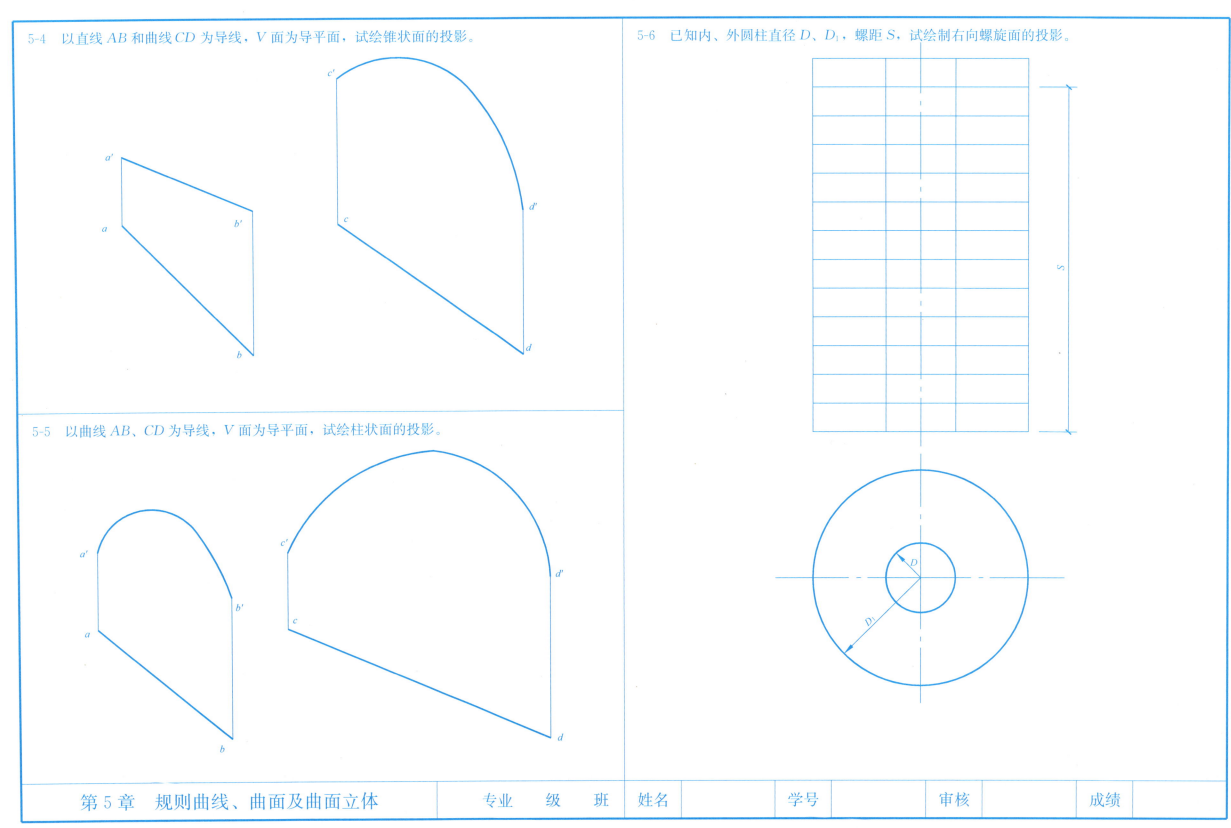

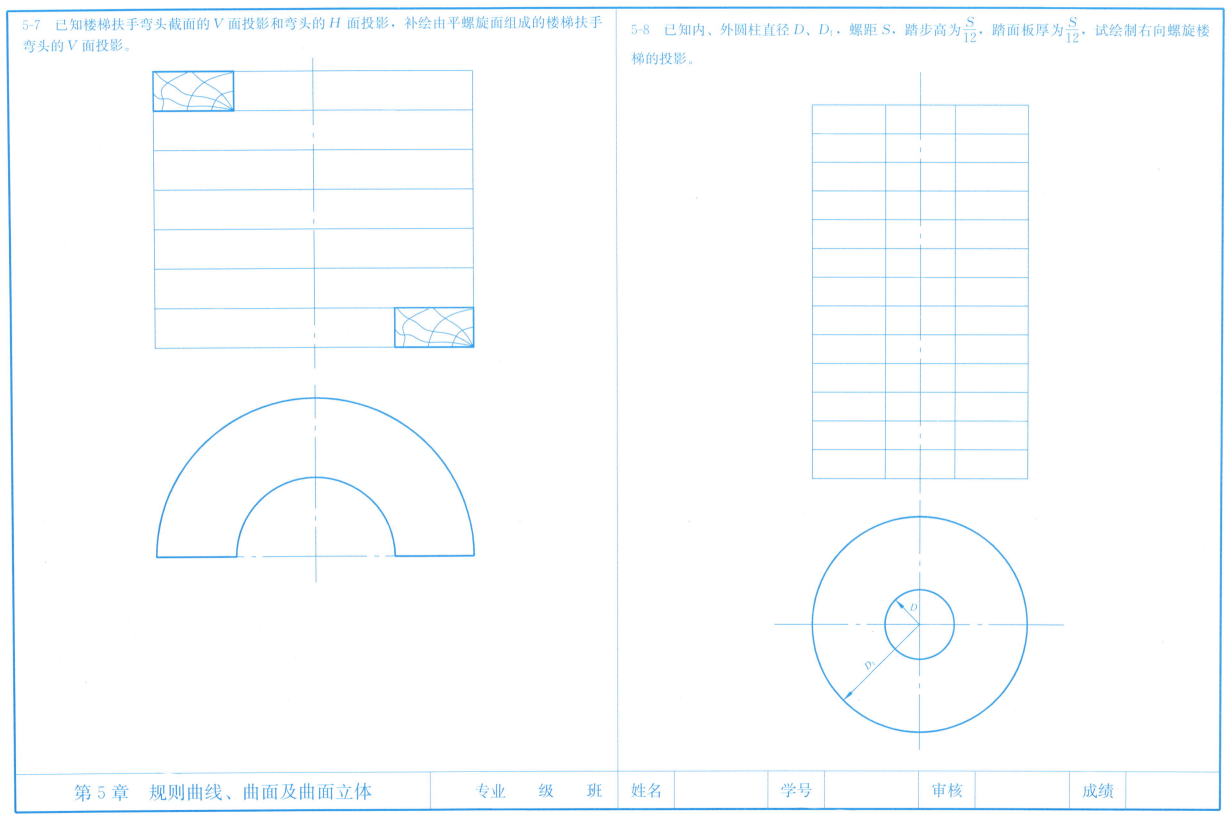

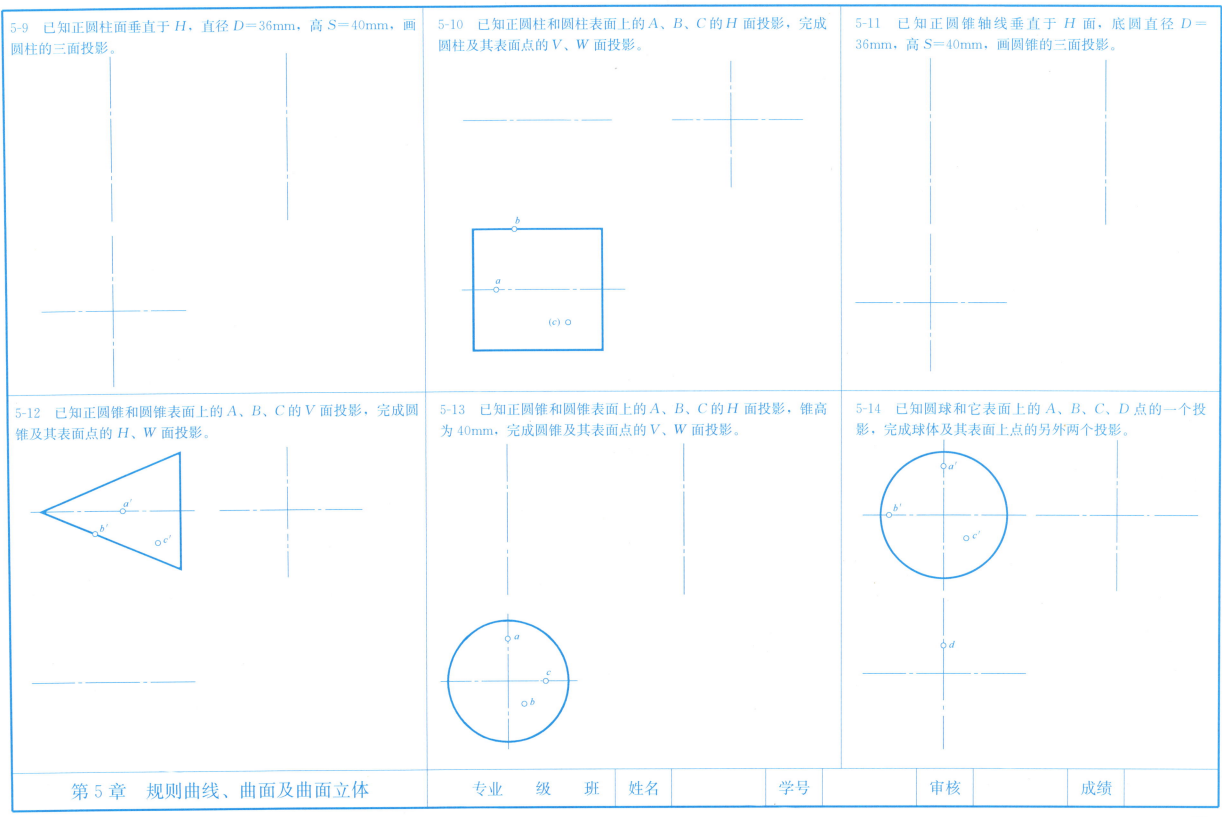

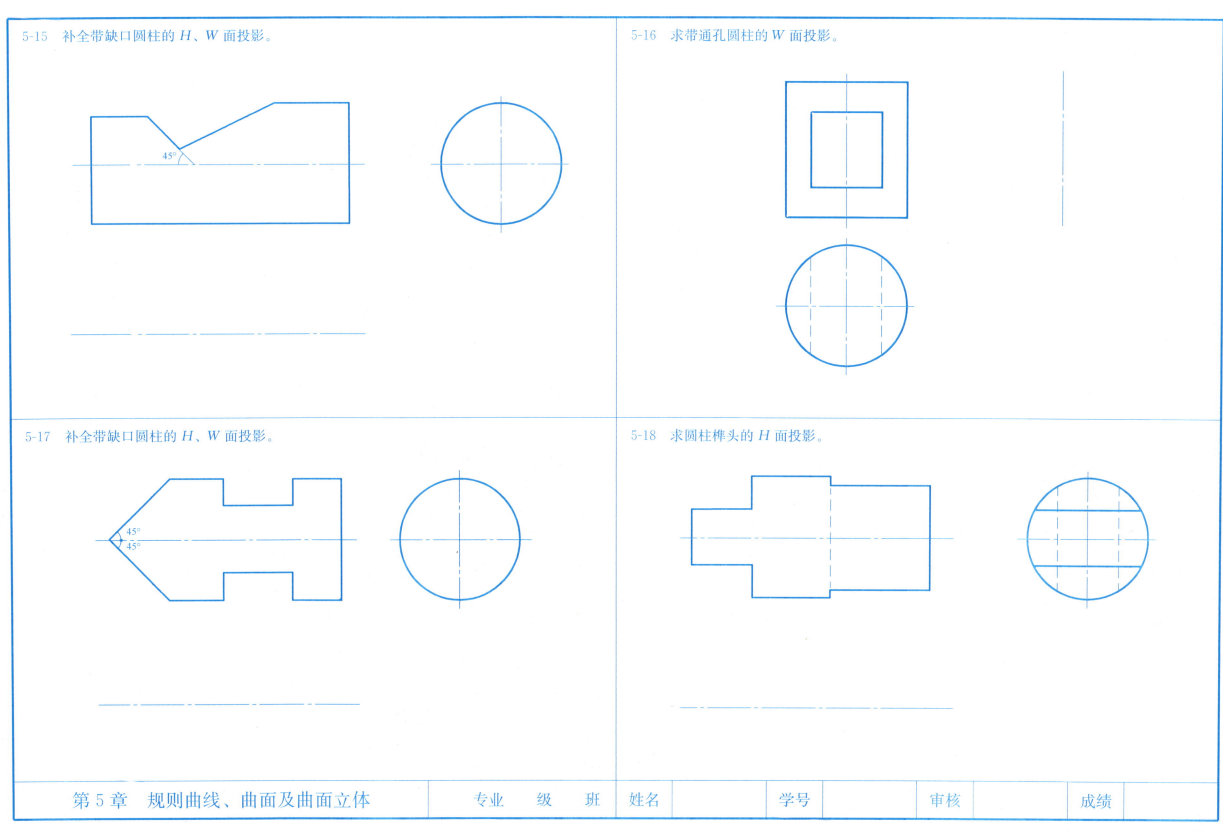

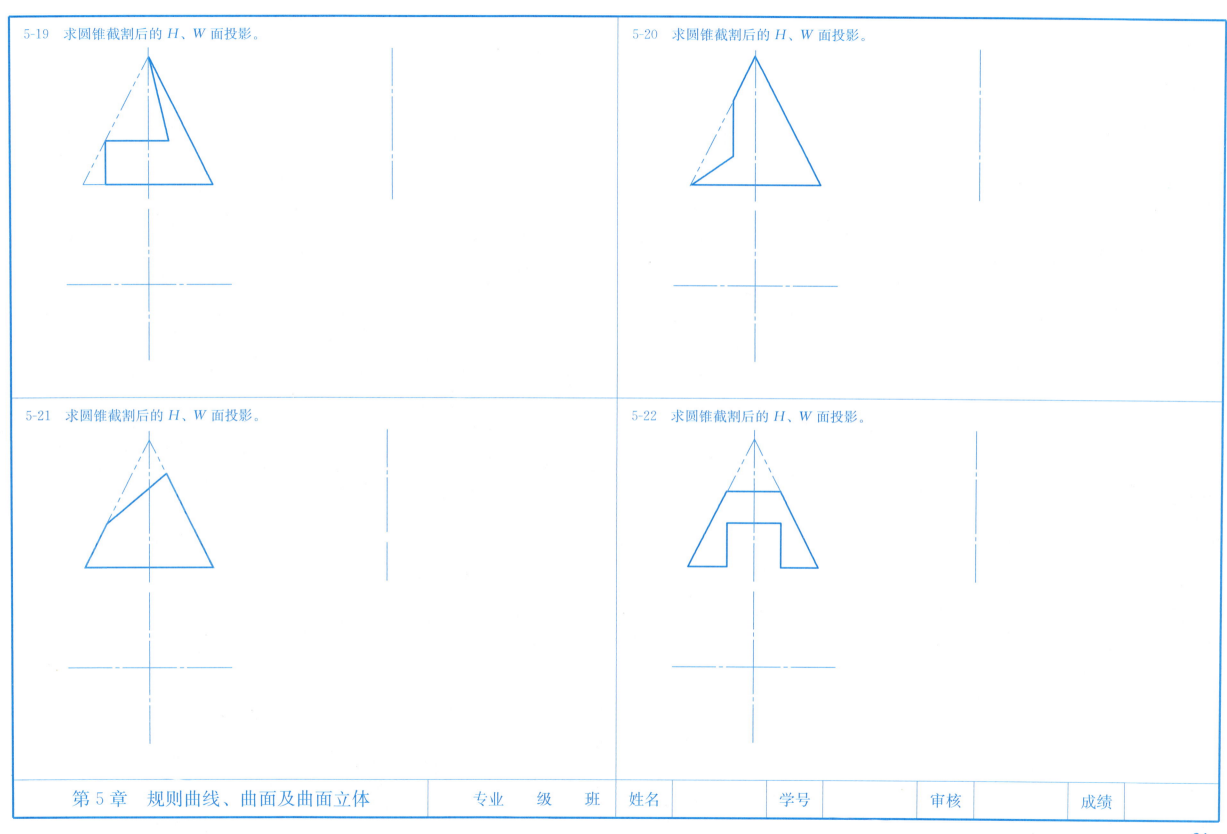

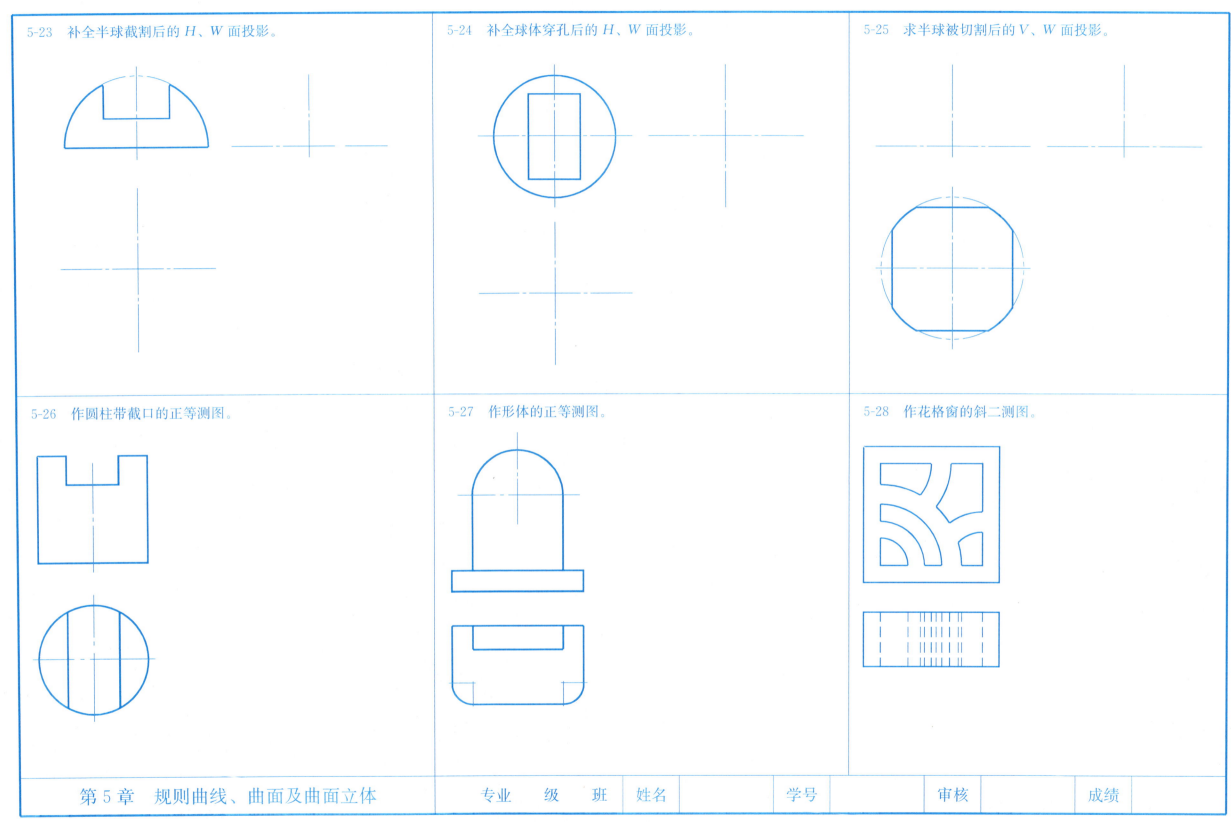

6-1 由组合体的轴测图画出其投影图

画组合体投影图作业指示

一、目的
　　掌握组合体投影图的选择、画图方法及尺寸标注。
二、内容
　　1. 由组合体的轴测图画其 H、V、W 面投影图并标注尺寸。
　　2. 由本页所列的（1）～（4）题中选作二题，图号：js01、js02。
　　3. 图名：组合体投影图。
三、要求
　　1. 每张 A3 幅（297×420）画一题，共两张，图纸横贴。
　　2. 比例：根据题目情况自选比例，合理布置图面。
　　3. 线型：同类图线规格一致（粗细、短线长度及间隔等），粗、中、细线型分明，图线标准粗度 b 约 0.7mm。
　　4. 字体：图名字高 10mm，姓名、专业名等说明文字高 5mm，尺寸数字高 3mm。书写前要轻画字格控制汉字字高，或轻画导线控制数字、字母的字高。
　　5. 图纸总要求：投影正确、布图匀称、图面整洁，线型清晰分明，尺寸标注正确，字体工整。

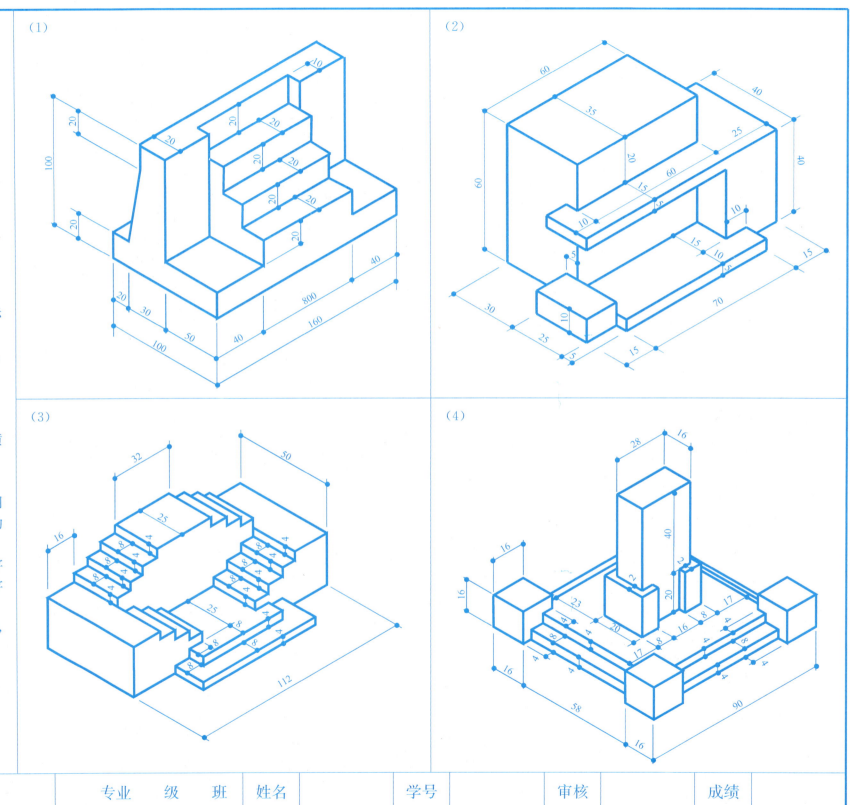

第 6 章　组　合　体

6-2 补出下列组合体投影图中所缺图线（注意读图补线练习的要求是以最少图线使投影图成立）。

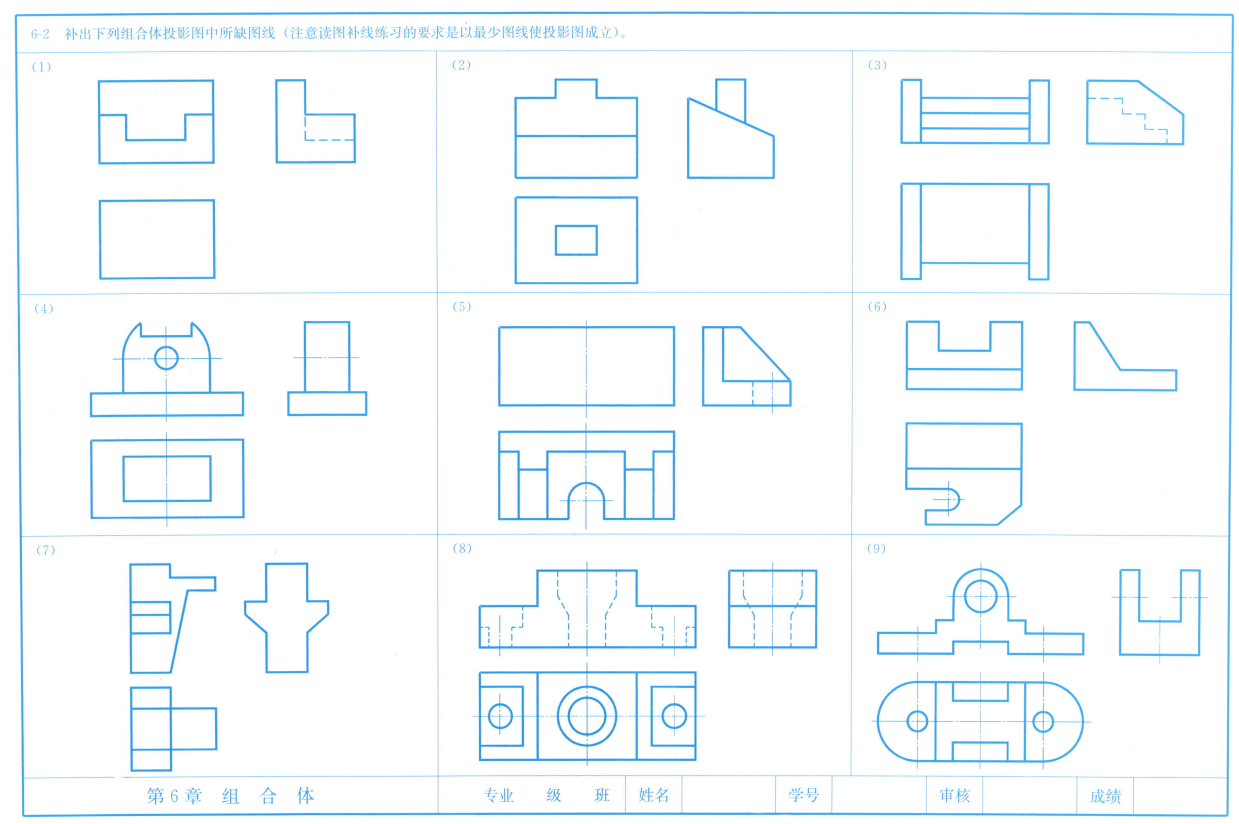

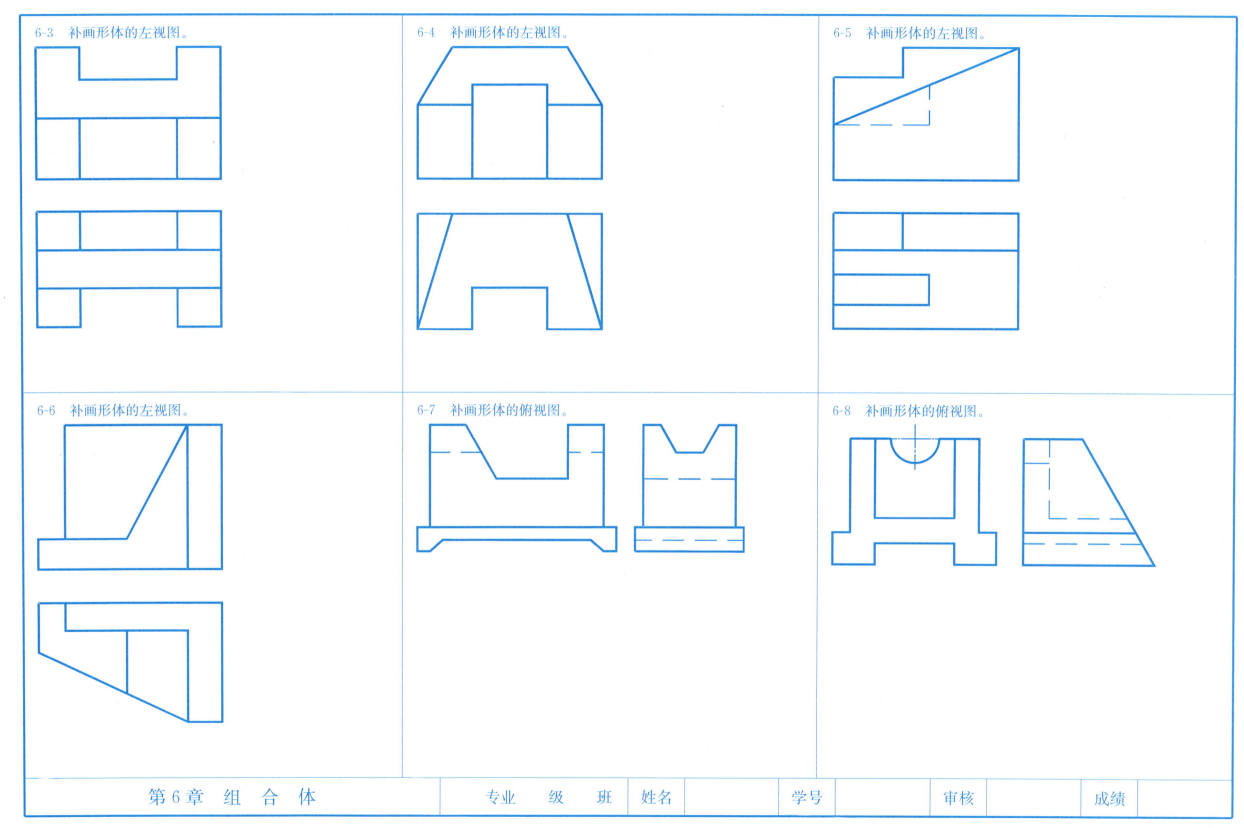

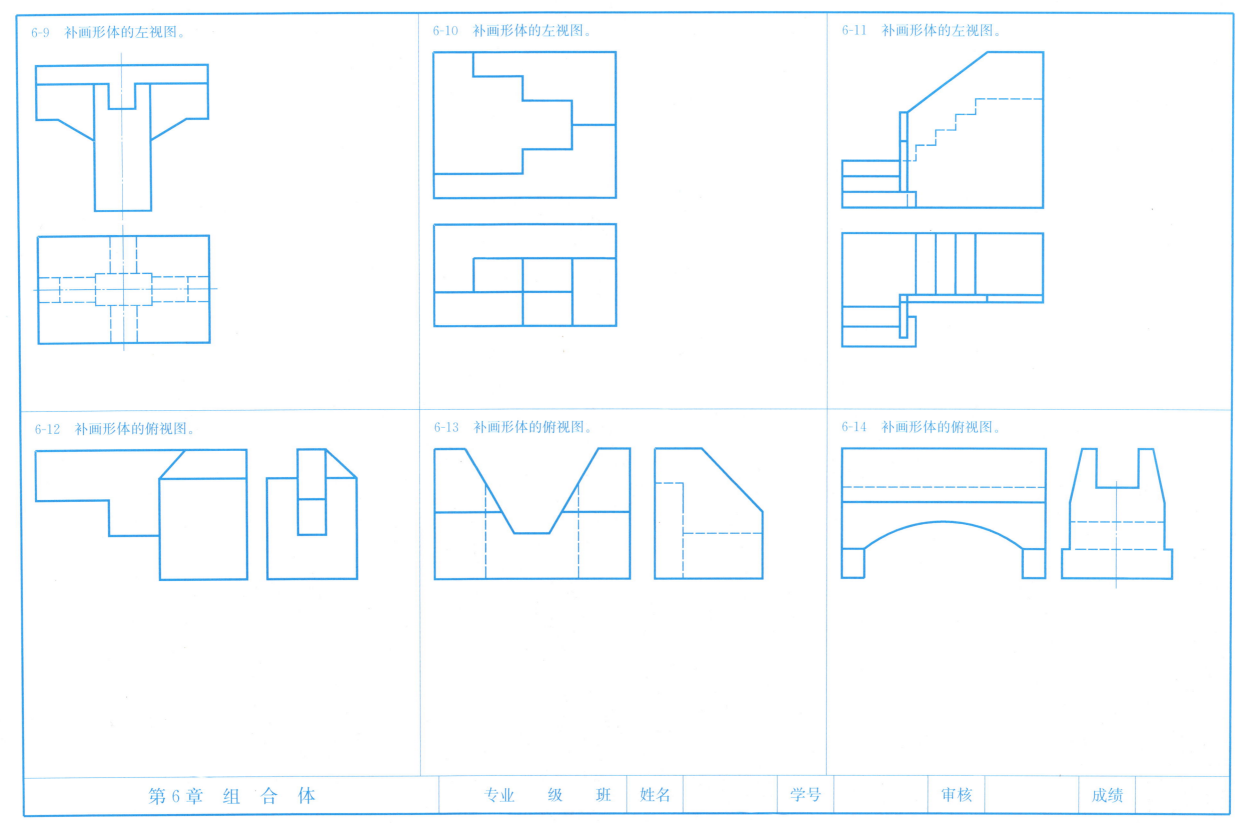

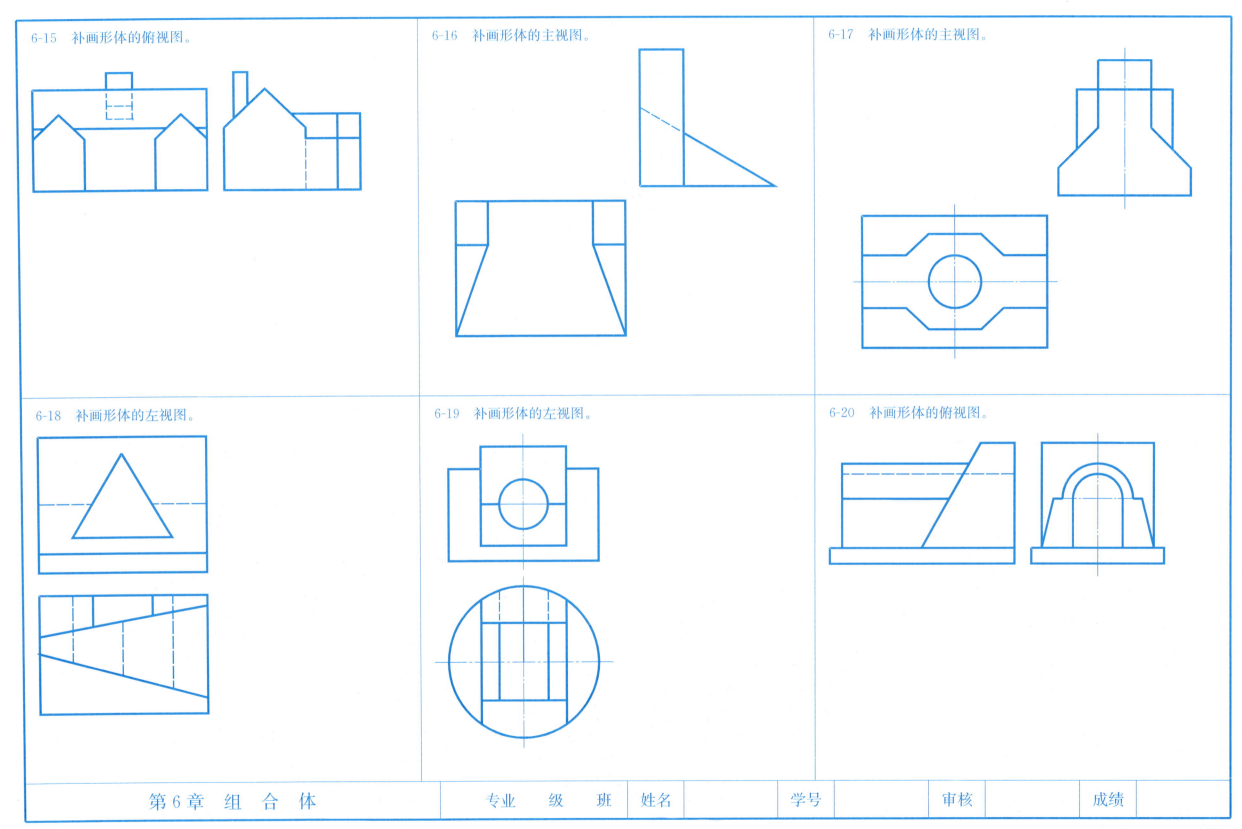

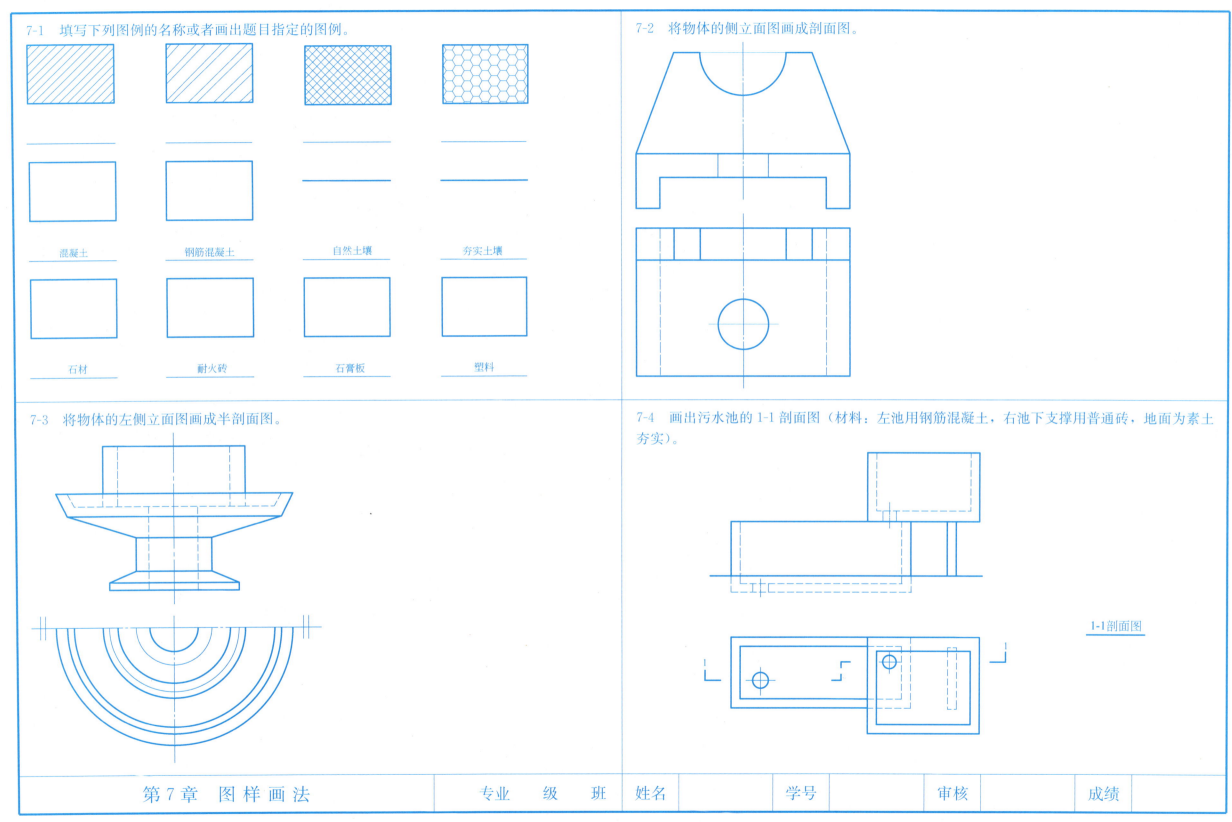

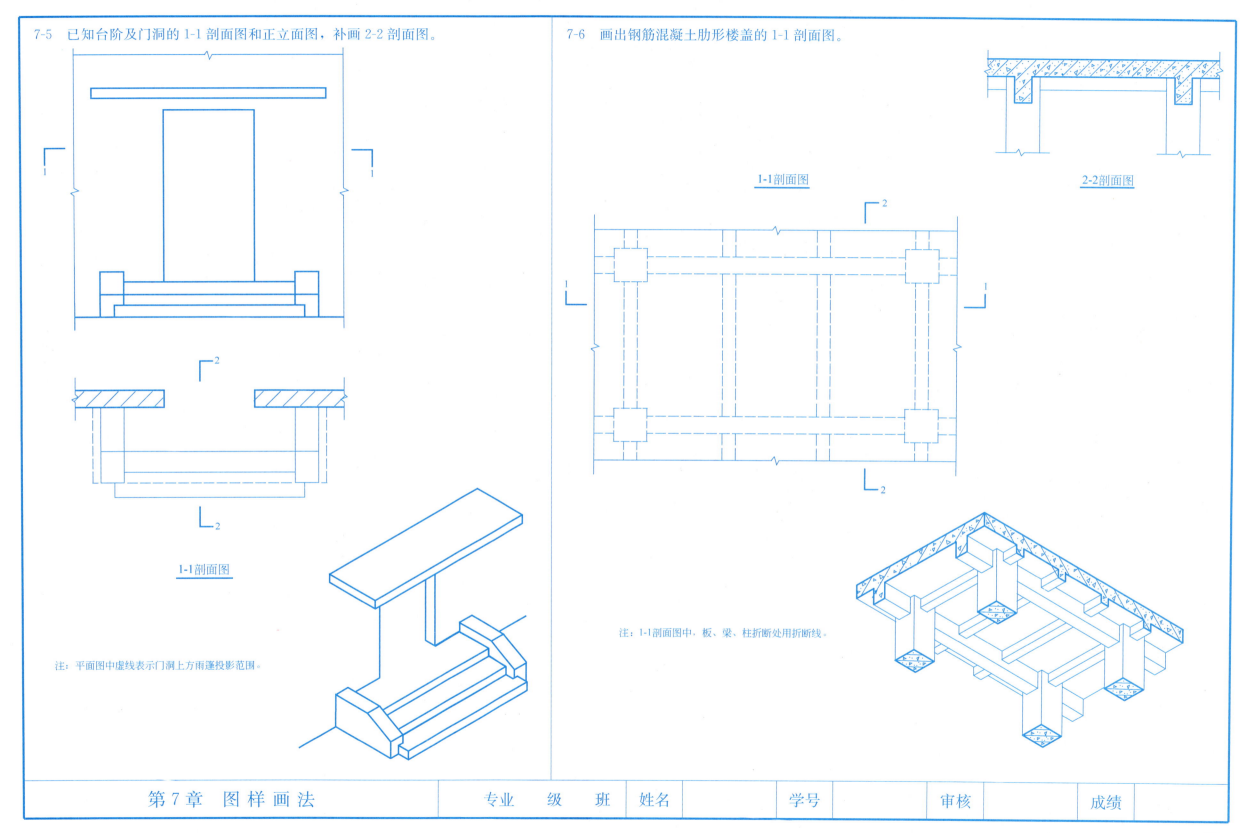

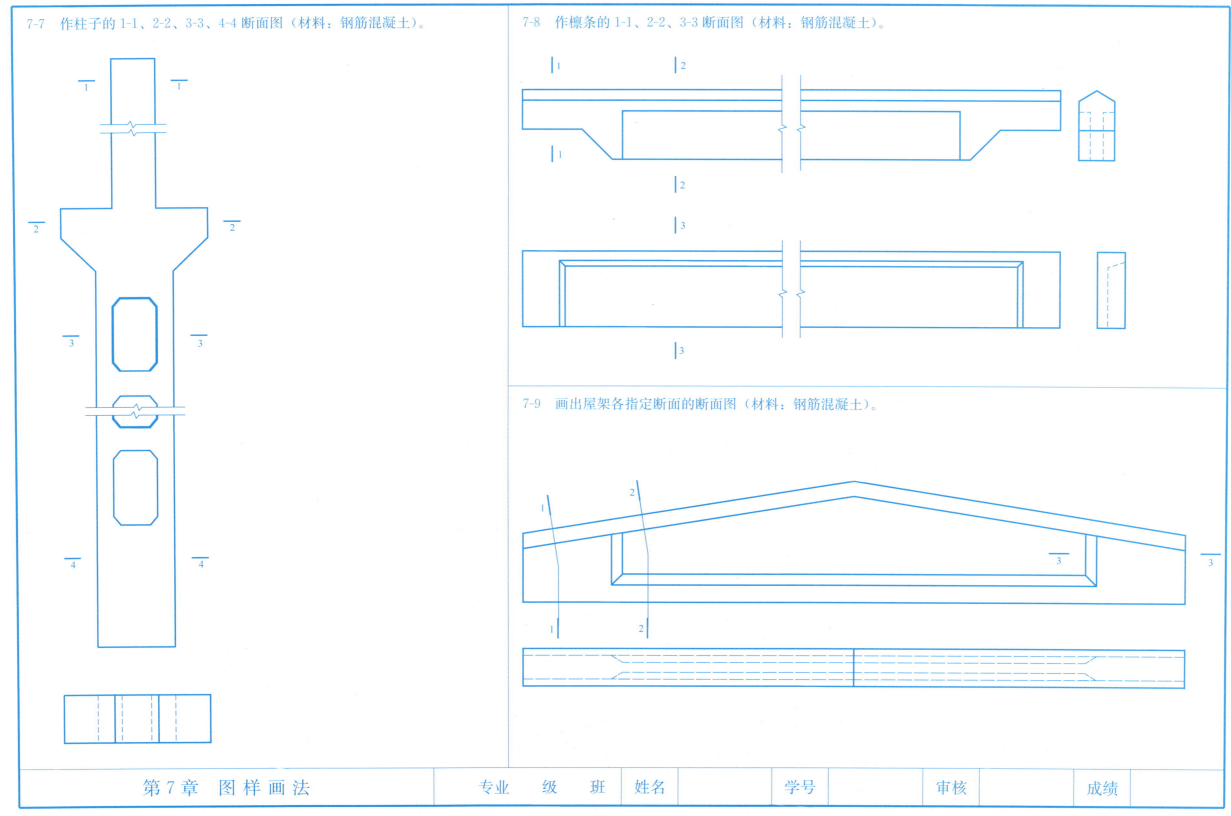

8-1 填空题。

1. 点的透视投影和其基透视位于同一条_____线上，当点位于_____上时，其基透视恰好在基线上。

2. 空间点位于画面前时，其透视高_____真高；
   空间点位于画面上时，其透视高_____真高；
   空间点位于无穷远时，其透视高_____。

3. 直线与画面的交点称为直线的_____，其透视与自身位置_____。

4. 直线上无穷远点的透视叫做_____，它的作图是过视点_____
   _____。

5. 直线平行于画面时，直线的透视与自身_____，其基透视_____。
   该类直线的透视与 h-h 的夹角反映_____。

6. 人的视野范围近似圆锥，称为_____，水平视角最佳值约为_____。

7. 绘制透视平面图确定站点位置，常取 ss_g 长度为画面近似宽度 B 的_____倍。

8-2 根据图中的透视结果，写出各直线的空间位置特点。

AB 是_____线   CD 是_____线
EF 是_____线   JK 是_____线
MN 是_____线

8-3 连线题：

下列各图各组成部分均为四棱柱，根据透视图在下方三列中对应正确项之间连线。

(a)   (b)   (c)

图（a）   一点透视   斜透视
图（b）   两点透视   成角透视
图（c）   三点透视   平行透视

8-4 已知相交两直线 AB 与 AC 均在基面上，求作其透视。

第 8 章 透视投影

44

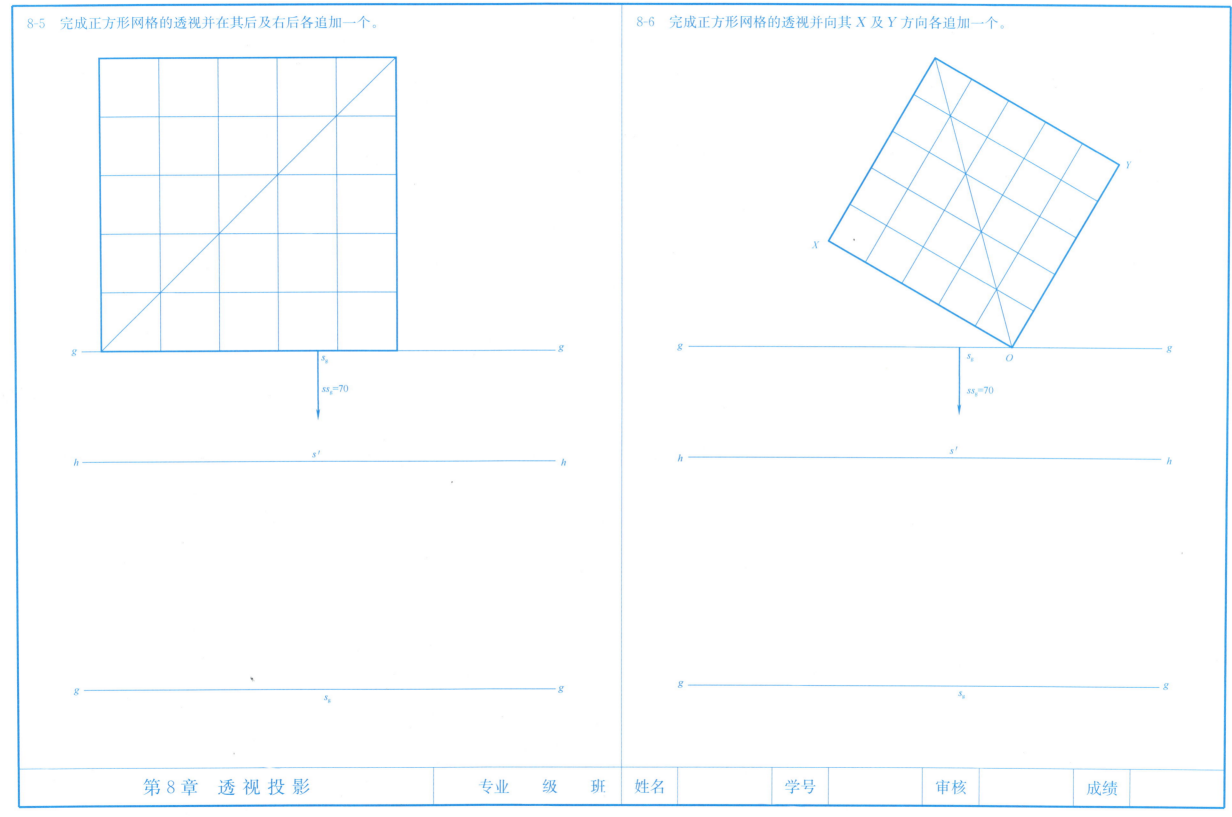

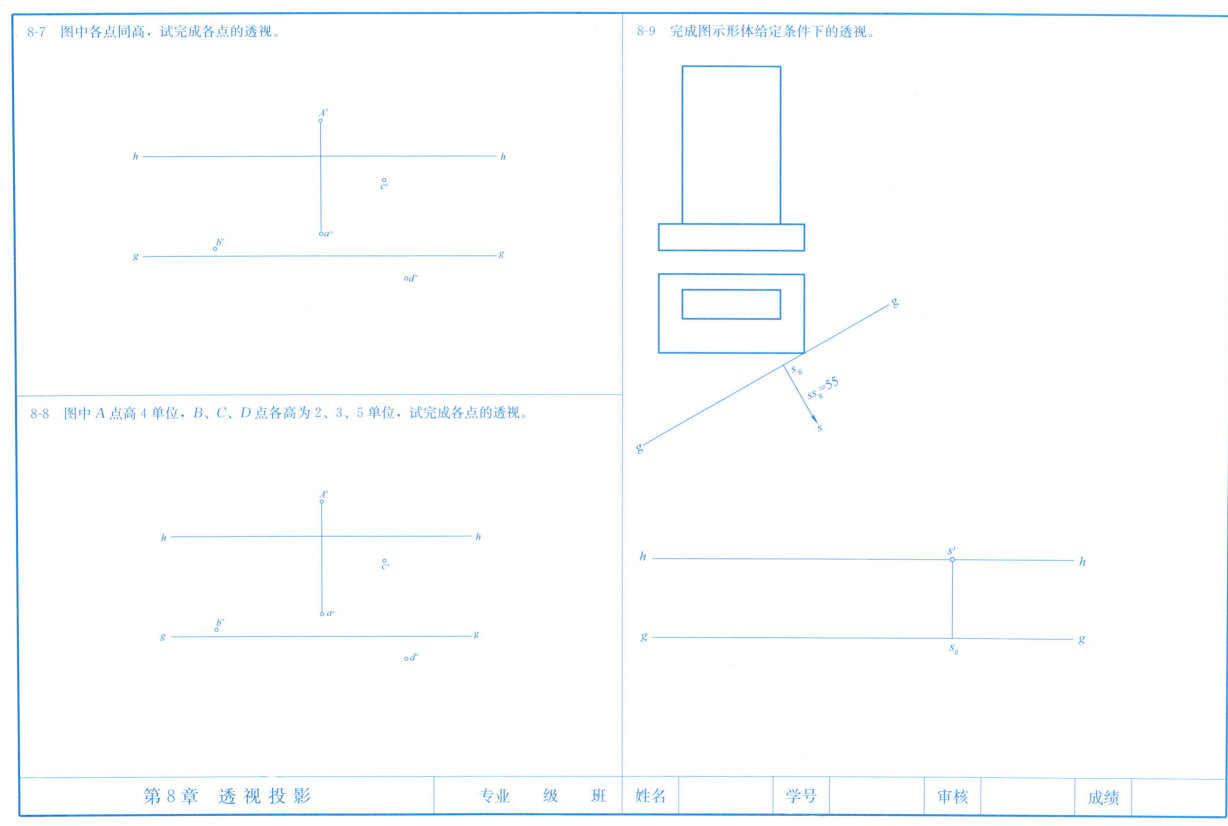

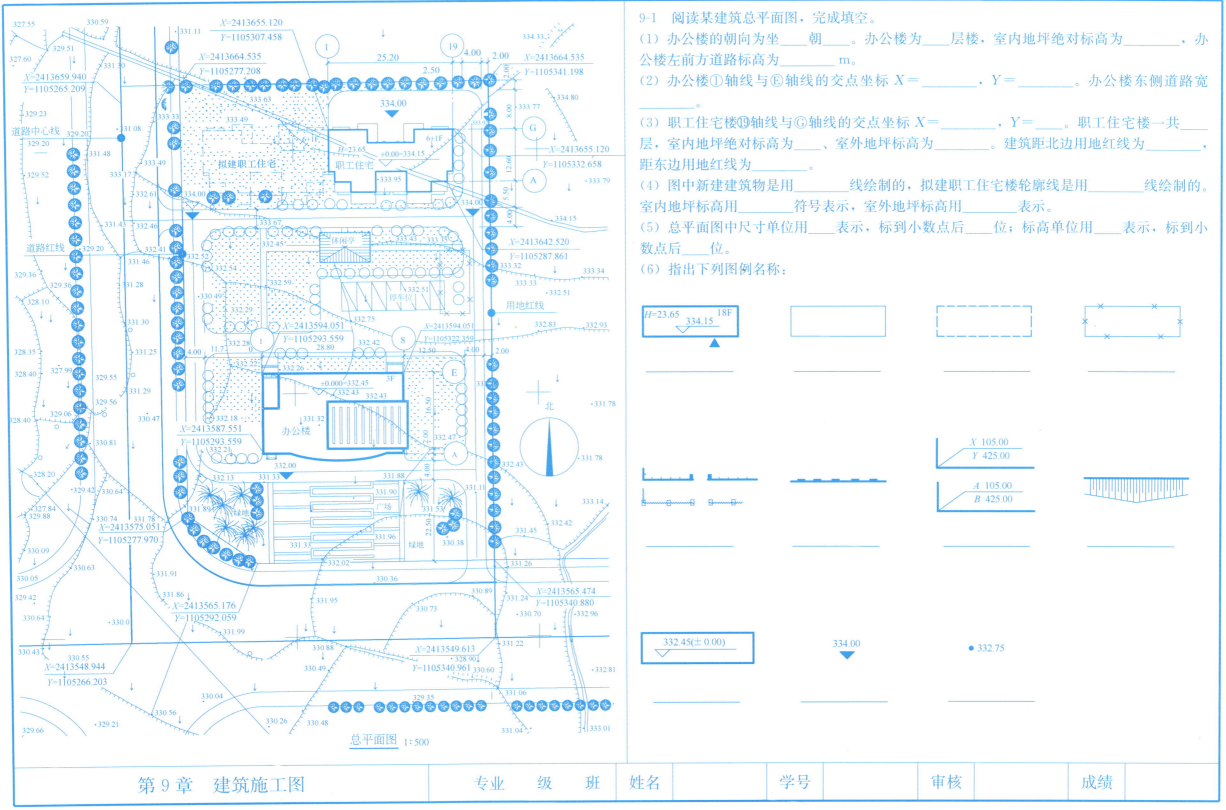

9-1 阅读某建筑总平面图，完成填空。

（1）办公楼的朝向为坐____朝____。办公楼为____层楼，室内地坪绝对标高为_____，办公楼左前方道路标高为_____ m。

（2）办公楼①轴线与Ⓔ轴线的交点坐标 X＝_____，Y＝_____。办公楼东侧道路宽_____。

（3）职工住宅楼⑲轴线与Ⓖ轴线的交点坐标 X＝_____，Y＝_____。职工住宅楼一共____层，室内地坪绝对标高为____、室外地坪标高为_____。建筑距北边用地红线为_____，距东边用地红线为_____。

（4）图中新建建筑物是用_____线绘制的，拟建职工住宅楼轮廓线是用_____线绘制的。室内地坪标高用_____符号表示，室外地坪标高用_____表示。

（5）总平面图中尺寸单位用____表示，标到小数点后____位；标高单位用____表示，标到小数点后____位。

（6）指出下列图例名称：

第9章 建筑施工图

某传达室平面图、立面图、剖面图实训作业指示书

一、要求

1. 仔细阅读本习题集第 49 页及第 50 页某传达室的平、立、剖面图及有关详图。
2. 按 1∶50 的比例，用 A2 图幅抄绘传达室的平、立、剖面图。

二、步骤

1. 绘图幅、图框、图标的底稿线。
2. 布置图面。即定出平面图、①-③立面图、Ⓐ-Ⓓ立面图、剖面图的位置。在确定各图位置时，应注意留足尺寸和图名标注的位置。
3. 画平面图、立面图、剖面图底稿线。
4. 按各图的线型要求加深图线：

平面图：凡剖切到的墙体轮廓线画粗实线，其粗度为 b。门的开启符号线为中粗线，粗度为 $0.5b$。窗的图例符号线及其他未剖切到的投影可见轮廓线为细实线，粗度为 $0.25b$。

立面图：室外地坪线用特粗线（$1.5b\sim 2b$）。立面图的主要轮廓线用粗实线（b）。立面图的可见次要轮廓线，如檐口线、勒脚线、墙或柱的棱线、窗台等用中实线（$0.5b$）。门窗洞口及门窗扇的分格线、墙面符号线等用 $0.25b$ 细实线。

剖面图：与平面图相似，凡剖切到的轮廓线用粗实线（b），其余未剖切到的投影可见轮廓线及门窗图例符号线用 $0.25b$ 细实线。

此外，轴线、尺寸线等用 $0.25b$ 细实线，尺寸起止符号用 $0.5b$ 中实线画出。

最后标注尺寸，书写图中汉字，填写图标，修整图画，完成全图。

| 第 9 章 建筑施工图 | 专业 | 级 | 班 | 姓名 | | 学号 | | 审核 | | 成绩 | |

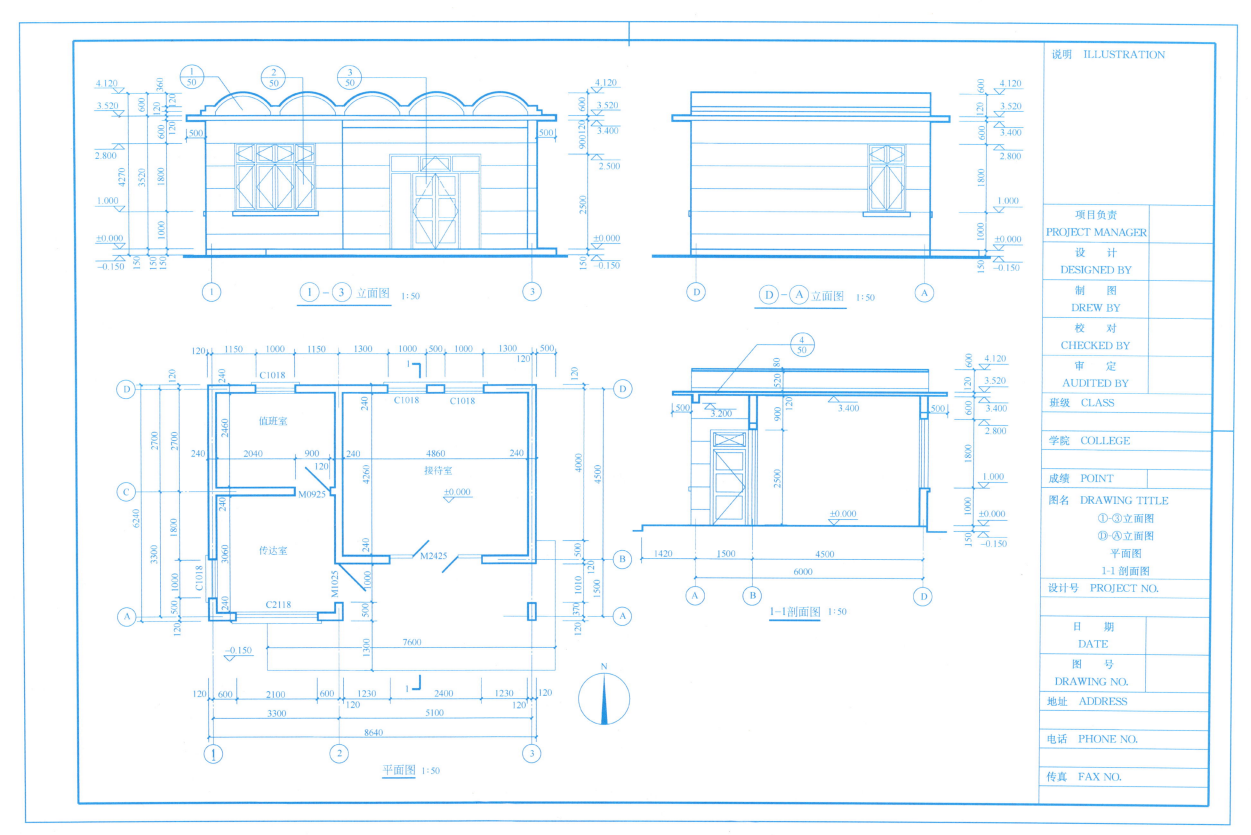

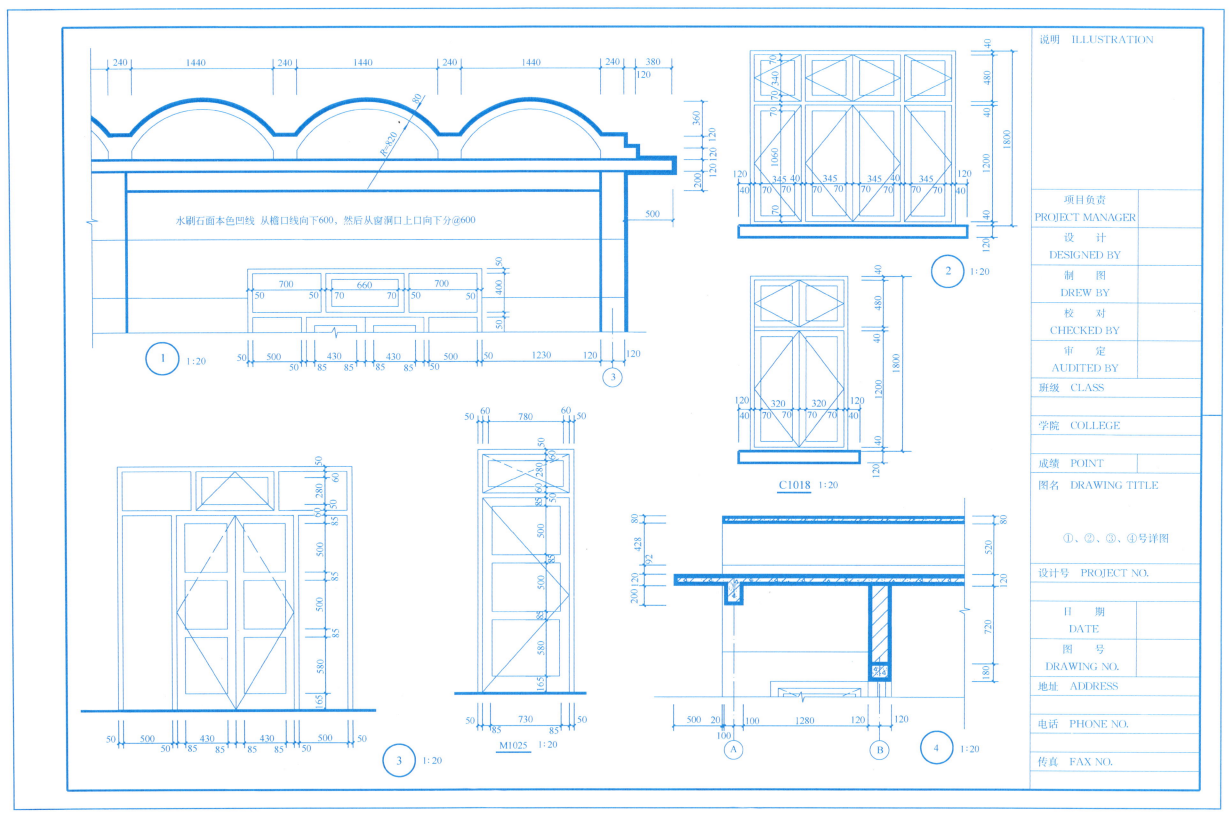

抄绘某学员宿舍工程
施工图作业指示书

1. 已知"某学员宿舍工程"建筑施工图（本习题集第52页到61页）、结构施工图（本习题集第62页到63页）。

2. 要求用A2图幅（420×594）按原比例尺规抄绘以下图样：
   (1) 建施图一（图纸编号：JS-01 立式）：抄绘①-⑦立面图、一层平面图。
   (2) 建施图二（图纸编号：JS-02 横式）：抄绘Ⓐ-Ⓓ立面图、1-1剖面图、①、②号详图以及M1020立面图、C1518立面图。
   (3) 建施图三（图纸编号：JS-03 横式）：抄绘楼梯间详图（见本习题集第61页）。

3. 要求用A3图幅（297×420）绘制以下图样：
   (1) 结施图一（图纸编号：GS-01）：抄绘二层结构布置平面图、构件统计表（见本习题集第62页）。
   (2) 结施图二（图纸编号：GS-02）：抄绘XL24配筋图及钢筋明细表（见本习题集第63页）。

图纸目录

图号	图纸内容	备注
JS01	作业指示书　总平面图　图纸目录	
JS02	建筑施工图设计说明　门窗统计表	
JS03	一层平面图	
JS04	标准层平面图	
JS05	屋顶平面图	
JS06	楼梯间屋顶平面图，①、②号详图，M1527立面图，M1020立面图，C1518立面图	
JS07	①-⑦立面图	
JS08	⑦-①立面图	
JS09	Ⓓ-Ⓐ立面图，Ⓐ-Ⓓ立面图	
JS10	1-1剖面图，2-2剖面图	
JS11	楼梯间详图	
JS12		
JS13		

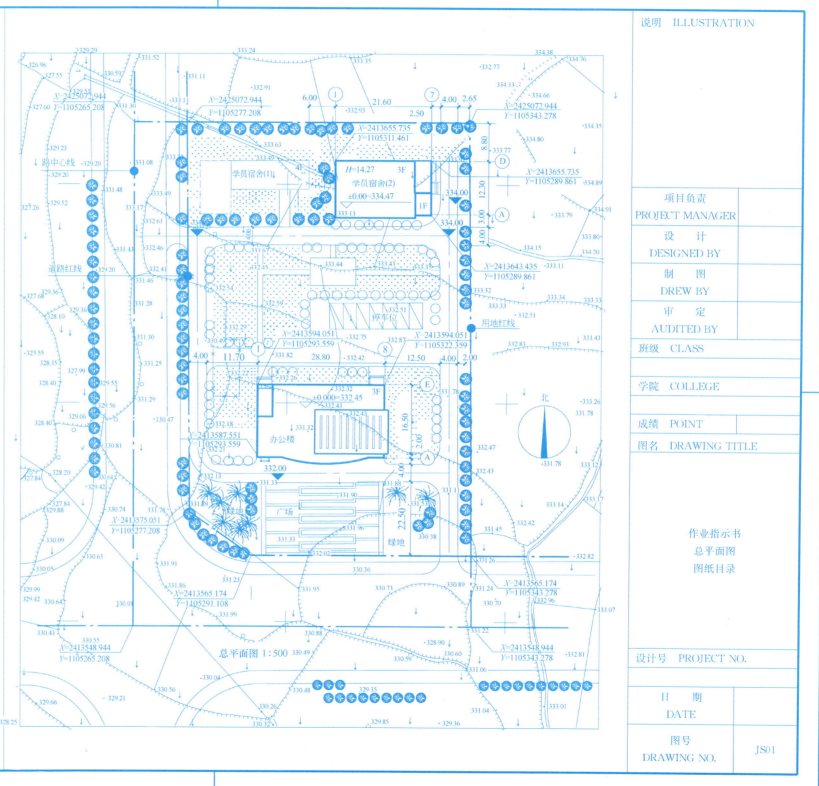

总平面图 1:500

建筑施工图设计说明

一、设计依据
1. 建设工程设计合同 031201 号。
2. 规划红线图。
3. 2003 年 12 月××县开发建设指挥部对方案的审查意见。

二、工程性质、规模、层数
本工程为××县煤炭矿山安全生产救援培训中心学员宿舍,层数为 3 层。
总建筑面积:809.7552m²。

三、位置
本工程位于四川省××县××镇。新建建筑定位见总平面图上定位坐标。

四、标高
本工程设计标高一层地面定为±0.000,相当于绝对标高的 334.47m。

五、尺寸单位
总平面图尺寸及标高以米为单位,其他图纸尺寸均以毫米为单位。

六、总平面设计
1. 建筑外墙与相邻道路平行,施工放样以总平面图上坐标为准,详见总平面图。
2. 建筑临道路室外踏步做法详西南 11J812 (16/6)。

七、墙身
1. 墙体:底层地面以下 60 墙身处设防潮层一道,做法:20 厚水泥砂浆加 5%防水粉。
2. 砖砌通风道详西南 11J517 (1/12)。
3. 内墙装修:按建设方要求均只做初装修。楼梯间刷白色仿瓷涂料。
4. 外墙装修:详立面。
5. 外墙变形缝处理详西南 11J112 (1/40)。

八、地面、楼面
1. 所有室内地面均只做到找平层,面层材料及颜色由二次装修定。
2. 地面做法详西南 11J312 (3102/9),楼面做法详西南 11J312 (3104/3)。
3. 卫生间做 20 厚 1:2 水泥防水砂浆(加 3%防水剂),以 0.5%坡度坡向地漏,面层待二次装修定。
4. 楼梯间踏步和平台做水泥砂浆地面。

九、顶棚
楼梯间刷白色仿瓷涂料,其余部分由二次装修定。

十、屋面
1. 屋面做法:屋面板上设膨胀珍珠岩找坡层,20 厚 1:3 水泥砂浆找平,4 厚 APP 高聚物改性沥青防水层,上设 40 厚 C20 细石混凝土,内配 φ4@200 双向钢筋。
2. 泛水做法详西南 11J212-1 (1/13),雨水口做法详西南 11J212-1 (2/40)。
雨水管选用 D100mm PVC 管,出屋面透气管详西南 11J212-1 (19/55)。
风道出屋面详西南 11J212-1 (18/55)。
3. 细石混凝土分格缝做法详西南 11J212-1 (9/13 5/13)。
4. 屋面女儿墙构造柱间距不大于 4m,做法详西南 11J212-1 (8/44)。
压顶做法详西南 11J212-1 (3/44)。

十一、门窗
1. 外门窗为白色铝合金白玻门窗。内门窗为木制。木制夹板门选用西南 04J611。
2. 设备用房门均为甲级防火门,向外开启。
3. 所有楼梯间门均为乙级防火门,竖井门均为丙级防火门。
4. 办公室外门为防盗门(成品),门窗的规格与数量详见门窗表。施工单位或厂家应事先核定规格、数量并结合土建施工实际洞口尺寸再行下料制作(铝合金门,铝合金推拉窗质量要求按国标 07CJ12)。

十二、洁具
所有洗手池参见 西南 11J517 (1/32)。
所有蹲式大便器参见 西南 11517 (1/34)。
所有地漏参见 西南 11J517 (4/44)。

十三、油漆
1. 木材面为油性乳白色调合漆一底两度,详西南 11J312 (3272/39)。
2. 露明铁件均用红丹防锈漆两道打底,再刷银色漆。

十四、室外
1. 室外场地根据现场实际情况做坡度 1%坡向四周,沿底层外围做排水沟,详西南 11J812 (1a/8)。
2. 室外散水宽 600mm,做法详西南 11J812 (4/4),室外踏步做法详西南 11J812 (3a/6)。

十五、施工注意事项
1. 凡有预留洞口、预埋件及安装管线设备等,请各专业施工单位密切配合,按各工种施工图要求预留、预埋,避免遗漏。
2. 施工单位切实按照各项工程施工及验收规范进行施工。
3. 施工中如发现图纸及本说明有不详之处,请及时与设计人员协商解决。

门窗统计表

类别	序号	编号	洞口尺寸 宽度	洞口尺寸 高度	数量	材料
门	1	M1527	1500	2700	1	铝合金白玻门
	2	M1027	1000	2700	27	木门
	3	M1020	1000	2000	1	木门
	4	MC2427	2400	2700	1	木制带窗门
窗	1	C1518	1500	1800	40	铝合金窗

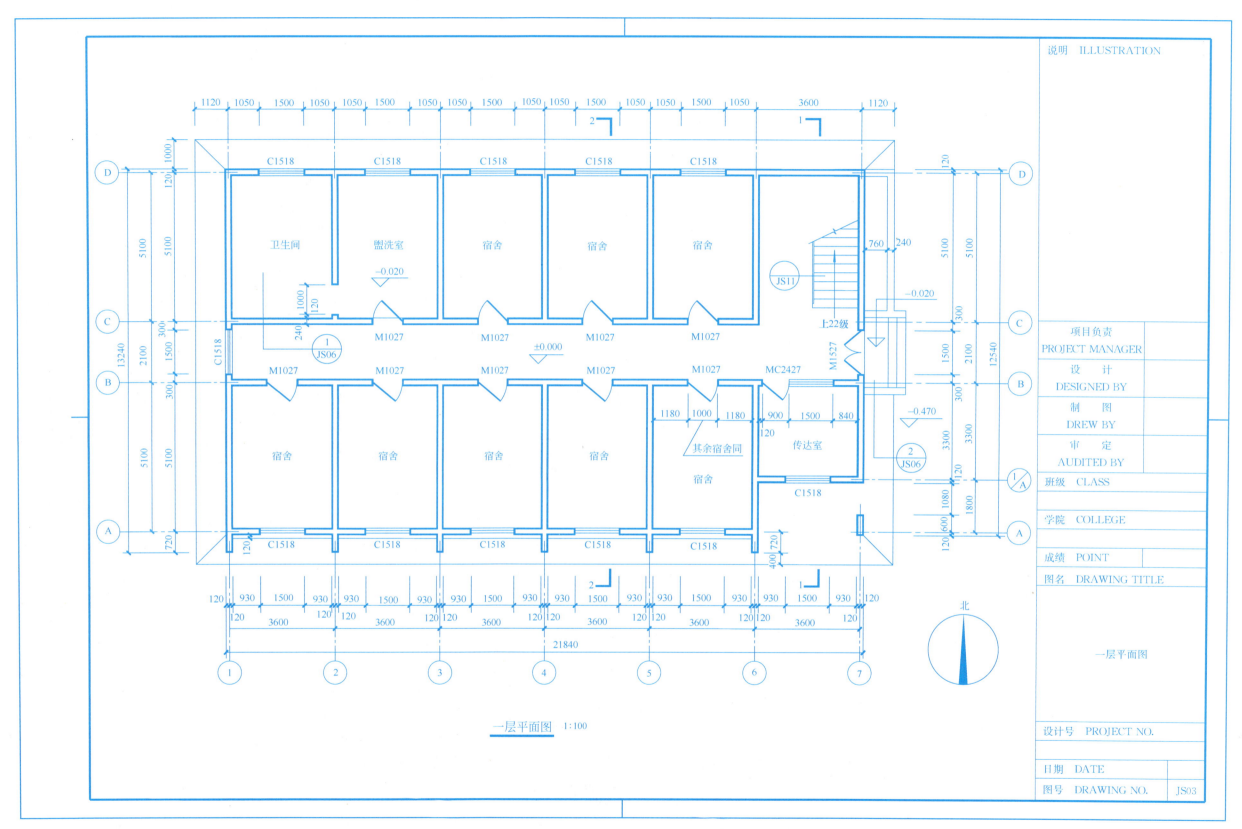

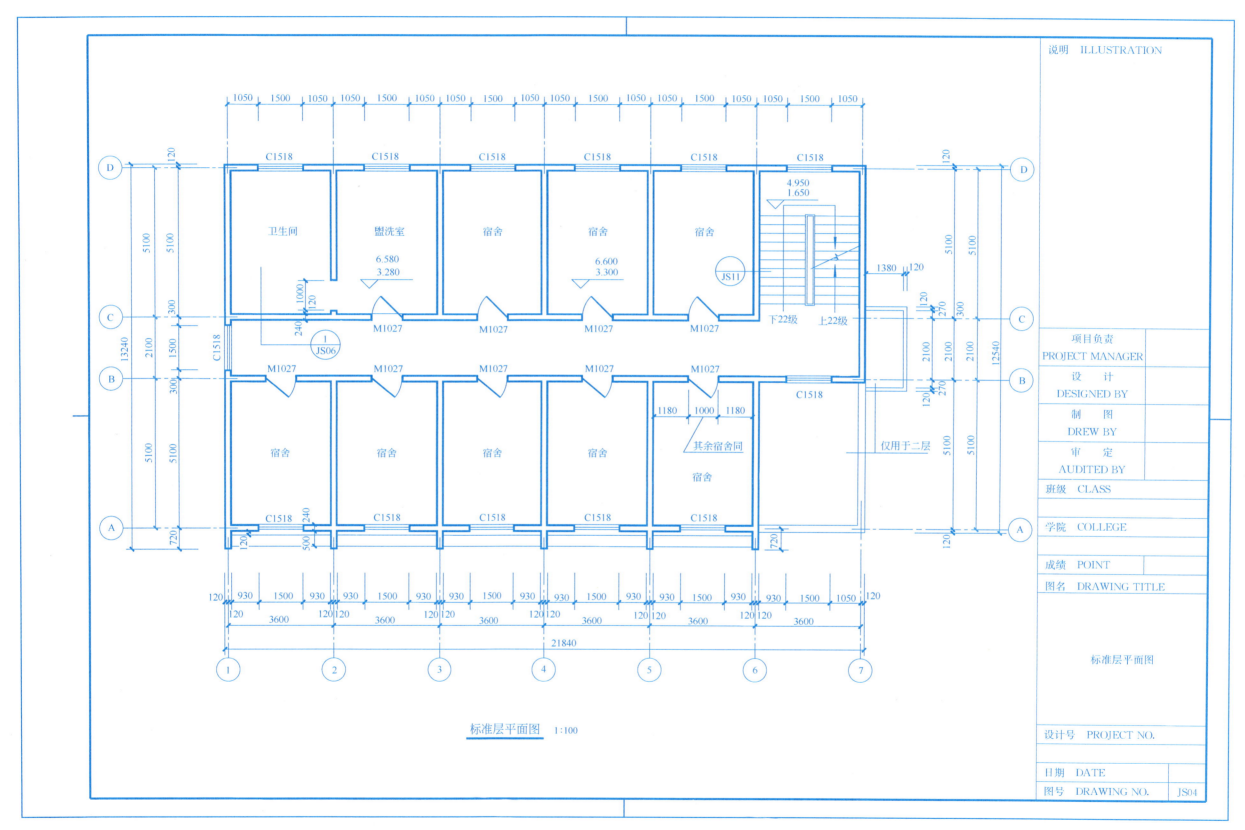

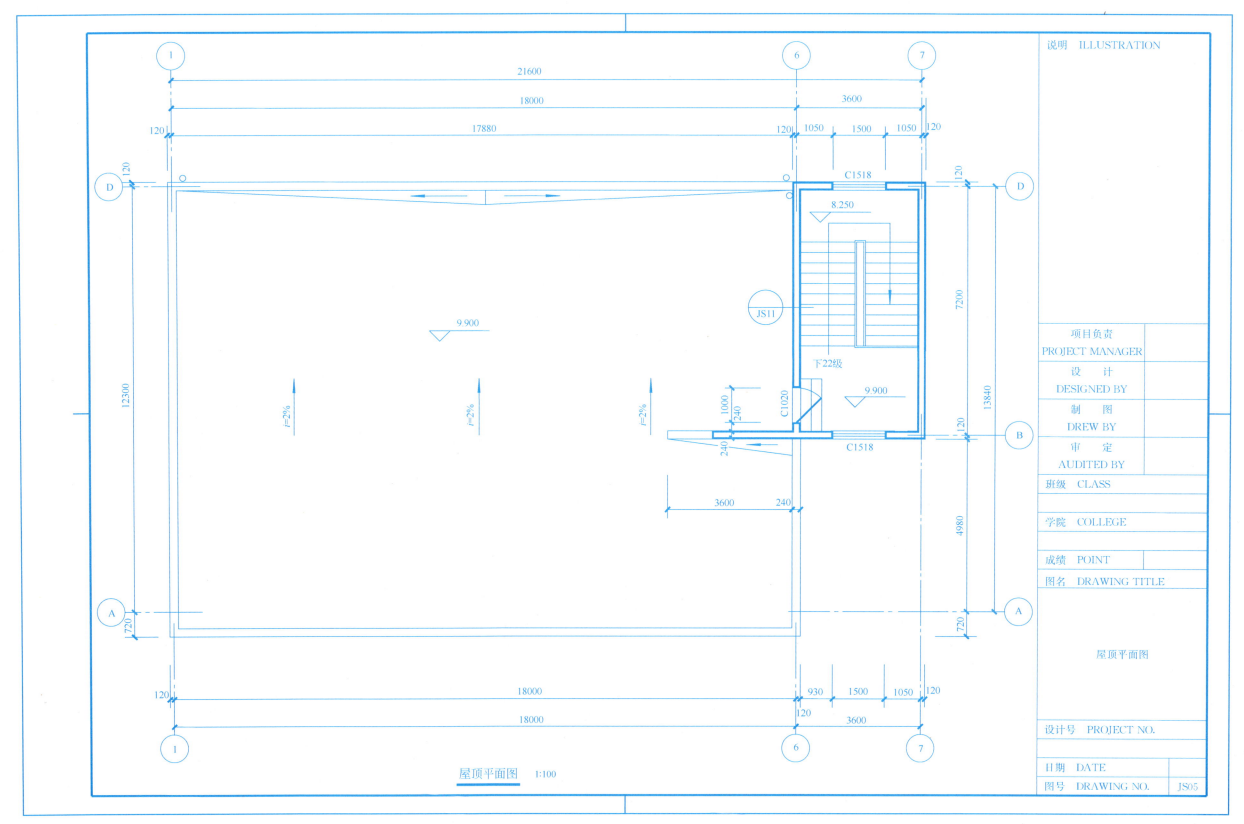

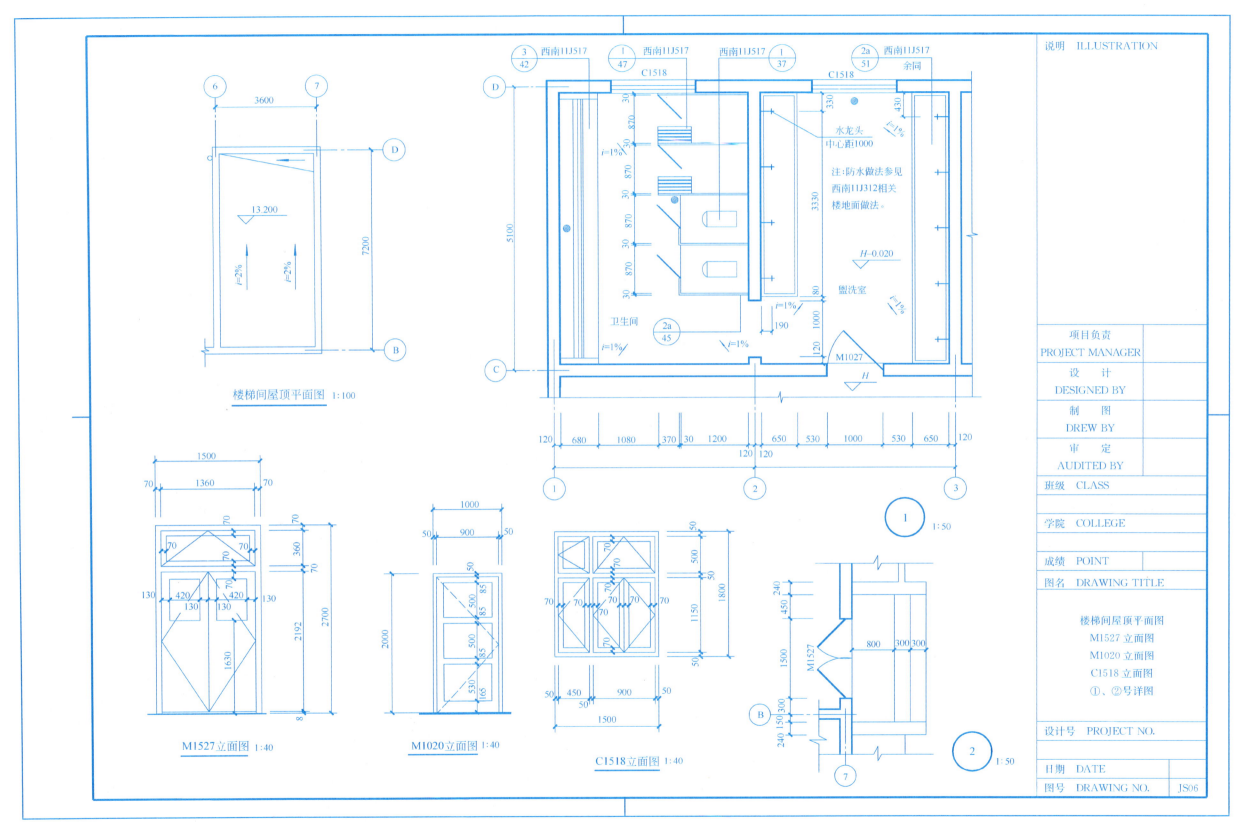

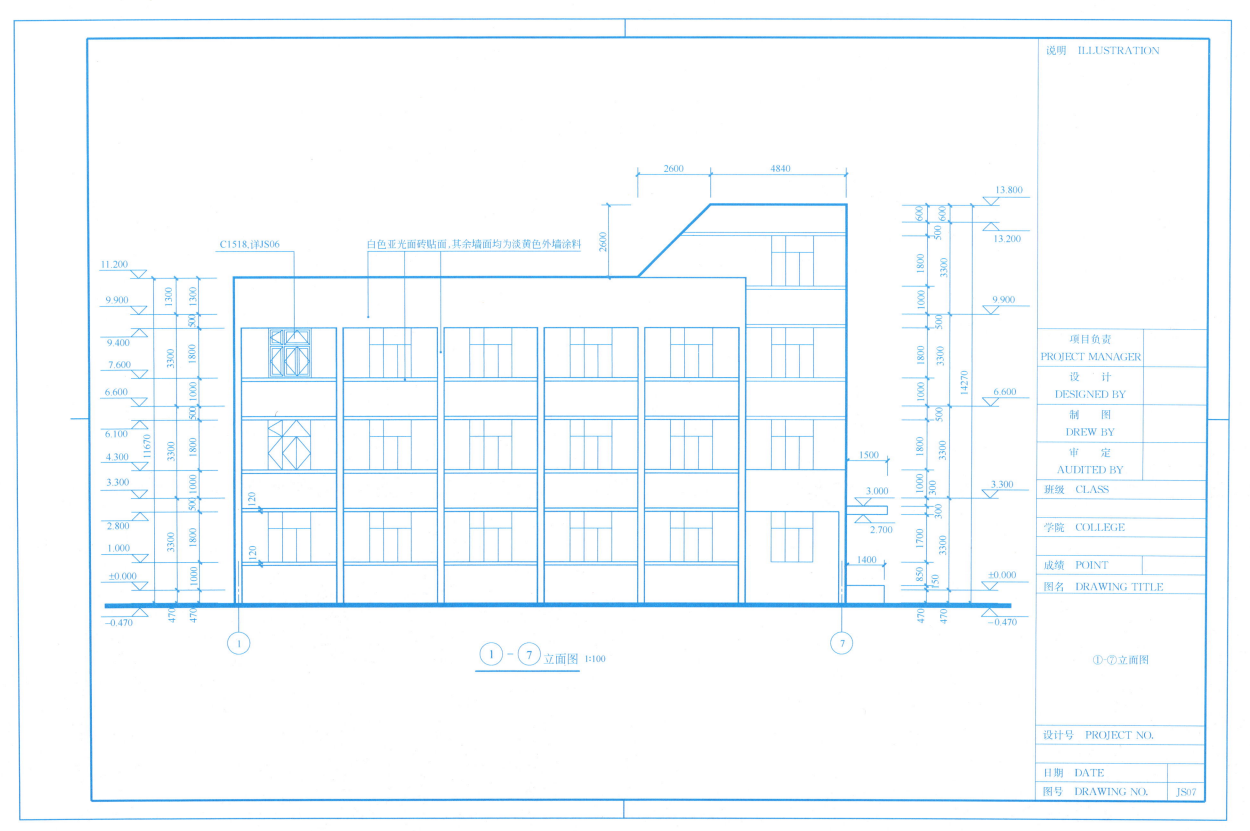

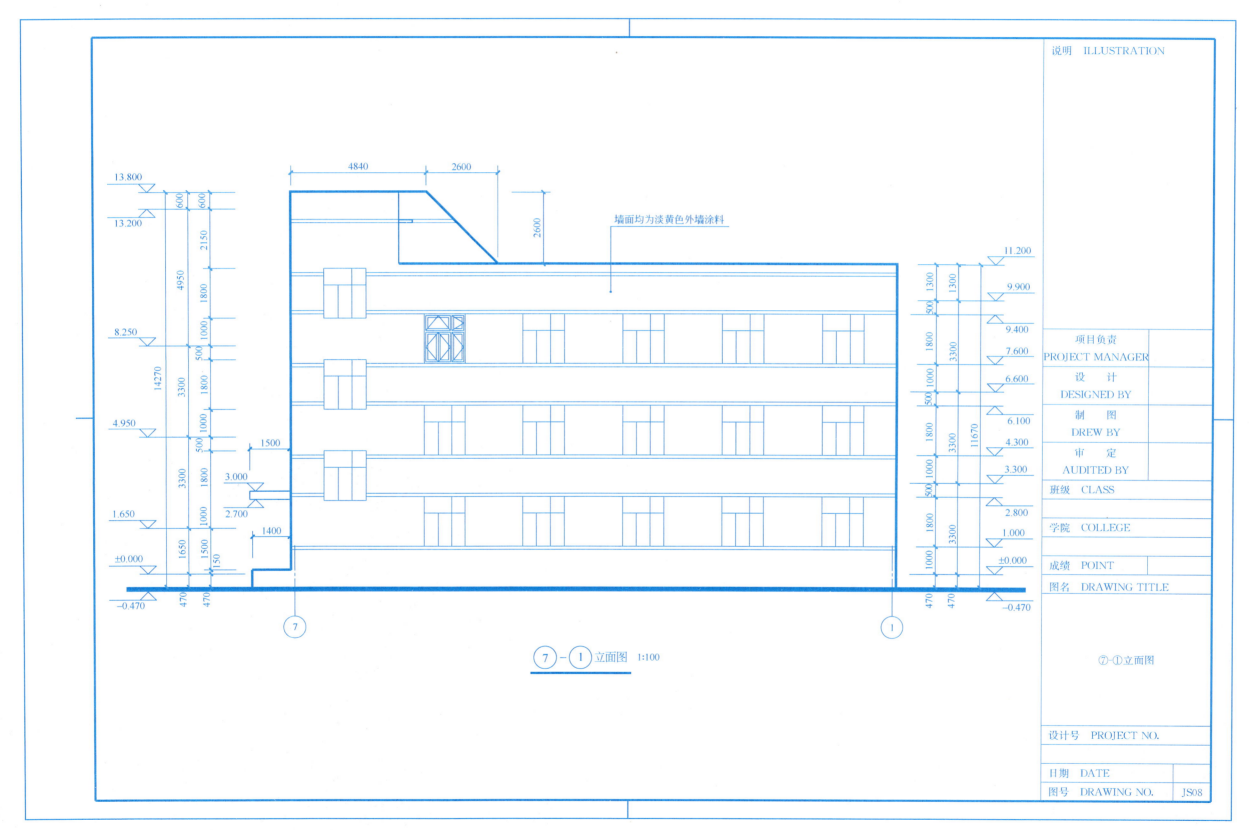

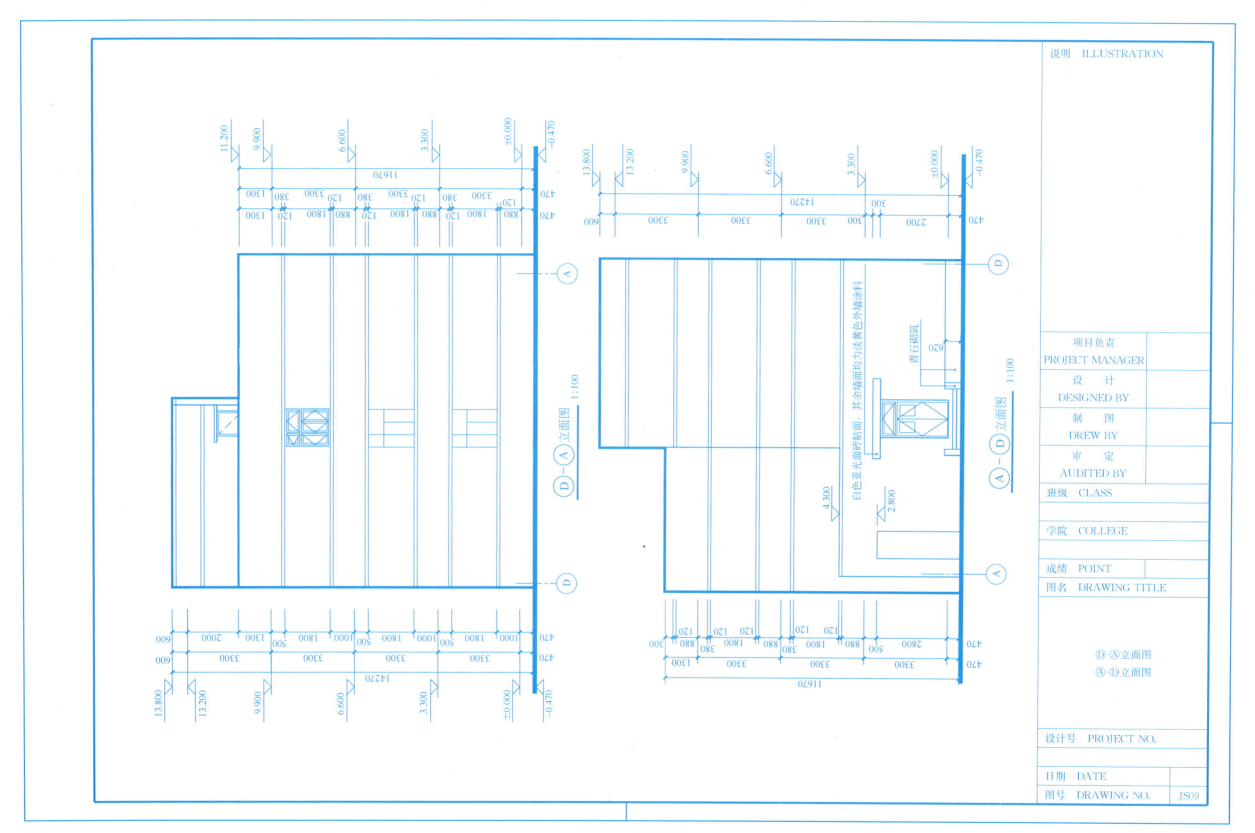

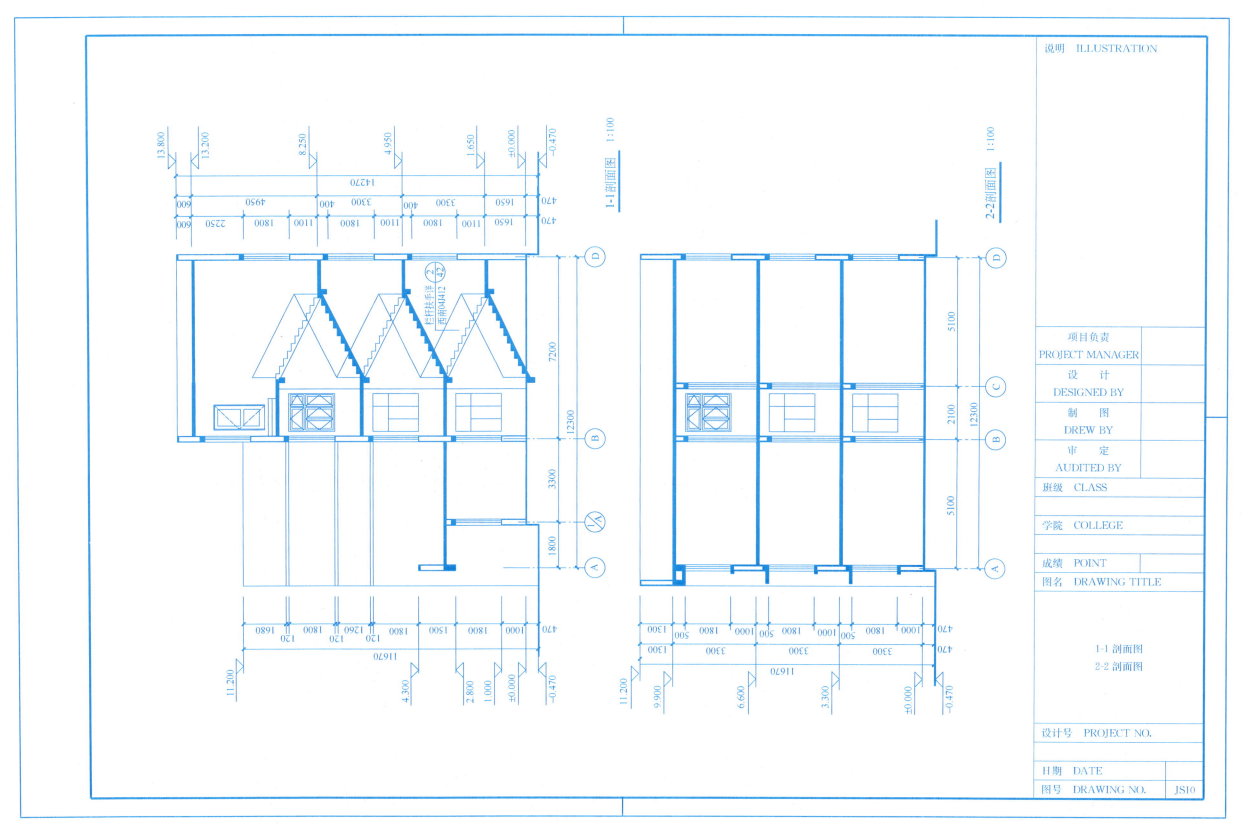

1-1 剖面图
2-2 剖面图

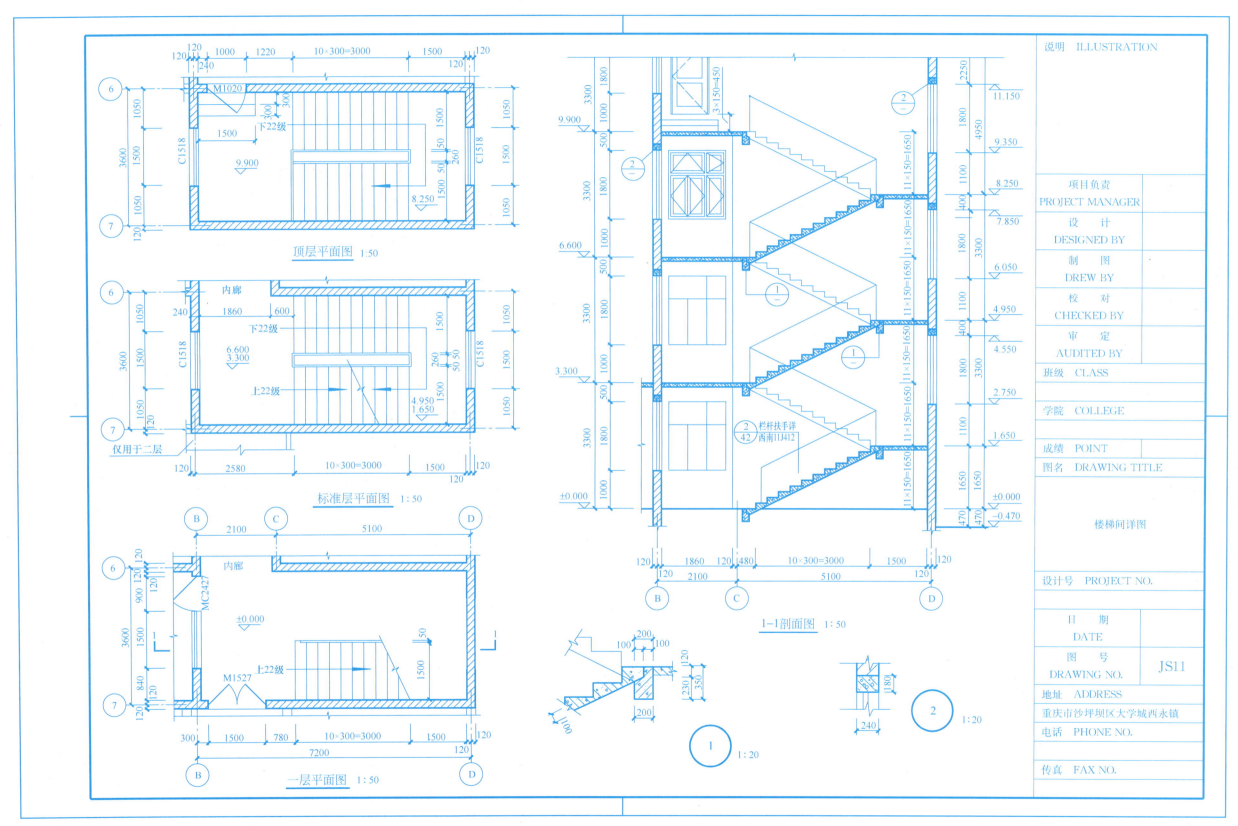

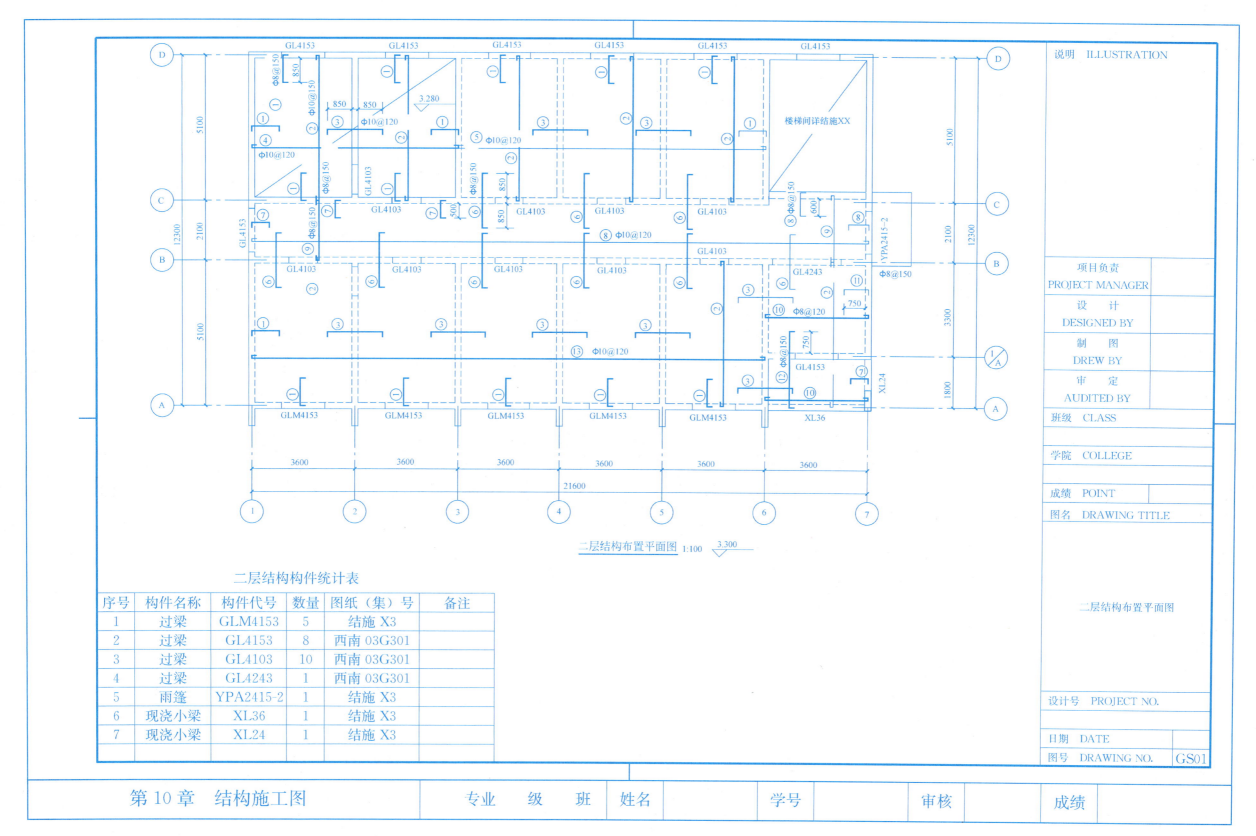

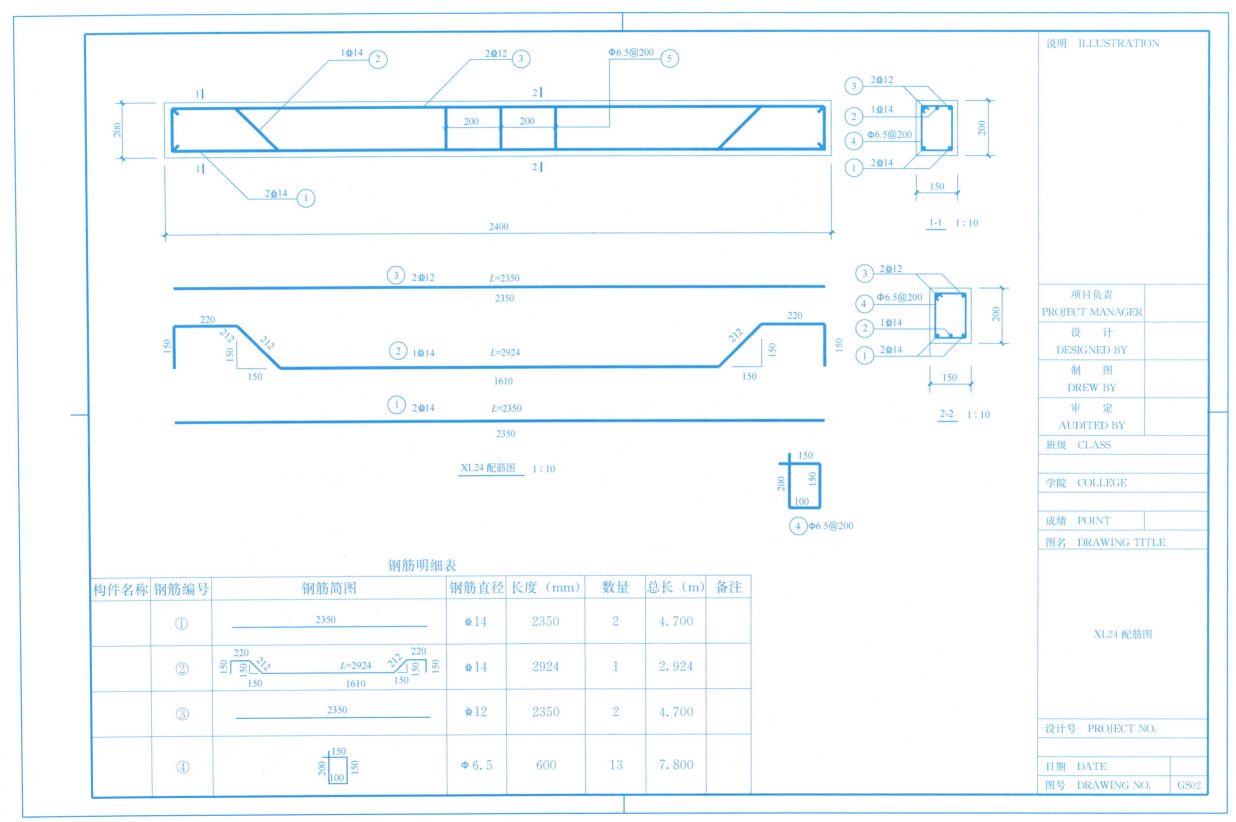

给水排水施工图

(1) 室内给水排水施工图简称_____图，它一般由_____图、_____图、_____图及_____组成。

(2) 室内给水排水平面图一般包括：_____平面图、_____平面图、_____平面图。

(3) 给水排水系统轴测图具体表达_____。

(4) 一般室内设计给水管道标高是指_____标高，排水管道标高是指_____标高。

(5) 阅读右图，回答下列问题：

① 给水流程是：室外引入管—干管（管径____mm）—支管（管径____mm）—用水设备。

② 排水流程是：排水设备—支管（管径____mm）—干管（管径____mm）—排出室外管道（管径____mm）。

③ 室外引入管标高____m，分户干管标高 $h+$____m。支管（水龙头）标高 $h+$____m。

④ 排水支管标高 $h+$____m，室外排出管标高____m。

第11章 设备施工图

12-1 图示为公路路线平面图,按作业要求识读。

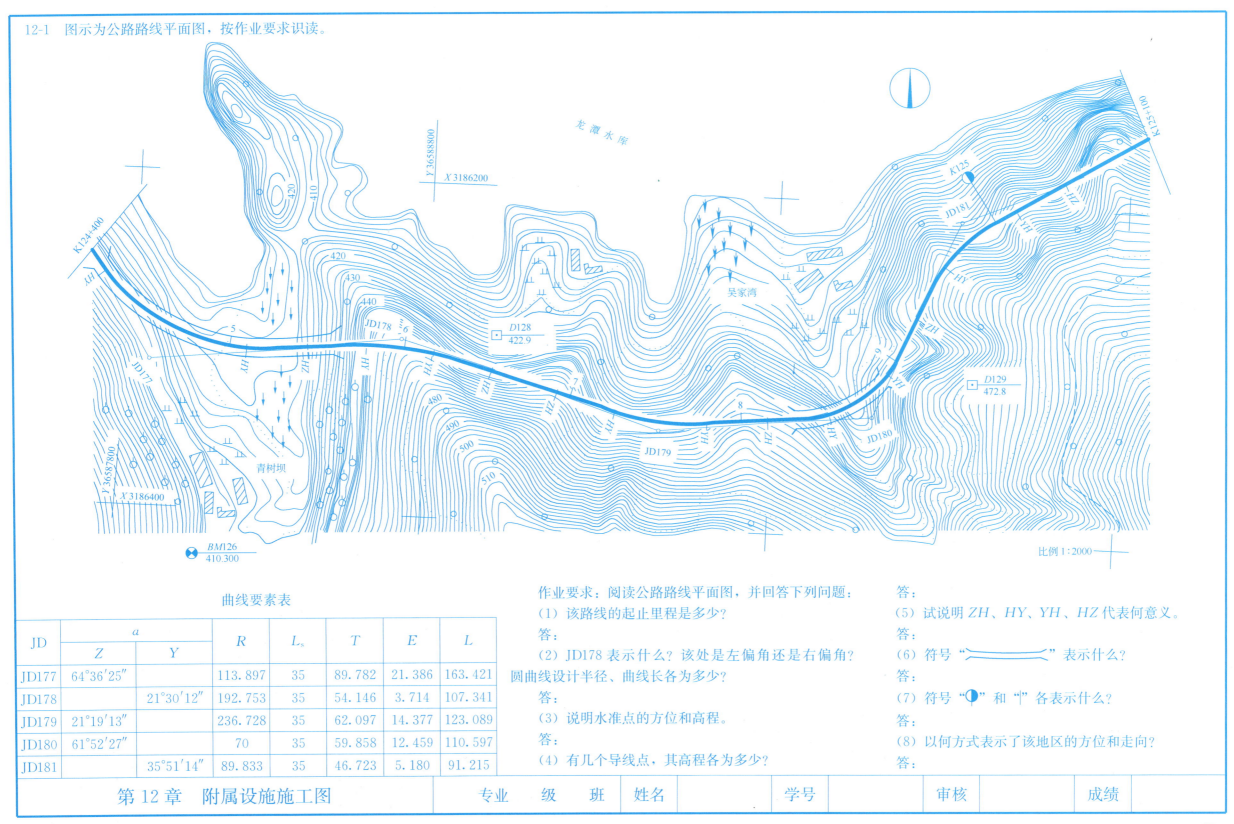

曲线要素表

JD	α		R	L_s	T	E	L
	Z	Y					
JD177	64°36′25″		113.897	35	89.782	21.386	163.421
JD178		21°30′12″	192.753	35	54.146	3.714	107.341
JD179	21°19′13″		236.728	35	62.097	14.377	123.089
JD180	61°52′27″		70	35	59.858	12.459	110.597
JD181		35°51′14″	89.833	35	46.723	5.180	91.215

作业要求:阅读公路路线平面图,并回答下列问题:
(1) 该路线的起止里程是多少?
答:
(2) JD178 表示什么?该处是左偏角还是右偏角?圆曲线设计半径、曲线长各为多少?
答:
(3) 说明水准点的方位和高程。
答:
(4) 有几个导线点,其高程各为多少?
答:
(5) 试说明 ZH、HY、YH、HZ 代表何意义。
答:
(6) 符号"〜〜〜"表示什么?
答:
(7) 符号"◐"和"┼"各表示什么?
答:
(8) 以何方式表示了该地区的方位和走向?
答:

第 12 章 附属设施施工图

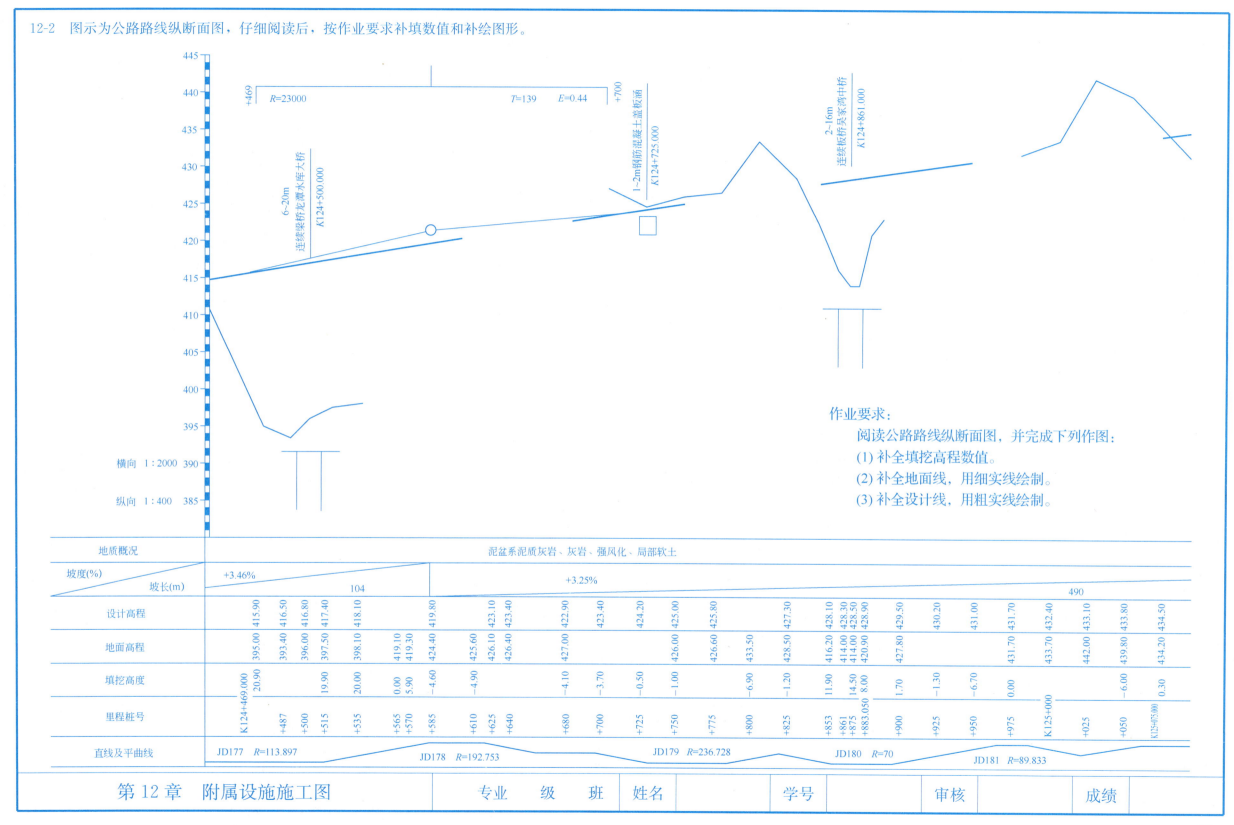

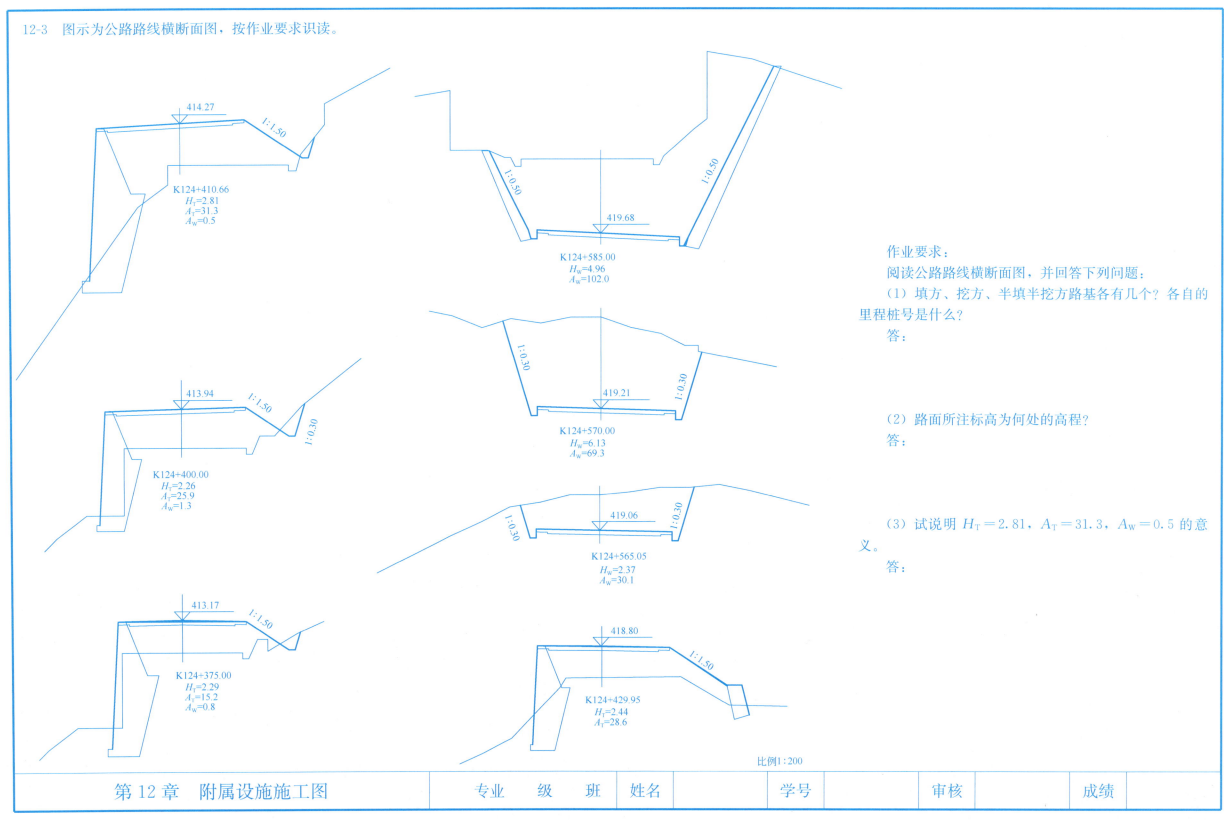

12-3 图示为公路路线横断面图，按作业要求识读。

作业要求：
阅读公路路线横断面图，并回答下列问题：
(1) 填方、挖方、半填半挖方路基各有几个？各自的里程桩号是什么？
答：

(2) 路面所注标高为何处的高程？
答：

(3) 试说明 $H_T=2.81$，$A_T=31.3$，$A_W=0.5$ 的意义。
答：

第 12 章　附属设施施工图

12-4 路桥施工图（一）：桥梁总体布置图作业指导书
一、目的
1. 熟悉桥梁总体布置图的内容和绘制要求。
2. 掌握绘制桥梁总体布置图的方法和步骤。
二、内容
抄绘教材第 12 章图 12-25 桥梁总体布置图。
三、要求
1. 图纸：用绘图图纸 A2 图幅。
2. 图名：桥梁总体布置图。图别：专业制图。
3. 比例：平面图和立面图 1∶500，横剖面图 1∶100。
4. 字体和符号：各图图名汉字用 7 号字，英文字母和比例数字用 3.5 号字，尺寸数字用 2.5 或 3.5 号字。其余汉字用 5 号字。
四、说明
1. 按 A2 图幅的规格，用 H 铅笔先画图框、图标的稿线，然后按照视图比例布置图纸幅面，要考虑标注尺寸和文字说明的位置。
2. 栏杆扶手在立面图中可省去不画，在平面图中可适当加大比例画出。
3. T 形梁和横隔板尺寸可参考教材中图 12-26；桥台尺寸可参考教材中图 12-27。

12-5 路桥施工图（二）：涵洞工程图作业指导书
一、目的
1. 熟悉一般涵洞工程图的内容和绘制要求。
2. 掌握绘制一般涵洞工程图的方法和步骤。
二、内容
抄绘教材第 12 章图 12-31 钢筋混凝土盖板涵构造图。
三、要求
1. 图纸：用绘图图纸 A3 图幅。
2. 图名：钢筋混凝土盖板涵构造图。图别：专业制图。
3. 比例：1∶40。
4. 字体和符号：各图图名汉字用 7 号字，英文字母和比例数字用 3.5 号字，尺寸数字用 2.5 或 3.5 号字。其余汉字用 5 号字。
四、说明
1. 按 A3 图幅的规格，用 H 铅笔先画图框、图标的稿线，然后按照视图比例布置图纸幅面，要考虑标注尺寸和文字说明的位置。
2. 纵剖面图流水坡度为 1%，由于坡度太小，采用水平线画出。
3. 路基覆土厚度大于 50cm，具体数值根据作图而定。
4. 涵洞洞身长度可根据图幅大小折断画出。
5. 浆砌块石符号仅画局部，无需全部画出。
6. D-D 断面图不画，改画 E-E 断面图，墙高尺寸可在纵剖面图中量取，并标注尺寸。

12-6 路桥施工图（三）：隧道工程图作业指导书
一、目的
1. 熟悉一般隧道工程图的内容和绘制要求。
2. 掌握绘制一般隧道工程图的方法和步骤。
二、内容
抄绘教材第 12 章图 12-33 隧道进口洞门设计图。
三、要求
1. 图纸：用绘图图纸 A3 图幅。
2. 图名：隧道进口设计图。图别：专业制图。
3. 比例：平面图、立面图和横剖面图 1∶100；侧沟大样图 1∶20。
4. 字体和符号：各图图名汉字用 7 号字，英文字母和比例数字用 3.5 号字，尺寸数字用 2.5 或 3.5 号字。其余汉字用 5 号字。
四、说明
按 A3 图幅的规格，用 H 铅笔先画图框、图标的稿线，然后按照视图比例布置图纸幅面，要考虑标注尺寸和文字说明的位置。

第 12 章　附属设施施工图

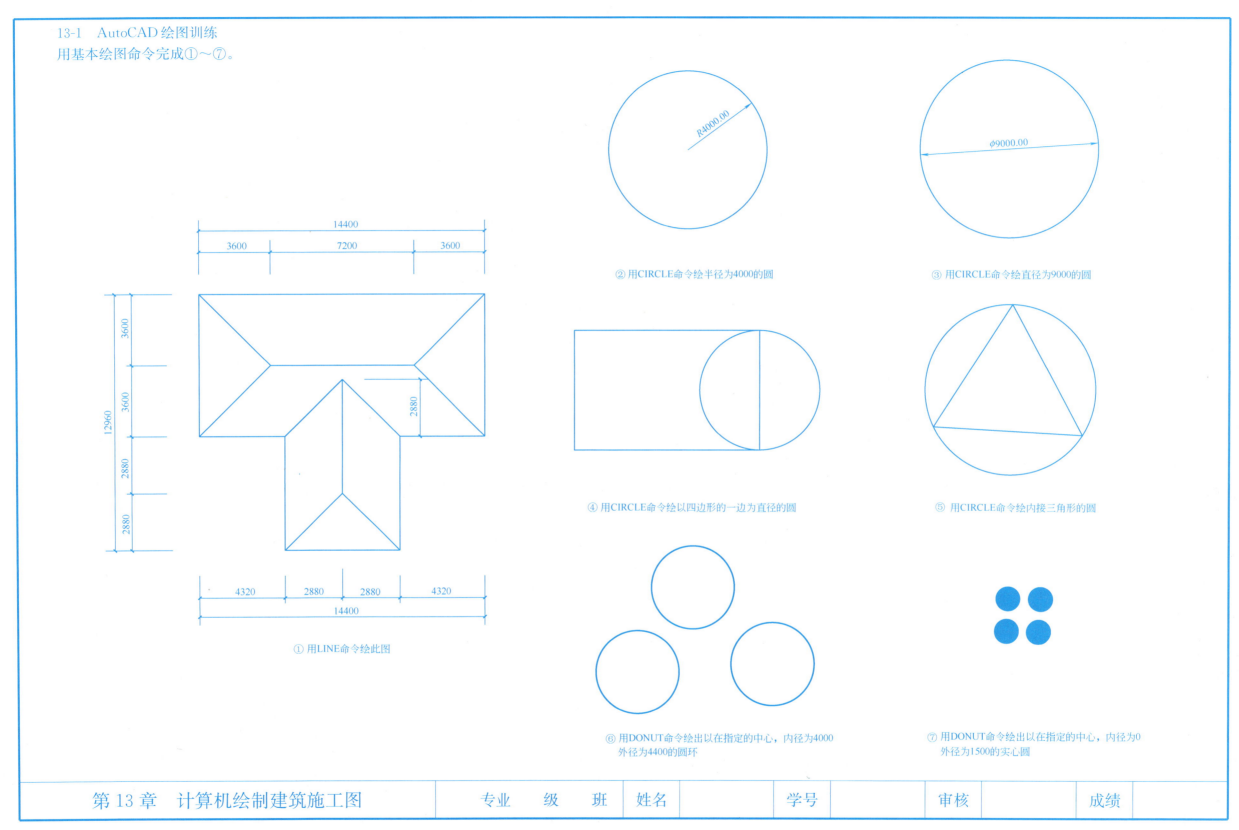

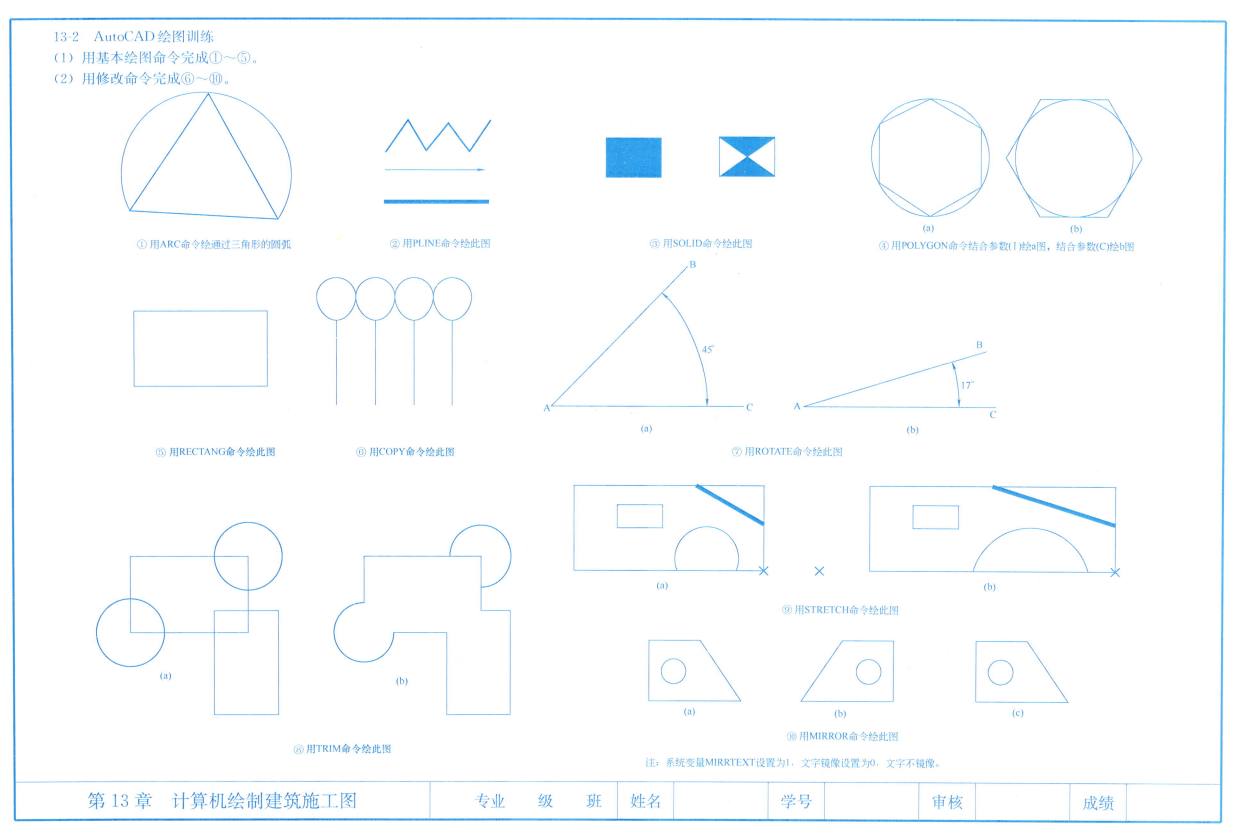

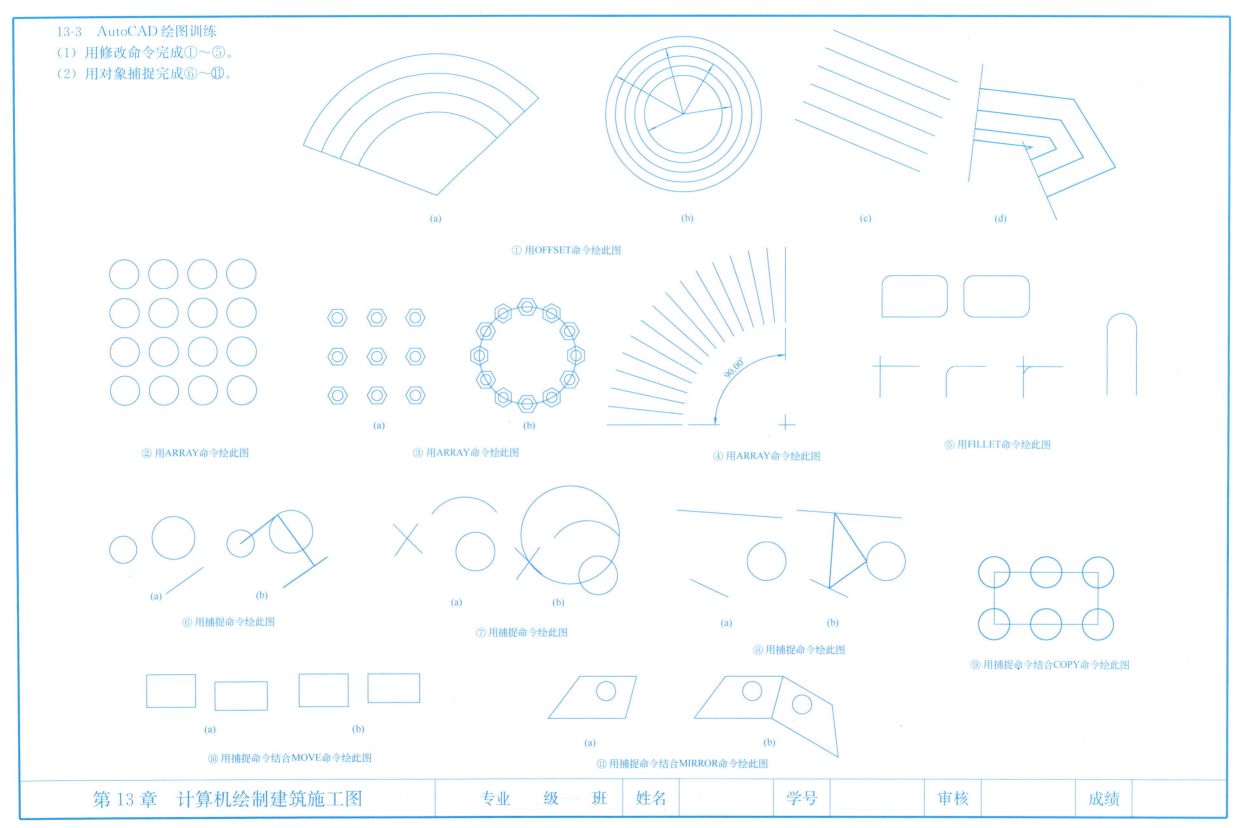

计算机绘制某传达室平面图、立面图、剖面图作业指示书

一、要求

1. 仔细阅读本习题集第 49 页及第 50 页的某传达室的平、立、剖面图及有关详图。

2. 按 1∶50 的比例，用 A2 图幅绘传达室的平、立、剖面图。

二、步骤

1. 绘图幅、图框、图标的底稿线。

2. 布置图面。即定出平面图、①-③立面图、Ⓐ-Ⓓ立面图、剖面图的位置。在确定各图位置时，应注意留足尺寸和图名标注的位置。

3. 建底稿线图层，并用底稿线图层画平面图、立面图、剖面图底稿线。

4. 分别建墙体、门窗、细部图层，并按线型及线宽要求在相应的图层上完成平面图、立面图、剖面图图形。

平面图：凡剖切到的墙体轮廓线画粗实线，其粗度为 b。门的开启符号线为中粗线，粗度为 $0.5b$。窗的图例符号线及其他未剖切到的投影可见轮廓线为细实线，粗度为 $0.25b$。

立面图：室外地坪线用特粗线（$1.5b$～$2b$）。立面图的主要轮廓用粗实线（b）。立面图的可见次要轮廓线，如檐口线、勒脚线、墙或柱的棱线、窗台等用中实线（$0.5b$）。门窗洞口及门窗扇的分格线、墙面符号线等用 $0.25b$ 细实线。

剖面图：与平面图相似，凡剖切到的轮廓线用粗实线（b），其余未剖切到的投影可见轮廓线及门窗图例符号线用 $0.25b$ 细实线。

此外，轴线、尺寸线等用 $0.25b$ 细实线，尺寸起止符号用 $0.5b$ 中实线画出。

5. 建立标注图层，并在该图层上完成标注尺寸，书写图中汉字，填写图标完成全图（注：图框、标题栏按各校要求格式完成）。

第 13 章 计算机绘制建筑施工图	专业 级 班	姓名	学号	审核	成绩